建設材料學

鄭丙和 著

UUP

建設材料學

2005년 8월 19일 초판 인쇄
2005년 8월 25일 초판 발행

지은이 정 병 화
발행인 정 정 길
편집인 김 호 연
발행처 UUP(울산대학교 출판부)
680-749 울산광역시 남구 무거 2동 산 29번지
☎ 052-259-2488, FAX. 277-3011
등록 울산시 제20호(1997. 7. 15)

ISBN 89-7868-697-4 정가 20,000원

머리말

최근 건설공학의 발달은 다양한 건설재료(建設材料)를 출현시켰다. 이와 같은 신재료(新材料)의 출현 이전에는 건설재료가 한정되어 있어 이들 재료를 경험적으로 선정하여 사용함에 별로 어려움이 없었다.

그러나 현재에는 신재료의 출현과 신공법(新工法)의 출현으로 건설재료의 선정 및 평가, 경제적(經濟的)이 요인, 시험법(試驗法) 등의 기본적인 검토를 하지 않으면 안되게 되었다.

따라서 본 저서는 건설공사 전 분야에 사용되는 재료의 개념과 내용을 이해하기 쉽게 하기 위하여 총론 및 골재의 적부를 판단하는 조립률(組粒率)·입도곡선(粒度曲線)을 계산하는 방법과 경제적인 콘크리트를 결정하기 위한 콘크리트 배합설계(配合設計)를 예제와 더불어 기술하였다. 그리고 새로운 건설재료인 고분자재료(高分子材料) 등을 15장으로 구성하였으며 특히 건설재료의 시험방법을 부록에 실어 한 권의 책으로 이론과 시험을 이해하도록 하였다. 또한 최근에 개발된 새로운 재료에 의한 신공법을 중점적으로 기술하였다.

토목(土木)·건축(建築)을 공부하는 대학생들의 교재뿐만 아니라 실무자(實務者) 및 관련 기술자의 참고서, 기술사(技術士)를 준비하는 수험생들에게 조금이나마 보탬이 되도록 집필하였지만 부족한 점이 많아 선배제현(先輩諸賢)의 아낌없는 지도편달(指導鞭撻)을 바란다.

끝으로 본 저서을 집필하는데 도움을 주신 울산대학교 출판부에 감사를 드린다.

2005. 7

저자

차례

제4장 … 시멘트(Cement)

제5장 … 혼화재료(Admixture)

제6장 … 콘크리트(Concrete)

제7장 … 콘크리트의 배합설계(Mixing Design of Concrete)

제8장 … 콘크리트의 품질관리(Quality Control)

제9장 … 특수콘크리트(特殊 Concrete)

제10장 …콘크리트 시공(Concrete Construction)

제11장 … 역청재료(瀝靑材料)

제12장 … 금속재료(Metallic Materials)

제13장 … 목재(Wood, Timber)

제14장 … 석재(Stone Materials)

제15장 … 고분자재료(Polymer Materials)

부록 - 건설재료 시험법 -

제1장 … 골재

제2장 … 시멘트

제3장 … 콘크리트

제1장 … 총론

1-1. 건설재료학(建設材料學)의 정의 및 목적

건설공사 전반에 걸쳐 사용되는 재료를 건설재료(Construction Materials)라 하며 건설재료의 이론과 응용방법을 연구하는 학문을 건설재료학(建設材料學)이라고 정의한다. 이는 최상의 구조물(構造物)의 시공하기 위해 적절한 재료를 선택하고 시방서에 따른 타당성(Feasibility)의 확인과 사용재료의 검사·시험을 행하여 적절한 재료를 선택하여야 한다. 선택한 재료는 주어진 기간(期間) 안에 주어진 비용(費用)으로 최상의 구조물을 가장 안전(安全)하게 사용하여 경제적(經濟的)인 공사를 시공함을 목적으로 한다.

1-2. 건설재료의 분류(分類)

건설재료는 여러 방면으로 분류할 수가 있으나 용도·생산·화학성분에 의해 분류하면 다음과 같다.

1. 용도에 의한 분류

① 구조주재료(構造主材料)
구조물의 주체가 되는 재료(Concrete, 금속, 석재, 역청재료 등)

② 구조부재료(構造副材料)
구조물의 보조적인 재료(유리, 페인터, 합성수지 등)

2. 생산에 의한 분류

① 천연재료(Natural Materials, 天然材料)

자연상태의 재료를 그대로 이용하는 것(흙, 목재, 석재, 골재, 천연 아스팔트, 천연수지 등)

② 인공재료(Artificial Materials, 人工材料)

자연의 재료를 가공하여 그 성질을 개선한 재료(점토제품, Cement, Concrete, 금속재료, 석유 아스팔트, 합성수지, 합성고무, 합성섬유, 유리 등)

3. 화학성분에 의한 분류

① 유기재료(Organic Materials, 有機材料)

탄소를 함유한 재료

② 무기재료(Inorganic Materials, 無機材料)

탄소를 함유하지 않았거나, 함유하여도 조금 함유한 재료

㉠ 금속재료(Metallic Materials)

㉡ 비금속재료(Inmetallic Materials)

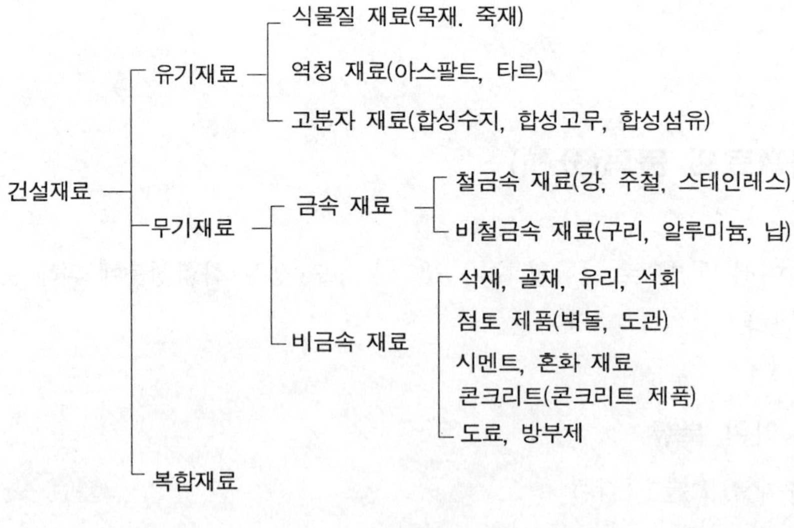

그림 1-1. 건설재료의 분류

1-3. 건설재료가 갖추어야 할 일반적 조건

1) 사용 목적에 알맞은 역학적(力學的) 강도가 크고, 팽창·수축의 변화가 작아야 한다.
2) 사용 환경에 대하여 안전(安全)하고 내구성(耐久性)·내화성(耐火性)·내수성(耐水性)을 가져야 한다.
3) 생산량이 많고 쉽게 구할 수 있어야 한다.
4) 운반·취급 및 가공이 쉬워야 한다.
5) 가격이 저렴해야 한다.
6) 시공 후에 개조가 곤란하므로 시공 전에 재료에 대하여 충분한 검토를 하여야 한다.

1-4. 재료의 공업표준화(工業標準化)와 규격(規格)

공업표준화란 생산 능률의 증진과 생산비의 저하·품질개선·재료의 절약·유통·소비사용의 합리화 및 기술 향상을 높이기 위하여 국가에서 실시하는 표준화 사업을 공업표준화라 한다.

1. 공업표준화의 발달

1) 표준화 사상의 발달

산업혁명 이후 동력과 기계가 생산에 활용하게 되어 대량 생산의 길이 열리면서부터 근대적인 표준화가 태동하게 되었다. 생산의 능률 향상을 위해서 전문화(專門化), 분업화(分業化)가 당연히 요구되고 이 전문화, 분업화는 표준화 없이 어렵다는 것을 쉽게 알 수 있다.

이와 같은 생산자와 소비자를 위해서 없어서는 안된 근대표준화는 오늘날 개발도상국가에서는 산업개발의 도구로서 특히 산업의 합리화, 근대화의 무기로서 새로운 인식을 받고 있다.

표준화의 특색은 국제무역의 증진과 원활화를 위하여 국제표준화운동(國際標準化運動)의 활발성을 들 수 있다. 세계 1차대전 이후의 국제표준화기구의 발족과 특히 세계 2차대전 이후의 UN산하 기관으로서의 ISO(International Organization Standardization), IEC(International Electrotechnical Commission) 등의 움직임은 이를 잘 나타내고 있다.

2) 우리나라 표준화의 발달

건국 초창기인 1940 년대 및 1950 년대에도 농산물검사법(農産物檢査法), 상표법(商標法) 등이 제정되어 부분적인 공업표준화(工業標準化)가 실시되었고, 군기관에서도 물자 조달을 위해 표준화의 필요성이 대두되었으며 본격적인 표준화 업무는 1961년 상공부 표준국이 발족되면서 시작되었다.

1961년 이후 표준화 업무는 양적, 질적인 면에서 꾸준히 발전되었으며, 특히 분산되어 있는 공업행정기관의 통합으로 공업정책의 효율화를 기하고 중화학공업의 육성 및 공산품의 품질관리를 보다 효율적으로 뒷받침하기 위해 1973년 1월 16일 공업진흥청(工業振興廳)이 발족되었고 표준국이 흡수되었다.

현재는 표준화 사업에 대한 촉진법의 일환으로 공업표준화법의 보완과 한국산업규격(韓國産業規格)의 준수, KS 표시명령과 품질관리사 제도의 의무화 등을 추진하여 활발한 표준화운동이 전개되고 있다.

2. 공업표준화 방법

국가적 또는 국제적으로 규격·품질·모양·치수·사용방법 등을 통일시킨다면 생산자나 소비자에게 경제적으로 이익을 주고 또한 품질의 개선과 향상을 도모할 수 있다.

① 규격통일: 나사의 규격, 철근의 직경, 실험법, 종이의 규격
② 전국통일: 교통신호체계, 교통체계
③ 국제통일: 컨테이너의 규격, 주파수
④ 안전·환경통일: 배기가스 배출기준, 식품의 유해범위

3. 공업표준화의 목적과 효과

공업표준화의 목적은 생산, 소비, 유통 등의 여러 면에서 능률을 증진시키고 경제성을 높이는데 있다. 그러기 위해서는 합리적인 표준의 설정과 많은 사람들에 의한 표준의 활용이란 조직적 행위가 필요하다.

근대산업에서는 질 좋고 값싼 생산품의 신속한 공급이 요구되며 대량 생산이 전제로 되어 있는데, 표준화(Standardization)는 산업을 발전시키는 데 있어서 필수적인 수단이다. 또 소비재의 표준화가 진전되어야 그 품질성능이 명확히 되고 합리적인 소비생활이 가능하게 된다. 공업표준화의 일반적인 효과는 다음과 같다.

① 품질개선과 기술향상
② 재료, 자원, 에너지의 절감
③ 생산비 절감
④ 교환성의 확보

우리나라에서는 이 규격을 공업진흥청에서 한국공업규격(Korean Industrial Standards)으로 정하고 KS로 약칭하며, 1992년 12월 한국공업규격에서 현재 명칭인 한국산업규격(韓國產業規格)으로 바뀌었다. 이 규격에 도달한 제품에는 KS마크를 부여한다. 또한 매 5년마다 일부 또는 전면개정 및 폐지할 수 있도록 정해 놓고 있다.

- ISO(International Organization for Standardization)
- ASTM(American Society for Testing and Materials)
- BSS(British Standards Specification)
- JIS(Japanese Industrial Standards)
- DIN(Deutsche Industrie Normen)
- NF(Norm Francaise)

3. 한국산업규격의 분류

KS	A	기본부문(기본 일반/포장 일반/공장 관리/방사선(능) 관계/기타)
KS	B	기계부문(기계 기번/기계 요소/공구/공작 기계/측정 계산용기계 기구 물리 기계/일반반 기계/산업 기계/농업 기계/열사용 및 가스기기)
KS	C	전기부문(전기 일반/측정 및 시험용 기계 기구/전기 재료/전선, 케이블 및 전로용품/전기 기계 기구/통신 전자기기 및 부품/진공관 및 전구/조명 배선 전기 기구/전기 응용 기계 기구)
KS	D	금속부문(금속 일반/분석/원재료/분석/강재/주강 및 주철/신동품/주물/신재/2차 제품/가공 방법/기타)
KS	E	광산부문(일반 정의 및 기호/채광/채고아 및 광산물/보안/선고아 및 선탄/운반포장)
KS	F	토건부문(일반 구조/시험검사 측정/재료 및 부재/시공)
KS	G	일용품부문(문방구 및 사무용품/잡품 가정용푸/가구 및 실내 장식품/운동용구/특수공예품)
KS	H	식료품부문
KS	K	섬유부문(일반 시험 및 검사/면직/마제품/편직물/피복/직물 편물 제조기)
KS	L	요업부문(도자기/유리/내화물/점토제품/시멘트 석면제품/연마제 특수요업제품/요업용 특수기기/기타)
KS	M	화학부문(일반/공업약품/유지 광유/플라스틱 사진재료/염료 폭약/안료 도료 잉크/고무 피혁/종이 펄프/시약)
KS	P	의료부문(일반/일반의료기기/치과재료/의료용설비 및 기기/의료용기구)
KS	R	수송기계부문(자동차일반/시험 검사 방법/공통부문/기관/차체/전기 장치 계기/수리조정 시험/수리 기구/자전거/철도용품)
KS	V	조선부문(일반/선체/기관/전기기/항해용 기기 계기)
KS	W	항공부문(일반/전용재료/표준 부품/기체(장비 포함)/발동기/계기)
KS	X	정보산업부문(정보기술용어 일반/문자세트 보안 부호화/정보기술용 언어 소프트웨어공학 컴퓨터그래픽스/데이터통신망/정보기기 데이터 저장매체/IT응용)

제2장 … 건설재료의 일반적 성질

2-1. 재료의 역학적(力學的) 성질

1. 탄성(Elasticity)과 소성(Plasticity)

물체에 외력이 작용하여 변형한 재료에 외력을 제거하면 변형이 없어지고 원래 상태로 돌아가는 성질을 탄성(彈性)이라 하고, 외력을 제거해도 원래 상태로 돌아가지 못하고 변형된 상태로 남아 있는 성질을 소성(塑性)이라 한다.

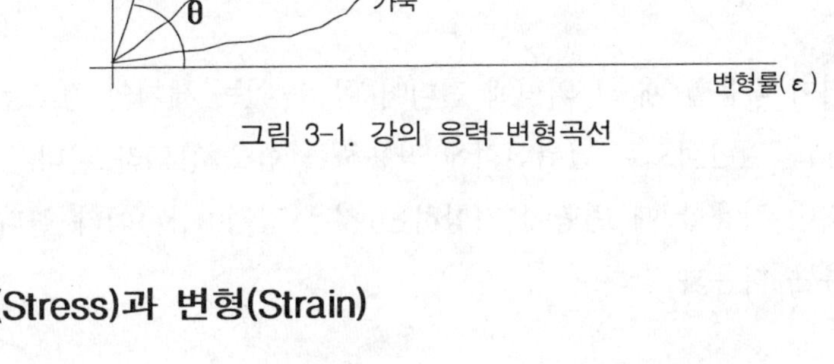

그림 3-1. 강의 응력-변형곡선

2. 응력(Stress)과 변형(Strain)

재료에 외력이 작용할 때 이에 저항하는 내부 저항력을 응력(應力)이라 하고, 재료에 외력(外力)이 작용할 때 그 자체의 모양이 변화하는 것을 변형(變形)이라 한다.

3. 탄성계수(Elasticity Modulus)와 프와송비

1) 훅의 법칙(Hooke's Law)

탄성한도(Elastic Limit) 내에서 재료의 응력은 변형과 비례한다는 법칙으로 비례한도(Proportional Limit) 내에서 응력과 변형의 비를 탄성계수(彈性係數) 또는 영계수(Young's Modulus)라 한다.

$$\text{탄성계수}\ (E) = \frac{\text{응력}}{\text{변형}} = \frac{\frac{P}{A}}{\frac{\Delta \ell}{\ell}} = \frac{P \cdot \ell}{A \cdot \Delta \ell}$$

2) 프와송비(Poisson's Ratio)

재료에 외력이 작용하면 변형이 일어나는데 그 변형은 응력방향의 변형과 응력직각방향의 두 가지 변형의 비가 프와송비이다.

$$\text{프와송비} = \frac{1}{m} = \frac{\text{응력 직각방향의 변형}}{\text{응력 방향의 변형}}$$

2-2. 재료의 기계적(機械的) 성질

1. 강도(Strength)와 강성(Stiffness)

재료에 외력이 작용할 때 그 외력에 견디어 낼 수 있는 세기의 정도를 재료의 강도(强度)라 하고, 일반적으로 단위면적에 작용하는 힘을 강도라 한다.

재료에 외력이 작용할 때 변형에 저항하는 것을 강성(剛性)이라 한다.

강도의 종류는 다음과 같다.

1) 정적강도(Static Strength)

재료에 일정한 속도의 하중을 가하여 응력이 최대가 될 때의 강도를 정적강도(靜

的强度)라 한다. 이 때 하중을 주는 방법에 따라 압축강도(壓縮强度), 인장강도(引張强度), 전단강도(剪斷强度), 휨 강도, 비틀림강도 등이 있다.

2) 충격강도(Impact Strength)

재료에 충격 하중이 작용할 때 이것에 대한 저항성을 나타내는 강도를 충격강도(衝擊强度)이라 한다.

3) 피로파괴(Fatigue Rupture)

재료에 하중이 반복하여 작용할 때 정적강도보다도 낮은 응력에서 파괴되는데 이와 같은 현상을 피로파괴(疲勞破壞)라 한다. 이 반복하중에 의하여 강도가 떨어지는 현상을 피로라 하며 재료가 피로 파괴를 일으키는 않는 응력의 한계를 피로한계(疲勞限界)라 한다.

2. 크리프(Creep)와 리렉세이션(Relaxation)

재료에 외력이 작용하면 외력의 증가없이 시간이 경과함에 따라 변형이 증대되는 현상을 크리프라 하고, 크리프의 반대 현상으로 재료에 외력을 작용시키고 변형을 억제하면 시간이 경과함에 따라 응력이 감소하는 현상을 리렉세이션이라 한다.

크리프계수(Cu) = 크리프 변형도(ε_c) / 초기(탄성) 변형도(ε_e) ≒ 1.2~3

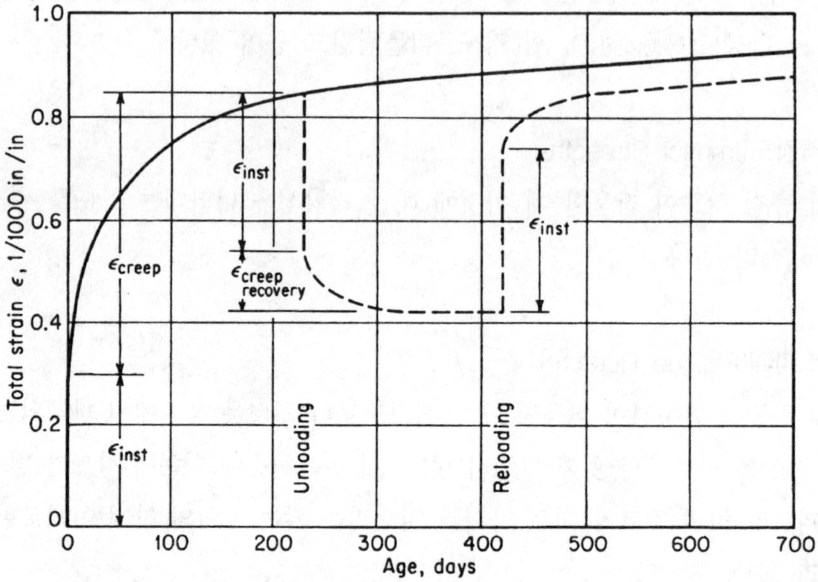

그림 2-2. 크리프와 리렉세이션

3. 인성((Toughness)과 취성(Brittleness)

제료가 파괴되기까지 높은 응력에 잘 견디고 많은 변형을 하는 재료를 인성(靭性)이라 하며 고무, 연강 등은 인성이 큰 재료이다.

재료가 작은 변형에도 쉽게 파괴되는 재료로 유리, 주철 등이 취성(脆性)이 큰 재료이다.

4. 연성(Ductility)과 전성(Malleability)

재료가 인장응력을 받을 때 잘 늘어나는 성질을 연성(延性)이라 한다.

재료를 두들길 때 넓고 얇게 펴지는 성질을 전성(展性)이라 하며 납, 금 등은 전성이 큰 재료이다.

5. 경도(Hardness)

재료에 긁기(Scratch)했을 때 재료가 자국, 절단, 마모 등에 저항하는 능력을 경도(硬度)라 한다.

6. 재료의 강도와 허용응력(許容應力)

재료의 강도는 재료 시험에 의하여 정하며 다음 식으로 구한다.

$$\text{강도} = \frac{\text{시험에 의한 최대하중(kg)}}{\text{공시체의 단면적(cm}^2\text{)}}$$

여기서, 강도는 파괴 강도를 말하며 이 강도를 그대로 사용할 수 없고, 파괴 강도를 안전율로 나누어 구한 값을 허용응력으로 사용한다.

$$\text{허용응력} = \frac{\text{파괴강도}}{\text{안전율}}$$

2-3. 재료의 물리적(物理的) 성질

1. 무게에 관한 성질

1) 비중(Specific Gravity)

재료의 중량을 동일 체적의 4℃ 때의 물의 중량으로 나눈 값을 비중(比重)이라 한다. 재료내부의 공극이나 수분을 제외한 실질적인 비중을 진비중(眞比重)이라고 하며, 공기와 수분을 포함한 비중을 겉보기 비중이라 한다. 비중의 단위는 무차원이다.

비중 = 재료의 중량/동일 체적 4℃ 물의 중량

2) 밀도(Density)

재료의 질량(m)을 체적(V)으로 나눈 값을 밀도(ρ)라고 하며 고체는 kg/m^3, g/cm^3 또는 t/cm^3 등으로 가스는 kg/cm^3로 그 단위를 각각 나타내며, 밀도와 중력(γ)과의 사이에는 중력 가속도를 g라고 하면 $\gamma = \rho g$(N/cm^3)의 관계에 있다.

$$밀도(\rho)=질량(m)/체적(V)$$

3) 단위체적중량(Unit Weight, 單位體積重量)

단위체적 당의 중량으로 단위는 kg/m^3이다.

4) 함수율(Water Content)

재료 중에 포함되어 있는 수분을 그 재료의 건조 시의 중량으로 나눈 값으로 나타낸다.

$$함수율(含水率) = \frac{재료에\ 포함되어\ 있는\ 물의\ 중량}{재료의\ 건조시중량}$$

2. 열에 대한 성질

1) 비열(Specific Heat, 比熱)

중량 1g의 재료를 온도 1℃ 높이는데 필요한 열량을 말한다.

2) 열전도율(Thermal Conductivity, 熱傳導率)

단위두께를 갖는 재료의 상대하는 두 면에 단위온도차를 둘 때 단위시간에 전해지는 열량을 말한다.

3) 열팽창 계수(Coefficient of Thermal Expansion, 熱膨脹係數)

재료가 온도의 상승과 하강에 따라 팽창·수축하는 비율을 말한다.

① 선팽창계수: 길이에 관한 비율

② 체팽창계수: 용적에 관한 비율
주로 선팽창계수를 이용하며, 일반적으로 체팽창계수는 선팽창계수의 3배 정도이다.

4) 열확산율(Thermal Diffusivity, 熱擴散率)
단위두께의 재료에 단위열량차를 주었을 때 단위시간에 상승하는 온도의 정도를 말하며 온도전도율(Thermometric Conductivity)이라고도 말한다.

5) 연화점(Softening Point, 軟化點)
재료에 열을 가하여 고체에서 액체로 바뀌는 온도

6) 인화점(Flash Point, 引火點)
연화점의 온도에서 더 가열하면, 재료는 열 때문에 분해되어 인화할 때의 온도

7) 연소점(Burning Point, 燃燒點)
인화점에서 온도가 상승하여 인화 후 계속 연소하는 온도를 말한다.

3. 음에 대한 성질

1) 흡음률(Sound Absorbing)
재료가 어느 주파수의 음에 대하여 음의 에너지를 흡수하는 효율을 흡음률(吸音率)이라 말하며 입사음파의 에너지에 대한 흡수에너지의 비율로 표시한다.

2) 반사율(Reflection Factor)
재료에 음을 투사한 양과 재료에서 반사한 음의 양과의 비를 반사율이라 한다.

3) 투과율(Tranmission Factor)
재료에 음을 투사한 양과 재료를 통과한 음의 양과의 비를 투과율이라 한다.

4) 차음률(Sound Insulating Coefficient)

재료가 음을 얼마나 차단하는 가의 정도를 차음률(遮音率)이라 한다. 차음률의 단위는 dB(Decibel)로 나타낸다.

4. 전기에 대한 성질

1) 비저항(Specific Resistance, 比抵抗)

일정한 길이와 단면적을 가진 재료에 전기를 통했을 때 전기적 저항을 말한다.

5. 빛에 대한 성질

재료의 빛에 대한 순 물리적인 성질로 광선의 투과, 반사, 굴절 등이 있다.

1) 투과율(Transmission Factor)

입사하는 광속(光速)에너지에 대해 투과하는 광속에너지 비율의 백분율(%)을 투과율(透過率)이라 한다.

2) 반사율(Reflection Factor)

재료에 입사하는 광속에너지에 대해 반사하는 광속에너지의 비율의 백분율을 반사율이라 한다.

2-4. 재료의 화학적(化學的) 성질

재료의 화학적 성질에는 건조와 습도, 동결과 융해, 마모 등의 물리적 작용이나 산·알칼리 등의 화학적 작용에 저항하는 성질을 재료의 내구성(Durability)이라 하며, 건설재료는 악조건에서 오래 동안 견디어야 하므로 다음과 같은 내구성(耐久性)이 필요하다.

1. 내후성(Weather Resistant, 耐候性)

온도변화에 따른 동결·융해, 습도변화에 따른 건습 등의 풍화작용에 저항하는 성질

2. 내식성(Rust Proof, 耐蝕性)

목재의 부식, 철의 녹 등의 작용에 저항하는 성질

3. 내마모성(Abrasion Resistant, 耐磨耗性)

재료가 유수(流水), 유사(流沙), 기계적 작용 등의 마모작용에 저항하는 성질

4. 내화학약품성(Chemicals Resistant, 耐化學藥品性)

산, 알칼리, 염류, 기름 등의 작용에 저항하는 성질

5. 내생물성(耐生物性)

벌레나 균류, 박테리아 등의 작용에 저항하는 성질

2-5. 복합재료(Composite Materials)

단일재료(單一材料) 만으로 요구하는 특성을 만족시킬 수 없을 때 다른 재료를 보강하여 구조물의 약점을 개선하는 것을 복합재라 하고 이러한 재료를 복합재료(複合材料)라 한다.

복합재료는 성질이 다른 두 가지 이상의 재료를 섞어 두 재료가 가지는 장점을 이용하기 위한 것으로 인간은 오래 전부터 진흙에 지푸라기를 넣어 벽돌을 만들어 사용하여 왔다. 진흙만으로 만들어진 벽돌은 반죽하여 원하는 모양을 쉽게 만들 수 있는 장점이 있으나, 충격에 약한 단점이 있는데 지푸라기를 섞어 넣음으로 충격에도 강한 질 좋은 벽돌이 되는 것이다. 오늘날 건설재료로 널리 사용되는 콘크리트도 자갈·모래·시멘트·혼화재료를 섞어 만든 복합재료이다. 모래는 자갈사이의 큰 공간을 채워주고, 시멘트는 모래사이의 작은 공간을 채우면서 서로 강하게 결합되게 하여 건설재료로서의 효율성이 크다. 최근에는 콘크리트의 약점인 인장·휨에 저항하

기 위해 철근 및 PC강선을 보강한 철근 콘크리트와 프리스트레스트 콘크리트 복합재료가 널리 사용되고 있다.

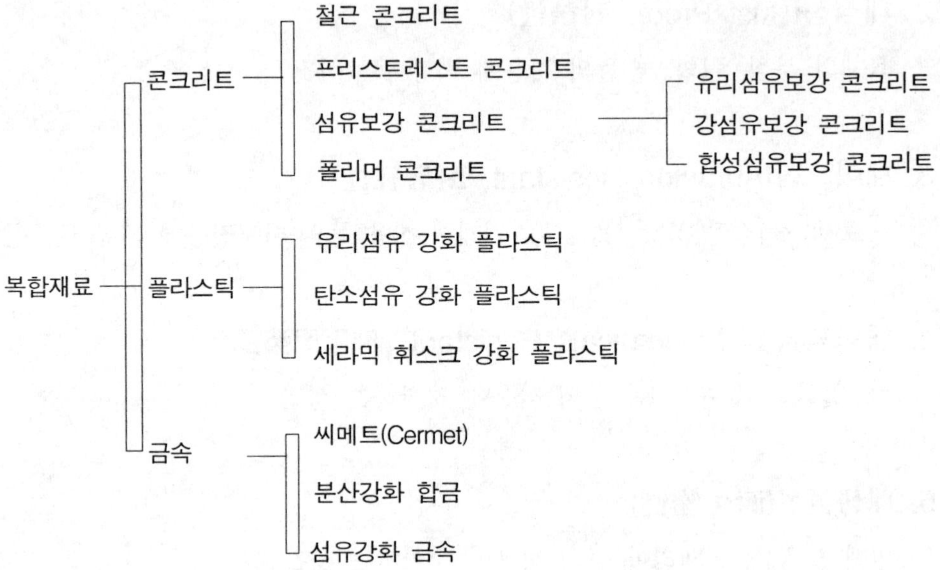

그림 3-2. 복합재료의 종류

제3장 … 골재(Aggregate)

골재(骨材)란 콘크리트와 모르터(Mortar)를 만들기 위하여 시멘트에 모래나 자갈을 혼합하는 것을 골재라 하며 그 용적은 65～85%정도이다.

3-1. 골재의 분류

1. 골재 입경(粒經)의 크기에 의한 분류

1) 굵은골재(Coarse Aggregate)

콘크리트 표준시방서에 의한 K.S A 5102의 규정에 의한 표준체 5㎜(NO.4)체에 거의 다 남는 골재

2) 잔골재(Fine Aggregate)

표준체 10㎜체를 전부 통과하고 5㎜체를 거의 다 통과하여 0.08㎜(NO. 200)체에 거의 다 남는 골재

2. 생산(生産)에 의한 분류

1) 천연골재(Natural Aggregate, 天然骨材)

강, 바다, 산 등에서 채취한 골재

2) 인공골재(Artificial Aggregate, 人工骨材)

부순모래, 부순자갈, 인공 경량골재, 고로 슬래그 등

3. 비중(比重)에 의한 분류

1) 경량골재: 비중이 2.50 이하인 골재
2) 보통골재: 비중이 2.50~2.65로 일반적으로 사용하는 골재
3) 중량골재: 비중이 2.70 이상인 골재

3-2. 양질의 골재가 갖추어야 할 성질(性質)

1) 깨끗하고 불순물이 섞이지 않아야 한다.
2) 물리적(物理的)·화학적(化學的)으로 안정하고 내구성이 커야 한다.
3) 마모에 대한 저항이 커야 한다.
4) 필요한 무게를 가져야 한다.
5) 골재의 입형(粒形)은 둥글거나 정육면체의 가깝고, 시멘트와 잘 붙는 표면 조직을 가져야 한다.
6) 입도(粒度)가 좋아야 한다.

3-3. 골재의 함수량(含水量)

함수량은 골재입자에 포함된 전 수량을 말하며 이는 표면수량과 흡수량으로 나눈다. 골재의 함수 상태는 여러 가지가 있으며 콘크리트 배합 설계 시 표면건조포화상태를 기준으로 계산한다.

1. 함수상태

1) 절대건조상태(Oven-dry Condition, 爐乾燥狀態, A)

건조로에서 24시간 이상 105±5℃의 온도로 일정한 중량(恒量)이 될 때까지 완전히 건조시킨 상태

2) 공기중건조상태(Room-dry Condition, 氣乾狀態, B)

실온, 실내에 방치한 경우 골재입자의 표면과 내부의 일부가 건조된 상태로 물을 가하면 약간 흡수할 수 있는 상태

3) 표면건조포화상태(Saturated Surface-dry Condition, 表面乾燥飽和狀態, C)

골재입자의 표면에 수분이 없으나 내부의 공극에는 수분이 포화되어 있는 상태로 콘크리트 반죽 시 물의 양이 골재에 의하여 증감되지 않는 이상적인 상태

4) 습윤상태(Wet Condition, 濕潤狀態, D)

골재의 내부가 완전히 수분으로 채워져 있고 표면에도 여분의 물을 포함하고 있는 상태

5) 표면수량(Surface Moisture, 表面水量)

골재 표면에 묻어 있는 물의 양으로 전 함수량에서 흡수량을 뺀 것으로 일반적으로 표면건조포화상태에 대한 무게의 비(%)로 나타낸다.

6) 흡수량(吸水量)

절대건조상태에서 표면건조포화상태가 될 때까지 흡수되는 물의 양으로 24시간 침수에 의하여 표면건조포화상태일 때의 골재 속에 있는 모든 함수량을 말한다.

7) 유효흡수량(有效吸水量)

공기중건조상태로부터 표면건조포화상태가 되기에 필요한 수량

xx8) 전 함수량(含水量)

전 함수량은 골재의 입자에 포함되어 있는 전체 수량을 나타낸다.

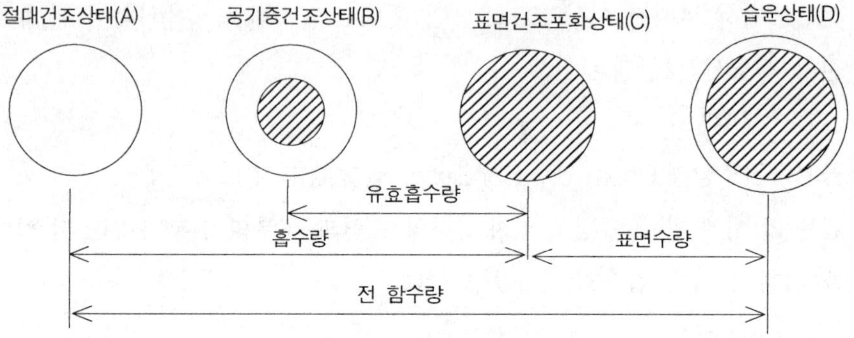

그림 3-1. 골재의 함수상태

- 흡수량 $= \dfrac{C-A}{A} \times 100(\%)$
- 유효흡수량 $= \dfrac{C-B}{B} \times 100(\%)$
- 표면수량 $= \dfrac{D-C}{C} \times 100(\%)$
- 전함수량 $= \dfrac{D-A}{A} \times 100(\%)$

콘크리트 배합설계 시 골재의 상태는 표면건조포화상태를 전제로 한다. 그 이유는 습윤상태로 콘크리트를 비비면 표면수량만큼 배합수가 많아지고, 또 반대로 절대건조상태나 공기중건조상태로 콘크리트를 비비면 배합수를 흡수하여 그만큼 단위수량이 감소하기 때문이다.

어느 경우이든 물-시멘트비에 영향을 미치므로 현장배합 시에 조정하여야 한다.

3-4. 골재의 비중(Specific Gravity)과 단위용적중량

1. 골재의 비중(比重)

골재의 비중은 진비중(True Specific Gravity, 眞比重), 겉보기비중(Apparent Specific Gravity)이 있으며 겉보기 비중은 다시 절대건조상태의 비중, 표면건조포화상태의 비중이 있다. 일반적으로 골재의 비중이란 표면건조포화상태의 비중을 말한다. 일반적으로 비중이 큰 골재는 공극률이 작고, 흡수량이 적으므로 내구성이 크고, 조직이 치밀하므로 강도가 크다. 잔골재의 비중은 보통 2.50~2.65 정도이고, 굵은 골재의 비중은 2.55~2.70 정도이다. 이론적으로 콘크리트용 골재의 비중은 2.60 이상을 표준으로 하며 비중이 2.60인 것은 응회암, 연질사암 등과 같은 사석에서 볼 수 있다. 골재의 비중은 배합설계, 실적률, 공극률 등의 계산에 사용되고 경도, 내구성, 강도 등의 정도를 알 수 있는 기초자료가 된다.

- 골재의 비중
  - 진비중: 골재의 공극에 수분을 포함하지 않은 실질적 비중
  - 겉보기 비중 (골재의 공극에 수분을 포함한 비중)
    - 절대건조상태의 비중
    - 표면건조포화상태의 비중

1) 굵은골재 비중의 종류

① 표면건조포화상태의 비중 $= \dfrac{B}{B-C}$

② 절대건조상태의 비중 $= \dfrac{A}{A-C}$

③ 진비중 $= \dfrac{A}{B-C}$

여기서, A : 절대건조상태 시료의 공기중 중량(g)

B : 표면건조상태 시료의 공기중 중량(g)

C : 시료의 수중 중량(g)

2) 잔골재 비중의 종류

① 표면건조포화상태의 비중 $= \dfrac{500(g)}{500(g)+B-C}$

② 절대건조상태의 비중 $= \dfrac{A}{A+B-C}$

③ 진비중 $= \dfrac{A}{500(g)+B-C}$

여기서, A : 절대건조상태 시료의 공기 중 중량(g)

B : 플라스크에 물을 넣은 중량(g)

C : 플라스크에 물과 잔골재를 넣은 중량(g)

2. 골재의 단위용적중량(Unit Weight)

골재의 단위용적중량(單位容積重量)은 공기중건조상태의 골재 1㎥의 무게를 말한다. 1㎥ 당 골재의 무게는 잔골재 1,500~1,850kg/㎥, 굵은골재 1,550~2,000kg/㎥, 혼합골재 1,760~2,000kg/㎥이다. 골재의 단위용적중량은 골재의 비중, 입도, 모양, 계량 및 투입방법, 측정기의 모양 및 크기, 표면수 및 함수량 등에 따라 달라지며 표준방법에 의한 골재의 단위용적중량은 일반적으로 1,600~1,700kg/㎥ 정도이다.

표 3-1. 각종 골재를 사용한 콘크리트의 단위용적중량

골　　재	콘크리트의 단위용적중량(tf/m^3)
전체가 천연골재	2.3~2.35
전체가 인공경량골재	1.5~1.7
인공경량골재에 일부 보통골재를 병용	1.7~2.0
슬래그 쇄석 및 하천모래	2.25~2.35
전체가 중량골재	2.5~5.0

3-5. 골재의 모양(Shape of Aggregate Particie)

콘크리트에 사용되는 골재의 모양(粒形)은 구형(Spherical Shape, 球形)이 좋으며 얇으며 넓적한 것, 가늘고 긴 모양의 골재는 불량한 골재이다. 골재의 모양이 불규칙한 것은 공극률이 크게 되고, 골재간의 마찰이 증가하여 불량한 콘크리트가 되기 쉽다. 특히 철근콘크리트 부재에 있어서는 가늘고 긴골재나 넓은골재는 철근사이에 걸려 거푸집 내에 공간을 만들게 되어 위험한 결과를 초래할 수 있기 때문에 사용을 피하는 것이 좋다.

둥근 것 ⇨ 모난 것 ⇨ 편평한 것 ⇨ 가늘고 긴 것

3-6. 굵은골재 최대치수(Maximum Size of Coarse Aggregate)

굵은골재 최대치수란 전체 골재량의 90%이상 통과된 체 중에서 최소치수의 체눈 크기를 공칭치수로 나타내는 굵은골재의 치수를 말한다.

1) 철근콘크리트의 굵은골재 최대치수는 50㎜이하(일반적인 경우 25㎜, 단면이 큰 경우 40㎜로 부재최소치수의 1/5이하, 철근 순간격의 3/4이하)
2) 무근콘크리트의 굵은골재 최대치수는 100㎜이하(일반적으로 40㎜이하, 부재최소치수의 1/4를 넘지 않아야 한다.)

표 3-2. 굵은골재 최대치수의 종류

구조물의 굵은골재 최대치수의 종류	굵은골재 최대치수
큰 콘크리트 댐	150mm
매시브한 콘크리트(큰 교각, 큰 기초)	80～100mm
어느 정도 매시브한 콘크리트(교각, 기초, 큰 아치..)	50～80mm
두꺼운 슬래브	40～50mm
포장 콘크리트	40mm
철근콘크리트의 슬래브, 보, 기둥, 벽	25mm
철근콘크리트의 단면이 클 때	40mm

3-7. 골재의 공극률과 실적률

1. 공극률(Percentage of Voids)

골재의 단위체적중의 공극을 백분율로 나타낸 것이 공극률(空隙率, 빈틈률)이다. KS에 의하면 잔골재의 공극률은 30~45%, 굵은골재는 27~45% 정도로 규정하고 있다. 부순돌을 굵은골재로 사용할 때에는 강자갈을 사용할 때보다 공극률이 커지며, 잔골재와 굵은골재를 알맞은 비율로 섞어면 공극률은 25% 이하가 된다.

- $공극률 = (1 - \frac{골재의\ 단위중량}{골재의\ 비중}) \times 100$

공극률이 작을 때의 장점

① 단위시멘트량을 줄일 수 있다.

② 콘크리트의 내구성과 강도가 증가

③ 콘크리트 반죽 시 수량을 줄일 수 있다.

④ 콘크리트의 밀도가 커지며 마모저항성이 증가하여 투수성 및 흡수성이 작아진다.

2. 실적률(Percentage of Solids)

골재를 용기에 넣었을 때 골재의 실제 부분의 비율을 백분율로 나타낸 것이 실적률(實績率)이다. 실적률이 클수록 골재의 모양이 좋고 입도분포가 적당하여 시멘트풀의 양이 적게 들며 건조수축, 수화열을 줄일 수 있어 원하는 강도를 얻을 수 있다.

- $실적률 = \frac{골재의\ 단위중량}{골재의\ 비중} \times 100$

3-8. 골재의 입도(Grading)와 조립률(Fineness Modulus)

1. 입도(粒度)

골재의 크고 작은 입자가 섞여 있는 정도를 입도라 하며, 골재의 입도는 K.S F 2502의 체가름시험(Sieve Analysis Test)에 의해 구하고 이것으로부터 구한 결과로 실측입도곡선을 구할 수 있다. 일반적인 콘크리트에 사용되는 입도가 양호한 것은 작은 입자와 큰 입자가 적당히 혼합되어 있는 것으로 워커빌리티, 내구성, 강도, 수밀성 등이 커서 단위시멘트량을 줄일 수 있어 경제적인 콘크리트를 만들 수 있다.

2. 입도곡선(Grading Curve)

위 골재의 체가름 시험 결과를 곡선으로 나타낸 것을 입도곡선(粒度曲線)이라 한다. 체가름 시험 결과 각 체에 남는 누가중량(累加重量) 백분율에 의해 실측입도곡선(實測粒度曲線)을 구하고 표 3-3, 표 3-4의 각 체에 남은 누가중량 백분율에 의해 표준입도곡선(標準粒度曲線)을 구한다. 그 결과 실측입도곡선은 표준입도곡선 안에 들어가야 하며 만약 실측입도곡선이 표준입도곡선 안에 들어가지 않으면 양질의 골재를 브랜딩(Blending)하여 사용하여야 한다.

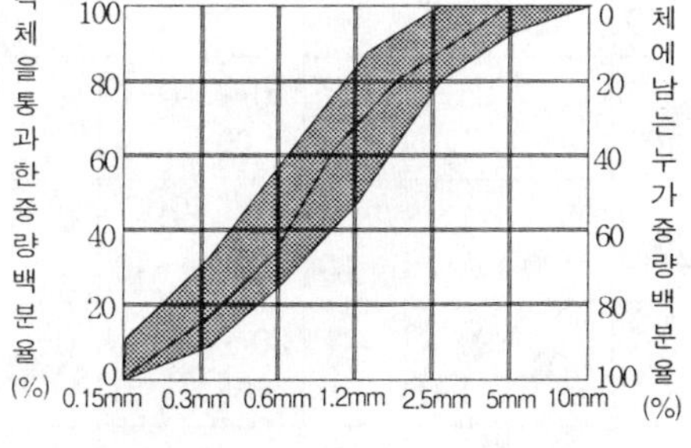

그림 3-2. 잔골재 입도곡선

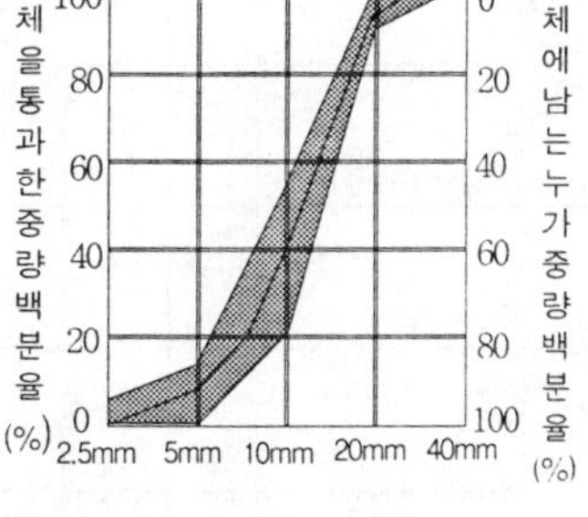

그림 3-3. 굵은골재 입도곡선

표 3-3. 잔골재 표준입도(공통부문·포장콘크리트)

체의 호칭	각 체를 통과한 양의 중량백분율(%)	각 체에 남는 누가 중량 백분율(%)
10mm	100	0
5mm(NO.4)	95~100	0~5
2.5mm(NO.8)	80~100	0~20
1.2mm(NO.16)	50~85	15~50
0.6mm(NO.30)	25~60	40~75
0.3mm(NO.50)	10~30	70~90
0.15mm(NO.100)	2~10	90~98

표 3-4. 굵은골재 표준입도

골재번호	체의호칭 / 골재의 크기(mm)	각 체를 통과한 양의 중량 백분율(%)												
		100	90	80	65	50	40	25	20	13	10	5	2.5	1.2
1	90~40	100	90~100		25~60		0~15		0~5					
2	65~40			100	90~100	35~70	0~15		0~5					
3	50~25				100	90~100	35~70	0~15		0~5				
357	50~5				100	90~100		35~70		10~30		0~5		
4	40~20					100	90~100	20~55	0~15		0~5			
467	40~5					100	90~100		35~70		10~30	0~5		
57	25~5						100	95~100		25~60		0~10	0~5	
67	20~5							100	90~100		20~55	0~15	0~5	
7	13~5								100	90~100	40~70	0~15	0~5	
8	10~2.5									100	85~100	10~80	0~10	0~5

3. 조립률(粗粒率, FM)

골재의 입도를 표시하는 계수로 KS A 5101 표준체 10개(80㎜, 40㎜, 20㎜, 10㎜, 5㎜, 2.5㎜, 1.2㎜, 0.6㎜, 0.3㎜, 0.15㎜)를 이용하여 체가름시험을 하고 난 다음 각 체에 남는 양의 누가 중량 백분율의 합을 100으로 나눈 값을 말한다.

골재의 조립률은 일반적으로 잔골재는 2.3～3.1, 굵은골재는 6～8정도가 좋다. 만약 잔골재의 조립률이 이 범위를 벗어난 경우 2종 이상의 잔골재를 혼입하여 입도 조정을 해서 사용한다. 시방서에는 콘크리트 배합을 결정할 때 잔골재의 조립률이 가정한 잔골재의 조립률에 비하여 0.20이상의 변화가 있을 때는 콘크리트 배합을 수정하여야 한다.

[예제1] 골재의 조립률 계산(1)

체 (㎜)	굵은골재			잔골재		
	각 체에 남는량 (g)	각 체에 남는량의 중량백분율 (g)	각 체에 남는량의누가백분률 (%)	각 체에 남는량 (g)	각 체에 남는량의 중량백분율 (g)	각 체에 남는량의누가백분률 (%)
80	0	0	0	0	0	0
40	285	3	3	0	0	0
20	4,301	43	46	0	0	0
10	3.468	35	81	0	0	0
5	1,536	15	96	15	3	3
2.5	410	4	100	31	6	9
1.2	0	0	100	104	22	31
0.6	0	0	100	152	32	63
0.3	0	0	100	120	25	88
0.15	0	0	100	58	12	100
합계	10,000	100	726	480	100	294

1) 굵은골재의 조립률 $= \dfrac{3+46+81+96+100+100+100+100+100}{100}$

$= 7.26$

2) 잔골재의 조립률 $= \dfrac{3+9+31+63+88+100}{100} = 2.94$

[예제2] 골재의 조립률 계산(2)

체 (mm)	굵은골재	잔골재(A)	잔골재(B)	잔골재(A)를 70%, 잔골재(B)를 30%혼합 했을 때의 조립률	
	누가중량백분율 (%)	누가중량백분율 (%)	누가중량백분율(%)		
*80	0				
50	0				
*40	5				
30	25				
25	38				
*20	57				
15	70				
*10	82	0	0		
*5	97	4	0	4×0.7	
*2.5	100	15	0	15×0.7	
*1.2	100	37	11	37×0.7	11×0.3
*0.6	100	62	28	62×0.7	28×0.3
*0.3	100	85	65	85×0.7	65×0.3
*0.15	100	98	87	98×0.7	87×0.3
합계	741	301	191	(301×0.7)	(191×0.3)

1) 굵은골재의 조립률 $= \dfrac{5+57+82+97+100+100+100+100+100}{100}$

$= 7.41$

2) 잔골재(A)의 조립률 $= \dfrac{4+15+37+62+85+98}{100} = 3.01$

3) 잔골재(B)의 조립률 $= \dfrac{11+28+65+87}{100} = 1.91$

4) 혼합 잔골재의 조립률=(3.01×0.7)+(1.91×0.3)=2.68

3-9. 골재의 불순물과 안전성(Soundness)

1. 골재의 불순물(不純物)

골재의 불순물이란 골재에 먼지, 점토 덩어리, 실트(Silt), 운모질 물질, 부식토 등의 유기물 및 화학, 염류 등 해로운 유해물이 섞여 있는 것을 말하며 불순물이 포함된 골재는 골재의 부착력, 수화작용이 나빠지고 콘크리트 반죽 시 수량이 많아져 내구성, 안전성을 해치고 레이탄스(Laitance)가 발생한다.

2. 골재의 안전성(安全性)

골재의 안정성이란 한서나 풍우에 대한 내구성을 증가시키기 위하여 골재의 안정을 판단하는 것으로 KS에 따른 황산마그네슘, 황산나트륨용액에 대한 침식을 시험하여 기준치 이하이어야 한다.

표 3-5. 손실중량 백분율의 한도

규격	시험용 용액	손실중량백분율	
		잔골재	굵은골재
KS F 2526	황산 나트륨	10% 이하	12% 이하
KS F 2526	황산 마그네슘	15% 이하	18% 이하

3-10. 알카리 골재반응(Alkali-Aggregate Reaction)

알카리 골재반응은 1930년대 후반 미국에서 발견된 현상으로 현재는 세계적으로 알카리 골재반응에 대한 콘크리트 구조물의 균열이 확인되고 있다.

알카리 골재반응이란 시멘트 속의 알카리 성분이 골재의 실리카(Silica)광물질과 반응하면 골재의 주변에 젤(gel)이 형성되고, 이것이 습기와 만나면 팽창하여 콘크리트에 균열과 휨 붕괴가 유발되는 현상을 말한다. 이는 콘크리트 표면이나 내부에 젤(gel)상태의 물질 또는 백색 침전물이 생긴다.

$$CaO + \left(\begin{matrix} Si\,O_2 \\ H_2O \end{matrix} \right) \Rightarrow Ca(OH)_2$$

알카리 골재반응이 콘크리트의 성질에 미치는 영향은 알카리 골재반응에 인한 팽창에 의해 콘크리트의 압축강도, 인장강도 및 탄성계수가 저하되고, 한번 균열이 발생하면 동결융해나 콘크리트의 중성화가 복합적으로 촉진되어 철근 부식에 의한 팽창균열을 유발하게 되므로 콘크리트구조물은 큰 손상을 입게 된다. 이러한 콘크리트 성질의 변화속도는 콘크리트의 배합설계, 시공의 적부, 양생조건, 시공환경, 반응성 골재의 종류, 골재의 입도, 시멘트 중의 알칼리량과 배합조건 등 사용재료에 의해서도 영향을 받는다.

알카리골재 반응이 과도하게 발생하여 팽창이 진행되면 콘크리트를 타설한 후 1~10년 사이에 콘크리트 표면에 균열이 발생하며, 균열성상은 마치 지도 상의 강이나 경계선과 비슷한 지도상균열(Map-Cracking) 또는 열개(裂開)상균열(Disruptive-Cracking)이라 불리는 균열이 분상화(墳上化), 입상화(立像化), 만곡화(彎曲化)되어 구조물의 붕괴로 이어진다.

해결책은

1. 재료 선정단계의 대책

1) 반응성골재를 사용하지 않는다.
2) 콘크리트중에 알카리량을 감소시키기 위해 알카리량이 0.6% 이하로 함유한 시멘트를 사용한다.
3) 알카리 억제 효과가 있는 양질의 포졸란을 사용한다.

2. 콘크리트 배합에 의한 대책

1) 밀실한 콘크리트를 시공
2) 적당량의 공기주입

3. 기존 구조물의 대책

1) 강제적인 건조
2) 방수제로 도포하여 수분침투를 방지

4. 기타 대책

1) 에폭시계로 철근을 방청도장
2) 재료분리 방지용 감수제, 고강도 감수제를 사용
3) 내황산염 시멘트(저알카리성 시멘트)사용

앞으로 골재 고갈 문제와 더불어 가장 문제 시 되고 있는 것은 바다모래와 굵은골재로 알카리 골재 반응을 일으키는 부순자갈(반응성 골재)을 사용하는 경우로 콘크리트의 팽창, 철근부식 등의 열화현상(Degradation, 劣化現狀) 및 알카리 골재반응에 의한 피해가 심각한 문제로 제기된다.

3-11. 여러 가지 골재

1. 천연골재(Natural Aggregate)

강모래(River Sand)·강자갈(River Gravel)·산모래(Pit Sand)·산자갈(Pit Gravel), 바다모래(Sea Sand)·바다자갈(Sea Gravel)

그림 3-4. 천연골재

2. 부순돌(碎石)

부순돌은 암석을 폭파하여 채굴한 다음 파쇄기를 이용하여 파쇄한 후 체로 분류한 골재로 부순모래(Crushed Sand)·부순자갈(Crushed Gravel) 등이 있다.

그림 3-5. 부순돌

3. 고로슬래그 골재(Slag Aggregate)

용광로에서 나온 고온의 녹은 고로 슬래그를 천천히 냉각시켜서 굳게 한 뒤 쇄석기로 부수어 만든 것

4. 중량골재(Heavy Weight Aggregate)

중량골재는 원자로 등의 방사선 차폐 효과를 높이기 위하여 콘크리트에 사용되는 갈철광, 자철광, 중정석 등과 같이 비중이 큰 골재

5. 경량골재(Light Weight Aggregate)

팽창성 혈암, 팽창성 점토, 플라이애쉬 등을 주원료로 하여 불에 구워 만든 인공골재와 화산암, 응회암, 용암 등의 자연산 골재가 있다.

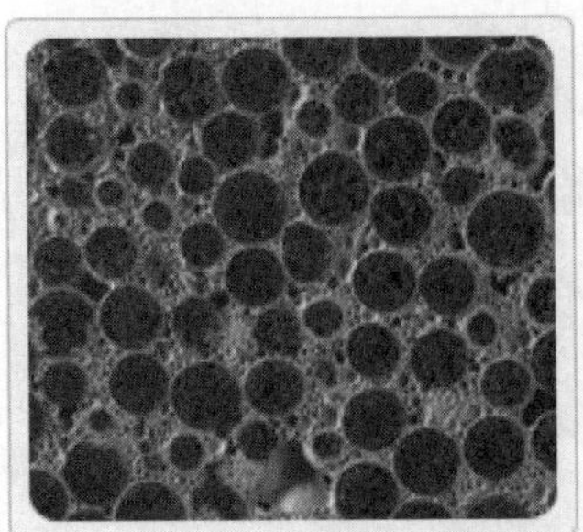

혈암 채취 후 1,200℃에서 팽창소성

다공질의 경량골재 생산

체가름을 행한 후 2~4mm크기 골재 사용

6. 바다 모래(Sea Sand)

바다 모래(海沙)는 일반적으로 바다에서 채취한 골재로 염분이 일정량 포함한 경우의 모래를 말하며 해사는 무근 콘크리트에는 사용하여도 강도나 기타 성질에는 크게 지장이 없으나 철근 콘크리트나 PC 콘크리트에 사용하면 철근이나 PC강선이 녹슬 위험성이 있다.

일반적으로 해사의 염분은 물로 씻거나 혼화제를 사용하여 염화물이 규정범위 안에 들어야 한다. 그 허용범위는 콘크리트 표준시방서에서는 염화물 허용 함유량을 0.03%(0.3kg/m³) 이하로 규정하며, 이를 염화나트륨(Nacl)로 환산하면 0.04%(0.4kg/m³)를 허용한도로 하고 있다. 또한 레미콘에 함유된 염화물 함유량은 0.03%(0.3kg/m³) 이하이며, 책임감리자나 구입자 허가를 얻은 경우에는 0.06%(0.6kg/m³) 이하까지 허용하고 있다.

3-12. 골재의 저장(貯藏)과 취급(取扱)

1) 잔골재와 굵은골재는 별도로 저장
2) 굵은골재 최대치수가 65mm이상 일 때 적당한 체로 쳐서 대소 2종으로 분리하여 저장
3) 골재의 표면수(表面水)가 일정하도록 배수시설을 설치
4) 굵은골재 취급 시 크고 작은 입자가 분리되지 않도록 한다.
5) 빙설(氷雪)의 혼입이나 동결(凍結)을 막을 적당한 시설을 설치
6) 여름에 직사광선을 피하기 위하여 적당한 시설을 설치

3-13. 물(Water)

콘크리트에 사용되는 배합수는 콘크리트의 워커빌리티, 응결경화, 강도, 체적변화 등에 영향을 미치며 강재의 부식을 초래하는 배합수는 사용하지 않아야 한다.

일반적으로 콘크리트에 사용되는 배합수로는 맛, 빛깔, 탁도, 냄새 등이 없는 상수도, 하천수, 호수물, 지하수, 공업용수 등이 적합하며 공장폐수나 도시하천수, 오염된 하천수, 오염된 호수물, 염·아연·구리 등의 화합물, 알카리의 무기물, 부식물질의 유기물 등이 섞여 있는 배합수는 콘크리트의 응결경화, 강도저하, 체적변화, 워커빌리티에 악영향을 미치므로 사용하지 않는 것이 바람직하다.

3-13-1. 해수(海水)

해수는 철근콘크리트나 프리스트레스트 콘크리트에 사용하면 철근 및 PC강선을 부식시키므로 콘크리트의 배합수로 사용해서는 안된다.

그러나 무근콘크리트에 해수를 배합수로 사용할 경우 콘크리트의 응결이 빨라지고 초기강도는 약간 크게 나타나지만 담수를 사용하는 것보다는 장기강도가 떨어지므로 일반적으로 해수의 사용을 금하는 것이 바람직하다.

3-13-2. 염류(鹽類)를 함유한 배합수

염류의 농도가 1,000ppm이하의 경우 염의 종류에 상관없이 콘크리트의 응결경화에 영향을 미치지 않는다. 그러나 염류의 농도가 10,000ppm정도의 경우 일반적으로 콘크리트의 성질에 영향을 미치므로 이러한 배합수는 사용시 주의하여 사용하여야 한다.

3-13-3. 기타 성분을 함유한 배합수

우무, 탄닌(Tannin), 글리세린(Glycerin), 아미니유 등을 포함한 배합수는 콘크리트의 성질 중 압축강도에 영향을 미친다.

표 3-5. 배합수에 불순물이 섞여 있을 때 콘크리트의 강도에 미치는 영향

불순물의 종류	우무		타닌		글리세린		아미니유	설탕
함유량(%)	0.14	1.00	0.14	1.00	0.14	1.00	1.00	1.00
압축강도 비(%) 7일	70	0	51	0	118	18	0	0
압축강도 비(%) 28일	70	0	77	0	130	75	0	0

3-13-4. 회수수(回收水)

레미콘공장의 운반차나 믹서차 등의 세척배수에 포함되어 있는 골재를 제거한 물을 회수수라고 한다. 회수수는 시멘트로부터 용출된 수산화칼슘를 포함한 상징수(上澄水)와 시멘트의 수화생성물로 골재미립자를 포함한 슬러지수가 있다.

회수수의 사용에 관하여 일반적으로 다음과 같은 사용규준을 정하고 있다.

1) 상징수는 배합수로 똑같이 사용해도 좋다.
2) 슬러지수는 다음 4가지 항목을 만족할 경우만 사용이 가능하다.
   ① 슬러지 고형분은 시멘트 중량의 3% 이하로 한다.
   ② 물시멘트비와 컨시스텐시를 일정하게 하기 위하여 슬러지 고형분 1%에 대해 단위수량, 단위시멘트량을 1～1.5% 증감한다.
   ③ 잔골재율은 슬러지 고형분 1%에 대하여 약 0.5% 감한다.
   ④ AE제의 양은 고형분량에 따라 증가하고 AE감수제에 대해서도 필요에 따라 증가한다.

1. 회수수가 콘크리트의 품질에 미치는 영향

세척배수의 회수 및 재이용 시설에 의하여 얻어진 회수수를 콘크리트의 배합수로 사용할 경우 회수수는 품질기준을 만족하여야 하고 슬러지 고형분률(슬러지 고형분률 질량과 단위시멘트량과의 비율)이 3%이하가 되도록 농도를 조정하여 사용해야 한다. 또한 사용하기 전에 콘크리트의 시험배합을 실시하여 보정기준을 정하여 회수수 사용 시의 표준배합표를 작성해 두는 것이 좋다.

1) 회수수가 강도에 미치는 영향

단위시멘트량이 일정한 배합조건의 경우 슬러지의 첨가량이 증가함에 따라 콘크리트의 압축강도는 저하한다. 물-시멘트비가 일정한 배합조건의 경우, 슬러지 첨가량의 차이에 따른 강도차는 보이지 않는다.

2) 회수수가 건조수축에 미치는 영향

슬러지 첨가량이 증가하면 콘크리트의 건조수축은 약간 증가하나 슬러지 첨가량이 3%까지는 큰 차이가 없는 것으로 나타난다.

2. 회수수를 사용한 콘크리트의 품질관리

1) 레미콘공장에서 믹서, 트럭믹서, 트럭에지테이터 등을 세척한 상징수는 콘크리트의 강도, 워커빌리티 등에 큰 영향은 없기 때문에 배합수로 사용하여도 무방하다.
2) 콘크리트의 배합수로 회수수를 사용할 경우 상징수는 큰 문제가 없으나 슬러지 수는 콘크리트의 강도, 워커빌리티, 건조수축에 큰 영향을 주기 때문에 배합수로 사용하기 전에 충분한 시험을 통하여 회수수로서 품질을 확인해 두어야 한다. 슬러지 수의 농도기준은 슬러지 고형분률의 3%이하가 되도록 정해야 한다. 그리고 다량의 슬러지 수를 저장할 경우에는 샘플링의 위치에 따라 상당한 편차가 생기는 경우가 있으므로 편차를 잘 확인하여 평균농도가 얻을 수 있는 위치를 정하여 두는 것이 필요하다. 또한 샘플링한 후 시료를 분취할 경우에도 충분히 혼합하여 일정한 농도가 된 시료를 분취하여야 오차의 발생을 줄일 수가 있다.

제4장 … 시멘트(Cement)

4-1. 시멘트의 정의

시멘트(Cement)란 물질과 물질을 접합시키는 성질을 가진 재료를 뜻하며 좁은 의미로 무기질 결합체라고 정의한다.

시멘트는 크게 공기 중에서만 경화하는 기경성(氣硬性)시멘트와 공기 및 물 속에서 경화하는 수경성(水硬性)시멘트로 분류되며 수경성시멘트는 다시 포틀랜드시멘트와 혼합시멘트 및 특수시멘트로 분류한다.

4-2 시멘트의 역사

- 기원전 2500년경 고대 이집트 쿠퍼왕의 피라미트 축조 시 외장 석재표면에 석회석을 구워서 만든 소석고를 모르터로 사용
- 1756년 영국의 존 스미톤(J. Smeaton)은 점토분을 다소 함유한 석회를 소성하면 수경성을 갖는다는 사실을 발견하여 수경성석회(Hydraulic Lime)를 만듬
- 1796년 존 파커(J. Parker)가 같은 방법으로 로만시멘트(Roman Cement)를 발명
- 1818년 프랑스의 비카(L. Vicat)가 석회석과 점토질 암석을 혼합·소성하여 천연시멘트(Natural Cement)를 발명
- 1824년 영국의 벽돌공인 존 애스프딘(Joseph Aspdin)이 석회석을 구워 생석회를 만들고 여기에 물을 가해 미분말의 소석회를 만든 다음 점토를 혼합하여 소성로에서 800℃로 소성하여 클링커를 만든 다음 이를 분쇄하여 시멘트

를 제조하는 방법을 개발

- 1845년 존슨(I. C. Johnson)이 석회석과 점토의 배합비율, 소성온도 등 제조조건을 밝혀 오늘날 사용되고 있는 포틀랜드시멘트를 개발

1. 우리나라 시멘트 역사

- 동국여지승람, 임원십육기 등에 석회석 산지를 자세히 조사
- 세종실록지리지에 소성석회의 제조법 설명
- 1451년 문종실록에 석회건조법이 보급되어 성벽축조 시 돌과 돌 사이를 점토 혹은 석회로 다져 사용
- 선조 38년 4월 구성(龜城)의 석성을 번벽(燔壁)으로 보축했다는 기록이 있다.

2. 국내 시멘트산업의 발달사

- 해방 전

  최초의 시멘트 공장은 1919년 평양근교에 연간 생산량 30만톤 규모의 공장을 건설하였으며 해방 전까지 승호리에 공장을 건설하여 연간 생산 능력 180만톤의 시설
- 해방이후~1961년

  대부분 시멘트공장은 북한에 있었으며 남한에는 삼척공장만 있었으나 광복과 6.25동란을 거치면서 모든 시설이 파괴되었으나 1957년 문경공장이 새로 가동하면서 시멘트산업의 새로운 면모를 갖추기 시작
- 1962년~1971년

  1961년 동양시멘트와 대한시멘트(쌍용양회 전신)에 불과했던 시멘트회사가 1971년 8개사로 늘어났으며 연간 생산 능력이 51만톤에서 687만톤으로 증가하여 세계 20위의 생산국으로 발돋음
- 1972년~1982년

  1975년에는 1,000만톤의 생산 능력뿐만 아니라 질적인 능력도 추구하여 내황산염시멘트, 중용열시멘트를 생산하는 등 품종의 다양화
- 1983년~1992년

  1988년에는 연간 생산능력이 3,150만톤 규모의 생산시설과 고도화된 기술을

바탕으로 조강·중용열·알루미나·칼라시멘트 등 신제품을 개발하였으며 1992년에는 연간 생산능력이 4,800만톤에 달하는 규모로 성장

4-3. 시멘트의 원료 및 조성광물

1. 시멘트의 원료

석회석과 점토가 가장 많이 사용된다. 이것을 4 : 1의 비율로 섞어 그 일부가 용해될 때까지 소성하여 얻어진 클링커(Clinker)에 경화제인 석고를 3%정도 첨가하여 미세한 분말로 분쇄한 것을 포틀랜드시멘트라 한다. 그 성분은 다음과 같다.

CaO(석회), SiO_2(실리카), Fe_2O_3(산화제2철), Al_2O_3(알루미나)⇒ 주성분

MgO(산화마그네슘), SO_3(무수황산)⇒ 부성분으로 구성

표 4-1. 포틀랜드시멘트의 주연료

원료	클링커 1t을 만드는데 필요한 양	비 고
석회석	1098kg	CaO원료, 일반적으로 $CaCO_3$의 함유량이 95%이상
점토	279kg	Al_2O_3, SiO_2원료, 혈암, 이암, 점판암 등
규석		점토 중의 SiO_2가 부족한 경우에 첨가
철광석	30kg	Fe_2O_3의 원료, 점토 중의 Fe_2O_3가 부족한 경우에 첨가

표 4-2. 포틀랜드시멘트의 화학성분

시멘트의 종 류	강열감량 (ig.loss)	불용잔분 (insol.)	화 학 성 분 (%)					
			SiO_2	Al_2O_3	Fe_2O_3	CaO	MgO	SO_3
보통	1.8	0.2	21.1	5.1	2.8	64.2	1.5	2.0
조강	1.2	0.1	20.4	4.8	2.7	65.2	1.3	2.9
중용열	0.4	0.1	23.0	3.8	4.1	64.1	1.3	2.0
저열	1.0	0.1	26.3	2.7	2.55	63.5	0.9	2.3

1) 석회질의 원료

시멘트의 주원료인 석회질 원료는 대부분 석회석(주성분 $CaCO_3$)이 가장 많이 사용되며, 시멘트 원료의 약 90% 정도를 차지한다. 이론적으로 클링커에 함유될 수 있는 CaO의 양은 65~67%이므로 시멘트 중에서 가장 중요한 위치를 차지하고 있다.

석회석의 압축강도는 950kgf/㎠ 이하여야 분쇄성에 미치는 영향이 적고, $CaCO_3$의 함량은 85% 이상이어야 한다. 시멘트 제조공정 중 채굴공정이 바로 이 석회석을 채굴하는 것이며 석회석내의 $CaCO_3$의 함량에 따라 선별하여 폐석이 발생되기도 한다.

2) 점토질 원료

점토질 원료로는 대표적인 것이 점토이나 그 양의 부족 등으로 경석, 슬래그 등이 점토질 원료 대용으로 사용되기도 한다. 시멘트는 CaO, SiO_2, Al_2O_3, Fe_2O_3 네가지 성분중 염기성분인 CaO는 석회석에서 얻고, 산기성인 SiO_2, Al_2O_3, Fe_2O_3는 점토질 원료에서 얻는다.

3) 규산질 원료

규산질 원료에는 연규석, 규석, 규사 등이 사용되며, 일반적으로 규산질 원료는 SiO_2성분의 함유량이 80% 이상이어야 한다.

4) 산화철 원료

산화철 원료는 점토질 원료중 다량의 철분이 함유되어 있으면 사용하지 않아도 되지만, 점토질 원료중에는 대부분 적은 양이 존재하므로 철광석 및 제철소의 부산물인 슬래그 등을 사용한다.

5) 석고

소성하여 만든 클링커만을 미분쇄하여 수화반응을 시키면 응결이 빠르게 진행되므로, 클링커에 석고를 약 3~5% 섞어 미분쇄하여 혼합하면 응결경화속도를 조절할 수 있고 초기강도 향상 및 안정도를 향상시킨다. 보통 천연석고를 사용하기도 하지만 화학공업의 부산물인 값싼 화학석고를 많이 사용한다.

6) 그 밖의 원료

SiO_2가 주성분인 백토나 규조토를 배합한 포졸란, 고로슬래그, 전로슬래그, 화력발전소에서 나오는 플라이애쉬, 보오크사이트, 제지공장의 플라이애쉬, 납석, 자로사이트, 각종 슬래그 및 슬러지 등이 대체원료로 사용되기도 한다.

2. 시멘트의 조성광물

시멘트의 주성분은 CaO, SiO_2, Al_2O_3, Fe_2O_3이며 소성로에서 소성(燒成)에 의하여 클링커광물이 형성된다. 클링커를 구성하는 중요 화합물은 아리트(Alite), 베리트(Belite), 알루미네이트(Aluminate), 페라이트(Ferrite)가 있는데, 보통 포틀랜드시멘트의 경우 이들 네가지의 화합물을 합친 중량비가 전체 시멘트의 중량의 90%를 차지한다.

미국의 Rankin, Wright에 의해 최초로 연구된 $CaO\text{-}SiO_2\text{-}Al_2O_3\text{-}Fe_2O_3$의 네가지 성분계에 대한 연구성과에 의하면 시멘트의 성분인 CaO, SiO_2, Al_2O_3, Fe_2O_3의 혼합물을 소성함으로써 평형에 이르면 C_3S, C_2S, C_3A, C_4AF의 네가지 화합물로 구성되어 있다는 것이 인정되었다. 이들 각 화합물의 성질이 다르므로 이를 설명하면 다음과 같다.

1) 아리트(Alite, C_3S : $3CaO \cdot SiO_2$)

아리트는 물을 가하면 응결이 시작되며 수시간 내에 경화한다. 아리트는 수화반응시 발열을 동반하고 그 수화열이 125cal/g 이다. 보통 포틀랜드시멘트에서 아리트의 양은 52～62%로 가장 많은 성분이며 아리트와 베리트는 반응에 있어서 비슷하게 나타난다.

아리트와 베리트 등의 규산칼슘이 수화하여 생성한 규산칼슘 수화물은 보통 CSH(Calcium Silicate Hydrates)로 표현된다.

석고는 아리트의 압축강도 및 인장강도에도 영향을 미치며 페이스트(Paste)의 유동성을 증대시키고, 응결시간을 변화시키는 작용을 한다. 아리트는 1,200～1,450℃

사이의 소성로 온도범위에서 C_2S가 CaO와 결합하여 C_3S형태가 된다. Rapid Heating이 바람직하고 이 때 15~20μ의 아리트 크기를 보이며, Slowing Heating시 60μ 또는 그 이상의 아리트 크기가 된다. 65% 이상의 C_3S는 소성하기가 극히 어렵고 Coating을 유발한다.

2) 베리트(Belite, C_2S : $2CaO \cdot SiO_2$)

베리트는 수화반응이 비교적 늦고, 장기간에 걸쳐 수화하지만 최종적으로 베리트의 강도와 동일한 정도에 달하게 된다. 보통 포틀랜드시멘트에서 그 양은 15~35%의 범위에서 평균 25%를 차지하며 수화열은 60cal/g이다. 베리트의 크기는 1,400℃의 Burning Zone에서 체류시간에 의해 결정된다. 장시간 체류가 좋으며 평균 결정길이는 25~40μ 정도이고, 짧은 체류시에는 5~10μ 정도의 크기를 보인다. 베리트의 색깔은 1,000℃ 이하에서 초기냉각의 비율에 따라 결정되며 Rapid Cooling이 바람직하며 이 때 선명한 베리트결정이 되고, Slow Cooling된 베리트결정은 클링커에 가까운 노랑색이 된다.

3) 알루미네이트(Aluminate, C_3A : $3CaO \cdot Al_2O_3$)

알루미네이트는 석고가 없는 상태에서 수화가 아주 빨라 물과 급격히 반응한다. 알루미네이트는 발열도 크며 발열에 의한 수화작용에 의한 수축도 크다. 석고는 이러한 급격한 수화반응을 적당히 조절하며, 알루미네이트와 반응하여 Ettringite를 생성하고, 석고가 소비되고 나면 생성된 Ettringite는 아직 반응하지 않은 알루미네이트와 반응하여 Monosulfate Hydrate로 바뀐다.

보통 포틀랜드시멘트에서 그 양은 6~12%을 차지하며 수화열이 200cal/g으로 네가지 성분중에서 가장 높다. 다량의 C_3A를 포함한 시멘트콘크리트는 땅속 또는 물에 접속된 상태에서 유황에 견디는 힘이 적다.

4) 페라이트(Ferrite, C_4AF : $4CaO \cdot Al_2O_3 \cdot Fe_2O_3$)

페라이트는 수화열이 적고 수축도 적으며, Fe_2O_3부분보다 Al_2O_3쪽이 빨라 Al_2O_3가 먼저 수화물을 만들고 이어 Fe_2O_3가 수화물을 만들어 양자가 결합한 형태의 고용체의 수화물로 되며 알루미네이트 다음으로 수화반응이 빠르다.

보통 포틀랜드시멘트에서 그 양은 5~10%를 차지하며 수화열은 100cal/g 정도이다. C_4AF 성분이 높을수록 시멘트의 색은 점점 더 검어진다.

5) 기타

위의 4성분외에 유리석회(Free CaO)는 다량이면 균열이 발생하고, 응결이 빨라지며, 유리마그네시아(Free Mag)는 다량이면 균열이 발생한다.

알카리성분으로 K_2O, Na_2O가 있는데 다량이면, 알카리성 골재와 반응하여 균열 및 철근부식을 초래한다.

표 4-3. 시멘트의 화합물 조성

화 학 명	광물명	화 학 식	약 호
규산 3석회	Alite	$3CaO \cdot SiO_2$	C_3S
규산 2석회	Belit	$2CaO \cdot SiO_2$	C_2S
알민산 3석회	Aluminate	$3CaO \cdot Al_2O_3$	C_3A
알민산철 4석회	Ferrite	$4CaO \cdot Al_2O_3 \cdot Fe_2O_3$	C_4AF

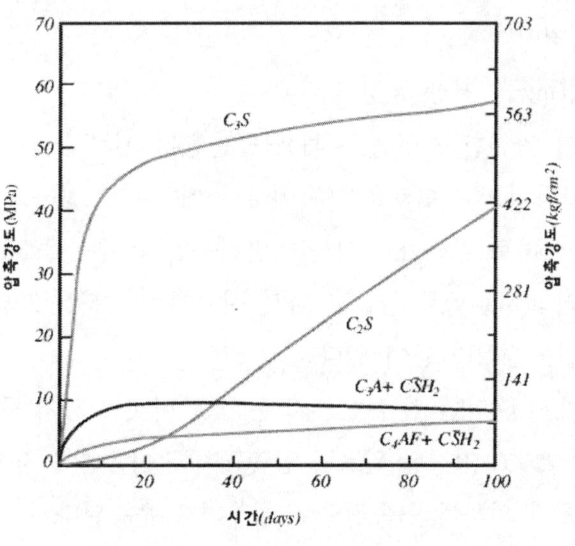

그림 4-1. 시멘트의 각 성분이 강도발현에 미치는 영향

4-4. 시멘트의 제조(製造)

1) 원료처리공정(原料處理工程)

① 원료 조쇄(粗碎)공정

광산에서 채취한 석회석을 덤프트럭을 이용하여 호퍼에 투입하면 투입된 석회석은 에이프런 이송기로 이송되어 햄머 크러셔에서 파쇄한다. 파쇄된 석회석은 운송벨트에 의해 진동체로 운반되고 25mm체를 석회석은 원료 치장실에 저장

② 원료 분쇄공정

원료 분쇄공정은 조쇄공정에서 파쇄된 25mm 이하의 석회석 93~94%, 점토 5~6%, 철광석 1~2%를 호퍼에 투입하여 정량 공급기에 의해 연속적으로 평취(平吹)한 후 종합 밸트 운송기로 운반되어 분쇄기에 들어가 혼합 미분쇄된다. 미분쇄된 원료는 버켓 승강기와 공기 운송기에 의해 이송되어 공기 분급기에서 정분(精分)과 조분(粗分)으로 분리되며, 조분은 다시 분쇄기로 돌아가 재분쇄되고 정분은 이송되어 진동체에서 이 물질을 제거한 후 혼합 사일로에 저장

③ 원료 혼합(混合)·저장 공정

소성로에서 완전한 소성을 위해서는 운송된 원료를 균일하게 혼합하여야 한다. 혼합방법으로 수분을 1% 이하로 가하여 소성하는 건습법과 수분을 10~12% 이하로 가하여 소성하는 반건습법 및 수분을 36~40% 정도를 가한 후 슬러리(Slurry)를 만들고 다시 여과기로 수분을 20% 정도만 남겨 두고 소성하는 습식법 등이 있다.

혼합실에서 혼합된 원료는 공기 운송기, 버켓 승강기 등으로 운반되어 저장실에 저장되고 저장된 원료는 압축공기를 이용하여 저장실에서 이송되어 정량공급기에 의하여 연속적으로 예열기로 운송된다.

2) 소성공정(Burning, 燒成工程)

원료처리공정을 거쳐 혼합된 원료는 예열기·소성로·냉각기·클링커 치장의 단계로 소성한다.

① 소성로(Kiln)

소성공정은 혼합 분쇄된 원료를 예열기와 소성로에 반입하여 원료를 건조·가열하여 석회석과 탈탄산(脫炭酸) 반응 후 생성된 생석회와 점토 및 철광석을 반응시켜 클링커를 생산하는 공정이다. 석회석의 분해시 다량의 열이 필요하며 클링커 중 가장 함유량이 많고 중요한 아리트(C_3S)가 1,300~1,450℃인 고온에서 생성되므로 원료를 소성로에서 소성한다.

② 클링커 냉각기

클링커 냉각기는 1,200℃ 정도의 클링커를 냉각시킴과 동시에 2차 공기를 950~1,000℃ 고온으로 가열하여 소성 효율을 향상시키는 열교환기이다. 냉각기를 통과한 클링커의 온도는 130℃ 정도이며 운송장치를 통해 반제품 치장인 클링커 치장실에 저장한다.

3) 제품화공정(製品化工程)

일반적으로 소성공정을 거쳐 제조된 클링커를 시멘트 밀(Cement Mill)이라 하며 이 시멘트 밀을 분쇄하여 시멘트를 만들고 이를 사일로에 저장한 후 출하하는 공정

① 클링커 분쇄(粉碎)

클링커를 분쇄하기 전에 소성된 클링커에 5% 이하의 수재분말 슬래그와 3~5% 정도의 석고를 첨가하여 분쇄하는 공정이다. 이때 분쇄는 분쇄기 속에 들어있는 강구(鋼球)에 의해 1실에서는 충격력에 의한 체적분쇄를 한 후 2실에서는 마찰력과에 의한 표면분쇄로 분쇄하여 요구하는 시멘트를 만든 후 사일로로 보내진다.

② 제품포장 및 출하공정

사일로에 저장된 시멘트는 압축공기를 이용하여 인출하며 이 물질을 제거

한 후 출하하며 출하방법은 다음과 같다.

㉠ 포장출하

㉡ 벌크 사일로(Bulk Silo)

㉢ 화차 벌크로딩

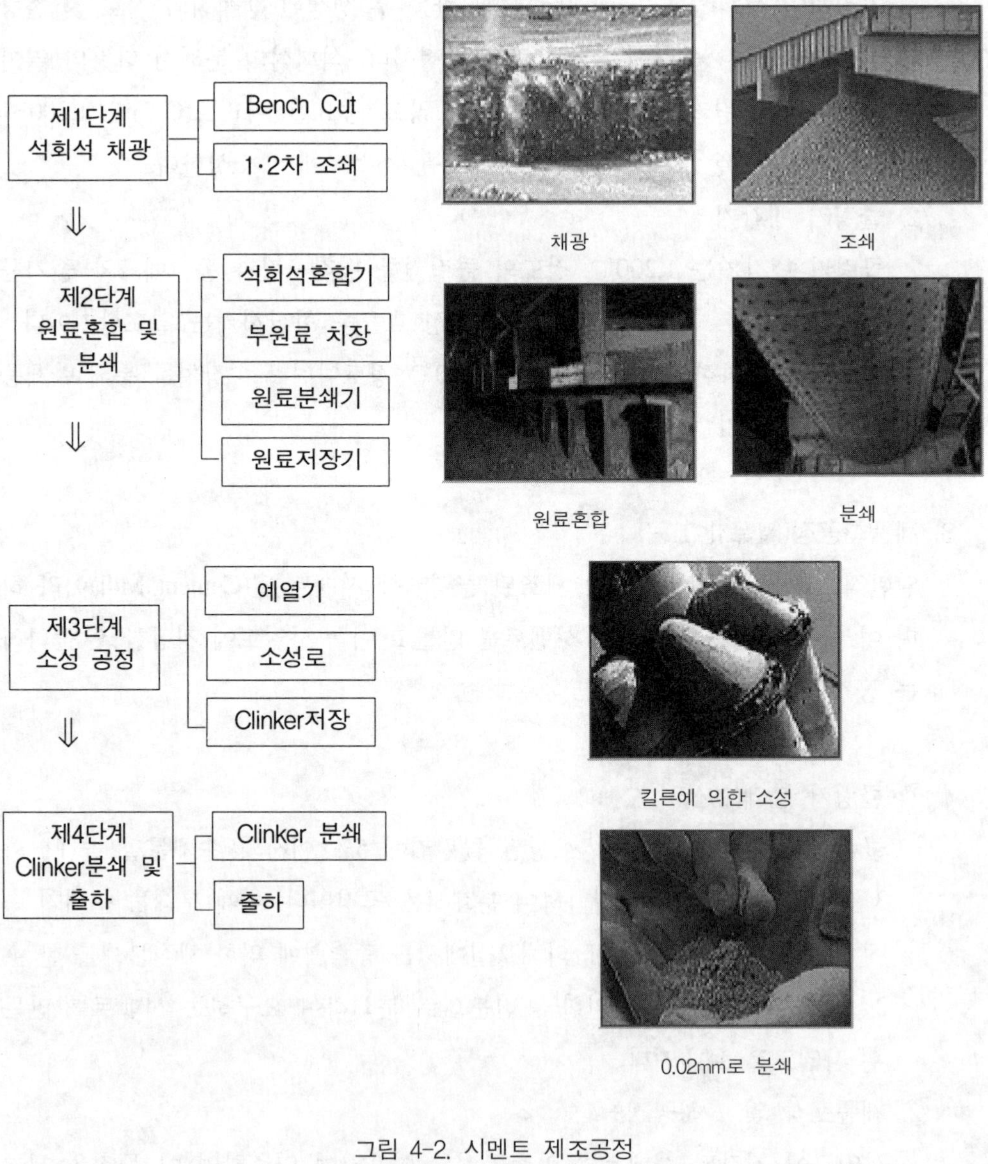

그림 4-2. 시멘트 제조공정

4-5. 시멘트의 종류

- 시멘트
  - 기경성시멘트
  - 수경성시멘트
    - 포틀랜드시멘트
      - 보통포틀랜드시멘트
      - 중용열포틀랜드시멘트
      - 조강포틀랜드시멘트
      - 저열포틀랜드시멘트
      - 내황산염포틀랜드시멘트
    - 혼합시멘트
      - 고로슬래그시멘트
      - 플라이애쉬시멘트
      - 포졸란시멘트
    - 특수시멘트
      - 내화물용 알루미나시멘트
      - 석면 단열시멘트
      - 마그네시아 단열시멘트
      - 팽창 질석을 사용한 단열시멘트
      - 팽창성 수경시멘트
      - 메리슨리시멘트

그림 4-3. 시멘트의 종류

1. 포틀랜드시멘트(Portland Cement)

포틀랜드시멘트(KS L 5201)는 특성 및 용도에 따라 5종류로 구분되며, 일반적으로 사용되고 있는 시멘트는 99.5% 이상 사용되고 있는 1종 보통포틀랜드시멘트를 시멘트라 한다.

1) 1종: 보통(普通)포틀랜드시멘트(Ordinary Portland Cement)

① 특성: 일반적인 시멘트로서 보편적인 성질을 가지고 있다.

② 주용도: 토목, 건축의 각종 공사에 사용되는 보편적인 시멘트

2) 2종: 중용열(中庸熱)포틀랜드시멘트(Moderate Heat Portland Cement)

① 특성: 시멘트 화학조성에 있어서 보통시멘트와 저열시멘트의 중간정도의 수화열을 낮게하여 초기강도보다 장기강도를 증진시킨 시멘트로 수화열이 낮고 건조수축이 작으며 내화학성이 우수

② 주용도: 댐공사, 터널, 거대구조물의 기초공사, 콘크리트 도로포장

3) 3종: 조강(早强)포틀랜트시멘트(Earty Strength Portland Cement)

① 특성: 조기에 고강도를 나타낼 수 있도록한 시멘트이며 콘크리트의 수밀성이 높고 구조물의 내구성도 우수하며 보통포틀랜트시멘트 7일강도를 3일만에 발현

② 주용도: 한중공사(寒中工事), 긴급공사, 콘크리트 2차제품

4) 4종: 저열(低熱)포틀랜트시멘트(Low Heat Portland Cement)

① 특성: 수화열이 60cal/g(7일)이하, 70 cal/g (28일)이하로 중용열시멘트 보다 10cal/g 낮아 수화열이 최저인 시멘트

② 주용도: LNG Tank, 댐용시멘트로서 중용열포틀랜드시멘트와 유사함

5) 5종: 내황산염(耐硫酸鹽)포틀랜트시멘트(Sulfate Resisting Portland Cement)

① 특성: 황산염에 대한 저항성을 강화한 시멘트

② 주용도: 하수시설, 배수시설, 해양구조물, 황산염을 많이 함유한 토양, 지하수에 닿는 곳의 콘크리트공사용. 터널수로 라이닝 등

6) 백색(白色)시멘트(White Portland Cement)

Fe_2O_3 성분을 적게하여 백색으로 만든 시멘트로 장식용, 인조대리석 제조용으로 사용

2. 혼합(混合)시멘트(Blending Cement)

1) 고로(高爐)슬래그시멘트(Blast-Furnace Slag Cement)

제철소의 폐기물인 슬래그를 Clinker에 혼합하여 만든 시멘트로 초기강도는 작으나 장기강도가 크고 응결시간이 오래 걸리고 바닷물에 대한 저항이 크며 수밀성이 커 댐, 하천, 항만 등의 해안 구조물 공사에 적합

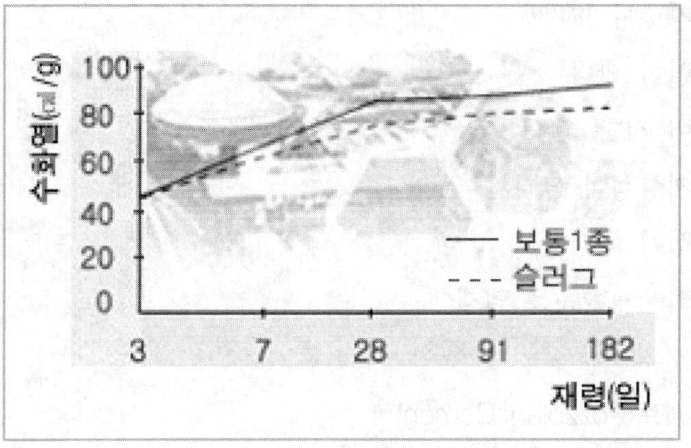

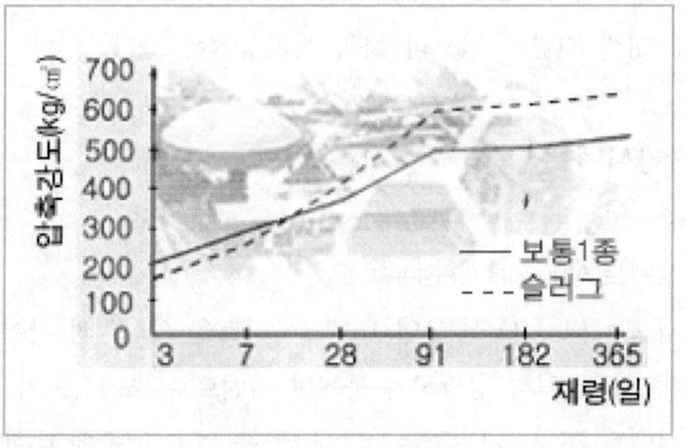

2) 실리카시멘트(Silica Cement)

포졸란반응성을 가지는 실리카질의 혼화재료(화산회, 규산백토, 실리카질 암석 등)와 석고를 클링커에 혼합하여 만든 시멘트로 초기강도는 작으나 장기강도가 크고 해수에 대한 저항성, 내구성, 워커빌리티(Workability)가 좋아 모르터나 콘크리트를 만들어 구조용시멘트 또는 도장모르터로 적합

3) 플라이애쉬시멘트(Fly-ash Cement)

플라이애쉬를 클링커에 혼합하여 만든 시멘트로 애쉬의 입자가 구형(球形)이어서 워커빌리티가 뛰어나고 수화열이 적다.

① 유동성이 좋다.

② 장기강도가 크다.

③ 수화열이 낮다.

④ 수축이 적다.

⑤ 화학저항성이 크다.

⑥ 수밀성이 높다.

⑦ 알카리골재반응을 억제

4) 포졸란시멘트(Pozzolan Cement)

포졸란반응을 가진 플라이애쉬를 혼합재로 혼합한 시멘트로 수화열이 작고 동결·융해에 대한 저항은 적으나 화학적 저항성은 크다.

3. 특수(特殊)시멘트

1) 알루미나시멘트(Alumina Cement)

알루미늄의 원료($A\ell_2O_3$성분)인 보오크사이트을 석회석과 같이 균일하게 혼합하여 소성한 후 급격히 냉각시켜 분쇄한 시멘트로 조기강도가 매우 커서 보통 포틀랜트시멘트 28일 강도를 24시간에 낼 수 있고 해수에 대한 저항성과 내구성이 크나 가격이 비싸고 발열량이 커서 양생에 주의하여야 한다.

(1) 타설 후 4시간에 100kgf/㎠ 정도의 압축강도

(2) 소결(燒結)된 후에는 내열성에 우수

(3) 황산염이나 약산에 대한 저항성이 우수

2) 초속경(超速硬)시멘트(Regulated Set Cement)

일명 Jet Cement으로 알루미나분과 불화물이 많은 점토를 사용한 시멘트로 1~2시간에 100kgf/㎠정도의 강도을 내며, 시공 후 2~3시간이면 실용강도를 나타내므로 장기간에 걸쳐서도 안정된 강도발현이 지속되며, 이른바 "꿈의 시멘트"라 불리우는 첨단시멘트로서 하절기 및 춘·추절기 시공에 적합한 일반용과 저온에서도 뛰어난 성능을 발휘하는 동절기용으로 구분하여 생산된다. 칼

슘 알루미네이트계 광물을 다량으로 함유, 물과 반죽하면 '에트린자이트'라는 수화광물을 형성하여 급속한 강도 발현 및 수화열을 발생하기 때문에 저온에서도 안정된 강도 발현을 할 뿐만 아니라 포틀랜트 시멘트의 주광물인 '알라이트'의 반응으로 강도가 초조강으로 발현된다.

(1) 특성

① 단시간 (2~3시간)에 실용강도 발현

② 응결시간 조절 가능

③ 수축 및 블리딩이 거의 없으며 지속적인 강도발현이 된다

(2) 용도

① 긴급을 요하는 시멘트 공사 (고속도로, 고가도로, 교량 등 긴급보수)

② 산업폐기물 고화처리

③ 터널 및 도로 보수공사

3) 팽창질석을 사용한 단열시멘트(KS L 5216)

팽창된 질석과 시멘트 또는 플라스틱 혼합물에 적절한 양의 물을 가하고 가소성 물질로 하여 시공하고, 그대로 자연 건조시켜 표면의 온도가 38~982℃ 범위인 곳에 단열재로 사용할 수 있는 시멘트를 말하며 주로 팽창된 질석과 적절한 양의 내열성 접착제로 구성된다.

4) 팽창성 수경시멘트(KS L 5217)

포틀랜드시멘트와 같이 수경성 칼슘실리케이트를 함유하며, 칼슘알루미네이트 및 황산칼슘을 함유하여 물로 반죽하였을 때 응결 후 초기 경화 기간 중 부피가 현저하게 증가하는 시멘트로 기본적으로 이 팽창은 칼슘알루미네이트와 황산칼슘에 의하여 일어난다.

① 팽창시멘트(K) : 칼슘알루미노설페이트($4CaO \cdot 3Al_2O_3 \cdot SO_3$),황산칼슘 및 유리산화칼슘을 함유하는 팽창시멘트

② 팽창시멘트(M) : 알루미나 시멘트와 황산칼슘을 함유하는 팽창시멘트

③ 팽창시멘트(S) : 삼칼슘알루미네이트(Ca_3Al)와 황산칼슘을 함유하는 팽창시

멘트

5) 메이슨리시멘트(KS L 5219)

미장, 조적용으로 사용하는 수경성 시멘트로서 포틀랜드시멘트, 고로슬래그시멘트, 포틀랜드 포졸란시멘트 등에 첨가제로 소석회, 석회석, 호분, 활석, 슬래그 또는 점토 등을 한가지 또는 두가지 이상 포함한 시멘트를 말하며 28일 압축강도는 63kgf/㎠이상으로 낮다.

6) 초조강 시멘트

초기에 수화반응이 큰 시멘트광물 조성을 가지고 있어 1일 강도가 보통시멘트의 7일강도를 발현하며 수밀성과 내구성이 우수하여 공기 단축을 요하는 각종 토목공사, 도로, 활주로등 긴급보수,암반 및 연약지반 그라우트, 한중공사에 이용된다.

7) 팽창성시멘트(Expansive Cement)

균열이나 변형을 방지하기 위해 시멘트에 팽창재를 첨가한 시멘트이다. 이는 콘크리트 응결, 경화 시에 팽창을 유발시켜 수축으로 인한 결점을 개선한 시멘트로 주로 프리스트레스 콘크리트에 사용

8) 방통 시멘트

무수축, 균열 방지 기능을 가지며 아파트의 바닥 마감용으로 이용된다.

9) 유정시멘트(Oil Wall Cement))

주로 석유 탐사작업에 유정 파이프를 고정하는 목적으로 사용하는 시멘트로 높은 지열과 압력 하에서 유동성, 강도 및 화학 저항성이 우수하다.

10) 인산시멘트

주로 치과에 사용하는 시멘트로 시멘트를 수분 내에 경화하며 몇 시간 내에 1,000~2,000kgf/㎠ 정도의 강도를 내나 가격이 매우 비싸다.

11) 기타

화학성분 중 Al_2O_3가 2~3%로 낮고 Fe_2O_3가 5~9%로 높은 고산화철 시멘트, Blaine이 6,000 ㎠/g 이상이고, 주입 성능 및 내구성 우수한 마이크로시멘트, 백색포틀랜드시멘트에 각종 안료를 첨가한 유색(Color)시멘트 등이 있다.

4-6. 시멘트의 일반적 성질

1. 수화(Hydration)와 수화열(Heat of Hydration)

시멘트는 물과 접하면 시멘트 중의 수경성화합물이 물과 화학반응을 일으키는데 이것을 수화반응 또는 수화(水和)라 한다.

수화반응에 의하여 발생한 열을 수화열(水和熱)이라 하며 수화열은 시멘트가 응결·경화할 때 발열하며 발열량은 시멘트의 종류, 화학조성, 분말도, 물-시멘트비 등에 따라 달라진다. 일반적으로 시멘트와 물이 완전히 반응하면 125cal/g, 10㎏에 1℃정도의 수화열이 발생한다.

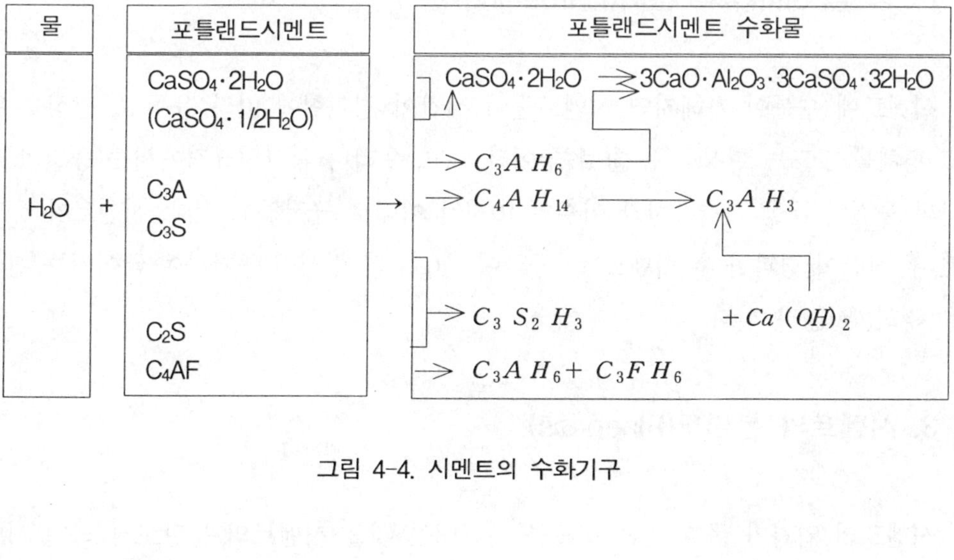

그림 4-4. 시멘트의 수화기구

표 4-4. 각종 시멘트의 수화열

재령 / 시멘트의 종류	7일	28일	91일
보통포틀랜드시멘트	70~80cal/g	80~90cal/g	90~100cal/g
조강포틀랜드시멘트	75~85cal/g	90~100cal/g	95~105cal/g
중용열포틀랜드시멘트	55~65cal/g	70~80cal/g	75~85cal/g
고로슬래그시멘트	55~70cal/g	75~85cal/g	80~90cal/g
플라이애쉬시멘트	55~65cal/g	60~70cal/g	75~85cal/g

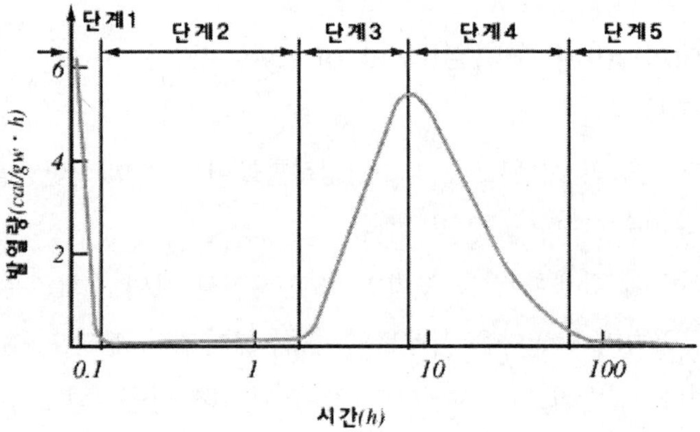

그림 4-5. 수화반응으로 인한 단계별 발열

2. 응결(Setting)과 경화(Hardening)

시멘트에 수분이 가해지면 시멘트풀이 시간이 경과함에 따라 유동성, 점성을 잃고 형체를 만드는 현상을 응결(凝結)이라 하고, 우리나라 산업규격에서는 응결의 시작과 응결의 끝을 각각 1시간 이후와 10시간 이내로 규정하고 있다. 시멘트가 응결된 후 시간이 경과한 후 시멘트 속 공극이 젤(gel)의 형성이 증가하여 굳어지는 현상을 경화(硬化)라 한다.

3. 시멘트의 분말도(Fineness)

시멘트의 입자가 굵고 가는 정도를 나타내는 것을 시멘트의 분말도라 하며 시멘트의 분말이 미세할수록 분말도(粉末度)는 커지며 다음과 같은 성질을 가진다.

① 물과 혼합 시 접촉 표면적이 커서 수화작용이 빨라진다.
② 초기강도가 크다.
③ 블리딩 감소하고 워커블한 콘크리트를 생성
④ 콘크리트 색이 밝아지고 비중은 가벼워진다.
⑤ 단점으로 풍화하기 쉽고 건조수축이 커서 균열이 발생하기 쉽다.

표 4-5. 포틀랜드시멘트의 분말도(cm^2/g)

시멘트의 종류	범 위	평 균	규 정 값
보통포틀랜드시멘트	2,990～3,620	3,290	2,800이상
중요열포틀랜드시멘트	3,070～3,290	3,160	2,800이상
조강포틀랜드시멘트	4,080～4,580	4,330	3,300이상

4. 시멘트의 비중(Specific Gravity)

시멘트의 비중(比重)은 르 샤델리 비중병을 사용하여 눈금을 읽고 광유를 주입하여 증가하는 량으로 비중을 계산한다. 시멘트의 비중은 시멘트의 품질이 나빠질 경우 작아지며 그 이유는 다음과 같다.

$$\text{시멘트의 비중} = \frac{\text{시멘트의 중량}}{\text{비중병의 눈금차}}$$

① 클링커의 소성이 불충분할 때
② 혼합물이 섞여 있을 때
③ 시멘트가 풍화되었을 때
④ 저장기간이 길 때

일반적으로 SiO_2, Fe_2O_3가 많으면 비중이 크고, CaO, Al_2O_3가 많으면 비중이 작아진다. 시멘트의 비중계산은 콘크리트 배합설계 및 단위용적 중량계산 등에 사용된다.

표 4-6. 포틀랜드시멘트의 비중

시멘트의 종류	범 위	평 균	규 정 값
보통포틀랜드시멘트	3.10~3.18	3.15	3.05이상
중요열포틀랜드시멘트	3.18~3.23	3.20	〃
조강포틀랜드시멘트	3.10~3.15	3.12	〃

5. 시멘트의 풍화(Aeration)

시멘트 분말이 공기 중의 수분이나 탄산가스를 흡수하여 약간의 수화작용으로 탄산칼슘를 생성하고 굳어지는 현상을 시멘트의 풍화(風化)라 한다. 시멘트가 풍화하면 입상(粒狀)·괴상(塊狀)으로 굳어지고 이상 응결을 일으키는 원인이 된다. 풍화과정은 시멘트 입자가 공기 중의 수분과 반응하여 $Ca(OH)_2$가 되며 이것이 공기 중의 이산화탄소와 반응하여 물을 분해한다. 이 물은 다시 내부에서 가수분해하여 풍화가 진행된다.

$$\text{시멘트}(CaO) + (CO_2 + H_2O) \Rightarrow Ca(OH)_2 + CO_2 \Rightarrow CaCO_3 + H_2O$$

⇑ 풍화　　　⇑ 가수분해

일반적으로 풍화한 시멘트는 다음과 같은 성질이 있다.

① 비중이 작아진다.

② 응결이 지연된다.

③ 강도의 발현이 저하한다.

④ 강열감량이 증가

5. 시멘트의 강도(Strength)

시멘트의 강도(强度)는 시멘트의 모든 성질 가운데 가장 중요한 것으로 이것은 콘크리트의 강도와 직접적인 관계가 있다. 시멘트의 강도에 영향을 미치는 인자는 분말도, 수량, 양생조건, 사용골재 등이 있으며 그 영향은 다음과 같다.

(1) 분말도가 크면 초기강도가 증가한다.

(2) 수량이 많으면 강도는 내려간다.

(3) 풍화한 시멘트는 강도가 떨어진다.

(4) 양생 시 습윤상태 온도가 4~35° 이하에서는 강도는 비례하고, 재령에 비례하여 강도는 증가한다.

한국산업규격에서는 시멘트의 압축강도의 규정값은 다음과 같이 규정하고 있다.

표 4-7. 시멘트의 압축강도에 관한 규정값(kgf/cm²)

시멘트의 종류	재 령			
	1일	3일	7일	28일
보통포틀랜드시멘트	-	130이상	200이상	290이상
중용열포틀랜드시멘트	-	110이상	180이상	285이상
조강포틀랜드시멘트	130이상	250이상	280이상	310이상
저열포틀랜드시멘트	-	-	75이상	180이상
내황산염포틀랜드시멘트	-	90이상	160이상	210이상
백색포틀랜드시멘트	-	130이상	200이상	290이상

4-7. 시멘트의 저장

1) 방습설비가 된 사일로나 창고에 품종 별로 저장

2) 포대시멘트는 지상 30㎝ 이상 되는 마루 위에 보관

3) 13포대 이상 쌓으면 안되고 장기 보관 시 7포대 이하로 한다.

4) 3개월 이상되거나 습기를 받았다고 생각되는 시멘트는 시험을 해야하고, 덩어리가 진 시멘트는 사용치 않는다.

5) 시멘트의 온도가 너무 높을 때는 Pre-cooling하여 사용한다.

제5장 … 혼화재료(Admixture)

5-1. 혼화재료의 정의

혼화재료(混和材料)란 시멘트·물·잔골재·굵은골재 이외의 재료로 모르터나 콘크리트를 배합할 때 첨가하는 재료로 콘크리크의 제성질을 개선·향상시킴과 콘크리트에 전혀 새로운 성질을 부여하기 위해 사용되는 재료를 혼화재료라 한다.

5-2. 혼화재료의 사용목적

1) 콘크리트의 Workability를 개선
2) 강도의 증진과 내구성 증진
3) 응결, 경화의 조절
4) 발열량 감소
5) 수밀성 및 철근의 부식 방지

5-3. 혼화재료의 역사

혼화재료의 역사는 고대 로마시대까지 거슬러 올라가며, 이 때는 화산재, 무기질 재료를 위시한 소변, 짐승의 피, 우유, 돼지기름 등과 같은 유기질 재료 등이 혼화재료로 사용된 흔적이 있다. 그러나 본격적인 혼화재료의 역사를 살펴보면 광물질혼화재의 경우는 1862년 독일의 E. Langen에 의해 고로슬래그의 잠재수경성이 발견되었고 그 후 고로슬래그 미분말의 유효성이 입증되어 제조, 판매가 활발히 이루어졌다.

플라이애쉬는 1953년에 준공된 미국의 Hungry Horse 댐에 최초로 사용되었다고 하며, 실리카흄은 1950년 노르웨이 공과대학에서 최초로 실험이 시작된 이래 혼화재료로서의 우수성이 널리 입증되고 있다. 시멘트용 폴리머에 관해서는 1923년 영국에서 Cresson이 최초로 특허를 얻었고, 1930년대 초에 미국에서 천연고무 라텍스를 사용한 연구가 시작되었다.

한편 화학혼화제의 역사를 살펴보면 1923년경 알루미늄 분말과 아연 분말이 발포제로서 유효함이 발견되었으며, 1929년 덴마크에서 바로제에 관한 특허가 나왔다. 오늘날 가장 널리 사용되고 있는 AE제와 감수제는 1930년대 말에 개발되었으며 재료가 본격적으로 콘크리트 공사에 사용되기 시작한 것은 제2차 세계대전 이후부터이다.

그 후 고성능감수제 또는 유동화제가 1960년대에 독일과 일본에서 개발되었고 수중불분리성 혼화제가 1977년 독일의 SIBO사에 의해 개발되는 등 혼화재료에 대한 많은 연구개발이 이루어져 왔다.

최근 혼화재료의 사용이 매우 일반화되었으며 우리나라에서는 1985년 KS F 4009 (Ready Mixed Concrete)에 콘크리트 중의 공기량을 규정함으로써 AE제의 사용을 간접적으로 의무화한 이후 혼화재료의 소비량이 크게 증가하였다.

5-4. 혼화재료의 분류

혼화재료의 분류는 국가에 따라 또는 학회 및 협회에 따라 다소 차이가 있다. 우리나라에서는 혼화재료를 사용량에 따라 혼화재(混和材)와 혼화제(混和劑)로 분류하며, 플라이애쉬·고로슬래그·팽창재·실리카 흄 등과 같이 시멘트 중량에 대하여 5% 이상 첨가하는 것을 혼화재, AE제·감수제·고성능 감수제·유동화제·지연제 등과 같이 시멘트 중량에 대하여 1% 전후 첨가하는 것을 혼화제라 정의한다.

또한 ACI(American Concrete Institute)에서는 광물질혼화재(Mineral admixture)와 화학혼화제(Chemical admixture)로 구분하고 있다.

혼화재료는 종류에 따라 콘크리트에 새로운 특성이 나타나기 때문에 혼화재료는 여러 종류가 시판되고 있으나 사용목적이 각각 다르며, 사용방법과 효과도 다르기 때문에 사용목적을 달성하기 위해서는 현장에 적합한 것을 선정하는 것이 필요하다.

따라서 혼화재료를 사용량에 따라 혼화재와 혼화제로 대별하면 다음과 같다.

1) 혼화재(Additive): 혼화재료 중에서 사용량이 비교적 많아 콘크리트 배합설계 시 고려해야 하는 것으로 보통 시멘트 중량의 5%이상, 경우에 따라서는 50%이상 다량을 콘크리트를 반죽할 때나 시멘트에 섞어서 사용한 것을 말한다.

   포졸란, 플라이애쉬, 고로슬래그, 팽창재, 실리카 흄 등이 있다

2) 혼화제(Agent): 혼화재료 중에서 사용량이 비교적 작아 콘크리트 배합 설계 시 고려하지 않는 것으로 보통 시멘트 중량에 대해 5%이하, 보통은 1% 이하를 사용한 것

   AE제, 감수제, AE감수제, 고성능감수제, 유동화제, 방청제, 증점제

5-5. 혼화재(混和材)의 종류

1) 포졸란(Pozzolan): 포졸란 반응을 일으키는 재료를 총칭해서 포졸란이라 한다.

(1) 포졸란 반응: 포졸란반응이란 포졸란 물질에서 용출(溶出)된 $SiO_2 \cdot Al_2O_3$같은 가용성분이 시멘트의 구성 화합물인 C_3S, C_2S 등이 수화할 때 생성된 $Ca(OH)_2$과 서서히 반응하여 불용성 칼슘실리케이트 수화물(C-S-H)이나 칼슘알루미네이트 수화물(C-A-H)을 형성하는 반응을 포졸란 반응이라 한다.

$$Ca(OH)_2 + [SiO_2 \cdot Al_2O_3] \Rightarrow 3CaO \cdot 2SiO_2 \cdot 3H_2O \text{(C-S-H)}$$
$$\Rightarrow 3CaO \cdot Al_2O_3 \cdot 6H_2O \text{(C-A-H)}$$

① 포졸란의 종류

㉠ 천연포졸란: 화산재, 규산백토, 규조토, 응회석 등

㉡ 인공포졸란: 열처리한 점토나 혈암, 플라이애쉬, 실리카 흄, 왕겨재 등

② 효과: 포졸란반응에 의한 수화물이 공극에 충진하기 때문에 모세관 공극이 감소되어 콘크리트조직을 밀실되게 한다.

㉠ 장기강도 증가

㉡ 수밀성

㉢ 수화열 감소: 포졸란반응은 비교적 장기간 진행되기 때문에 초기 시멘트의 수화열이 감소

㉣ 중성화는 빨리 진행: 포졸란반응은 수산화칼슘을 소비하기 때문에 상대적으로 알카리도가 낮아지므로 중성화가 빨리 진행된다.

③ 포졸란의 특징: 워커빌리티, 블리딩, 장기강도, 수밀성, 화학저항성

2) 플라이애쉬(Fly Ash)

플라이애쉬는 미분탄을 연료로 사용하는 화력발전소 등의 연소 보일러에서 1400℃ 정도의 고온연소과정에서 배출되는 폐가스 중에 포함된 석탄재를 집진기에 의해 회수한 특정 입도범위의 입자로서 원탄의 약 15~40% 정도가 발생한다. 플라이애쉬는 포졸란반응을 일으키는 대표적인 물질이기는 하나 산업부산물이기 때문에 물성변화가 심하여 사용에 주의하여야 한다. 플라이애쉬를 콘크리트의 혼화재로 사용하면 플라이애쉬가 구형입자이기 때문에 입자끼리 미끄러져 볼 베어링(Ball Bearing)작용에 의해 유동성이 개선된다. 따라서 콘크리트에 필요한 단위수량을 감소시키고 작업성의 향상을 꾀할 수 있다. 또 플라이애쉬는 단독으로 수경성을 갖지 않지만 포졸란이나 백토처럼 가용성 SiO_2를 다량 함유하고 있기 때문에, 수산화칼슘과 포졸란반응을 일으켜 6개월 이상의 장기강도는 보통포틀랜트시멘트보다 우수하다. 그리고 포졸란반응에 의해 생성된 수화물이 조직을 치밀하게 하기 때문에 투수성, 내화화학이 증가하고 수화열도 낮아져 매스 콘크리트 공사에 적합하다.

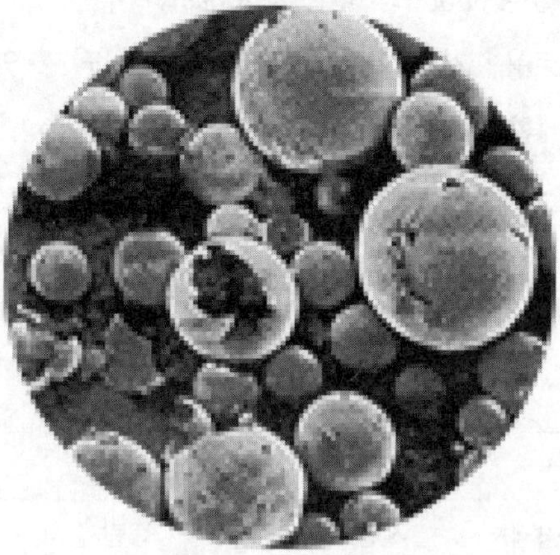

그림 5-1. 전자현미경으로 본 플라이애쉬

3) 고로슬래그(Blast Furnace Slag)

슬래그는 고로슬래그와 제강슬래그로 대별된다. 고로슬래그는 고온에서 철광석으로부터 선철을 제조하는 과정중에 발생하며, 제강슬래그는 선철을 전로에서 정련하여 불순물인 탄소, 인, 유황을 제거하는 과중에 발생된다.

(1) 고로(高爐)슬래그

용광로에서 철광석으로부터 선철을 만들 때 생기는 철 이외의 불순물로 슬래그의 발생량은 선철 1t 당 500~1,000kg이다. 고로슬래그 분말을 혼합한 콘크리트는 포틀랜트시멘트의 수화반응에서 생기는 수산화칼슘이 감소하여 내해수성·내화학성이 향상되며 수화열에 의한 온도상승이 억제되어 매스 콘크리트 공사에 적합하다.

(2) 제강슬래그의 용도

① 도로노반재: 도로공사용 하층노반재로 활용 가능하여 천연골재 대용으로 사용가능 하며(한국산업규격 'KS F 2535/도로용 철강슬래그' 인증), 고로슬래그와의 복합노반재로 상층노반재로 활용가능

② 시멘트클링커: 철원공급재로 활용되며 특수시멘트 제조용 원료 등 신규 용도로 연구개발이 활발하게 진행중에 있다.

특수시멘트: 속경성시멘트, 팽창성시멘트, 저발열성시멘트, 내산성시멘트

③ 토목용재료: 성토용, 기초잡석용 등으로 사용되고 있다(철강슬래그 및 석탄재배출사업자의 활용지침/1993.12.10 환경부고시).

④ 항만공사용재료: 제강슬래그의 특성(㉮ 조직이 치밀 ㉯ 내부 마찰각이 큼 ㉰ 무거움)을 가장 잘 살린 용도로 수요증가가 예상된다.

표 5-1. 슬래그 종류별 용도

고로슬래그	제강슬래그	비고
1. 시멘트원료(환화제, 중량제) 2. 규산질 비료원료 3. 벽돌용 골재 4. 성토용 골재 5. 복토용골재 6. 호안공사용 골재 7. 공유수면매립지 뒷채움재 8. 도로용 골재 9. 요업용 골재 10. 배수층용 골재 11. 콘크리트용 골재 12. 옹벽 및 뒷채움재 13. 기초 잡석용	1. 시멘트원료(혼화제, 중량제) 2. 규산질 비료원료 3. 벽돌용 골재 4. 성토용 골재 5. 복토용골재 6. 호안공사용 골재 7. 공유수면매립지 뒷채움재 8. 도로용 골재 9. 미끄럼방지용 골재 10. 옹벽 및 뒷채움재 11. 기초 잡석용	*제강슬래그 사외지원 - 용도: 성토용, 지반보강용 가설도로용, 복토용 - 지원내용 ·최대 70㎞이내 ·1회 5천톤 이상이거나 연간 10천톤 이상인 경우에는 단가 계약 ·기타는 SPOT계약으로 지원

4) 팽창재(Expansive Producting Admixtures)

팽창재란 KS F 2562(콘크리트용 팽창재)에 "시멘트 및 물과 함께 혼합하였을 경우 수화반응에 의해 에트린가이트(Ettringite) 또는 수산화칼슘 등을 생성하고 모르터 또는 콘크리트를 팽창시키는 작용을 하는 혼화재료를 말한다"로 정의되고 있다. 또한 팽창 시멘트는 KS F 5217『팽창성 수경시멘트』에 "포틀랜드 시멘트와 같이 수경성 칼슘실리케이트를 함유하며, 칼슘알루미네이트 및 황산칼슘을 함유하며 물로 반죽하였을 때 응결 후 초기 경화기간 중 부피가 현저하게 증가하는 시멘트로, 기본적으로 이 팽창은 칼슘알루미네이트와 황산칼슘에 의하여 일어난다"라고 정의되어 있다. 따라서 팽창 콘크리트란 건설교통부제정(토목학회)콘크리트 표준시방서에 "팽창재를 시멘트, 물, 잔골재 및 굵은골재 등과 같이 비빈 것으로 경화한 후에도 체적 팽창을 일으키는 모든 콘크리트를 가르킨다"라고 정의하고 있는데, 실은 팽창재 뿐만 아니라 팽창시멘트를 이용한 경우도 포함하여 정의한다.

팽창재의 종류로는 팽창을 일으키는 기구에 따라 몇 가지로 나눌수 있지만 KS F 2562에는 팽창재의 종류별로 구분하지 않고 표 5-1과 같이 화학성분과 물리적성질만을 품질로 규정하고 있다. 단 KS F 5217인 팽창성 수경시멘트에는 K, M, S형의 3종류로 구분하고 있고, 일본의 경우에는 O형도 규정하고 있다.

표 5-2. 팽창재에 대한 KS F 2562의 규정

	항 목		규정치
화학성분	산화 마그네슘%		5.0 이하
	강열감량 %		3.0 이하
물리적 성질	비표면적 cm^2/g		2,000 이상
	1.2㎜체 잔분 %		0.5 이하
	응결	초결(분)	60 이후
		종결(시간)	10 이내
	팽창성 (길이변화율)	7일	0.000300 이상
		28일	-0.00020 이상
	압축강도 kg/cm^2(MPa)	3일	70(6.9) 이상
		7일	150(14.7) 이상
		28일	300(29.4) 이상

또한 팽창재의 작용은 철분의 발청, 침상결정의 생성, 석회의 팽창작용을 이용하여 모르터나 콘크리트의 경화과정에서 미리 팽창시켜 교량를 설치할 때나 기계를 안치할 때 기초부위 등의 그라우트에 사용하며, 콘크리트 부재의 건조수축을 줄여 균열의 발생을 방지할 목적으로 사용된다.

5) 실리카 흄(Silica Fume)

실리카 흄은 실리콘이나 페로실리콘 등의 규소합금을 전기로에서 제조할 때 배출가스에 섞여 부유하여 발생하는 초미립자 부산물이다. 규소합금 제조를 위한 원료로 규석, 석탄, 목편, 철가루 등과 환원제인 코크스를 전기로에 투입하여 약 2,000℃의 고온에서 페로실리콘을 제조하는 도중에 중간 생성물인 SiO로 가스화하여 이것이 공기에 의해 산화하여 SiO_2 초미립자로 생성된다. 주로 비정질 결정인 실리카 흄은 약 30% 이상이 구형의 입자로 구성되어 있으며 비중은 2.2정도이다. 입자의 크기는 대부분이 1㎛이하이고, 평균이 약 0.1㎛정도이다. 분말도는 200,000㎠/g 정도

인데 이것은 담배연기의 약 2배, 포틀랜드시멘트의 약 50배정도이다. 단위용적중량은 250~300kg/㎥ 정도이다. 화학적 성분은 대부분 90%이상의 비결정질 SiO_2 로 이루어져 있으며 생산되는 실리콘이나 합금의 종류에 따라 변하게 된다. 실리카 흄은 분말도가 아주 높고 실리카량이 많기 때문에 매우 효과적으로 포졸란반응을 일으키는데 시멘트가 수화반응을 일으키는 동안 석회와 포졸반응을 일으켜 안정된 칼슘실리케이트 수화물을 생성한다. 실릴카 흄을 시멘트 중량의 5~15% 정도 치환하면 콘크리트가 치밀한 구조로 되어 콘크리트가 고강도를 내고 재료분리에 대한 저항성·수밀성·내화학성이 향상되며 알카리 골재반응을 억제한다.

5-6. 혼화제(混和劑)의 종류

일반적으로 혼화제를 사용목적에 따라 분류하면 다음과 같다.

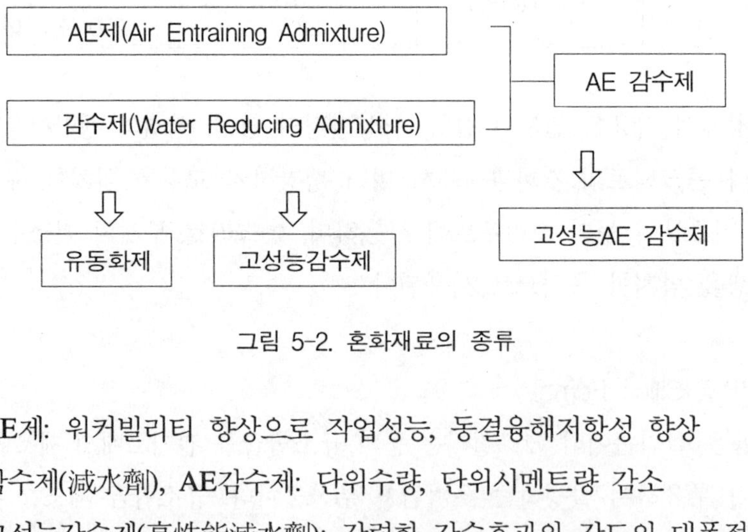

그림 5-2. 혼화재료의 종류

① AE제: 워커빌리티 향상으로 작업성능, 동결융해저항성 향상
② 감수제(減水劑), AE감수제: 단위수량, 단위시멘트량 감소
③ 고성능감수제(高性能減水劑): 강력한 감수효과와 강도의 대폭적인 증가
④ 유동화제(流動化劑): 강력한 감수효과를 이용한 유동성의 대폭적인 개선
⑤ 지연제(遲延劑), 촉진제(급결제), 초지연제: 응결·경화시간의 조절
⑥ 방수제(防水劑): 흡수성과 투수성을 억제
⑦ 발포제(發泡劑), 기포제: 기포를 발생시켜 충전성, 경량화 등에 이용
⑧ 방청제(녹막이제): 염화물에 의한 강재의 부식을 억제

⑨ 방동제(防凍劑)

⑩ 건조수축저감제(乾燥收縮低減劑)

⑪ 수화열 억제제(水和熱 抑制劑)

⑫ 증점제

⑬ 메타카올린 등

1) AE제(Air-Entraining Admixture)

AE제는 콘크리트용 계면활성제(Surface Active Agent, 界面活性劑)의 일종으로 콘크리트 내부에 직경이 5~300㎛ 정도의 독립된 기포를 콘크리트 내부에 발생시켜 콘크리트의 워커빌리티 개선과 동결융해에 대한 저항성을 갖게 하기 위해 사용되는 혼화제이다.

일반적으로 콘크리트에는 혼화제를 첨가하지 않아도 1%정도의 공기가 포함되어 있으며 이는 비교적 기포가 크고 불규칙하게 분포된 갇힌공기가 존재한다. 이에 반해 AE제에 의한 미소하고 독립된 공기를 연행공기라 한다.

AE제는 일반적으로 음이온계 또는 비이온계 계면활성제로서 시판하고 있는 AE제는 대부분이 음이온계이며, 화학적인 주성분은 수지산염계, 황산에스테르계, 알킬벤젠설폰산염계 등으로 암갈색의 액체 또는 분말로 된 것이 많다.

콘크리트의 내구성을 고려한 공기량의 기준은 다음과 같다.

표 5-2. 콘크리트 내구성을 고려한 AE공기량 표준

콘크리트의 종류	굵은골재 최대치수(mm)	적절한 공기량(%)
무근콘크리트	16	7.0
	20	6.0
	25	5.0
	40	4.5
	50	4.0
	80	3.5
철근콘크리트	25~40	2.0~6.0
포장콘크리트	40 이하	4.0~5.0
댐콘크리트	40	3.0~5.0
	80	2.5~4.5
	150	2.0~4.0

콘크리트에 AE제가 미치는 영향과 효과는 다음과 같다.

① 단위수량의 감소

② 워커빌리티 향상

③ 블리딩의 감소

④ 초기 동해 억제

⑤ 동결융해에 대한 내구성

2) 감수제, AE감수제(Water-Reducing Admixture)

콘크리트가 소요의 워커빌리티를 얻는데 필요한 단위수량을 감소시킬 목적으로 사용하는 혼화제이며, 콘크리트 내부에 미세기포를 연행시켜 작업성을 향상시키고 분산효과에 의해 단위수량을 감소시킬 수 있는 혼화제를 AE감수제(減水劑)라 한다.

① 소요의 워커빌리티를 얻기 위하여 단위수량을 10~16%정도 감소

② 동일 워커빌리티를 얻기 위하여 단위시멘트량을 감소

③ 동결융해에 대한 저항성 증대

④ 투수성·수밀성 향상

⑤ 내약품성 향상

⑥ 건조수축 감소

3) 고성능감수제(High-Range Water-Reducing Admixture)

고강도콘크리트와 고유동콘크리트의 제조에 사용되는 고성능감수제는 1960년대 일본에서 나프탈렌슬폰산 포르말린 축합물(NSF 또는 PNS)과 독일에서 멜라민슬폰산 포르말린 축합물(MSF 또는 PMS)을 이용하여 각각 개발되었다. 이 혼화제는 첨가율이 0.5~3.0%로 높게 사용될 수 있고, 응결의 과대한 지연이나 공기를 과잉으로 연행시키는 부작용이 적을 뿐만 아니라 감수율이 20% 이상으로 리그닌계 AE감수제의 두배 이상이 되어 고성능감수제라 불리게 되었다.

PNS 및 PMS계 고성능감수제는 초기의 유동성은 쉽게 확보할 수 있으나 시간이 지날수록 콘크리트의 유동성이 저하하여 슬럼프의 손실 문제를 안고 있었다. 이러한 슬럼프의 손실 문제를 해결하기 위해 전 세계적으로 많은 연구자들이 세가지의 방향으로 연구를 수행해 오고 있다.

① PNS나 PMS의 화학적 구조를 변화시키는 방법

② 슬럼프 손실을 줄이는 화학첨가제를 투여하는 방법

③ 감수 성능 및 유동성 유지 성능이 기존의 PNS 및 PMS계 고성능감수제에 비해 우수한 PC(Polycarboxylate)계 고성능감수제의 개발이다. 일본에서는 1997년부터 콘크리트의 간위수량 규정이 강화되면서 PC계 고성능감수제에 대한 수요가 획기적으로 늘어났다.

표 5-3. 혼화제의 성능

항 목		AE제	감수제			AE감수제			고성능AE감수제	
			표준형	지연형	촉진형	표준형	지연형	촉진형	표준형	지연형
감수율(%)		6이상	4이상	4이상	4이상	10이상	10이상	8이상	18이상	18이상
블링딩량의 비(%)		75이하	100이하	100이하	100이하	70이하	70이하	70이하	60이하	70이하
응결 시간의차 (분)	응결시작	-60~ +60	-60~ +90	-60~ +120	+30 이하	-60~ +90	+60~ +210	+30 이하	-30~ +120	+90~ +240
	응결 끝	-60~ +60	-60~ +90	+120이하	0 이하	-60~ +90	+210이하	0 이하	-30~ +120	+240이하
압축 강도비 (%)	재령3일	95이상	115이상	105이상	125이상	115이상	105이상	125이상	135이상	135이상
	재령7일	95이상	110이상	110이상	115이상	110이상	110이상	115이상	125이상	125이상
	재령28일	90이상	110이상	110이상	110이상	110이상	110이상	110이상	115이상	115이상
변화비(%)		120이하	120이하	120이하	120이하	120이하	120이하	120이상	110이상	110이상
동결융해대한 저항비 (상대동탄성계수%)		80이상	-	-	-	80이상	80이상	80이상	80이상	80이상
변화량	슬럼프(cm)	-	-	-	-	-	-	-	6.0이하	6.0이하
	공기량(%)	-	-	-	-	-	-	-	±1.5 이내	±1.5 이내

단, 기준 콘크리트 배합

1. 단위시멘트량: 슬럼프 8cm인 경우 280kg/m^2, 슬럼프 18cm인 경우 300kg/m^2
2. 단위수량: 충분히 반죽하여 슬럼프 8±1cm 또는 18±1cm가 되는 양
3. 공기량: 2.0 이하
4. 잔골재율: 40~50%

4) 유동화제(Super Plasticizer)

주성분은 고성능 감수제와 거의 동일하며 콘크리트를 비비기(Mixing)한 후 첨가하여 유동성을 증대시키는 것을 목적으로 이용되는 혼화제이다.

유동화제(流動化劑)의 사용은 경화 후 콘크리트의 품질을 거의 손상시키지 않기 때문에 다음과 같은 효과가 있다.

① 묽은 반죽 콘크리트의 품질개선

② 된 반죽 콘크리트의 시공성 개선

5) 방청제(Corrosion-inhibiting Agent)

자연산 골재의 고갈로 인하여 철근콘크리트의 제조에도 강모래를 대신하여 해사(海沙)를 사용하는 경우가 많기 때문에 이로 인한 철근의 부식이 발생할 수 있다. 방청제는 콘크리트에 사용된 철근의 부식을 지연시키거나 방청을 목적으로 사용되는 혼화제로서 부식방지제(Migrating Corrosion Inhibitor)라고도 한다. 방청제로 아질산 칼슘이 널리 사용되고 있으며, 아질산염 나트륨도 방창제로 사용될 수 있으나 알카리 골재반응을 촉진시킬 수 있다고 알려져 있다. 그 외에 방청제로 산화아연(ZnO), 소디움몰리브데이트(Na-Molybdate), 테트라메틸 포스포니움 아질산염(Tetramethyl Phosphonium Nitrite) 등이 사용되고 있다. 최근에는 유기계인 아미노카르복실레이트계(Amino-Carboxylate) 방청제가 개발되었다.

6) 증점제

증점제는 콘크리트의 점성을 증가시켜 콘크리트 중의 골재가 페이스트로부터 침전이나 분리되는 현상을 줄여 주는 화학 혼화제이다. 이 혼화제는 사용 목적에 따라 수중 불분리 콘크리트에 사용될 경우에는 수중 불분리성 혼화제(Aniwashout Admixture)로 불리기도 하고, 고유동 콘크리트 혹은 자기 충전콘크리트의 분리 저감을 목적으로 사용할 경우에는 분리저감제(Anti-Segregating Admixture)로 불리기도 한다. 증점제의 종류로는 메틸 셀루로즈, 하이드록시 에틸셀루로즈, 하이드록시 프로필 셀루로즈 등의 셀루로즈계, 폴리 아크릴 아미드계 고분자, 웰란검, 커들란 등의 폴리사카라이드계의 바이오 고분자 등이 있다.

증점제의 대부분은 분말 형태로 시판되기 때문에 콘크리트 제조 시에 증점제의 투입을 위해 별도의 저장설비가 필요하거나 백타입의 제품을 사람이 직접 손으로 투입해야 되는 등의 불편함이 있다.

7) 메타카올린

최근 새로운 혼화제로 관심의 대상이 되고 있는 것으로 카올린족 광물인 메타카올린(Metakaolin)이다. 메타카올린이란 균질하게 성분 조합한 카올린(Kaolin)을 특수한 전처리를 거친 후 이를 소정의 조건으로 소성하여 활성화시킨 다음 일정한 입도로 미분화한 것으로써 시멘트의 혼화재료로 약 10% 전후로 시멘트에 혼합 사용함으로써 콘크리트의 각종 물성을 현저하게 개선시키는 효과가 있다. 또한 단기적으로 에트링가이트(Ettringite)의 생성과 시멘트 중의 주요 광물인 알라이트(Alite)의 활성화로 인한 반응속도의 증가로 초기강도를 증가시키고 중장기적으로는 시멘트의 수산화칼슘과의 포졸란반응으로 콘크리트 조직이 치밀하게 되어 강도 및 내구성을 향상시키며 특히 고강도용 콘크리트에 큰 효과를 발휘한다.

이러한 메타카올린은 미국, 프랑스, 일본 등의 선진국에서는 이미 상품화되어 고강도콘크리트 제조 시 사용하는 실리카 흄의 대체제 및 콘크리트 물성 개선용으로 널리 사용되고 있는 추세이다.

5-7. 혼화재료의 선정

각종 혼화재료는 여러 제조회사에서 다양한 상품이 시판되고 있어, 그 선택에 있어서 사용자를 당황하게 만드는 경우가 많다.

일반적으로, 혼화재료의 선정은 배합조건에 의하여 어느 정도 종류가 결정될 수 있다. 예를 들면 동결융해작용에 대하여 내구성을 필요로 하는 경우는 AE제를 사용하고, 건조수축 및 온도·응력에 의한 균열을 저감하려할 경우에는 감수제, AE감수제, 유동화제를 사용하여 단위수량이나 시멘트의 양을 줄이게 된다. 따라서, 시공현장에서 혼화재료를 선정하는 경우에는, 시공계획에서 요구되는 성능을 고려하여 시판되는 혼화재료의 종류, 실적, 가격 등을 참조하여 선정하게 된다. 그러나 감수제, AE감수제 중에서 염화물을 포함하는 경우도 있기 때문에 사용할 때에는 제조회사로부터 시험성적서를 제출 받아 검토하는 것이 좋다.

혼화재료의 선정은 콘크리트의 품질을 좌우하고 경제성에도 영향을 미치는 대단히 중요한 업무이기 때문에 기술자료, 실적데이터, 비교실험 등을 참조하여 검토하는 것은 물론이고, 현장에서의 시공조건, 기온, 바람 일조조건 등의 환경조건, 시멘트의 제조회사, 콘크리트의 운반방법 및 운반시간, 타설방법 등을 충분히 고려하여 시험을 실시하여 혼화재료를 포함한 콘크리트의 최적배합을 결정하는 것이 원칙이다.

또한 최근에는 레미콘을 활용하여 콘크리트를 타설하는 것이 일반적이기 때문에 특별한 혼화재료를 사용할 경우에는 시공자와 생산자와 충분히 검토·협의하여 결정한다. 그러나 혼화재료에 대해서는 각각의 레미콘 공장에서 그 때까지 사용한 혼화재료와 다른 종류의 재료를 사용하면 콘크리트의 배합결정에 있어서 과거데이터를 참고가 되지 않는 경우, 혼화재료의 저장설비 등의 문제가 발생하는 경우가 많다. 이와 같은 경우에는, 일반적인 레미콘으로 사용할 수 없어서 시공자와 생산자가 충분히 검토한 뒤 사용하는 것이 바람직하다.

따라서, 특별한 조건이 아닐 경우에는 각각의 레미콘 공장에서 제출하는 실적이 있는 혼화재료를 사용하는 것이 현명하다. 시공조건에 따라 특별한 혼화재료를 사용하지 않으면 안될 상황에서는 사전에 충분한 시간을 들여 검토하는 것이 중요하다.

5-8. 혼화재료의 저장

1) 방습장치가 된 창고나 사일로(Silo)에 저장
2) 포졸란은 비중이 작아 날아가기 쉬우므로 취급에 주의
3) 선입선출
4) 저장기간이 오래된 혼화재료는 사용 전에 시험을 행하여 품질을 확인한 다음 사용한다.

제6장 … 콘크리트(Concrete)

6-1. 콘크리트의 개설

콘크리트는 시멘트, 배합수, 잔골재, 굵은골재 및 혼화재료를 혼합하여 만든 것을 말한다. 일반적으로 시멘트와 배합수를 혼합한 것을 시멘트풀(Cement Paste)이라 하고, 여기에 잔골재를 혼합한 것을 모르터(Mortar)라 한다. 여기에 굵은골재를 혼합하면 콘크리트가 된다.

콘크리트의 구성비율은 골재가 전체용적의 70% 정도이고, 시멘트풀은 전체용적의 30% 정도이다. 시멘트풀의 역할은 골재와 골재 사이의 간격을 채우고 굳지 않은 콘크리트의 유동성을 갖게하며 수화한 후 골재와 결합하여 강도를 발현하게 한다. 양질의 콘크리트는 소요의 강도, 내구성, 경제적인 조건을 만족하여야 하며 양질의 콘크리트를 제조하기 위해서는 재료의 배합을 적절히 선정한 후 비비기, 운반, 타설, 다지기, 양생을 적절히 하여야 한다.

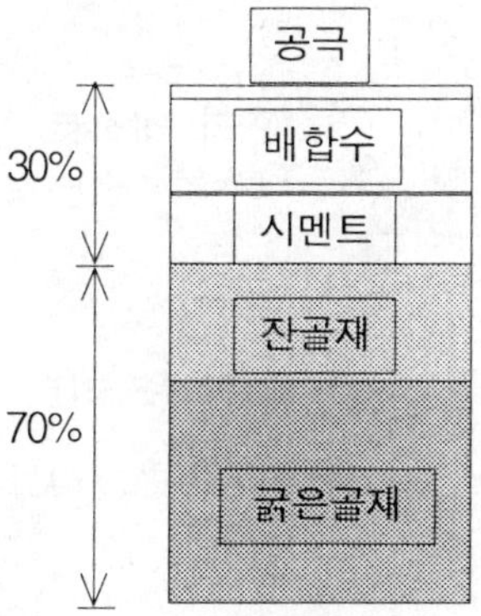

그림 6-1. 콘크리트재료의 용적 비율

1. 콘크리트의 장·단점

콘크리트는 토목공사의 중요한 재료로서 다음과 같은 장점을 가지고 있다.

① 크기, 형상에 제한을 받지 않고 부재나 구조물을 만들 수 있다.
② 재료의 확보, 운반이 용이하여 경제적이다.
③ 내구성, 내화성, 내진성이 좋다.
④ 필요로 하는 소요의 강도를 자유로이 얻을 수 있다.
⑤ 시공 시 특별한 숙련공이 필요하지 않다.
⑥ 유지비가 들지 않는다.
⑦ 역학적인 결점은 복합재료로 보강할 수 있다.

그러나 콘크리트는 다음과 같은 단점도 가지고 있다.

① 자중이 큰데 비해 강도는 작다. 단 중력댐, 콘크리트 침목 등과 같은 곳에 이용할 때는 오히려 장점이 된다.
② 압축강도에 비하여 인장강도, 전단강도, 휨강도는 작다.
③ 건조, 수축 등에 의하여 균열이 생기기 쉽다.
④ 구조물의 보수나 철거 시 파괴가 곤란하며 재사용이 어렵다.
⑤ 경화하는데 시간이 걸리기 때문에 시공일수가 길다.

2. 콘크리트의 종류

1) 타설장소에 따른 종류

(1) 현장타설 콘크리트　　(2) 프리 캐스트 콘크리트

2) 조성에 따른 종류

(1) 무근콘크리트　　(2) 철근콘크리트
(3) 철골콘크리트　　(4) P. S 콘크리트

3) 용도에 따른 종류

(1) 일반콘크리트
(2) 중량콘크리트
(3) 구조물콘크리트
(4) 포장콘크리트
(5) 라이닝콘크리트
(6) 경량콘크리트

4) 타설여건에 따른 종류

(1) 한중콘크리트
(2) 서중콘크리트
(3) 수중콘크리트
(4) 해양콘크리트

5) 특수 목적에 따른 종류

(1) A.E. 콘크리트
(2) 수밀콘크리트
(3) 경량콘크리트
(4) 중량콘크리트
(5) 매스콘크리트
(6) 강섬유보강콘크리트
(7) 프리팩트콘크리트
(8) 숏크리트(Shotcrete)

3. 콘크리트에 관련된 용어(用語)

1) 시멘트풀(Cement Paste)

시멘트에 배합수을 혼합한 것으로 강도는 매우 크나 균열이 많이 발생

2) 모르터(Mortar)

시멘트, 배합수, 잔골재을 혼합한 것으로 필요에 따라 혼화재료를 첨가한 것

3) 물-시멘트비(Water-Cement Ratio, W/C)

물과 시멘트의 중량비

4) 부배합(富配合, Rich Mixed)

배합설계에서 산출된 단위 시멘트량보다 많은 량의 시멘트를 사용한 배합

5) 빈배합(貧配合, Lean Mixed))

배합설계에서 산출된 단위 시멘트량보다 작은 량의 시멘트를 사용한 배합

6) 경련콘크리트

된반죽의 콘크리트

7) 연련콘크리트

묽은 반죽의 콘크리트

8) 중경련콘크리트

보통 반죽의 콘크리트

9) 백태(Efflorescence) 또는 백화현상

콘크리트 중의 수산화칼슘($Ca(OH)_2$)이 탄산화하여 수분의 증발에 따라 백색의 침전물을 만드는 것을 백태(白苔)라 하며 주로 콘크리트의 갈라진 틈에서 볼 수 있다.

이 현상은 시멘트의 수화반응이 늦어지는 동기공사에 많이 발생한다. 또한 하절기와 같이 물이 잘 증발하는 시기에 발생하기 어려운 것은 모세관 공극 내부로부터 수분이 증발하고 상기 성분이 내부에 고착하고 표면부에 발생하지 않기 때문이다.

다시 말하면 백태를 해결하는 근본적인 방법은 없으나 충분히 다지고 탈형 시간을 가능한 늦추거나 충분히 경화될 때까지 물과 접하지 않도록 하는 등으로 어느 정도 방지할 수 있다.

6-2. 굳지 않은 콘크리트 성질(Fresh Concrete)

콘크리트는 혼합한 후 1~10시간이 경과하면 유동성을 잃고 응결과정을 거쳐 어느 정도 강도를 나타낼 때까지의 콘크리트 성질을 굳지 않은 콘크리트 성질 또는 생

콘크리트라 한다.

굳지 않은 콘크리트가 요구하는 성질은 다음과 같다.

첫째, 철근과 철근 사이, 거푸집에 잘 채워지는 묽은 반죽이어야 하고 콘크리트의 운반, 타설, 다지기, 마무리가 용이하여야 한다.

둘째, 시공 시 재료분리가 적어야 한다.

셋째, 콘크리트 타설 후 블리딩이 적어야 한다.

1. 굳지 않은 콘크리트 성질을 표시하는 용어로 시방서에 다음과 같이 정의하고 있다.

1) 반죽질기(Consistency)

수량이 많고 적음에 따라 반죽의 되고 진 정도를 나타내는 굳지 않은 콘크리트 성질

2) 워커빌리티(Workability)

반죽질기 여하에 따르는 작업의 난이 정도 및 재료의 분리에 저항하는 굳지 않는 콘크리트 성질

3) 성형성(Plasticity, 成形性)

거푸집에 쉽게 다져 넣을 수 있고 거푸집을 제거하면 천천히 그 형상이 변하기는 하지만 허물어지거나 재료가 분리하지 않는 굳지 않는 콘크리트 성질

4) 마무리성(Finishability)

굵은골재 최대치수, 잔골재율, 골재의 입도, 반죽질기 등에 의한 콘크리트 표면 마무리를 하기 쉬운 정도를 나타내는 굳지 않은 콘크리트 성질

5) 펌프빌리티(Pumpability)

펌프압송작업의 용이 정도를 나타내는 굳지 않은 콘크리트 성질

2. 콘크리트의 워커빌리티에 영향을 미치는 요소

콘크리트의 워커빌리티에 영향을 미치는 요소는 대단히 많지만, 그 중에서 중요한 요소는 시멘트, 배합수, 골재, 혼화재료의 성질, 혼화재료의 사용량, 배합비율, 배합시간, 배합온도 등이 있다.

1) 시멘트(Cement)

시멘트의 종류, 분말도, 단위시멘트량, 풍화의 정도에 따라 워커빌리티가 달라진다. 이론적으로 단위시멘트량이 크면 워커블하고 성형성이 좋으며 단위시멘트량이 적으면 재료분리가 발생한다.

2) 단위수량(單位水量)

단위수량이 많으면 반죽질기는 좋아지나 너무 크면 재료분리가 일어나다. 단위수량이 적으면 된반죽이 되어 시공이 곤란하다.

3) 골재(骨材)

골재의 입형(粒形), 입도(粒度)에 따라 변화하며 입형, 입도가 좋으면 워커빌리티가 좋아지나 그렇지 않으면 워커빌리티가 나빠진다. 그리고 골재입자의 표면적, 입도 분포, 굵은골재 최대치수 등도 워커빌리티에 큰 영향을 미친다.

4) 혼화재료(混和材料)

콘크리트 성질을 개선하기 위한 혼화재료를 적당히 사용하면 워커빌리티가 좋아진다.

5) 온도(溫度)

습윤상태일 때 온도가 높으면 강도는 커진다.

6) 배합(配合)

배합설계를 실시하여 각 재료를 경제적으로 선정하여야 하며 각 재료의 구성

비율은 콘크리트의 워커빌리티에 중대한 영향을 미친다.

7) 혼합시간(混合時間)

혼합시간이 길어지면 시멘트풀이 골재의 표면에 고르게 부착되고 반죽이 워커블해지며 재료의 분리가 줄어들어 강도가 커진다.

3. 콘크리트의 워커빌리티 측정 방법

콘크리트의 워커빌리티는 반죽질기를 좌우하는 경우가 많으므로 일반적으로 워커빌리티를 측정하여 그 결과에 따라 반죽질기의 정도를 판단한다. 일반적으로 반죽질기를 측정하는 이유는 변형에 대한 저항, 유동이 시작된 후의 유동속도, 응집성, 재료분리에 대한 저항성 등을 측정하여야 하나 이와 같은 조건을 만족하는 시험방법은 확립하지 않고 있는 실정이다. 따라서 워커빌리티를 측정하는 방법에는 슬럼프 시험, 흐름시험, 리몰딩 시험, 구 관입시험, 이리바렌 시험, 비비 반죽질기 시험, 다짐계수 시험 등이 있으며 그 가운데 슬럼프 시험이 많이 사용되고 있다.

1) 슬럼프 시험(Slump Test)

KS F 2402 포틀랜드시멘트 콘크리트의 슬럼프 시험방법에 의하면

① 슬럼프 콘(Core)은 밑면의 지름이 20㎝, 윗면의 지름 10㎝, 높이가 30㎝인 원추(圓錐) 모양의 슬럼프 콘과 지름 16㎜, 길이 60㎝인 다짐봉으로 구성한다.

② 시험방법은 슬럼프 콘 속에 콘크리트를 용기 1/3만큼 넣고 다짐봉으로 단면 전체를 골고루 25회 다진다.

③ 그 다음 용기의 2/3까지 콘크리트를 넣고 다짐봉으로 2층 깊이만큼 25회 골고루 다진다.

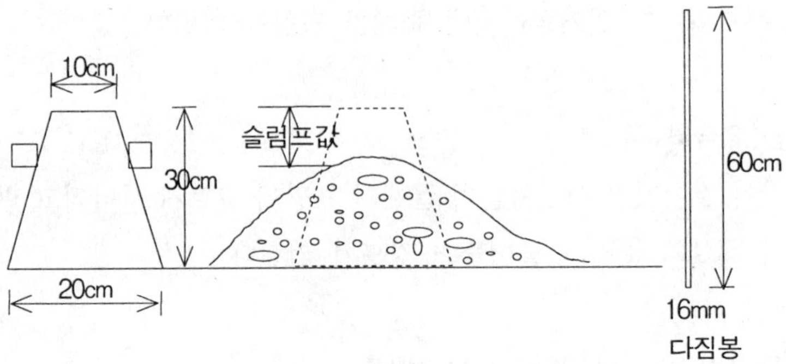

그림 6-2. 슬럼프 시험

④ 슬럼프 콘의 상부까지 콘크리트를 넣고 25회를 다진 후 흙칼로 슬럼프 콘의 상부를 수평하게 고른다.

⑤ 슬럼프 콘을 수직으로 서서히 들어올렸을 때(5초 이내) 슬럼프 콘의 높이에서 콘크리트가 넓게 퍼진 값을 측정하여 이를 슬럼프 값을 구한다. 슬럼프 콘에 시료를 채우기 시작해서 벗길 때까지 전 작업을 중단함이 없이 2분 30초 이내로 끝마쳐야 한다.

표 6-1. 슬럼프의 표준값

구조물의 종류		슬럼프(cm)
일반 콘크리트	철근 콘크리트의 일반적 경우 철근 콘크리트의 단면이 큰 경우 무근 콘크리트의 일반적인 경우 무근 콘크리트의 단면이 큰 경우	5.0～12 3.0～10 5.0～12 2.0～8.0
경량골재 콘크리트	일반적 경우	5～12
수밀 콘크리트	진동기 사용인 경우	8
수중 콘크리트	트래미, 콘크리트 펌프 밑열림 상자, 밑열림 포대 포대 콘크리트	13～18 10～15 7～12

2) 흐름시험(Flow Test)

① 흐름시험은 흐름시험판(Flow Table) 위에 밑면의 지름 25.4㎝, 윗면의 지름 17.1㎝, 높이 12.7㎝의 금속제 콘을 놓고

② 콘 속에 콘크리트 반죽을 2층으로 나누어 넣고 각 층마다 25회씩 균일하게 다짐봉으로 다진다.

③ 콘을 수직으로 들어 올리고 흐름판을 10초 동안에 15회 상하운동시켜 넓게 펴진 콘크리트의 직경을 측정하여 흐름값을 구한다.

$$\text{흐름값}(\%) = \frac{\text{시험 후의 지름} - \text{콘 밑면의 지름}(25.4\text{cm})}{\text{콘 밑면의 지름}(25.4\text{cm})} \times 100$$

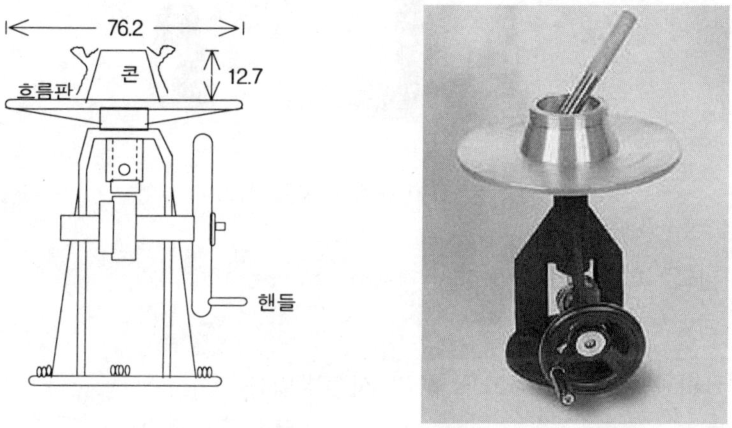

그림 6-3. 흐름 시험

흐름시험은 인위적으로 충격을 주어 콘크리트를 분리시켜 콘크리트의 유동성을 측정하는 방법으로 최근에는 거의 사용하지 않는 방법이다.

3) 리몰딩 시험(Remolding Test)

리몰딩 시험은 슬럼프 시험이나 흐름시험보다 정확한 워커빌리티를 측정할 수 있는 방법으로 점성이 큰 AE콘크리트에 사용하면 효과적이다

① 먼저 상하운동을 하는 흐름판의 중앙에 지름 30cm, 높이 20cm인 원형용기를 놓고

② 원형용기 속에 슬럼프 콘을 넣고 콘크리트 반죽을 채우고 콘을 빼낸다.

③ 콘크리트 위에 압판을 놓고 내륜을 붙인 상태로 상하운동을 반복하여

④ 펴진 콘크리트 표면에 내외가 같은 높이가 될 때까지의 낙하 회수로 반죽질

기를 측정한다.

그림 6-4. 리몰딩 시험

4) 구 관입시험(Ball Penetration Test)

Kelly Ball 관입시험이라고도 하며 시험방법은

① 중량이 13.6kg인 반구를 콘크리트 표면에 놓는다.

② 반구의 자중에 의해 콘크리트 반죽 속으로 가라앉았을 때 관입깊이를 측정하여 콘크리트 반죽질기를 측정하는 시험방법이다.

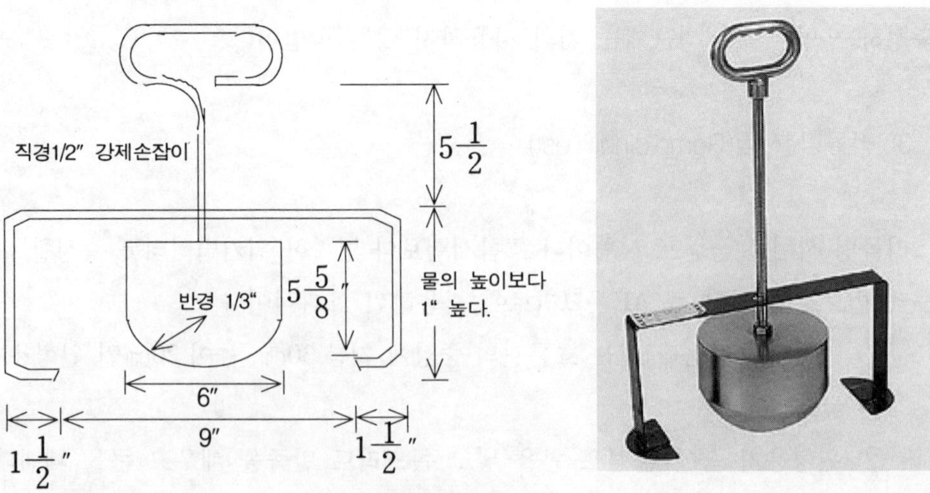

그림 6-5. 구관입 시험

5) 이리바렌 시험(Iribarren Test)

중량이 22kg인 이리바렌 그릇을 콘크리트 표면에 놓았을 때 그릇이 놓인 부분의 관입직경을 측정하여 콘크리트 반죽질기를 측정하는 시험방법이다.

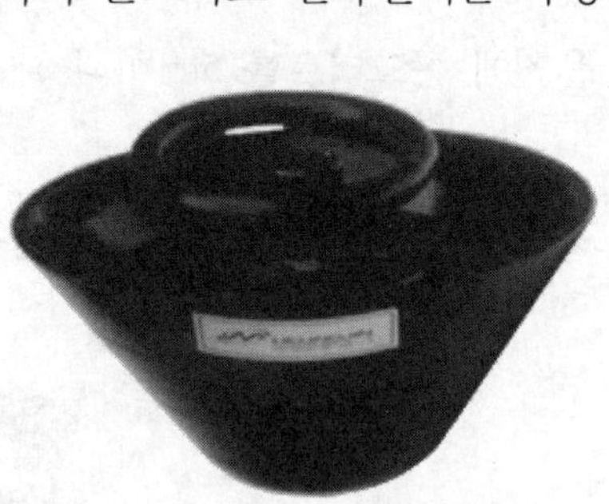

그림 6-6. 이리바렌 시험

6) 비비 반죽질기 시험(Vee Bee Test)

① 비비시험은 진동대 위에 원통용기를 고정시켜 놓고 그 속에 슬럼프 콘으로 슬럼프시험을 실시한다.

② 투명한 플라스틱 원판을 콘크리트면 위에 놓고 진동을 주어 원판이 콘크리트에 완전히 접할 때까지의 시간으로 콘크리트의 반죽질기를 측정하는 시험방법이다.

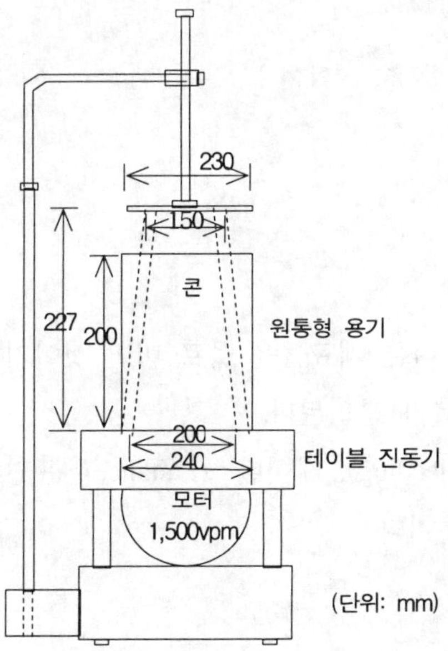

그림 6-7. 비비 반죽질기 시험

7) 다짐계수 시험(Compacting Factor Test)

① 다짐계수 시험 방법은 용기 A, B, C에 차례로 콘크리트를 낙하시켜 용기 C에 채워진 중량을 측정한다.(w)

② 용기 C와 동일한 용기에 콘크리트를 5㎝마다 채워 다진 후 중량을 측정한다.(W)

③ 이 때 w/W의 비로 콘크리트의 반죽질기를 측정하는 시험방법이다.

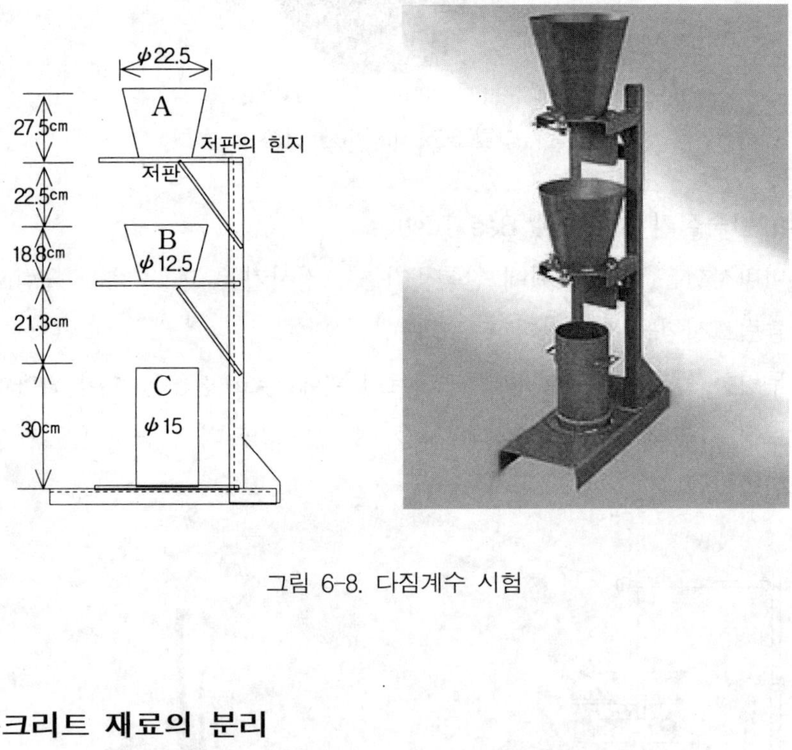

그림 6-8. 다짐계수 시험

4. 콘크리트 재료의 분리

콘크리트 입자의 크기, 비중 등이 서로 다른 재료들을 물로 비빈 것이기 때문에 작업 도중이나 콘크리트를 친 뒤에도 재료가 분리된다.

콘크리트를 친 뒤에 발생하는 블리딩(Bleeding), 레이탄스(Laitance), 표면의 작은 구멍, 균열 등의 원인이 재료의 분리 때문이다.

1) 작업 중 재료의 분리

굵은골재 최대치수가 너무 크고, 단위골재량과 단위수량이 너무 많으면 콘크리트는 작업 중에 재료가 분리된다.

2) 콘크리트 작업 후 재료의 분리

콘크리트 치기가 끝나면 보통 물이나 시멘트, 모래 등의 미세한 입자가 상승하고 무거운 입자는 침강하여 블리딩이 생기며, 블리딩에 의해 콘크리트 표면에 떠올라 침전된 미세한 물질을 레이탄스라 한다.

3) 굳지 않는 콘크리트에 발생하는 균열

① 초기건조수축균열(Plastic 건조균열)

콘크리트 경화 중 노출면이 급격하게 건조함으로 발생하는 균열로 바람이 강하게 부는 날 수분증발이 콘크리트의 블리딩보다 빠를 때 발생한다.
그 대책으로 수분 증발 방지, 방풍 및 직사광선의 차단, 재진동 및 다짐(Tamping)

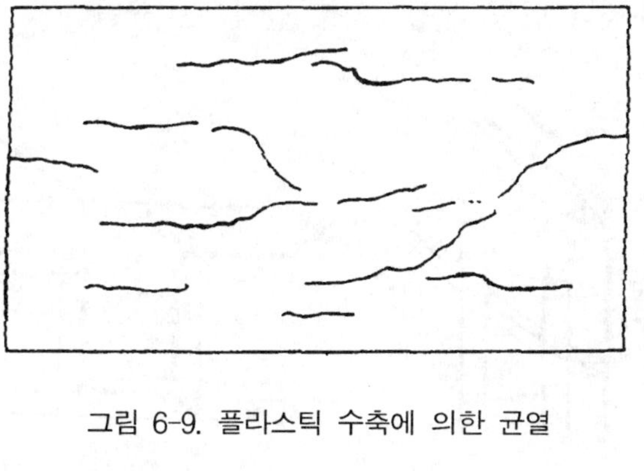

그림 6-9. 플라스틱 수축에 의한 균열

② 침하균열

콘크리트 타설 시 철근, 기타 매설물로 인하여 국부적으로 방해되어 생기는 균열과 슬래브와 보, 슬래브와 벽체, 슬래브와 기둥을 연속 타설 시 침하량 차이에 의해 발생하는 균열

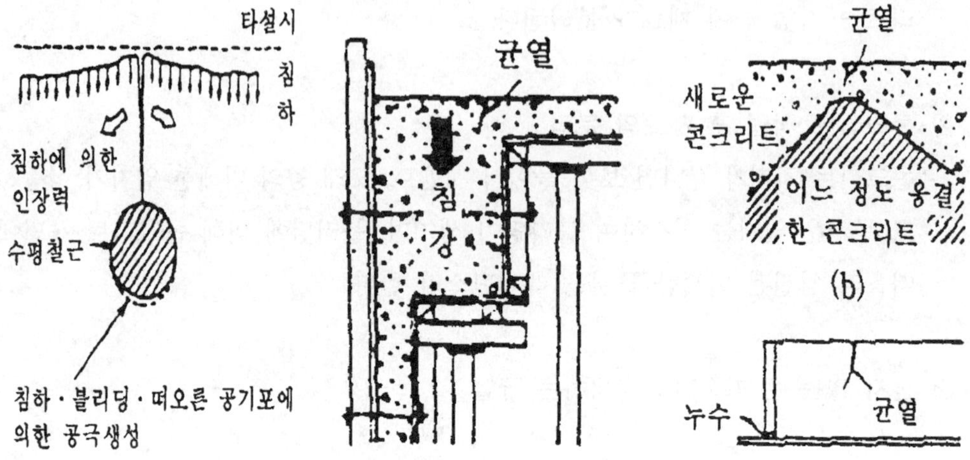

그림 6-10. 침하균열

③ 동바리·거푸집의 침하 변형에 의한 균열

거푸집·동바리의 변형, 부등침하로 발생하는 균열

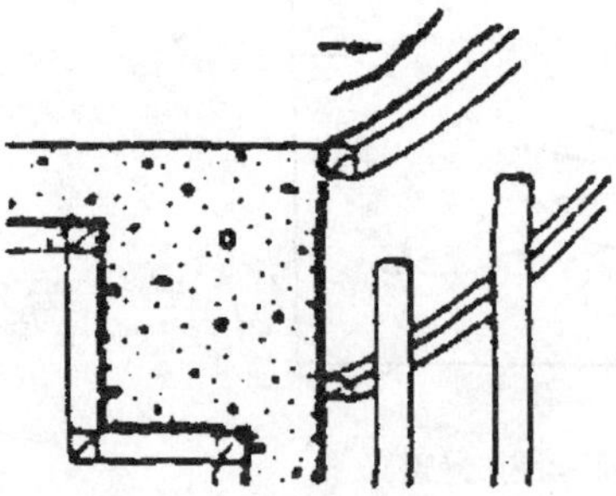

그림 6-11. 거푸집 변형에 따른 균열

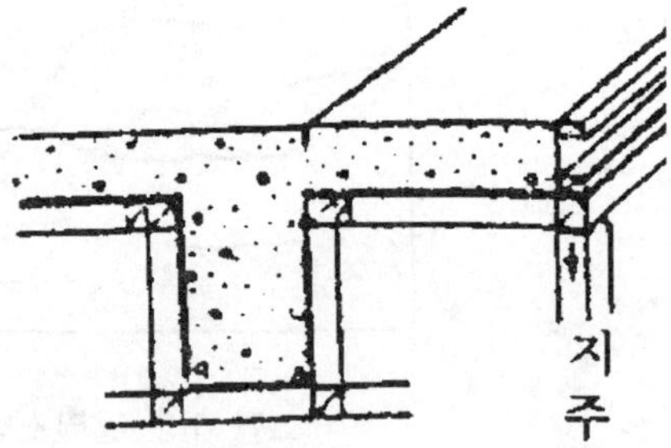

그림 6-12. 동바리의 침하에 따른 균열

5. 공기량(Amount of Air)

공기량(空氣量)은 굳지 않은 콘크리트의 성질에서 중요하며, 워커빌리티에 큰 영향을 미친다. 공기량은 AE제를 사용할 경우 콘크리트 속에 생긴 것을 AE공기 또는 연행공기(Entrained Air, 連行空氣)라 하고, 자연상태로 포함되어 있는 공기를 갇힌

공기(Entrapped Air)라 한다.

물-시멘트비가 일정한 경우 갇힌공기량이 1.0% 증가함에 따라 슬럼프는 약 2.5㎝씩 증가하고 압축강도는 4～6% 감소하므로 콘크리트 타설 시 다지기를 충분히 하여 갇힌공기를 제거하여야 한다.

연행공기는 콘크리트 체적의 4～6% 정도이면 워커빌리티가 좋아지고 내구성이 커진다. 그러니 연행공기가 2%이하거나, 6%이상이면 워커빌리티에 효과가 없다.

또한 반죽이 된 콘크리트에서 공기량 및 기포의 크기에 영향을 주는 요인은 다음과 같다.

1) AE제

AE제의 사용량과 공기량은 거의 정비례하며 AE제의 종류에 따라 변화한다.

2) 골재

잔골재에서 0.15～0.3㎜ 정도의 입자가 많아지면 공기량이 증가한다.

3) 배합

반죽질기가 증가하면 공기량이 많아지고 부배합의 경우가 작아진다.

4) 비비기의 방법

일반적으로 비비는 시간이 짧으면 공기량이 많아지고 비비는 시간이 길어지면 공기량이 작아진다.

5) 온도

AE콘크리트에서 공기량은 온도에 반비례한다.

6) 포졸란

포졸란의 사용량이 많아지면 공기량이 감소한다.

7) 콘크리트의 취급

AE콘크리트는 운반, 타설, 다지기, 양생 등에 따라 공기량이 변화하며 진동기를 사용하면 공기량이 감소한다.

6-3. 굳은 콘크리트의 성질(Hardened Concrete)

굳은 콘크리트 성질에는 내구성(耐久性), 수밀성(水密性), 강도(强度)가 중요하지만 그 중에서 강도가 가장 중요하며, 일반적으로 콘크리트의 품질은 압축강도(壓縮强度)가 결정한다. 굳은 콘크리트의 성질은 사용재료, 배합, 제조 방법, 양생기간, 온도와 습도, 양생조건, 재령, 환경에 따라 달라진다.

1. 콘크리트의 단위중량

콘크리트의 단위중량은 사용하는 골재의 종류에 따라 변화하나 콘크리트의 배합정도, 굵은골재의 최대치수 등에 따라 달라진다. 일반적으로 AE제를 사용하지 않는 콘크리트의 단위중량은 무근 콘크리트에서 2,300～2,350kg/㎥, 철근콘크리트에서 2,400～2,500kg/㎥이며 경량 콘크리트는 1,500～1,900kg/㎥ 정도이다.

2. 탄성적 성질(彈性的 性質)

콘크리트의 응력·변형곡선은 처음부터 곡선으로 응력과 변형이 비례하지 않는 소성적 성질을 가지고 있으나 파괴강도의 1/2～1/3정도까지는 대략 직선적 관계로 볼 수 있으므로 이 때의 할선(割線) 탄성계수를 콘크리트 탄성계수(영계수)라 한다.

시방서에 규정된 콘크리트 탄성계수 (E_c)는 다음과 같다.

$$E_c = W^{1.5} 4,270\sqrt{\sigma_{ck}}$$

여기서 W : 콘크리트의 단위중량(kg/㎥)

σ_{ck} : 콘크리트의 설계기준강도(σ_{28})

콘크리트의 탄성계수는 $(1.0 \sim 4.0) \times 10^{5}$kgf/㎠의 범위에 있다.

3. 소성적 성질(塑性的 性質)

콘크리트에 일정한 지속하중을 가하면 탄성 변형 이외에 소성 변형이 일어난다. 이러한 재료의 소성적인 변형을 크리프(Creep)라하며 일정한 응력이 장시간 가해지는 경우 응력의 증가없이 변형이 진행되는 현상을 소성적 성질이라 한다.

4. 콘크리트의 체적변화(Cubic Volume Change, 體積變化)

콘크리트는 수분의 변화, 온도의 변화 및 하중에 의해 체적변화를 일으킨다. 그러나 보통 체적변화란 수분 및 온도의 변화에 의한 것을 의미하다.

1) 건조수축에 의한 체적변화

모르터나 콘크리트는 수분을 흡수하면 팽창하고 건조하면 수축한다. 굳은 콘크리트의 건조·수축은 초기에 급격히 진행하며 시간이 경과함에 따라 서서히 완만히 진행되며, 조건에 따라 상당히 장기간에 걸쳐 계속된다. 재령 1년의 수축량이 12년째의 수축량의 80% 정도를 나타내며, 재령 1년까지의 수축량이 균열발생을 크게 지배하고 있다. 또한 건조·수축은 시멘트 종류에 의한 영향, 골재의 영향, 혼화재료의 영향, 배합의 영향을 받는다.

2) 온도변화에 의한 체적변화

콘크리트의 온도에 의한 체적변화는 강도나 건조수축의 경우와 달리 물-시멘트비나 시멘트 풀량 등의 영향을 많이 받지는 않으나 사용골재의 암질에 지배되는 경우가 많다.

콘크리트의 열팽창계수는 상온의 범위에서 1℃당 $7 \sim 13 \times 10^{-6}$이고 골재 암질의 경우는 석영질이 최대이다. 사암, 화강암, 현무암, 석회암의 순으로 작아진다. 철근과 콘크리트의 열팽창계수가 상온에서 대체로 동일한 것은 철근콘크리트 구조가 성립할 수 있는 중요한 조건 중의 하나이다. 일반적으로 설계에서 콘크리트의 열팽창계수는 1℃당 10×10^{-6}의 값이 이용된다.

그리고 시멘트 풀의 경화체는 약 100℃까지 팽창하나 그 이상 고온이 되면 수축한다. 그러나 골재는 온도와 더불어 팽창하고 콘크리트는 골재에 가까운 열팽창을 나타낸다.

5. 내구성(Durability)

콘크리트가 건습, 동결·융해, 마모, 화학작용 등에 장기간 저항하는 성질로 내구성(耐久性)이라 하며 콘크리트의 내구성은 구조물이 오랜 기간동안 외부의 작용에 저항하기 위한 중요한 성질로서, 콘크리트 배합설계를 할 때에도 강도와 같이 내구성을 중요하게 다루고 있다. 내구성에 영향을 미치는 것은 다음과 같다.

1) 콘크리트의 중성화(Carbonation, 탄산화)에 대한 내구성

콘크리트는 응결과정에서 수화반응을 일으켜 $Ca(OH)_2$이 형성되어 콘크리트 액성(pH)이 12～13을 나타나게 되나, 시간이 경과함에 따라 대기 중의 CO_2가 침투하여 다음 식과 같이 시멘트의 수화에 의해 생성된 $Ca(OH)_2$과 반응해서 비활성의 $CaCO_3$으로 변화한다. 이에 따라 콘크리트의 액성이 알카리성인 12～13에서 중성화인 8.5～10으로 변화하는 것을 콘크리트의 중성화(中性化)라 한다.

콘크리트의 중성화에 관한 시험방법은 페놀프탈렌 1%의 알콜용액을 콘크리트면에 뿌리면 알카리성을 띠는 부분은 붉은 보라색을 나타내고 중성화된 부분은 색깔이 변하지 않는다.

$$CaO + H_2O \Rightarrow Ca(OH)_2$$

$$Ca(OH)_2 + CO_2 \Rightarrow CaCO_3 + H_2O\uparrow$$

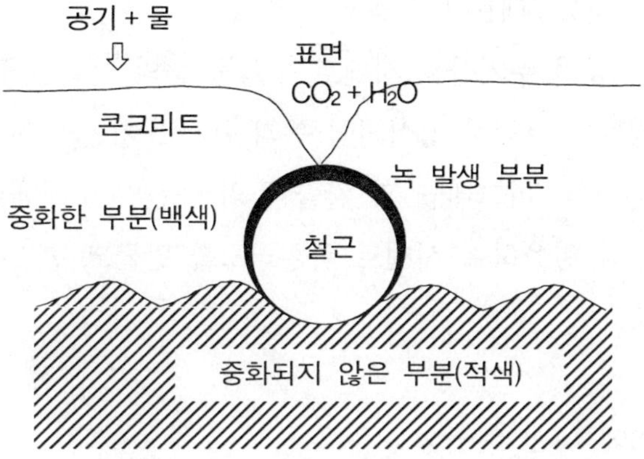

그림 6-13. 콘크리트의 중성화 모형

2) 동결·융해(凍結·融解)에 대한 내구성

콘크리트 속에 포함되어 있는 물이 동결되면 수압 때문에 콘크리트 조직에 미세한 균열이 발생하며 동결과 융해가 반복되면 그 손상이 점점 커진다. 동결과 융해에 대한 저항성을 증가시키기 위해서는 물-시멘트비를 줄이고 수밀한 콘크리트를 만들면 된다.

또한 AE제를 사용하면 4～6% 정도의 공기량을 연행시켜 내구성을 증가시킨다. 이는 AE제에 의해서 콘크리트의 수밀성이 증대함과 아울러 미세한 독립기포의 완충작용에 의해 수압에 의한 파괴력이 완화되기 때문이다.

3) 해수(海水)의 작용에 대한 내구성

콘크리트는 해수의 물리적·화학적 작용, 기상작용, 파도·표류 고형물에 의한 충격이나 마모 등의 각종 유해한 작용에 의하여 점점 손상을 입게 된다. 해수에 의한 콘크리트의 직접적인 침식은 주로 해수에 포함되어 있는 황산염의 작용에 의해 발생하며 철근도 해수에 의해서 부식된다. 해수 중의 콘크리트는 화학작용 이외에도 동결·융해의 반복, 해수위 부근에서의 건습 등에 의해서도 손상을 받는다.

이를 막기 위하여 중용열포틀랜드시멘트나 고로슬래그·실리카·플라이애쉬 등의 포졸란 기능이 있는 혼합시멘트를 사용하면 효과적이다. 또한 콘크리트의 피복 덮게를 두껍게 하여 철근을 충분히 보호하고, 물-시멘트비가 작고, 수밀성이 높은 콘크리트를 사용하여 주의 깊게 시공하는 것이 필요하다.

4) 화학약품(化學藥品) 대한 내구성

황산, 염산, 초산 등의 무기산은 시멘트 수화물 중의 석회질 규산, 알루미나 등을 용해하므로 콘크리트는 급격히 침식되어 붕괴한다. 유기산의 작용은 무기산에 비하여 약간 약하다. 나트륨, 마그네슘 및 칼슘 등의 유산염은 시멘트 중의 수산화칼슘 및 알루미산 3석회와 반응하여 시멘트 바실러스를 만들고 현저하게 팽창하여 콘크리트를 붕괴시킨다.

5) 손식(Erosion)에 대한 내구성

콘크리트가 경화한 후 유수 중의 모래, 교통에 의한 마모, 충격 등으로 콘크리트 표면이 침범 당하는 것을 손식(損食)이라 하며, 콘크리트 표면의 손식의 종류에는 교통에 의한 마모 및 충격에 의한 손식, 유수에 의한 손식, 공동(空洞, Cavitation)현상에 의한 손식 등이 있다. 이중 공동현상에 의한 손식이 가장 많이 발생하며, 손식에 의한 내구성을 높이기 위해서는 물-시멘트비를 감소하거나, 충분히 습윤양생하여 압축강도를 크게 하는 것이 효과적이다.

6) 전류작용(電流作用)에 대한 내구성

무근콘크리트는 직류 및 교류에 의해서 손상을 받지 않는다. 그러나 철근콘크리트는 고압의 직류가 철근에서 콘크리트로 흐르면 철근이 산화하여 녹이 슬고 그 영향으로 체적이 팽창하여 콘크리트에 균열을 발생시킨다. 이 경우 콘크리트가 염화칼슘 등의 염류를 포함하고 있을 경우에는 균열이 급속히 발생한다. 반대로 콘크리트에서 철근으로 전류가 흐르면 철근에 가까운 콘크리트가 연화하여 부착강도가 감소한다. 그리고 습윤상태의 콘크리트에서는 전기전도성이 증가하나 건조한 상태에서는 전기전도성이 떨어진다.

6. 내화성(Refractoriness, 耐火性)

콘크리트가 열에 저항하는 성질로 콘크리트는 70℃ 정도의 온도에서는 열화(Deterioration, 劣化)하지 않으나 그 이상의 온도에서는 온도상승에 따라 압축강도가 감소하고 인장강도나 탄성계수도 급격히 감소한다. 콘크리트가 화재 등으로 인하여 고온을 받으면 탄성계수와 강도가 저하하며 철근과 콘크리트의 부착력이 저하한다.

철근콘크리트 구조물을 내화적(耐火的)으로 만들기 위해서는 다음과 조치가 필요하다.

① 콘크리트 표면을 단열재로 보호한다.

② 골재는 내화성이 있는 화산암, 석회석, 슬래그 등을 사용한다.

③ 철근을 보호하기 위해 충분한 덮게를 두어야 한다.

④ 철근을 피복한 콘크리트가 떨어지는 것을 방지하기 위해 표면에서 2.5㎝ 정도의 깊이에 익스펜디드 메탈(Expended Metal)을 넣는다.

7. 수밀성(Water Tightness)

콘크리트가 물의 흡수·투수에 저항하는 성질을 수밀성(水密性)이라 한다. 콘크리트는 물과 접촉하면 물을 흡수하고, 압력수가 작용하면 물이 콘크리트 내부까지 침투한다. 그러므로 댐, 저수조 등의 수리구조물, 지하구조물 등은 물이 새지 않는 수밀한 구조물이어야 한다.

수밀성이 높은 콘크리트를 만들기 위해서는

① 물-시멘트비를 줄이고

② 습윤상태로 양생

③ 감수제, AE제, 고성능감수제 등 양질의 혼화재료를 사용

8. 콘크리트의 강도

콘크리트의 강도에는 압축강도, 인장강도, 휨강도, 전단강도, 부착강도, 피로강도, 지압강도 등이 있으며 일반적으로 콘크리트의 품질은 압축강도를 기준으로 한다. 일반콘크리트의 강도는 표준 양생한 재령 28일 압축강도를 강도라 한다. 댐콘크리트의 강도는 표준 양생한 재령 91일 압축강도를 강도라 하고, 포장콘크리트의 강도는 표준 양생한 재령 28일 휨강도를 강도라 한다.

1) 압축강도(Compressive Strength)

압축강도(壓縮强度)는 철근콘크리트 부재의 설계 시 압축강도만을 활용하여 설계기준강도로 설계를 한다.

(1) 압축강도 이론

① 최대 밀도 이론(最大 密度 理論)

콘크리트에 사용되는 골재의 공극을 최소로 하면 최대의 강도와 밀도가 된다는 이론

② 표면적 이론(表面的 理論)

콘크리트 강도는 골재의 전 표면적과 시멘트의 중량에 의해 좌우된다는 이론

③ 물-시멘트 이론(Water-Cement Ratio Theory)

1919년 D. A. Abrams에 의해 제창된 이론으로 양질의 골재를 사용한 경우, 콘크리트 강도는 콘크리트가 성형성과 워커빌리티를 가질 때 콘크리트의 강도는 물-시멘트비에 의해 결정된다는 이론이다.

그 관계를 식으로 나타내면 다음과 같다.

$$F_c = \frac{A}{B^x}$$

여기서, F_c : 콘크리트의 압축강도

A, B : 시멘트 품질 등에 의하여 정해지는 상수

x : 물-시멘트비(W/C)

④ 시멘트-물 이론(Cement-Water Ratio Theory)

1932년 I. Lyse에 의하여 제창된 이론으로 물-시멘트비 대신에 그 역수의 시멘트-물비(C/W)를 사용하면 콘크리트 강도는 다음과 같은 직선관계가 성립된다는 이론이다.

$$F_c = A + B\left(\frac{C}{W}\right) = ax + b$$

여기서, F_c : 콘크리트의 압축강도

A, B : 실험정수

x : 시멘트-물비(C/W)

이 식은 콘크리트 배합설계시 간편하게 사용한다.

⑤ 시멘트 공극 이론(Cement-Void Ratio Theory, Cement 空隙 理論)

1921년 A. N. Talbot에 의하여 제창된 이론으로 콘크리트 강도는 공극-시멘트비에 의하여 지배된다는 이론으로 다음 식으로 나타낸다.

$$F_c = A + B\left(\frac{v}{c}\right)$$

여기서, F_c : 콘크리트의 압축강도

A, B : 실험정수

c : 시멘트의 절대용적

v : 공극의 용적(공기 등)

이 이론은 경량골재콘크리트에 적용할 수 있으며, 콘크리트 배합설계에 있어서 강도는 공극량에 의한 것보다는 물-시멘트비, 시멘트-물비에 의한 것이 실용적이다.

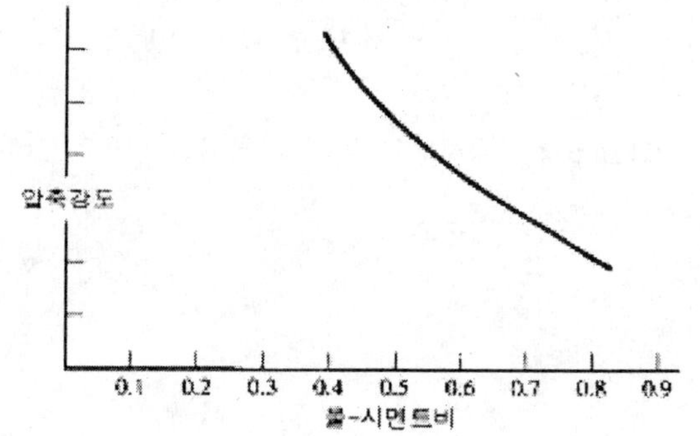

그림 6-14. 콘크리트 강도와 물-시멘트비의 일반적인 상관관계

(2) 압축강도 시험방법

표준시험방법, 동적시험방법, 현장시험방법 등이 있으며 이중에서 표준시험방법은 다음과 같다.

① 공시체(供試體)의 형상과 치수

KS F 2405 에 의하면 콘크리트 압축강도 시험은 공시체의 높이가 지름의 2배인 원주형 공시체를 사용하는 것을 표준으로 한다. 표준공시체는 지름 15㎝, 높이 30㎝인 원주형 공시체를 채용하고 있다. 다만, 굵은골재 최대치수가 25㎜이하일 경우에는 지름 10㎝, 높이 20㎝인 원주형 공시체를 사용해도 무방하다.

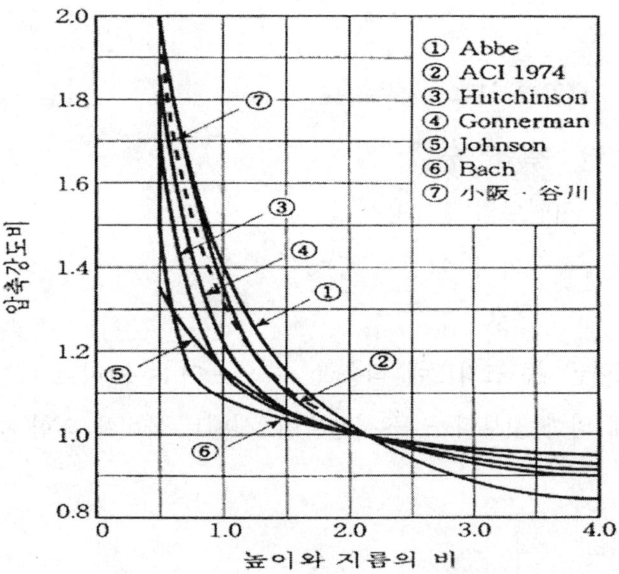

그림 6-15. 공시체의 높이·지름비와 압축강도비

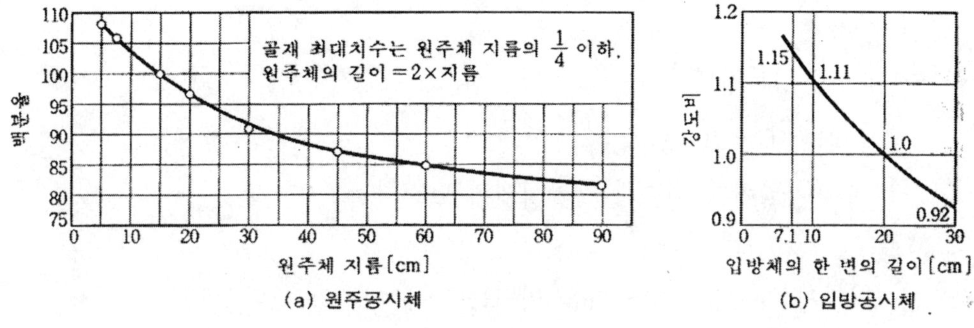

그림 6-16. 공시체의 치수와 압축강도와의 관계

② 몰드(Mold)의 제작

Mold의 이음매에 광물성 기름이나 그리스를 엷게 발라 조립한다. 몰드에 반죽된 콘크리트를 1/3 식 넣고 다짐대로 25회 다짐한다. 공시체의 윗층을 흙손이나 다짐대로 고른 후 유리판으로 덮어 양생한다.

③ 캡핑(Capping)

공시체를 성형 한 후 된반죽 2～6시간, 묽은반죽 6～24시간 지난 후 콘크리트 상부의 레이탄스를 브러쉬로 제거하고 물로 습하게 한 후 시멘트풀로 캡핑한다.

④ Mold의 제거 및 양생

공시체는 성형 후 24～48시간 경과 후 몰드를 제거하고 23±2℃의 수조에 양생한다.

⑤ 공시체의 파괴시험

압축강도시험기에 공시체를 올려놓고 재하속도는 콘크리트의 강도에 영향을 미치므로 일반적으로 재하속도가 빠르면 강도가 크게 나타난다. 이 경향은 100kg/㎠/sec를 넘으면 급격히 증대한다. 그러므로 압축강도의 재하속도는 2～3kg/㎠/sec로 가하여 공시체가 파괴 될 때의 최대하중을 구하여 압축강도를 산출한다.

$$\sigma = \frac{P}{A}$$

여기서 σ : 압축강도

P : 최대하중(kg)

A : 가압판에 접촉하는 공시체의 단면적(㎠)

(3) 콘크리트의 압축강도에 영향을 미치는 것은 다음과 같다.

① 재료의 품질

㉠ 배합수

콘크리트의 재료 중 사용하는 배합수의 수질은 콘크리트의 강도, 시공시의 응결시간, 경화한 후 콘크리트의 성질에 영향을 미친다.

㉡ 시멘트

크게 영향을 미치는 요소가 시멘트이며 사용하는 시멘트의 종류 및 사용방법에 따라 콘크리트의 품질에 영향을 미친다.

㉢ 혼화재료

혼화재 및 혼화제의 사용정도, 사용유무에 따라 콘크리트의 강도에 영향을 미친다.

㉣ 골재의 품질

골재의 입도, 입형, 해사의 사용 여부 등은 콘크리트의 압축강도에 큰 영향을 미친다.

② 재료의 배합

㉠ 물-시멘트비

콘크리트의 강도는 시멘트풀의 물-시멘트비에 의해 결정되며, 깨끗하고 견고한 골재를 사용한 콘크리트가 워커빌리티가 좋고 강도도 증대한다.

㉡ 혼화재료의 양

㉢ 골재의 배합비

㉣ 워커빌리티

③ 비비기 방법

콘크리트 비비기는 원칙적으로 배쳐믹서에 의한 기계 비비기를 해야 하나 소규모 공사나 중요하지 않은 공사에서는 삽 비비기를 한다.

비비기 시간은 1~5분 정도까지는 콘크리트 압축강도가 향상되므로 적어도 3분 이상 비비기는 것이 바람직하다. 그러나 10분 이상 비벼도 압축강도는 증가하지 않으며 너무 많이 비비면 오히려 슬럼프와 공기량의 변동에 의하여 콘크리트의 성질에 나쁜 영향을 미친다. 또한 몇 개의 배쳐로 나누어 비빌 경우에는 각 배쳐의 비빔시간을 일정하게 할 필요가 있다.

④ 시공방법

㉠ 타설

비비기로부터 타설까지의 시간은 원칙적으로 외기온도가 25℃ 이하일 때 2시간, 외기온도가 25℃ 이상일 때 90분을 넘어서는 안된다. 콘크리트 타설시 재료의 분리나 공기의 투입을 막기 위하여 낙하높이는 1.5m 이내이어야 한다.

㉡ 다지기

콘크리트 중의 공기나 수분을 제거하고 콘크리트가 철근과 거푸집 내부에 잘 채워지도록 하며 여분의 물을 제거하여 물-시멘트비를 작게하면 압축강도와 내구성, 수밀성이 증가한다. 다지기 방법으로는 내부진동기를 사용함을 원칙으로 하나 단면이 얇은 경우에는 거푸집 진동기를 병용한다.

㉢ 양생온도와 방법

콘크리트에 충분한 습도와 적당한 온도 및 재령을 주어 외력없이 굳히는 것을 양생(Curing)이라하며, 양생온도가 보통 4~35℃의 범위에 있어서는 온도가 높을수록 재령 28일까지의 강도는 증대하나 너무 지나치게 온도가 높거나 낮으면 오히려 강도발현에 영향을 미친다.

양생방법에는 여러 가지가 있으나 보통 습윤양생으로 유지하여 콘크리트 중의 수분이 급격히 증발하지 않도록 하는 것을 습윤양생이라 하며 습윤양생 후 공기 중에서 건조시키면 강도가 20~40% 정도 증가한다.

습윤상태로 양생하는 방법은 수중, 젖은 모래, 물을 뿌림, 피막하는 방법 등이 있다. 양생을 촉진하기 위하여 고온·고압양생 방법과 전기양생, 전열 양생 등이 있다.

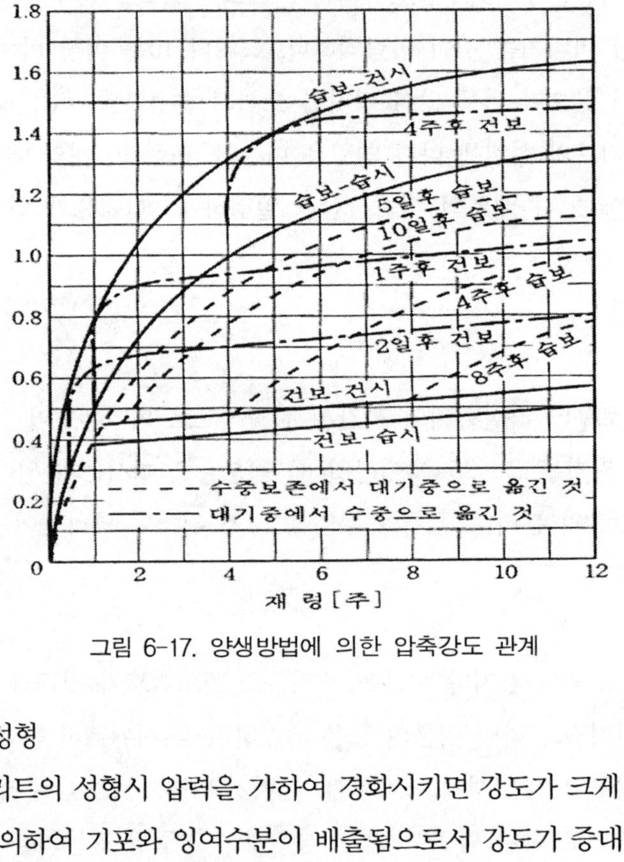

그림 6-17. 양생방법에 의한 압축강도 관계

㉣ 가압성형

콘크리트의 성형시 압력을 가하여 경화시키면 강도가 크게 되는데 이는 가압에 의하여 기포와 잉여수분이 배출됨으로서 강도가 증대하는 것이다. 특히 묽은반죽 콘크리트의 경우에는 효과가 크다.

⑤ 시험방법

㉠ 시험시의 재령

콘크리트 양생기간의 정도는 강도에 영향을 미친다.

㉡ 공시체의 모양과 치수

공시체의 높이, 지름, 한 변의 길이 등은 콘크리트 강도에 영향을 미친다.

㉢ 재하속도

압축강도 시험시 재하속도가 빠를수록 강도는 크게 나타난다.

⑥ 공기량

물-시멘트비가 일정한 콘크리트에서 갇힌공기량이 1% 증가하면 압축강도는 4~6% 정도 감소한다.

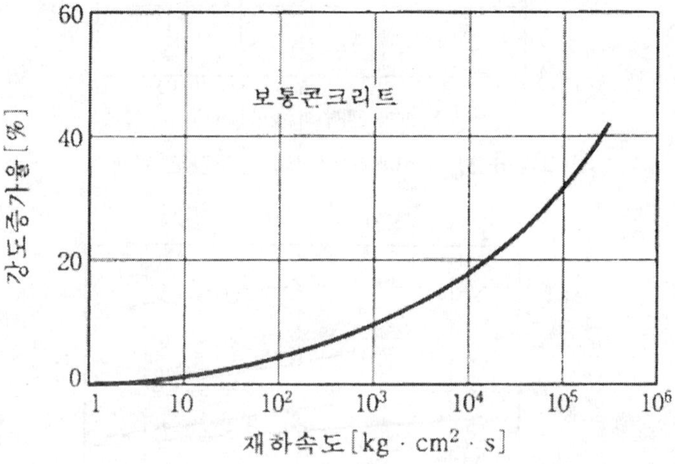

그림 6-18. 재하속도와 압축강도비

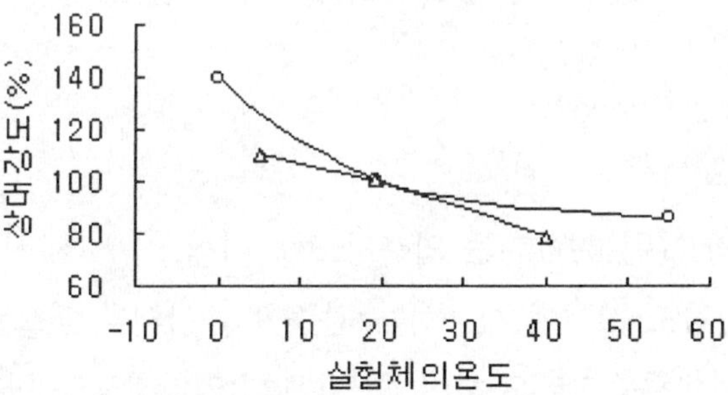

그림 6-19. 압축강도에 미치는 실험체 온도변화

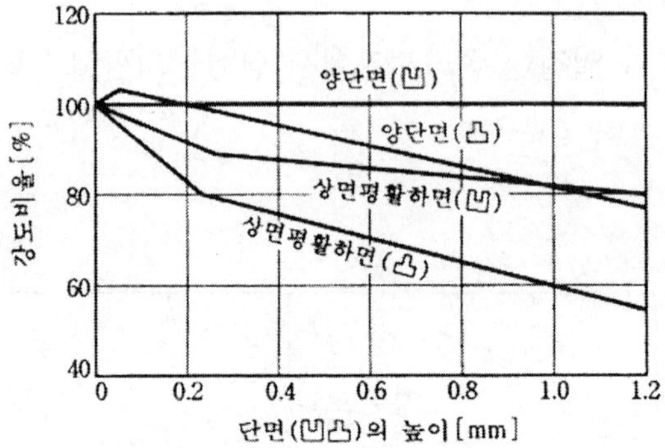

그림 6-20. 공시체의 굴곡과 압축강도 관계

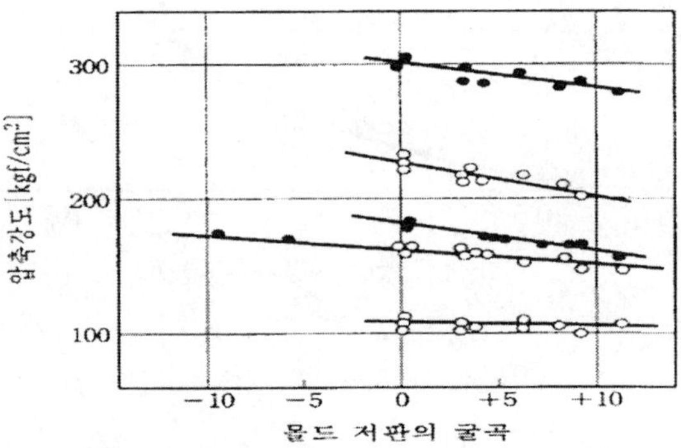

그림 6-21. 몰드저판의 굴곡과 압축강도

2) 인장강도(Tensile Strength)

콘크리트의 인장강도(引張强度)는 압축강도에 비해 매우 작은 1/10~1/13정도이다. 인장강도는 압축강도 시험에 사용하는 원주형 공시체를 옆으로 눕혀 하중을 가하여 파괴될 때의 최대하중으로 구하며, 할열(割裂)인장강도라 한다. 일반적으로 철근콘크리트 부재의 설계시 인장강도는 무시하나 슬래브의 설계, 보의 경사 인장응력 등에서 콘크리트의 인장강도는 직접 영향을 미친다.

인장강도 시험방법에는 직접인장시험방법과 할열인장시험방법이 있다. 직접인장시험방법은 봉상의 콘크리트 공시체에 인장용 기구를 부착하여 직접인장하중을 가하여 인장강도를 구하고, KS F 2423의 할열인장시험(Splitting Tensile Test)은 원주형 공시체를 그림과 같이 옆으로 놓고 상하방향에서 공시체를 할열시켜 그 때의 최대하중(P)를 측정하여 다음 식에 의해 인장강도를 산정하는 방법으로 주로 이 방법으로 인장강도를 산정한다.

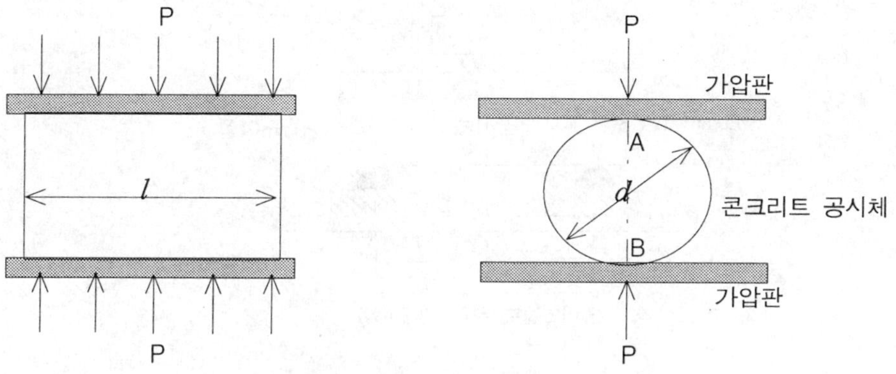

그림 6-22. 할연인장강도 시험방법

$$F_t = \frac{2P}{\pi dl}$$

여기서, F_t : 인장강도(kgf/㎠)

d : 공시체의 지름(㎝)

P : 시험기에 나타난 최대하중(kgf)

l : 공시체의 길이(㎝)

3) 휨강도(Bending Strength)

콘크리트의 휨강도는 압축강도의 1/5~1/8정도이며, 시험방법에는 KS F 2407에 의한 중앙집중 재하방법과 KS F 2408에 의한 3등분점 재하방법이 있다. 콘크리트의 휨강도는 인장강도의 1.6~2배 정도로 공항, 도로 등의 콘크리트 포장의 설계기준강도와 콘크리트의 품질결정 및 관리에 이용된다.

① 중앙집중 재하방법의 경우

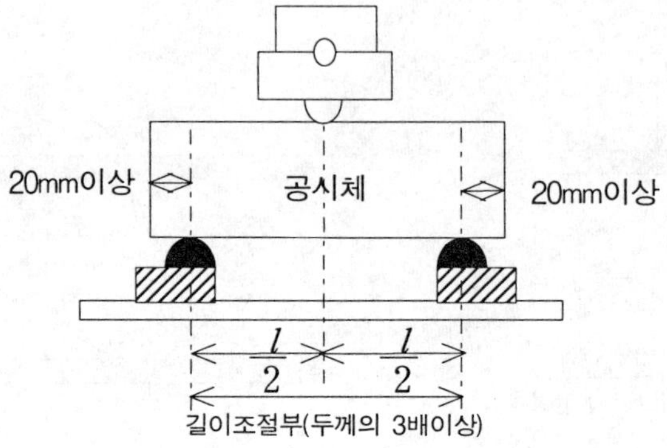

$$F_b = \frac{3}{2}\frac{Pl}{bd^2}$$

여기서, F_b : 휨강도(kgf/㎠)

P : 최대하중(kg)

l : 공시체 지간의 길이(㎝)

b : 파괴단면의 평균 폭(㎝)

d : 파괴단면의 평균 높이(㎝)

② 3등분점 재하방법의 경우

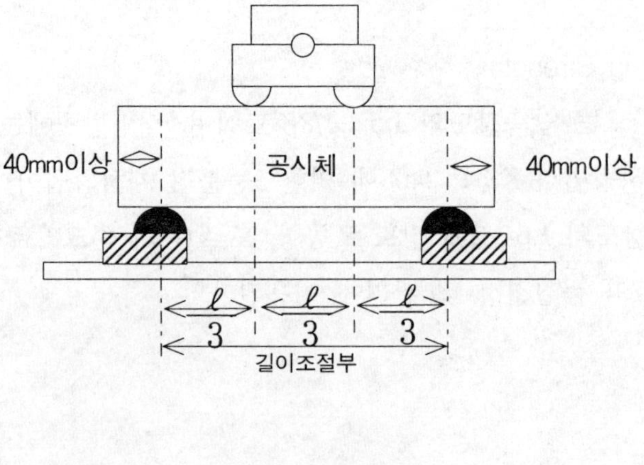

㉠ 공시체가 지간(Span)의 3등분 중앙부에서 파괴될 때

$$F_b = \frac{Pl}{b\,d^2}$$

㉡ 공시체가 3등분점 외부에서 파괴되고, 하중작용점에서 파괴단면까지의 거리가 지간의 5% 이내 일 때

$$F_b = \frac{3Pa}{b\,d^2}$$

여기서, a : 파괴면과 이것에 가까운 하중점과의 거리(㎝)

㉢ 공시체가 3등분점 외부에서 파괴되고, 하중작용점에서 파괴단면가지의 거리가 지간의 5% 이상이면 재측하여야 한다.

4) 전단강도(Shearing Strength)

콘크리트의 전단강도(剪斷强度)은 그림과 같이 직접 전단시험에 의하여 구한다. 최대하중 P를 측정하여 전단응력이 휨(세로)방향에 일정하게 분포한다고 가정하고 다음 식으로 구한다.

$$\tau = \frac{P}{A}$$

이와 같이 구한 콘크리트의 직접 전단강도는 압축강도의 1/4~1/6정도이며, 인장강도의 2.3~2.5배 정도이다. 일반적으로 높이나 폭이 클수록 또한 지간 l이 커질수록 직접전단강도는 작아진다.

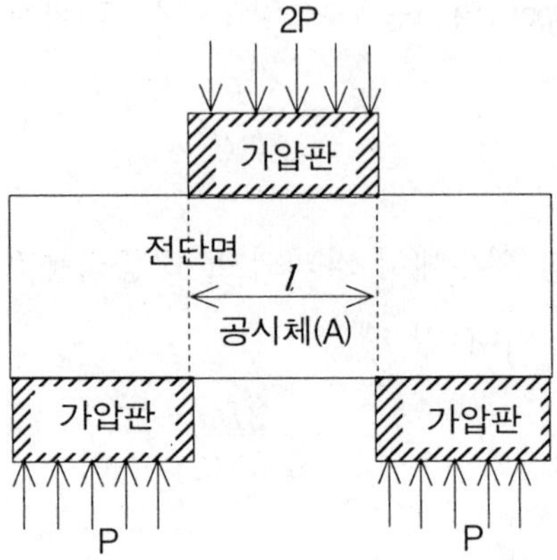

5) 부착강도(Bond Strength)

부착강도(附着强度)란 철근과 콘크리트가 일체가 되어 하중에 저항하는데 철근과 콘크리트 사이에 부착된 정도를 부착강도라 한다. 부착강도는 철근과 시멘트풀과의 순부착력, 철근과 콘크리트 사이의 마찰력 및 철근표면의 요철에 의한 기계적 저항력 등에 의해 발생한다.

부착강도는 철근의 종류, 철근의 지름, 콘크리트의 품질, 콘크리트 속의 철근 위치 및 방향에 따라 달라진다. 일반적으로 압축강도가 증가하면 부착강도가 증가하며 이형철근의 부착강도는 원형철근의 2배정도 크다.

수평철근의 부착강도는 연직철근의 1/2~1/4 정도이며, 수평철근 하부의 콘크리트 두께가 두꺼울수록 부착강도는 저하한다. 이는 콘크리트 속의 블리딩, 고체입자의 침하 등에 의해 철근 하부에 공간이 생겨 부착을 약하게 만들기 때문이다.

부착강도의 시험방법은 밀어빼기시험, 보의 휨시험, 잡아빼기시험, 인장시험방법 등이 있으나 일반적으로 잡아빼기시험이 많이 사용되고 있다.

6) 피로강도(Fatigue Strength)

콘크리트가 반복하중을 받으므로 해서 발생하는 파괴를 피로파괴라 하며, 일정한 하중을 지속적으로 받아 피로현상으로 정적 파괴하중보다 작은 하중으로 파괴가 발생하는 것을 크리프파괴라 한다.

무한대의 반복회수에 견딜 수 있는 응력의 최대한계를 피로한계(Fatigue Limit)라 하며 소정의 반복회수에 견디는 응력의 한도를 피로강도(Fatigue Strength)라 한다.

피로에 의한 파괴강도는 작용하는 응력의 상한치와 하한치의 범위와 반복하중이 주어지는 회수에 의해 변화한다.

7) 지압강도(Bearing Strength)

교각의 지지부나 프리스트레스트 콘크리트의 긴장재, 정착부 등의 부재에 국부적인 하중을 받는 콘크리트의 압축강도를 지압강도라 한다. 일반적으로 지압강도는 국부응력에 의한 최대압축하중 P를 국부재하면적 A'로 나눈 값으로 구한다.

8) 콘크리트 압축강도의 비파괴검사(Nondestructive Testing ; NDT)

콘크리트의 압축강도를 조사하는 방법은 크게 파괴검사(破壞檢査)과 비파괴검사(非破壞檢査)로 대별된다.

비파괴검사란 재료나 제품, 구조물 등에 대하여 검사 대상물에 손상을 주지 않고 시험품의 성질이나 상태, 구조 등을 알아내기 위한 검사를 말하고, 파괴검사는 콘크리트 코아(Core)를 베어 내어 압축강도를 시험하거나 철근을 조립해서 가스 압접한 부분을 떼어 내어 인장내력을 시험하는 등 어느 정도의 파괴에 따르는 시험을 말한다.

그러나 작은 구멍을 내거나 50㎜ 이하인 작은 직경의 코아를 채취하여 시험하는 것은 구조물에 미치는 영향이 작으며 복원도 쉬우므로 파괴검사라기보다 비파괴검사로 본다.

비파괴검사의 종류는 다음과 같다.

(1) 육안검사

육안검사는 가장 간단하고 신속한 검사 방법이며, 검사 기술자의 기량에 따라서는 매우 신뢰성이 높은 정보를 얻을 수 있다. 균열이 생긴 부위를 육안으로 검사하여 균열 폭과 길이, 방향, 발전 경로 등을 조사하여 구조체에 표시하고 그 부위를 스케치와 함께 사진을 찍어 둔다. 균열 폭의 측정에는 그림 6-23과 같은 균열 측정용 스케일이나 휴대용 균열폭 측정기를 사용하면 0.0025～0.05mm의 균열 폭까지 측정할 수 있다.

(a) 균열 스케일 (b) 현미경에 의한 균열조사

그림 6-23. 균열 조사 기구

(2) 내부검사

콘크리트 구조물의 내부검사에 적용할 수 있는 검사방법의 개요는 표 6-2와 같으며, 주로 방사선 투과시험, 초음파 탐상시험으로 특별한 경우로서 진전 중인 균열에는 AE(Acoustic Emission)시험이 적용될 수 있다.

표 6-2. 적용 가능한 검사 방법

시험방법	대상물
방사선 투과시험	판 두께 측정 철근의 배근 상태 콘크리트의 소밀, 공동 및 납작판의 유무 매설관의 위치, 지름 및 내부의 부착물이나 부식 상태 PC의 쉬스 위치, PC강선의 파단 및 그라우팅의 충전 상태 철근의 지름 및 피복의 측정
초음파 탐상시험	판 두께 측정 철근의 위치 및 피복의 측정 균열 깊이 공동 및 납작판의 위치 매설관의 위치
AE시험	진전 중인 균열
전기적시험	철근의 지름 또는 피복
와류시험	철근의 지름 또는 피복
콘크리트 레이더시험	철근의 위치 매설관의 위치 PC강관의 위치

① 방사선 투과시험

X선이나 γ 선을 사용해서 X선 필림 또는 이미지 플레이트에 의해 콘크리트 구조물의 투과사진을 촬영하여 내부상태를 시험하는 방법이다.

② 초음파 탐상시험

낮은 주파수(수십~수백㎑)의 초음파 및 가칭 음파(20㎑ 미만)를 사용해서 콘크리트 구조물의 음속, 판 두께, 균열 깊이, 피복 두께의 측정, 내부 공극의 검출 및 강도 추정을 하는 방법이다.

③ 충격 탄성파시험

해머 타격으로 탄성파를 발생시키는 방법이기 때문에 타격되는 것이나 타격되는 것을 사이에 세운 토목 구조물의 비파괴 시험에 적용할 수 있다. 더구나 해머 타격은 직접 기계적으로 진동에너지를 발생시키기 때문에 전기음향 변환하는 초음파 탐상시험과는 비교가 되지 않는 큰 탄성에너지를 얻을 수 있기 때문에 초음파 탐상시험에서는 곤란한 대형 구조물이나 복잡한 재질에도 적용할 수 있다.

④ AE시험(음향 방사시험)

고체가 변형 또는 파괴될 때 해방되는 탄성에너지에 의해서 소리가 발생하는 현상을 음향방사(Acoustic Emission 이하 AE라고 약기)라 한다. AE시험은 균열이 진전할 때에 발생하는 탄성파를 검출하여 재료의 연구, 용접 등의 제조, 관리 및 구조물의 건전성 진단을 하는 시험이다. 최근에는 재질도 FRP, 세라믹, 콘크리트, 암석, 유리, 목재, 석탄으로 광범위해지고 대상물도 구조물 외에 흙사태, 지진, 광산, 지열개발, 콘크리트 댐, 해양 구조물 등까지 확대되고 있다.

(3) 품질의 검사

① 콘크리트 압축강도의 추정 시험

콘크리트의 강도는 구조물의 내력을 지배할 뿐만 아니라 강도가 큰 콘크리트는 일반적으로 품질이 좋고 내구성이 크기 때문에 압축강도의 추정시험은 콘크리트의 품질시험 중 특히 중요하다. 콘크리트 강도를 비파괴검사 방법으로 다음과 같은 여러 가지 방법이 있다.

㉠ 슈미트 해머에 의한 반발도 시험

콘크리트에 강구를 치면 강도가 큰 콘크리트는 탄성계수가 크기 때문에 강구의 반발도 크다. 강도가 작은 콘크리트는 탄성계수가 작아서 강구의 반발도 작다. 슈미트 해머는 이 원리에 의한 것으로 세계적으로 널리 사용되고 있다.

㉡ 핀의 관입 시험

핀을 콘크리트에 타입하여 관입한 깊이에 의해서 강도를 추정하는 방법이다.

㉢ 핀의 인발 시험

핀의 인발 시험 방법에는 미리 핀을 콘크리트에 매입하여 놓는 방법, 뒤에서 작은 구멍을 뚫어 핀을 고정하는 방법이 있다.

㉣ 비틀림 파괴 시험

미리 콘크리트 속에 비틀림 전단시험용 스핀을 매입하여, 경화 후 스핀들(Spindle)을 비틀어 토크를 구한다. 이 시험 방법의 사용은 적은 편이다.

㉤ 콘크리트의 인장(인발) 시험

콘크리트에 에폭시 수지를 사용해서 철판을 붙여, 철판에 따라 잘라 넣어 이것을 잡아당겨 파괴하였을 때의 인장하중을 구한다.

㉥ 코아의 휨 시험

ϕ55㎜, 깊이 70㎜의 코아 모양으로 잘라 넣어 상부에 유압 로드셀을 삽입하여 가압해서 휨력을 구한다.

㉦ 머츄리티(숙성도)에 의한 시험

콘크리트의 강도 발현은 물-시멘트비가 일정하고, 적절히 수분을 함유하고 있으면 시멘트의 수화 진행 정도에 의해서 결정된다. 머츄리티의 측정 방법은 적산온도 미터로 고무캡을 밖으로 해 놓으면 기온과 적산온도의 곱에 대응하여 모세관 내의 액체가 증발하여 머츄리티가 표시된다.

㉧ 복합 압축강도 추정 시험

두 종류 이상의 비파괴검사을 복합하여 사용하는 것으로, 단일 검사방법보다 정밀도가 좋다.

② 조합 추정

③ 함수율 시험

④ 투기성·중성화 시험
⑤ 투수성·흡수성 시험

9. 굳은 콘크리트에 발생하는 균열

1) 건조수축에 의한 균열

건조수축으로 인한 균열은 현장의 실제 구조물에 발생하는 확률이 가장 많으며, 구조물의 성능을 저하시킨다. 콘크리트의 구조물은 기초나 다른 구조요소 또는 콘크리트내의 보강철근 등에 의해 구속을 받게 된다. 이러한 수축작용의 구속은 인장응력을 유발시키며, 이 인장응력이 콘크리트의 인장강도에 도달할 때 콘크리트에는 균열이 발생한다. 또한 콘크리트 슬래브 등 부재의 단면 내에서도 표면은 건조수축이 크고 내부는 그 수축량이 작으므로 표면의 건조수축을 구속하게 된다. 따라서 표면에 인장응력이 유발되어 표면균열 발생의 요인이 된다. 표면에 생기는 이러한 균열은 초기에는 콘크리트 내부로는 관입되지 않으나, 계속적인 건조현상이 진행됨에 따라 콘크리트부재 내부로 깊숙이 전파될 수 있다.

경화한 콘크리트는 건조하면 그림 6-24과 같이 0.05% 정도 수축하며 단위수량이 큰 콘크리트는 더 많이 수축한다.

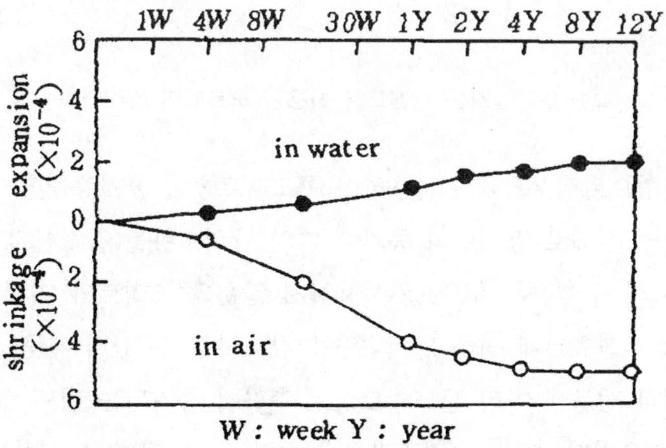

그림 6-24. 장기재령에서의 콘크리트의 길이변화

콘크리트의 건조수축에 의한 균열은 콘크리트 치기 후 2, 3개월 정도에서부터 조건에 따라서는 상당한 기간에 걸쳐 계속 진행된다. 균열의 폭은 0.05～0.5㎜ 정도가 많지만 경우에 따라서는 1～3㎜에 달하는 것도 있다.

콘크리트의 건조수축은 시멘트의 종류, 골재, 배합, 혼화제, 양생 조건 등에 따라 달라지며 시멘트의 영향으로서 일반적으로 시멘트의 분말도가 크게 되면 수축이 증대되는 경향이 있다. 시멘트의 종류에 따라 배합비 1 : 2의 모르터로 길이변화를 실험한 예가 그림 6-25이며 이 그림에서 시멘트의 종류와 수축률과의 관계로부터 균열에 미치는 영향을 짐작할 수 있다.

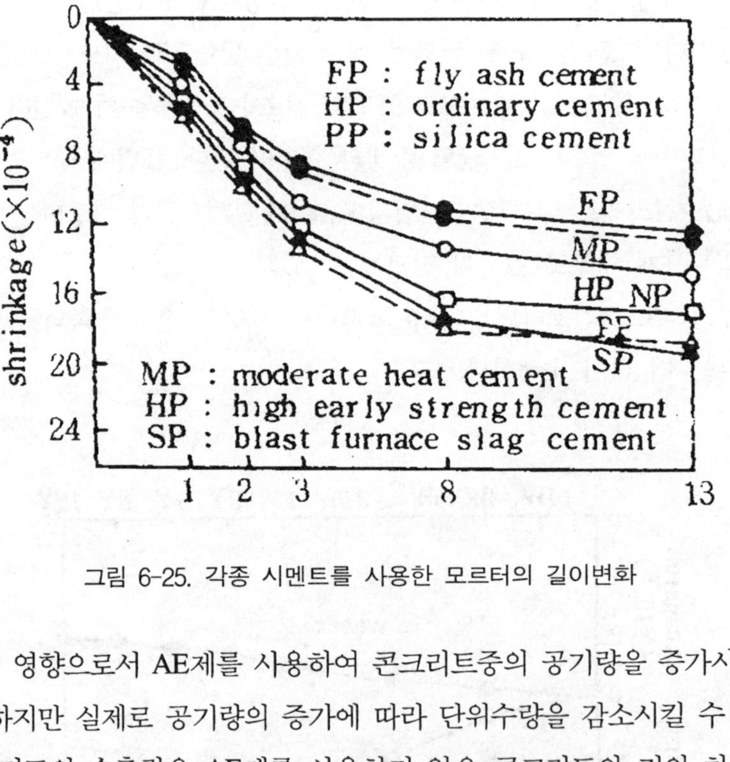

그림 6-25. 각종 시멘트를 사용한 모르터의 길이변화

혼화제의 영향으로서 AE제를 사용하여 콘크리트중의 공기량을 증가시키면 수축량은 증가하지만 실제로 공기량의 증가에 따라 단위수량을 감소시킬 수 있기 때문에 AE콘크리트의 수축량은 AE제를 사용하지 않은 콘크리트와 거의 차이가 없다.

감수제는 그 분산효과에 의해 단위수량을 감소시킬 수 있기 때문에 수축도 적을 것으로 생각되나 성분에 따라 콘크리트의 수축량이 증가되는 것도 있기 때문에 충분한 검토가 필요하다. 또한 응결촉진제에 속하는 염화칼슘을 사용하면 수축량이 증가하며 많은 양을 사용할 경우에는 이를 사용하지 않은 콘크리트보다 몇 배로 수축량이 크게 될 위험성이 있다.

한편 건조수축으로 인한 균열은 수축조인트를 적절히 배치하고 철근을 적절히 배치함으로써 제어할 수 있으며, 건조수축을 보상할 수 있는 시멘트의 사용에 의해 건조수축을 제어할 수도 있다.

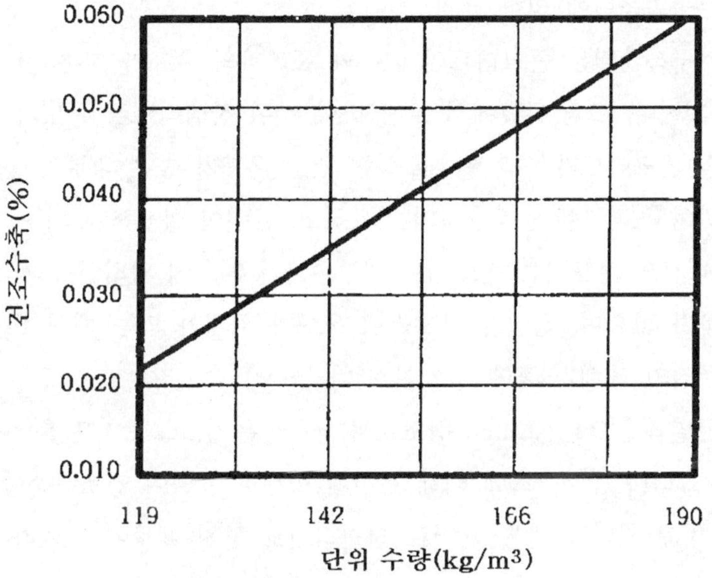

그림 6-26. 단위수량이 건조수축에 미치는 영향

2) 온도응력에 의한 균열

시멘트의 수화는 발열을 수반하는 화학반응이기 때문에 콘크리트는 경화과정에서 온도상승을 일으킨다. 온도상승은 강도발현을 비롯해서 콘크리트의 제 성질에 영향을 미치며 또한 균열발생의 원인이 된다. 온도상승에 의한 균열을 온도균열이라고 하며 온도 강하시에 발생되는 수축이 구속되어 발생하는 인장응력, 단면내의 온도차에 의한 인장응력 등이 원인이 되어 생기는 것이며 온도상승 외에 구속의 정도에 큰 영향을 받는다. 매스콘크리트로 다루어야 하는 구조물의 부재치수는 일반적인 표준으로서 넓이가 넓은 슬래브에서는 두께 80cm 이상, 하단이 구속된 벽에서는 두께 50cm 이상이다.

(1) 온도균열의 구분

매스콘크리트의 온도균열 발생 원인은 내부 구속에 의한 것과 외부 구속에 의한 것의 두 가지로 나눌 수 있다.

① 내부구속응력에 의한 균열

내부구속균열은 콘크리트의 내부와 표면과의 온도가 다른 것에 위해 생기는 것이다. 그림 6-27에서 보는 바와 같이 상대적으로 온도가 낮은 표면부분의 콘크리트가 수축하려고 하는 것을 온도가 높은 내부의 콘크리트가 구속하여 표면부에 인장응력이 작용하고, 균열이 발생하게 되는 것이다. 표면과 내부의 온도차는 콘크리트 내부온도가 피크에 달하였을 때 최대가 되는 경우가 많으며, 균열은 콘크리트 온도가 최대가 되는 재령 1일~5일 또는 거푸집의 해체 직후에 생기기 쉽다.

균열폭은 0.1~0.3mm 정도로서 규칙성은 없고, 또 단면을 관통하지 않는다. 그러나 내부구속에 의해 표면에 발생한 균열이 건조수축이나 외부구속에 의해 커다란 관통 균열로 진전되기도 하기 때문에 주의가 필요하다.

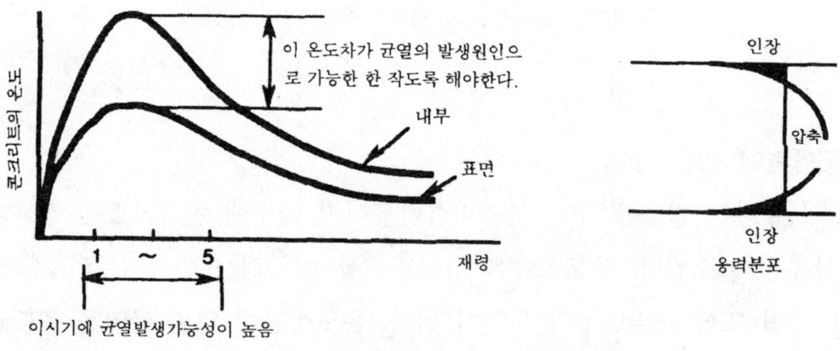

그림 6-27. 내부구속응력의 발생기구

② 외부구속응력에 의한 균열

외부구속에 의한 균열은 지반 또는 기타설한 콘크리트에 의해 구속되어 발생한다. 그림 6-28에 나타낸 바와 같이 타설된 콘크리트는 온도가 최고치에 도달한 후에 최종적으로 외기온과 같을 때까지 온도가 내려간다. 이 온도강하에 의해, 콘크리트의 체적은 수축하지만, 이것이 하층의 콘크리트 혹은 지반에 구속되어, 외부구속균열이 발생하게 되는 것이다.

외부구속균열은 균열의 폭이 0.2~0.5mm, 혹은 그 이상이 되고 많은 경우에는 세로로 곧게 뻗은 관통균열이 되기도 한다.

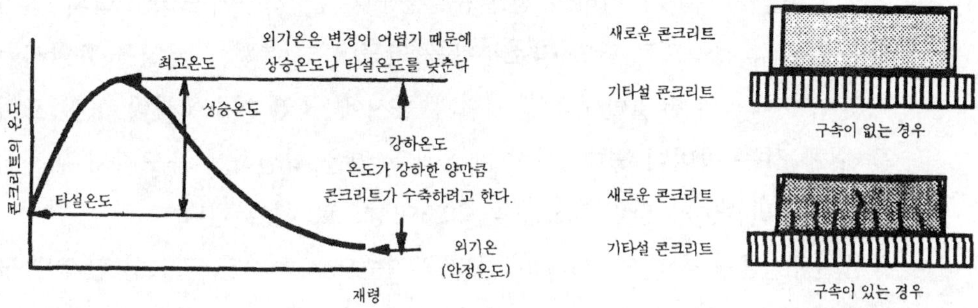

그림 6-28. 외부구속응력의 발생기구

(2) 온도균열의 제어 방법

① 온도균열의 제어

매스콘크리트에서는 구조물에 필요한 기능 및 품질을 손상시키지 않도록 온도균열을 제어하기 위해 적절한 콘크리트의 품질 및 시공방법의 선정이 필요하다. 시멘트, 혼화재료, 골재 등을 포함한 재료 및 배합의 적절한 선정, 블록 분할과 이음위치, 콘크리트 타설 속도의 조절, 타설 시간간격의 선정, 거푸집의 재료와 구조, 콘크리트의 냉각, 양생방법의 선정 등 시공 전반에 걸친 검토가 필요하다.

온도상승에 의한 균열을 방지하기 위해서는 중용열포틀랜드시멘트 또는 저발열시멘트를 사용하거나, 플라이애쉬 등의 혼화재(混和材)를 사용하고, 굵은골재 최대치수를 가능한 크게 하여 단위시멘트량을 감소시킨다. 또 구조물의 종류에 따라서는 균열유발줄눈으로 균열발생위치를 제어하는 것이 효과적인 경우도 있다. 그 밖의 균열방지 및 제어방법으로서는 콘크리트의 프리쿨링(Pre-cooling), 파이프쿨링(Pipe-cooling) 등에 의한 온도저하 또는 제어방법, 팽창콘크리트의 사용에 의한 균열방지방법 또는 균열제어철근의 배치에 의한 방법 등이 있는데, 그 효과와 경제성을 종합적으로 판단해야 한다.

② 균열유발줄눈

온도균열을 제어하기 위하여 균열유발줄눈을 둘 경우에는 구조물의 길이 방향에 일정 간격으로 단면 감소부분을 만들어 그 부분에 균열을 유발시켜 기타 부분에서의 균열발생을 방지함과 동시에 균열 개소에서의 사후 조치를 쉽게 하는 방법이 있다. 예정 개소에 균열을 확실하게 유도하기 위해서는 균열유발줄눈의 단면 감소율을 20%이상으로 해야 한다.

균열유발줄눈의 간격은 4～5m정도를 기준으로 하지만, 필요한 간격은 구조물의 치수, 철근량, 치기온도, 치기방법 등에 의해 큰 영향을 받으므로 이들을 고려하여 정할 필요가 있다. 균열유발부의 누수, 철근의 부식 등을 방지하기 위해서는 적당한 보수를 해야 한다. 균열유발줄눈의 설치는 비교적 쉽게 균열을 제어를 할 수 있는 방법이나 구조상의 취약부가 되지 않도록 구조형식 및 위치 등을 선정하는 것이 중요하다.

3) 화학반응에 의한 균열

알칼리 골재반응, 중성화에 따른 철근의 부식, 염해에 의한 철근 부식에 의한 균열

4) 기상작용에 의한 균열

동결 융해, 건습의 반복에 의한 골재 손상으로 균열

5) 철근부식에 의한 균열

중성화에 의한 균열

6) 시공불량에 의한 균열

다짐 불충분, 응력이 발생하는 곳의 시공이음를 두는 경우, 거푸집 변형, 양생불량, 동바리 부등침하에 의한 균열

7) 시공 시 초과하중에 의한 균열

허용응력설계법에 의하여 낮은 철근응력으로 설계된 종래의 구조물에서는 휨균열이 문제시되지 않았다. 그러나 근래에 와서 고강도 철근을 사용하는 경향이 늘어나고, 또 설계법이 정밀해짐에 따라 균열이 문제로 등장하고 있다. 3000kgf/cm^2 이상의 항복강도를 가지는 철근을 사용할 경우, 휨부재의 인장측 콘크리트에 일어나는 균열에 대하여 과거보다는 신중하게 대처할 필요가 있다. 이러한 균열은 외관상 좋지 않을 뿐 아니라, 폭이 큰 균열은 철근을 부식시켜 구조물의 내구성을 저하시키다. 그러므로 구조물의 내구성을 위해서는 폭이 큰 몇 개의 균열보다는 많은 수의 미세한 균열이 바람직하다.

하중에 의해 일어나는 균열에는 휨균열, 휨전단균열, 전단균열, 비틀림균열, 부착균열 및 집중하중으로 인한 균열 등이 있다.

잘 설계된 보에서 휨균열은 육안으로 볼 수 없는 실균열이며 사용하중 하에서 최대균열폭은 0.25mm 정도이다. 하중이 균열하중을 넘어 점차로 증가하면 균열의 수와 폭이 증가한다. 이렇게 발전된 균열은 중립축 쪽으로 진행된다. 전단으로 인한 균열은 경사진 형태를 나타낸다. 이 전단균열은 중립축의 높이 만큼 위쪽으로 진행되며, 때로는 압축구역으로 발전한다. 비틀림에 의한 균열도 전단의 경우와 비슷하며, 부착균열은 할열(Split)을 유발한다.

집중하중은 때로 할열균열(Splitting crack) 또는 파열균열(Bursting crack)을 일으키는 수가 있다. 이러한 균열은 특히 포스트텐션 방식의 PC보의 정착부 근처에서 종종 볼 수 있다.

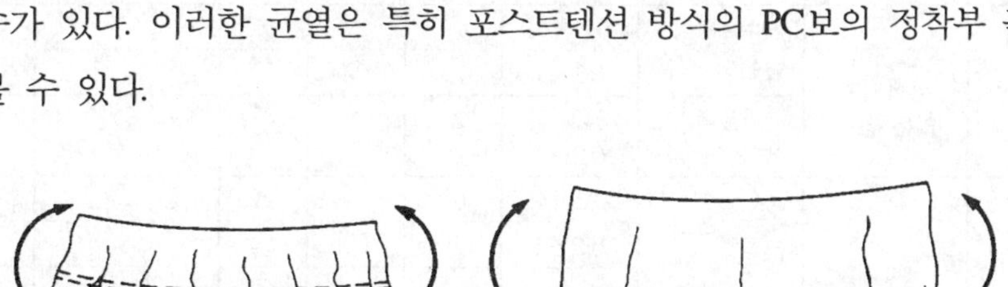

(a) 휨 균열

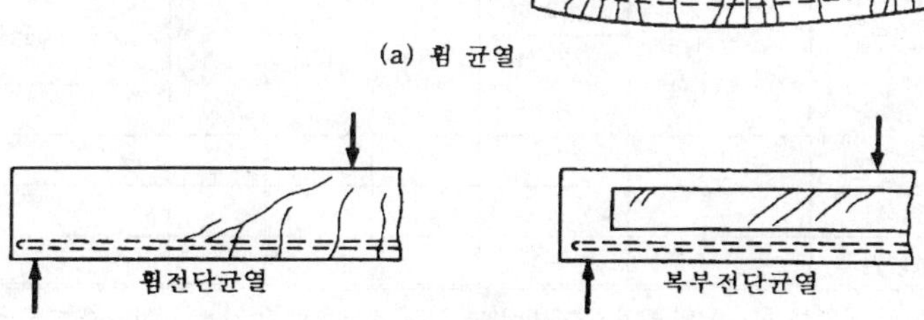

(b) 전단균열

그림 6-29. 휨균열과 전단균열

8) 균열 보수 방법

(1) 개요

균열 보수의 목적은 균열에 의한 콘크리트 구조물의 기능 저하나 내구성 저하를 회복시키기 위함이다. 그러기 위해서는 균열조사의 결과를 토대로 균열의 상황을 충분히 파악하고 보수의 목적에 가장 적합한 보수방법을 선정하는 일이 중요하다.

균열 보수는 주로 방수성, 내구성의 회복을 목적으로 행하는 경우 외에, 대인(對人)에 대한 안정성, 미관을 고려하여 행하는 경우도 있다. 균열 보수의 범위, 규모 등은 보수 목적을 만족하는 범위 내에서 경제성을 고려하여 결정할 필요가 있다. 또한 균열보수를 한 뒤에도 다시 균열이 발생하는 경우에는 보수재료, 보수공법의 선정 잘못 외에 구조적인 결함에 대해서는 간단하게 균열을 보수만 해서는 불충분하므로 보강을 병용하여야 한다. 보수공법 선정에 있어서는 균열의 현상 및 발생원인에 따라서 표 6-3을 참고하면 좋다. 또 염분을 사용한 가혹한 환경인 경우에는 일반환경에 이용하는 재료, 공법보다 신중한 균열 보수을 함이 바람직하다.

표 6-3. 균열에 따른 보수공법의 분류

보수목적	균열현상 · 원인		균열폭* (mm)	보수공법**				
				표면 처리 공법	주입 공법	충전 공법	기타 공법: 침투성 방수제 도포공법	기타 공법: 기타
방수성	철근이 부식되지 않은 경우	균열폭의 변동이 작음	0.2이하	○	△		○	
			0.2~1	△	○	○		
		균열폭의 변동이 큼	0.2이하	△	△		○	
			0.2~1	△	○	○		
내구성	철근이 부식되지 않은 경우	균열폭의 변동이 작음	0.2이하	○	△	△		
			0.2~1	△	○	○		
			1이상		△	○		
		균열폭의 변동이 큼	0.2이하	△	△	△		
			0.2~1	△	○	○		
			1이상		△	○		
	철근 부식		-			○		
	염해		-					●
	반응성골재		-					●

* 균열폭 3.0mm이상의 균열은 구조적인 결함을 수반하는 일이 많으므로 여기에 표시하는 보수공법 뿐만 아니라 구조내력의 보강을 포함하여 실시하는 것이 보통이다.

** ○표는 적당하다고 생각되는 공법, △는 조건에 따라서는 적당하다고 생각되는 공법, ●표는 연구단계에 있는 공법

(2) 보수공법

균열의 보수공법에는 표면처리공법, 주입공법, 충전공법 및 기타 공법이 있으며, 보수재료에는 수지계 재료와 시멘트계 재료가 있다. 수지계 재료는 접착성과 내구성이 좋으며, 시멘트계 재료는 체적변화가 적고 시공성과 내구성이 좋다.

① 표면처리 공법

미세한 균열(일반적으로 폭 0.2mm이하) 위에 도막을 구성하여 방수성, 내구성을 향상시킬 목적으로 행하는 공법으로, 균열부분 만을 피복하는 방법이 있다. 이 공법은 균열 내부의 처치를 할 수 없다는 점이나 균열이 활성화 될 시에는 균열이 진행되는 점등의 결점이 있다. 표면처리공법에 쓰이는 재료는 보수목적이나 그 구조물의 환경에 따라 다른데, 일반적으로는 도막탄성 방수재, 폴리머 시멘트풀, 시멘트 필러 등이 이용된다.

시공에 있어서는 우선 콘크리트 표면을 wire brush 등으로 문질러 거칠게 함과 공시에 표면의 부착물을 제거하고 물세척 등으로 청소한 후 충분히 건조시킨다. 이어서 콘크리트 표면의 기공 등을 수지로 충전하고 그 뒤 적절한 보수재료로 균열부분을 씌운다. 이 공법은 균열표면의 보수, 피복재의 두께가 작으므로 특별히 시간경과에 따른 열화에 대한 주의가 필요하다. 또 보수재료에 따라서는 마무리재와의 접착력이 적은 것, 색상차이 · 얼룩 등이 생기기 쉬운 것도 있으므로 주의해야 한다.

② 주입 공법

이 공법은 균열에 수지계 혹은 시멘트계의 재료를 주입하여 방수성, 내구성을 향상시키는 것이다. 주입공법의 주류는 에폭시수지 주입공법으로, 종래에는 수동이나 발로 밟는 식의 기계주입방식으로 행하였다. 그러나 이러한 방법으로는 주입량의 확인이 안 된다는 점, 관통하지 않은 균열에서는 재료를 속 깊이까지 주입하기가 곤란한 점 및 주입압력이 너무 높으면 균열을 확대시키는 것 등의 문제가 있었으나, 최근에는 저압저속의 주입공법이 여러 가지 고안되고 있다.

주입공법에 따른 보수방법의 한 예를 그림 6-30에 제시한다

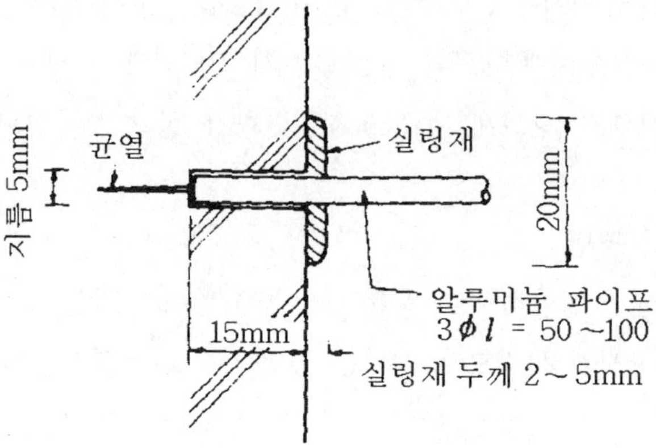

그림 6-30. 주입공법의 일례

저압저속의 주입공법은 주입량 점검이 용이하고 또 균열 속 깊이까지 주입할 수 있는 특징을 지니고 있다. 에폭시수지 주입공법의 채택에 있어서는 시공시기에 따른 사용가능시간 및 균열폭에 따라 알맞은 점도를 갖는 재료를 선정하는 일이 중요하다. 에폭시수지의 점성에 따라서는 대상으로 하는 균열에 충분히 주입할 수 없는 경우가 있으므로 주의를 요한다.

에폭시수지에 대해 용제량을 많게 하는 것은 점성을 작게 하고, 시공을 용이하게 하나 접착력의 저하를 가져와 소기의 목적을 달성할 수 없는 경우가 있어 주의해야 한다.

진행성 균열에 대해서는 에폭시수지의 변형이 문제가 된다. 일반적으로 사용되는 에폭시수지의 변형량은 2%정도로, 이 같은 재료를 사용하면 보수한 균열부근에 새로운 균열이 발생하는 수가 많다. 따라서 이러한 균열에 대해서는 가소성의 에폭시수지를 사용하던가 충전공법의 채택을 검토할 필요가 있다.

③ 충전공법

0.5mm이상의 비교적 큰 폭의 균열보수에 적당한 공법으로, 균열을 따라 콘크리트를 절단하고, 그 부분에 보수재를 충전하는 방법이다. 이 공법은

철근이 부식되지 않은 경우와 철근이 부식된 경우의 보수방법이 다르다.

㉠ 철근이 부식되지 않는 경우

그림 6-31과 같이 균열을 따라서 약 10mm 폭으로 콘크리트를 U 또는 V 형으로 절단한 부분에 실링재·가소성 에폭시수지 및 폴리머 모르터 등을 충전해 균열을 보수한다. U형으로 절단할 경우에는 균열을 사이에 두고 양쪽에 절단기로 판 후, 그 사이의 콘크리트를 떼어내는 방법으로 실시된다. 이에 반해 V형으로 절단하는 방법으로, 최근에는 원추형의 다이아몬드 비트를 전동드릴의 앞에 부착하여 균열을 따라서 깎는 방법이 고안되어 있다. V형으로 절단하는 방법은 간단하나 폴리머 모르터를 충전할 경우에는 충전한 모르터의 박리·박락이 생기기 쉬우므로 U형 절단을 채택하는 것이 바람직하다.

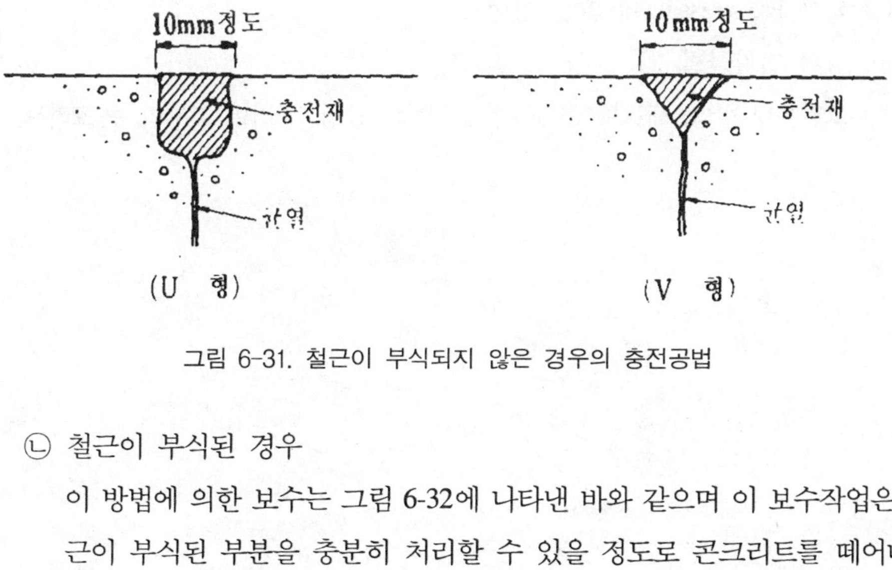

그림 6-31. 철근이 부식되지 않은 경우의 충전공법

㉡ 철근이 부식된 경우

이 방법에 의한 보수는 그림 6-32에 나타낸 바와 같으며 이 보수작업은, 철근이 부식된 부분을 충분히 처리할 수 있을 정도로 콘크리트를 떼어내어 철근 녹을 제거한 다음 철근의 녹 방지처리와, 콘크리트에 프라이머의 도포를 행한 후 폴리머 모르터나 에폭시수지 모르터 등의 재료를 충전하는 순서로 진행한다.

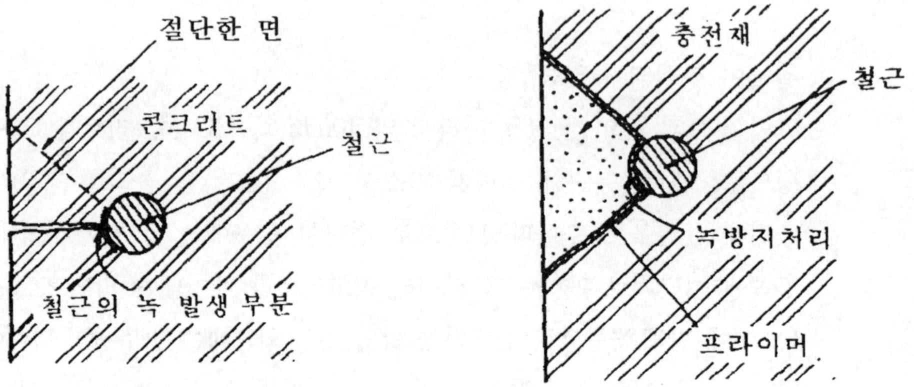

그림 6-32. 철근이 부식된 경우의 충전공법

④ 내부 Pre-stressing에 의한 방법

⑤ 외부 Pre-stressing에 의한 방법

⑥ 강판 접착공법

⑦ 그라우팅 방법, 세로보 증설공법, FRP접착공법, 폴리머 침투법, 콘크리트 교체

제7장 … 콘크리트의 배합설계

(Mixing Design of Concrete)

7-1. 콘크리트의 배합 및 배합설계

콘크리트의 배합(配合)이란 콘크리트나 모르터의 제작 시 시멘트, 물, 골재와 필요시 혼화재료의 혼합비율 또는 사용량을 말한다. 콘크리트의 배합설계(配合設計)란 소요의 강도(强度)와 내구성(耐久性)·수밀성(水密性) 및 워커빌리티를 가진 콘크리트의 배합을 경제적(經濟的)으로 결정하는 것을 말한다. 배합설계방법에는 여러 방법이 있으며, 시험실의 시험에 의해서 배합을 결정한 후 최종적으로 현장에서 시험배합을 행하여 조정한 다음 결정한다.

1. 최적의 배합조건

① 최소의 단위수량을 사용

② 시공이 가능한 범위 내에서 굵은골재 최대치수를 사용

③ 충분한 내구성을 가질 것

④ 소요의 압축강도를 가진 콘크리트

7-2. 콘크리트 배합의 종류

1. 재료의 상태에 따른 분류

1) 시방배합(Specified Mixture, 示方配合)

시방서 또는 책임기술자가 지시한 배합으로 골재는 표면건조 포화상태를 기준으로 하며, 잔골재는 5mm 체를 전부 통과하고 굵은골재는 5mm 체에 전부 잔류한 골재를 사용한 배합을 시방배합이라 한다.

2) 현장배합(Field Mixture, 現場配合)

현장에서 사용하는 잔골재 중의 5mm 체에 남는 양, 굵은골재 중의 5mm 체를 통과한 양, 표면수, 흡수량 등을 고려하여 시방배합을 현장조건에 적합하게 보정한 배합을 현장배합이라 한다.

2. 재료의 계량에 의한 분류

1) 용적배합(容積配合)

재래식 방법으로 시멘트, 잔골재, 굵은골재의 비율을 1 : 2 : 4나 1 : 3 : 6 과 같은 용적비로 표시한 배합을 용적배합이라 한다.

2) 중량배합(重量配合)

콘크리트 1㎥을 만드는데 필요한 각 재료의 양을 중량으로 표시하는 배합을 중량배합이라 한다. 그 때의 재료의 양을 단위량(kg/m^3)이라 하며 각 각을 단위수량, 단위시멘트량, 단위잔골재량, 단위굵은골재량으로 나타낸다.

3) 복식배합(複式配合)

용적배합과 중량배합을 함께 사용하는 배합으로 잔골재와 굵은골재는 용적으로 시멘트는 중량으로 표시하는 배합을 복식배합이라 한다.

4) 절대용적배합(絶對容積配合)

콘크리트 $1m^3$을 만드는데 필요한 각 재료의 양을 절대용적으로 표시한 배합

7-3. 콘크리트 배합의 표시법(表示法)

시방서에 규정된 시방배합의 표시방법에 의해 재료의 배합을 표시한 것으로 콘크리트 $1m^3$을 만드는데 필요한 물, 시멘트, 골재, 혼합재료 등을 중량으로 표시하고, 굵은골재 최대치수, 슬럼프, 물-시멘트비, 공기량, 잔골재율 등을 표시하여 다음과 같이 나타낸다.

표 7-1. 배합의 표시법

<table>
<tr><th rowspan="3">굵은
골재의
최대치수
(mm)</th><th rowspan="3">슬럼프의
범위
(cm)</th><th rowspan="3">공기량의
범위
(%)</th><th rowspan="3">물-시멘
트비
(%)</th><th rowspan="3">잔골재율
S/a
(%)</th><th colspan="7">단위량(kg/m³)</th></tr>
<tr><th rowspan="2">물
W</th><th rowspan="2">시
멘
트
C</th><th rowspan="2">잔
골
재
S</th><th colspan="2">굵은골재 G</th><th colspan="2">혼화재료</th></tr>
<tr><th>mm~mm</th><th>mm~mm</th><th>혼화재</th><th>혼화제</th></tr>
<tr><td></td><td></td><td></td><td></td><td></td><td></td><td></td><td></td><td></td><td></td><td></td><td></td></tr>
</table>

7-4. 콘크리트 배합설계 순서

① 구조물의 종류·환경조건·시공방법 등을 고려하여 배합강도 결정
② 물-시멘트(W/C)비의 결정
③ Slump값의 결정
④ 굵은골재 최대치수 결정
⑤ 잔골재율(S/a), 단위수량(W)결정 및 보정
⑥ 단위시멘트량(C) 결정
⑦ 잔골재 및 굵은골재 결정
⑧ 현장배합으로 수정

배합설계는 구조물의 종류, 기상조건, 시공방법 등을 고려해야 하며, 배합설계순서는 다음과 같이 나타낼 수 있다.

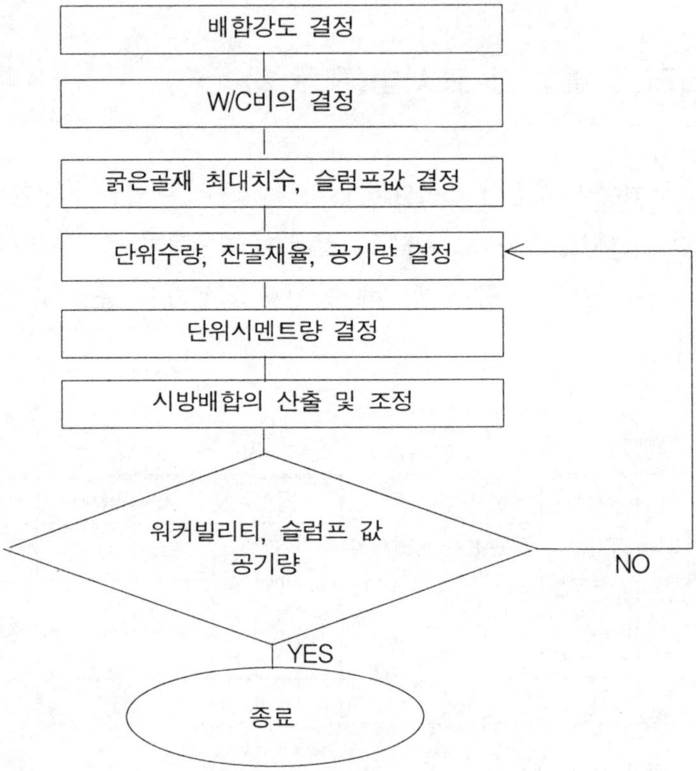

그림 7-1. 배합설계 순서

7-4-1. 콘크리트 배합설계 방법

1. 배합강도 결정

콘크리트 배합설계시 콘크리트구조물의 품질과 안전을 확보하기 위해 설계기준강도 f_{ck}에 할증계수를 곱하여 배합강도(配合强度)를 정한다.

콘크리트 배합강도 f_{cr}는 현장에 있어서 콘크리트의 압축강도의 시험값이 각종 시방서의 규정에 따라 표 7-2의 조건을 만족하여야 한다.

표 7-2. 콘크리트의 품질조건

콘크리트의 종류	품 질 조 건
철근콘크리트 및 기타 일반	압축강도의 시험값이 설계기준강도 f_{ck}이하로 되는 확률이 5% 이하라야 하고 또한 압축강도 시험값이 설계기준강도의 85%이하로 되는 확률은 0.13%이하라야 한다.
포장콘크리트	포장콘크리트에서는 설계기준강도를 휨강도 즉 설계기준강도 f_{bk}로 하며, ① 휨강도의 시험값에 설계기준휨강도 f_{bk}의 80%이하로 되는 일이 1/30이상의 확률로 일어나서는 안된다. ② 휨강도의 시험값이 f_{bk}이하로 되는 일이 1/5이상의 확률로 일어나서는 안된다.
댐콘크리트	① 압축강도의 시험값이 설계기준강도 f_{ck}의 80%이하로 되는 일이 1/20이상의 확률로 일어나서는 안된다. ② 시험값이 σ_{ck}이하로 되는 일이 1/4이상의 확률로 일어나서는 안된다.
레디믹스트콘크리트 공항 포장콘크리트	① 1회의 시험결과는 구입자가 지정한 호칭강도값의 85%이상으로 되지 않으면 안된다. ② 3회의 시험결과의 평균값이 구입자가 지정한 호칭강도의 값 이상으로 되지 않으면 안된다.

배합강도의 결정은 표 7-2의 조건을 만족하여야 하며 다음 두 식에 의한 값 중 큰 값을 적용하여 계산한다.

$$f_{cr} \geq f_{ck} + 1.64S \quad \text{(7.1)}$$

$$f_{cr} \geq 0.85 f_{ck} + 3.00S \quad \text{(7.2)}$$

여기서, f_{cr} : 배합강도(kgf/㎠)

f_{ck} : 설계기준강도

S : 압축강도의 표준편차

1.64, 3.00 : 확률조건을 만족시키기 위한 할증계수

확률조건이 다르게 규정된 경우에는 콘크리트 압축강도의 기대값이 설계기준강도 이상 되도록 배합강도를 결정할 경우 표 7-3를 참조하여 결정한다.

표 7-3. 확률조건을 충족시키기 위한 할증계수

기준강도 또는 배합강도 이하로 될 확률(%)	기준강도 또는 배합강도 이하로 될 회수	식(7.1) 및 식(7.2)의 표준편차에 곱한 계수
20.0	2/10	0.84
15.9	1/6.3	1.00
15.0	1.5/10	1.04
10.0	1/10	1.28
5.0	1/20	1.64
2.5	1/40	1.96
2.3	1/44	2.00
1.0	1/100	2.33
0.5	1/200	2.58
0.13	1/741	3.00

콘크리트 압축강도 표준편차(S) 값의 결정 방법은 공사초기에 표준편차의 정보가 없거나, 소규모공사, 구조적으로 중요하지 않은 경우에는 표준편차를 0.15× f_{ck}로 결정할 수 있다. 그러나 이 값은 설계기준강도가 240kgf/㎠ 이하의 경우는 다소 불안정한 값이고, 설계기준강도가 350kgf/㎠ 이상의 경우에는 비경제적이다. 따라서 ACI(American Concrete Institute)에서 실측한 통계값을 표준편차로 이용한다.

표 7-4. 콘크리트 압축강도의 표준편차 값(예)

변동발생위치 및 시험장소		표준편차 kgf/cm^2(psi)		배치내의 변동계수(%)	
		공사현장	시험실	공사현장	시험실
관리상태	매우 우수	28.1(400)이하	14.1(200)이하	3.0이하	2.0이하
	우수	28.1(400)~35.2(500)	14.1(200)~17.6(250)	3.0~4.0	2.0~3.0
	양호	35.2(500)~42.2(600)	17.6(250)~21.1(300)	4.0~5.0	3.0~4.0
	보통	42.29600)~49.1(700)	21.1(300)~24.6(350)	5.0~6.0	4.0~5.0
	불량	49.2(700)이상	24.6(350)이상	6.0이상	5.0이상

2. 물-시멘트비의 결정

물-시멘트비(W/C)란 콘크리트나 모르터의 배합 시에 사용되는 물과 시멘트의 중량비를 말한다. 콘크리트의 물-시멘트비는 소요의 강도와 내구성, 수밀성을 고려하여 정하여야 한다.

1) 압축강도(壓縮强度)로 결정하는 경우

① 시험에 의하여 결정하는 경우

적당한 범위 내에서 3종류 이상의 시멘트-물비(C/W)를 가진 콘크리트의 재령 28일 압축강도를 시험하여 시멘트-물비와 재령 28일 압축강도의 관계를 선으로 그린다. 그 다음 위에서 계산한 배합강도에 해당하는 시멘트-물비(C/W)를 결정하여 그 값의 역수인 물-시멘트비를 결정한다.

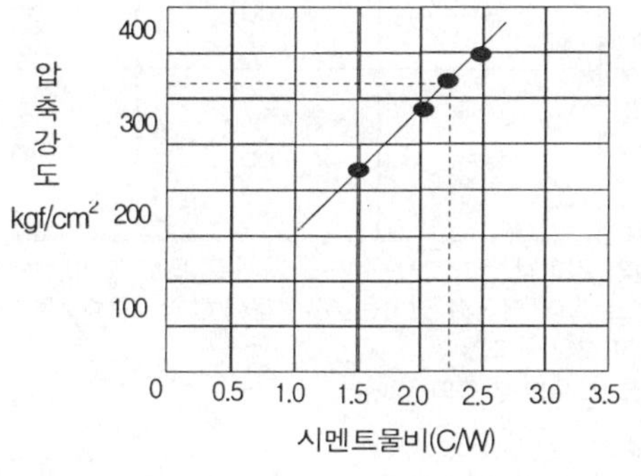

그림 7-2. 시험배합시 시멘트물비와 압축강도와의 관계

② 시험을 실시할 수 없는 경우

소규모 공사나 높은 강도를 필요로 하지 않는 공사, 혼화제를 사용하지 않는 보통 콘크리트 등 시험을 할 수 없는 경우 Lyse의 실험식을 사용하여 물-시멘트비를 결정한다.

$$f_{28} = -210 + 215\,C/W$$

이 식은 품질관리가 만족스럽지 못한 곳에서의 시험 결과까지 포함하여 거의 최저선을 나타낸 것이다. 조강포틀랜드시멘트로 만드는 콘크리트에 적용할 경우 f_{28}을 재령 7일 압축강도로 생각해도 좋다.

2) 내구성(耐久性)으로 결정하는 경우

① 콘크리트의 내동해성을 기준으로 결정하는 경우

일반콘크리트의 물-시멘트비를 정하는 경우 표 7-5의 값 이하로 한다.

표 7-5. AE콘크리트의 내동해성을 기준으로 최대 물-시멘트비(%)를 결정하는 경우

기성조건 / 단면 / 구조물의 노출	기상작용이 심한 경우 또는 동결·융해가 종종 반복되는 경우		기상작용이 심하지 않은 경우, 빙점이하의 기온으로 되는 일이 드문 경우	
	얇은 경우	보통의 경우	얇은 경우	보통의 경우
① 계속해서 또는 종종 물로 포화되는 부분	55	60	55	65
② 보통의 노출상태에 있으며 ①에 해당하지 않는 경우	60	65	60	70

(주) 1) 수로, 교대, 옹벽, 터널의 라이닝 등으로서 수면에 가까워 물로 포화되는 부분 및 이들 구조물 외에 보, 슬래브 등으로서 수면으로부터 떨어져 있기는 하나 융설(融雪), 유수, 물보라 때문에 물로 포화되는 부분
2) 단면 두께가 약 20cm 이하인 구조물
3) 단면이 두꺼운 경우에도 보통의 경우와 같다.

② 콘크리트의 화학작용에 대한 내구성을 기준으로 결정하는 경우

황산(SO_4)으로 0.2% 이상의 황산염을 함유하는 흙이나 물에 접하는 콘크리트는 표 7-6 중의 (a)에 지시하는 값 이하로 하고, 융빙제가 사용되는 콘크리트는 (b)에 지시하는 값 이하로 한다.

표 7-6. 해양콘크리트에서 내구성으로 정하여진 AE콘크리트의 최대 물-시멘트비(%)

시공조건 / 환경구분	일반 현장 시공 경우	공장제품 또는 재료의 선정 및 시공에서 공장제품과 동등 이상의 질이 보증될 때
(a) 해 중	50	50
(b) 해상대기중	45	50
(c) 물보라	45	45

(주) 1) 실적, 연구성과 등에 의해 확증이 있을 때는 위 값에 5~10 정도 더한 값으로 해도 좋다.
2) AE콘크리트, 무근콘크리트의 최대 물-시멘트비를 내구성으로부터 정할 경우 위 값에 10 정도 더한 값으로 해도 좋다.

3) 수밀성(水密性)으로 결정하는 경우

일반적으로 콘크리트의 수밀성은 콘크리트의 품질, 부재의 두께, 외부의 압력 등에 영향을 받으며, 다지기, 양생을 충분히 한 콘크리트에서는 물-시멘트비가 55~60% 이상이 되면 콘크리트의 수밀성은 매우 감소한다. 일반적으로 물-시멘트비가 큰 콘크리트는 재료분리가 일어나고, 타설한 콘크리트에 결점이 생기기 쉽다. 수밀을 요하는 물-시멘트비는 55% 이하를 표준으로 정하고 있다.

표 7-7. 수밀성을 기준으로 한 물-시멘트비(%)

콘크리트의 종류	물-시멘트비(%)
무근 및 철근콘크리트	55 이하
수중콘크리트	50 이하
댐콘크리트	60 이하

물-시멘트비의 결정은 압축강도, 내구성, 수밀성에 의한 물-시멘트비 중에서 가장 작은 값을 선택한다.

3. 슬럼프(Slump)값의 결정

슬럼프가 큰 콘크리트를 사용하면 작업하기가 쉽지만, 블리딩이 많아지고 굵은골재가 모르터로부터 분리되기 쉽다. 따라서, 콘크리트의 슬럼프는 운반, 타설, 다지기 등의 작업에 알맞은 범위 내에서 될 수 있는 대로 작은 값을 사용할 필요가 있다.

1) 무근콘크리트

일반적으로 6~18㎝, 단면이 클 때 4~13㎝

2) 철근콘크리트

진동기를 사용할 경우 일반적으로 6~18㎝, 단면이 클 경우 4~15㎝

3) 포장콘크리트

일반적인 경우 2.5㎝ 이하

4) 댐콘크리트

일반적인 경우 3～5㎝

4. 굵은골재 최대치수의 결정

콘크리트를 경제적으로 만들기 위해서는 될 수 있는 한 굵은골재 최대치수가 큰 것을 사용하는 것이 일반적으로 유리하다. 그러나 굵은골재 최대치수가 지나치게 크면 취급이 곤란하고, 재료분리가 일어나고, 동일한 물-시멘트비에서는 강도가 저하한다. 그러므로 구조물의 종류, 부재의 최소치수, 철근간격 등을 고려하여 워커빌리티, 강도, 내구성, 수밀성 등에 지장이 없는 범위 내에서 굵은골재 최대치수를 결정하여야 한다.

1) 무근콘크리트

100㎜ 이하로서 대체로 40㎜를 표준으로 하며 부재 최소치수의 1/4를 넘어서는 안된다.

2) 철근콘크리트

50㎜이하로 부재 최소치수의 1/5, 철근 순간격 3/4을 넘어서는 안되며 일반적으로 25㎜, 단면이 클 경우 40㎜를 표준으로 한다.

표 7-8. 굵은골재 최대치수의 표준값

구조물의 종류		굵은골재 최대치수(mm)
무근콘크리트	일반적인 경우	40
철근콘크리트	일반적인 경우 단면이 큰 경우	20 또는 25 40
포장콘크리트	일반적인 경우	40 이하
댐콘크리트	일반적인 경우	150 이하

5. 잔골재율과 단위수량의 결정

잔골재율(Sand Percentage, S/a)이란 잔골재량과 전체골재량의 절대 용적비를 백분율로 나타낸 것으로 잔골재율은 다음 식으로 구할 수 있다.

$$잔골재율(S/a) = \frac{잔골재용적}{잔골재 \cdot 굵은골재용적} \times 100(\%)$$

콘크리트 배합설계는 시멘트량을 최소로 하여 작업에 적당한 워커빌리티를 얻어야 하므로 잔골재율은 소요의 워커빌리티를 얻는 범위 내에서 단위수량이 최소가 되도록 시험에 의하여 결정하여야 한다.

일반적으로 잔골재율을 적게하면 소요의 워커빌리티를 얻기 위한 단위수량이 감소되고, 단위시멘트량이 작아져 경제적으로 된다. 그러나 잔골재율이 너무 작게 하면 콘크리트가 거칠어지고 재료의 분리가 생기며 워커블한 콘크리트를 얻기 어려워진다.

적합한 잔골재율을 구하는 방법은 시험에 의한 방법이 가장 좋으므로 표 7-9와 같이 같다.

굵은골재 최대치수가 결정이 되면 표 7-9에 의하여 잔골재율, 단위수량, 공기량을 구할 수 있다. 그러나 여기서 구한 값은 W/C비 55%, Slump 8㎝, 조립율 2.80을 기준으로 구한 값이므로 잔골재율과 단위수량은 표 7-10 잔골재율(S/a)과 단위수량(W)의 보정표를 이용하여 보정하여야 한다.

표 7-9. 콘크리트의 단위 굵은골재용적, 잔골재율 및 단위수량의 대략 값

굵은골재 최대치수 (mm)	단위굵은 골재용적 (%)	AE제를 사용하지 않은 콘크리트			AE콘크리트				
		갇힌공기 (%)	잔골재율 S/a (%)	단위수량 W (kg)	공기량 (%)	양질의 AE제를 사용한 경우		양질의 AE감수제를 사용한 경우	
						잔골재율 (%)	단위수량 (kg)	잔골재율 (%)	단위수량 (kg)
15	58	2.5	49	190	7.0	47	180	48	170
19	62	2.0	45	185	6.0	44	175	45	165
25	67	1.5	41	175	5.0	42	170	43	160
40	72	1.2	36	165	4.5	39	165	40	155
50	75	1.0	33	155	4.0	30	135	35	125

표 7-10. 잔골재율과 단위수량의 보정표

조건에 대한 변화	S/a의 보정(%)	W의 보정(%)
잔골재의 조립율이 0.1만큼 클(작을)때 마다	0.5만큼 크게(작게)한다.	보정하지 않는다
슬럼프값이 1㎝만큼 클(작을)때 마다	보정하지 않는다	1.2%만큼 크게(작게)한다.
공기량이 1%만큼 클(작을)때 마다	0.5~1%만큼 작게(크게)한다.	3%만큼 작게(크게)한다.
잔골재율이 1%만큼 클(작을)때 마다	보정하지 않는다	1.5㎏만큼 크게(작게)한다.
물-시멘트비(W/C) 5%만큼 클(작을)때 마다	1%만큼 크게(작게)한다.	보정하지 않는다
부순돌을 사용할 경우	3~5%만큼 크게 한다.	9~15만큼 크게 한다.
바순모래를 사용할 경우	2~3%만큼 크게 한다.	6~9만큼 크게 한다.

6. 단위시멘트량의 결정

단위수량과 물-시멘트비가 결정되면 물-시멘트비의 역수인 시멘트-물비에 단위수량을 곱하여 단위시멘트량을 결정한다.

$$\text{단위시멘트량(kg)} = \frac{C}{W} \times W$$

일반적으로 단위시멘트량은 300㎏ 이상으로 하는 것이 좋다. 포장콘크리트의 단위시멘트량은 280~350㎏을 표준으로 하고 있으며, 댐콘크리트의 경우에는 내부콘크리트의 단위시멘트량은 일반적으로 최소량이 160㎏ 정도이나, 외부 콘크리트의 단위시멘트량은 단위수량과 소요의 물-시멘트비로부터 정하도록 규정하고 있다.

또한, 혼화재료량은 단위시멘트량에 규정된 양(%)을 곱하여 결정한다.

7. 시방배합(示方配合)의 산출과 조정

콘크리트 $1m^3$을 만드는데 필요한 각 재료의 양을 산출하는데 절대용적법(絶對容積法)을 사용한다. 절대용적법이란 빈틈이 없는 콘크리트 $1m^3$을 만드는데 필요한 물, 시멘트, 잔골재, 굵은골재의 절대용적에 갇힌공기를 첨가하여 $1m^3$의 콘크리트가 된다는 원리이다.

콘크리트 $1m^3$을 만드는데 필요한 각 재료의 중량, 용적, 비중을 기호로 나타내면 다음과 같다.

표 7-11. 콘크리트 사용재료의 기호표

재 료	중 량	용 적	비 중
물	W	W_V	W_G
시멘트	C	C_V	C_G
잔골재	S	S_V	S_G
굵은골재	G	G_V	G_G
갇힌공기	-	A	-

$$1m^3 = W_V + C_V + S_V + G_V + A(\%)$$

$$= \frac{W}{1000\ W_G} + \frac{C}{1000\ C_G} + \frac{S}{1000\ S_G} + \frac{G}{1000\ G_G} + \frac{A}{100}$$

$$(S_V + G_V) = 1 - (W_V + C_V + A)$$

$$\text{단위골재량의 용적}(m^3) = 1 - \left(\frac{W}{1000\ W_G} + \frac{C}{1000\ C_G} + \frac{A}{100}\right)$$

- 단위잔골재량의 용적(m^3) = 단위골재량의 용적×잔골재율(S/a)
- 단위굵은골재량의 용적(m^3)= 단위골재량의 용적×(1-잔골재율)
- 단위잔골재의 중량(kg)=잔골재 용적×잔골재의 비중×1,000
- 단위굵은골재의 중량(kg)=굵은골재 용적×굵은골재의 비중×1,000

이상의 방법으로 시방배합의 각 재료의 양을 산출하고 구조물의 안전과, 배합시 손실을 고려하여 각 재료의 중량에 1~2%정도 증가시킨다.

8. 현장배합(現場配合)으로의 수정

시방배합으로 산출된 각 재료의 양을 현장의 조건에 맞게 현장배합으로 조정하는 것으로 주로 현장에서 사용하는 골재의 입도와 표면수에 따라 수정한다.

1) 골재의 입도(粒度)에 따른 수정

현장의 골재를 체가름시험하여 잔골재가 5mm체에 남는 양의 백분율(a)과 굵은골재가 5mm체를 통과하는 양의 백분율(b)을 측정하여 다음 식으로 구한다.

* 잔골재 단위량(kg) $= \dfrac{100S - b(S+G)}{100-(a+b)}$

* 굵은골재 단위량(kg) $= \dfrac{100G - a(S+G)}{100-(a+b)}$

2) 골재의 표면수(表面水)에 따른 수정

현장 골재의 표면수에 따른 잔골재의 표면수량(c)과 굵은골재의 표면수(d)를 측정하여 다음 식으로 구한다.

* 계량할 현장의 잔골재(kg) $= \dfrac{\text{잔골재 단위량}(100+c)}{100}$

* 계량할 현장의 굵은골재(kg) $= \dfrac{\text{굵은골재 단위량}(100+d)}{100}$

3) 혼합수량의 수정

잔골재의 표면수량=계량할 현장의 잔골재× $\dfrac{c}{100}$

굵은골재의 표면수량=계량할 현장의 굵은골재× $\dfrac{d}{100}$

* 계량할 현장의 물 = W-(잔골재의 표면수량+굵은골재의 표면수량)

단, 단위시멘트량(C)과 혼화재료량은 시방배합과 동일하다.

7-5. 콘크리트 배합설계 예제

[설계조건]

설계기준강도 $f_{28}=210$kgf/cm²을 갖는 철근콘크리트 옹벽을 시공할 때 압축강도의 표준편차(S)가 40kgf/cm²으로 콘크리트 배합설계를 하시오.

(단, 시공상태는 우수하고, 압축강도 시험을 할 수 없는 때 확률조건을 만족시키기 위한 할증계수는 1.64, 3.00로 한다.)

재료의 시험값

- 시멘트의 비중: 3.15(보통포틀랜드시멘트)
- 잔골재의 비중: 2.60
- 굵은골재의 비중: 2.64
- 굵은골재 최대치수: 25mm
- 잔골재의 조립률(F.M.): 2.61
- 슬럼프 값: 10㎝, 갇힌 공기량: 1.5%

또한 콘크리트 압축강도 시험을 위한 공시체 6개(10×20cm)를 만들 때 각 재료량을 산출하시오.

1. 배합강도(配合强度) 결정

1) $f_{cr} \geq f_{ck}+1.64\times S=210$ kgf/㎠ $+1.64\times 40=275.6$kgf/㎠

$f_{cr} \geq 0.85 f_{ck}+3.00\times S=0.85\times 210$ kgf/㎠ $+3.00\times 40=298.5$kgf/㎠

∴ 두 개의 값 중 큰 값 298.5kgf/cm²을 배합강도로 한다.

2. W/C비의 결정:

1) 시험에 의한 방법:

2) 시험을 할 수 없을 경우:

$$f_{28} = -210 + 215\frac{C}{W}$$

$$298.5\text{kgf/cm}^2 = -210 + 215\frac{C}{W}$$

$$\therefore \frac{C}{W} = \frac{508.5}{215}$$

$$\therefore \frac{W}{C} = 0.42 = 42\%$$

3) 내구성에 의한 방법: 표 7-5에서 65%

4) 수밀성에 의한 방법: 55%

∴ 이 중에서 가장 작은 값이 W/C비가 된다.**(W/C=42%)**

3. 굵은골재 최대치수와 슬럼프값를 결정

굵은골재 최대치수가 25mm, 슬럼프값 10cm

4. 굵은골재 최대치수로 단위수량과 잔골재율을 구한 후 단위수량(W), 잔골재율(S/a)의 보정

1) 굵은골재 최대치수가 25mm 일 때 표 7-9로 갇힌공기량, 잔골재율, 단위수량을 구하면 다음과 같다.

갇힌공기량(%)	잔골재율(%)	단위수량(kg)
1.5%	S/a=41%	W=175kg

(위에서 구한 값은 W/C 55%, 슬럼프8cm, 잔골재의 조립율2.8을 기준으로 구하였다.)

2) 잔골재율과 단위수량의 보정

구 분	배합조건	표의조건	S/a의 보정(%)	W의 보정(%)
잔골재의 조립율이 0.1만큼 클(작을)때 마다	2.61	2.8	-0.1:-0.5=(2.61-2.8): x x=-0.95%	-
슬럼프값이 1cm만큼 클(작을)때 마다	10	8	-	1:1.2=(10-8): x x=+2.4%
공기량이 1%만큼 클(작을)때 마다	1.5	1.5	1:-0.75=(1.5-1.5): x x=0%	-
잔골재율이 1%만큼 클(작을)때 마다	-	-	-	-
물-시멘트비 5%만큼 클(작을)때 마다	42	55	-5:-1=(42-55): x x=-2.6%	-
부순돌을 사용할 경우	-	-		
박순모래를 사용할 경우	-	-		

3) 잔골재율(S/a)의 보정 = 41%-0.95%-2.6% = 37.45%

4) 단위수량(W)의 보정 = 175kg+(175kg×0.024) = 179.2kg

4. 단위시멘트량(C)=W×C/W=179.2kg×100/42=426.7kg

5. 단위골재의 용적을 구한 후 잔골재 및 굵은골재량 산정

$$1\text{m}^3 = W_V + C_V + (S_V + G_V) + A$$

$$(S_V + G_V) = 1 - (W_V + C_V + A)$$

$$= 1 - \left(\frac{W}{1,000\ W_G} + \frac{C}{1,000\ C_G} + \frac{A}{100}\right)$$

$$= 1 - \left(\frac{179.2}{1,000\times 1} + \frac{426.7}{1,000\times 3.15} + \frac{1.5}{100}\right)$$

$$= 0.671\text{m}^3$$

1) 단위잔골재량의 용적 = 단위골재량의 용적×잔골재율 = 0.671×0.3745 = 0.251m³

2) 단위굵은골재량의 용적 = 단위골재량의 용적×(1-잔골재율) = 0.671×

(1-0.3745)

= $0.420m^3$

3) 단위잔골재의 중량 = 0.251×2.6×1,000 = 652.6kg

4) 단위굵은골재의 중량 = 0.420×2.64×1,000 = 1,108.8kg

6. 시방배합표의 작성

굵은골재의 최대치수 (mm)	슬럼프의 범위 (cm)	공기량의 범위 (%)	물-시멘트비 (%)	잔골재율 S/a (%)	단위량(kg/m³)			
					물 W	시멘트 C	잔골재 S	굵은골재 G
25	10	1.5	42	37.45	179.2	426.7	652.6	1,108.8

7. 콘크리트의 압축강도 시험을 위한 공시체 6개(10×20cm)를 만들 때 필요한 각 재료량

$$V=\frac{\pi D^2}{4}\times h\times 6=\frac{\pi\times 10^2}{4}\times 20\times 6=9,420\text{cm}^3$$

∴ V= $0.009420m^3$ + ($0.009420m^3$×할증율(10%))≒$0.01m^3$

1) 단위수량 = 179.2×0.01=1.792kg

2) 단위시멘트량 = 426.7×0.01=4.267kg

3) 단위잔골재의 중량 = 652.6×0.01=6.526kg

4) 단위굵은골재의 중량 = 1,108.8×0.01=11.088kg

8. 제 1 시험 배처(Batcher)

시험비비기의 결과 슬럼프 값이 0㎝가 되었을 때 슬럼프 값이 10㎝가 되도록 보정을 하면

다음과 같다.

	S/a 보정	W의 보정
Slump 값	보정하지 않는다	-1:-1.2 = (0-10): x x = -12%

1) 단위수량(W) = 179.2㎏-(179.2㎏×0.12) = 157.69㎏

2) 단위시멘트량(C) = W×C/W=157.69×100/42 = 375.45㎏

3) 단위골재량의 용적 $=1-(\frac{157.69}{1,000\times1}+\frac{375.45}{1,000\times3.15}+\frac{1.5}{100})$=0.7081$m^3$

- 단위잔골재량의 용적 = 0.7081×0.3745 = 0.2652m^3
- 단위굵은골재량의 용적 = 0.7081×0.6255 = 0.4429m^3
- 단위잔골재의 중량 = 0.2652×2.6×1,000 = 689.52kg
- 단위굵은골재의 중량 = 0.4429×2.64×1,000 = 1169.26kg

4) 공시체 6개 제작 시: 용적 0.01m^3

- 단위수량 = 157.69㎏×0.01=1.5769kg
- 단위시멘트량 = 375.45×0.01=3.7545kg
- 단위잔골재의 중량 = 695.8×0.01=6.958kg
- 단위굵은골재의 중량 = 1,169.26×0.01=11.6926kg

여기에서 경제적인 콘크리트를 만들기 위해서는 S/a를 1% 작게 해도 좋으므로, S/a를 1% 작게 하여 제2, 제3 배처를 콘크리트 표준시방서의 조건에 만족할 때까지 시험을 되풀이하여 소요의 워커빌리티를 얻었을 때 배합의 기준으로 한다.

9. 현장배합(現場配合)으로 수정

현장의 골재가 다음과 같은 상태일 때 시방배합을 현장배합으로 수정하면 다음과 같다.

현장골재의 상태

- 잔골재가 5mm체에 남는 양의 백분율(a): 5%
- 굵은골재가 5mm체를 통과하는 양의 백분율(b): 8%
- 잔골재의 표면수량(c): 3%
- 굵은골재의 표면수(d): 1%

1) 골재의 입도에 따른 수정

- 잔골재 단위량 $= \dfrac{100S - b(S+G)}{100-(a+b)}$

$$= \frac{100\times 652.6 - 8(652.6 + 1,108.8)}{100-(5+8)} = 588.2\text{kg}$$

- 굵은골재 단위량 $= \dfrac{100G - a(S+G)}{100-(a+b)}$

$$= \frac{100\times 1,108.8 - 5(652.6 + 1,108.8)}{100-(5+8)} = 1,173.3\text{kg}$$

2) 골재의 표면수에 따른 수정

- 계량할 현장의 잔골재 $= \dfrac{\text{잔골재 단위량}(100+c)}{100}$

$$= \frac{588.2(100+3)}{100} = 605.9\text{kg}$$

- 계량할 현장의 굵은골재 $= \dfrac{\text{굵은골재 단위량}(100+d)}{100}$

$$= \frac{1,173.3(100+1)}{100} = 1,185\text{kg}$$

3) 혼합수량의 수정

- 잔골재의 표면수량=계량할 현장의 잔골재× $\frac{c}{100}$

$$= 605.9 \times \frac{3}{100} = 18.18\text{kg}$$

- 굵은골재의 표면수량=계량할 현장의 굵은골재× $\frac{d}{100}$

$$= 1,185 \times \frac{1}{100} = 11.85\text{kg}$$

- 계량할 현장의 물 = W-(잔골재의 표면수량 + 굵은골재의 표면수량)

  = 179.2-(18.18+11.85)

  = 149.2kg

단, 단위시멘트량(C)과 혼화재료량은 시방배합과 동일하다.

10. 현장배합표의 작성

굵은 골재의 최대치수 (mm)	슬럼프의 범위 (cm)	공기량의 범위 (%)	물-시멘트비 (%)	잔골재율 S/a (%)	단위량(kg/m^3)			
					물 W	시멘트 C	잔골재 S	굵은골재 G
25	10	1.5	42	37.45	149.2	426.7	605.9	1,185

제8장 … 콘크리트의 품질관리
(Quality Control)

8-1. 품질관리(品質管理)의 역사

1920년대에 영국의 통계학자 피셔(R. A. Fisher) 등은 소수표본에 의한 추측적 분석방법으로서의 추측 통계학을 처음으로 확립하여 오늘날 품질관리의 기초를 형성하였다. 1924년에는 미국에서 시작한 대량 생산방식에 발맞춰 벨 전화연구소(Bell Telephone Lab)의 슈하르트(W. A. Shewhart)가 관리도(Control Chart, 管理圖)를 고안하여 산업에 크게 기여하였다. 1928년에는 다지(H. F. Dodge)와 로믹(H. G. Romig)이 통계적인 샘플링(Sampling)검사에 관한 논문을 발표하여 종전의 검사방법과 비교하여 획기적인 성과를 거두었다.

품질관리가 각 산업에 적용되기 시작한 것은 1941년 제2차 세계대전이 일어날 무렵이었다. 평화산업을 군수산업으로 전환하는 과정에서 품질 상의 문제해결이 매우 중요한 과제였다. 이에 대처하여 미 육군성은 ASA(American Standards Association)에 의뢰하여 슈하트의 관리도법을 전시규격으로 공포하여 군수산업에 적용하였다. 또한 미 육군성은 1941년에 Army Ordinance Table을 작성하고, 1943년에는 A. Wald로 하여금 축차(逐次) 샘플링검사를 연구하게 하여 검사의 합리화와 통계학의 이론에 크게 이바지하였다.

미국의 품질관리활동은 1947년에 영국, 캐나다, 오스트레일리아 등으로 전파되어 각국에서 동종의 품질관리규격이 제정되었다. 1950년 미국방성은 MIL-STD-105A(Military Standards)를 제정하여, 현재의 MIL-STD-105D로 발전시켰고, 그 뒤 1957년에는 MIL-STD-414를 제정하여 현재 각국에서 널리 활용되고 있다.

일본의 경우에는 1950년대 초 미국의 데밍(W. E. Deming)과 쥬란(J. M. Juran)이 여러 차례 방일(訪日)하여 통계적 품질관리(SQC) 강습회를 통해 산업계에 QC(Quality Control)를 보급시켰다. 1950년대에는 SQC의 시대라 부를 만큼 통계학에 치중된 품질관리를 해 왔으나, 50년대 후반부터 60년대 초반에 걸쳐 QC는 회사 전체에 파급시키지 않으며 의미가 없다는 의견이 속출하여 TQC(Total Quality Control, 綜合的 品質管理)의 사상이 싹트게 되었다. 60년대 후반은 TQC의 사상이 급격히 성행하던 시대였다. 최고경영층에서부터 말단 종업원에 이르기까지 품질관리의 사상이 침투하지 않으면 안 된다는 생각이 더욱 증대하여, QC서클의 사상과 실제화가 실현되었다. 70년대에 경제대국으로 성장하고 그 이후에 석유파동과 세계적인 불황을 거치면서도 TQC를 꾸준히 실천해온 일본은, 70년대 후반에 건설업, 금융, 서비스산업 등 전 산업에 걸쳐서 TQC를 도입·실천하였으며, 세계적으로도 인정받는 TQC로 발전하였다. 1951년이래 데밍의 업적을 기념하여 Deming상을 제정하고 QC의 연구와 보급에 특별한 공헌이 있는 사람과 회사에 시상을 해 왔다.

우리나라의 경우는 50년대 후반에 품질관리의 개념이 소개되었으나 별다른 진전을 보지 못했다. 1962년에 상공부에 공업표준심의회가 발족되고 한국생산성본부와 한국규격협회(한국공업표준협회 전신)가 품질관리 강좌를 개설하면서부터 품질관리의 보급이 전개되었다. 1965년 한국품질관리학회가 창립되어 품질관리 용어해설집, QC교재 등을 발간하였고, 1966년이래 한국규격협회와 더불어 품질관리사 양성을 위한 장기 QC강습회를 실시하였다. 1970년에는 제1회 전국 QC서클대회를 개최하였다. 정부는 KS 표시제도의 효율적 활용과 국가산업의 품질향상 및 수출전략에 의한 상품의 품질보증을 위하여 정부주도 하에 우리나라 특유의 품질관리제도를 1967년부터 실시하였다. 1973년 상공부의 요청으로 공업진흥청이 발족되면서부터 표준화와 품질관리사업이 더욱 적극화되었다. 1980년대 이후에는 신뢰성(Reliability, 信頼性) 개념이 도입되고, 소비자의 요구수준의 향상과 더불어 제품책임(Product Liability) 개념도 표면화되었다. 따라서 기업은 단지 제품을 생산할 뿐만 아니라 판매된 제품의 품질을 오래 보증해야만 하게 되었다. 즉 품질보증(QA; Quality Assurance, 品質保證)이 TQC안에서 매우 큰 비중을 차지하게 되었다.

8-2. 품질관리의 정의

품질관리란 한국공업규격 KS A 3001 에 의하면 "수요자의 요구에 맞는 품질의 제품을 경제적으로 만들어 내기 위한 모든 수단의 체계이다"라고 되어 있으며 또한 "근대적 품질관리는 통계적 수단을 채택하고 있으므로 특히 통계적 품질관리(SQC: Statistical Quality Control, 統計的 品質管理)라고도 부른다"라고 명기되어 있다.

품질관리 활동이란 경제 원칙 하에서 목표를 설정하여 놓고 목표달성을 위하여 불필요한 요소를 제거하는 합리적이고 실제적인 활동을 말하는 데 이러한 활동에 중점을 두고 있는 품질관리를 재래의 검사중심주의적 품질관리와 구별하여 근대적 품질관리(Modern Quality Control, 近代的 品質管理)라 부른다.

한편 합리적 활동을 하려면 주관적인 판단을 배제하고 과학적 수단에 의한 객관적인 판단을 요구하게 된다. 즉 통계적 사고방식이나 수법을 전면적으로 응용한 품질관리가 필요한데 이를 통계적 품질관리라 한다.

또한 품질관리란 합리적으로 서정된 기준에 따른 조직적인 활동 안에서 성취될 수 있으므로 품질관리는 관련자 모두가 확실하게 품질관리에 대하여 인식하고 합리적으로 추진해야만 좋은 효과를 기대할 수 있다. 이와 같은 전사적 추진의미를 가진 품질관리를 종합적 품질관리(TQM; Total Quality Management)라 하며 최근 이러한 품질관리가 경영의 한 도구로서 많이 활용되고 있다.

따라서, 콘크리트의 품질관리 정의는 요구되는 품질의 콘크리트를 경제적으로 만들기 위해 공사 전 단계에 걸쳐 콘크리트의 기술, 지식 및 통계적 방법을 활용하여 관리하는 것을 말하며, 콘크리트의 목적은 설계서, 시방서에 표시된 규격을 만족하는 구조물을 만들고 결함을 사전에 방지하여 품질의 변동을 허용범위 내에 최소화 시킴이 목적이다.

8-3. 품질관리에 관련된 용어

품질관리와 관련된 용어들 중에서 자주 접하게 되는 용어들을 ISO 8402의 정의(QP, QM, QS, QC, QA)의 기존의 연구 등을 바탕으로 간단히 정의하면 다음과 같다.

1. 품질방침(Quality Policy, 品質方針)

최고 경영층에 의하여 공식적으로 표명된 것으로서, 품질에 관한 조직의 전반적인 의지와 방향

2. 품질경영(Quality Management, 品質經營)

품질방침, 목표 및 책임 등을 결정하고 실행하는 총체적인 경영기능의 양상 및 품질계획 수립, 품질관리, 품질보증, 품질개선 등과 같은 수단에 의하여 품질시스템 내에서 실행하는 전반적 관리기능에 관한 모든 활동

3. 품질시스템(Quality System, 品質 System)

품질경영을 실행하기 위한 조직구조, 책임, 절차, 과정 및 자원, 품질체계라고도 함.

4. 품질관리(Quality Control, 品質管理)

품질에 관한 요건을 충족시키기 위하여 사용되는 운영기법 및 활동, 설계 및 시공과 관련된 활동들의 확인이나 검토를 포함하는 특정한 품질보증 프로그램의 수행

5. 품질보증(Quality Assurance, 品質保證)

제품이나 서비스가 주어진 품질요건을 만족시킬 것이라는 적절한 신뢰감을 주는데 필요한 모든 계획적이고 체계적인 행위, 프로젝트 관련 정책의 수립, 절차, 표준, 훈련, 지침서, 품질확보를 위한 시스템 등을 포함함.

6. TQC(Total Quality Control)

회사의 모든 계층과 모든 부문의 사람들이 참가하는 전사적 품질관리(CWQC;

Company Wide Quality Control, 全社的 品質管理) 품질에 중점을 둔 조직의 경영방식으로서 조직원 전체의 참여에 바탕을 두고 고객만족을 통하여 장기적인 성공을 목표로 함.

7. TQM(Total Quality Management)

유래는 분명하지 않으나 TQC라는 용어 대신에 미국을 중심으로 일반적으로 사용되고 있는 용어, 굳이 TQC와 구별하여 관리와 경영의 개념 차이로써 비교할 수도 있으나, 본질적으로 추구하는 바는 동일함.

8. 설계품질(設計品質)

품질을 설계도서 상에 계획하고 설계한 것. 즉, 설계도서 상에 나타난 품질로서 건축물이 목표로 하는 수준의 품질

9. 시공품질(施工品質)

목표로 하는 건축물을 만드는 방법 즉 시공행위나 업무수행의 질, 목표로 설정된 설계품질에 시공과정에서 진행된 작업이 일치하는 정도

8-4. 품질관리의 방법

품질관리의 방법은 계획(Planning), 실시(Do), 검토(Check), 조치(Action)의 4단계를 되풀이 하는 것이며 이것을 PDCA관리 사이클(Cycle)이라 한다.

1. 계획(計劃)

소요의 품질을 얻기 위하여 필요한 방법, 조건 등에 대하여 계획하는 단계

2. 실시(實施)

계획대로 실행하는 단계로 잘 진행되도록 작업을 교육, 지도하며 통제한다.

3. 검토(檢討)

소요의 품질이 얻어지는지 검토하고 그 결과에 이상이 없으면 계속 작업을 한다.

4. 조치(措置)

소요의 품질을 얻지 못하면 어디에 문제가 있는지 원인을 찾아 시정조치와 개선을 행하는 단계

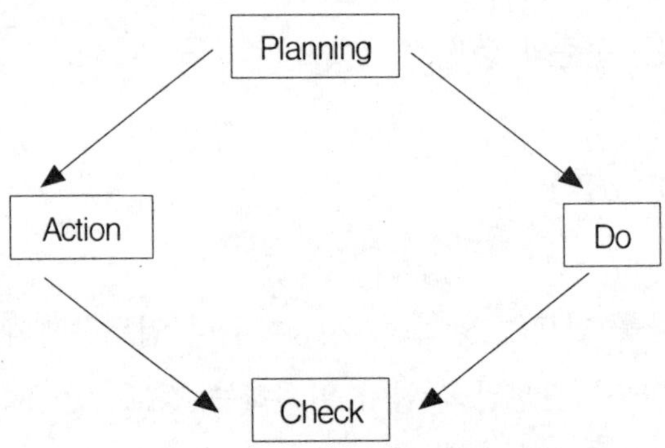

그림 8-1. 품질관리의 진행방법

8-5. 품질관리의 목적 및 효과

건설공사에 있어서 품질관리의 궁극적인 목적은 발주자의 요구에 합치되는 구조물을 경제적으로 생산하는데 있다. 이를 위하여 적절한 품질의 기준을 정하고 이것이 달성되도록 통제하는 활동이 품질관리이다. 여기서 표준화, 통계 및 피드 백(Feed-back)은 품질관리의 기본적 개념이 되며 동시에 중요한 방법론을 제공하여 주

게 된다.

그러나 중요한 것은 품질의 기준을 설정함에 있어서나 또는 그 기준을 준수하도록 통제함에 있어서 모든 품질관리 활동은 측정을 통하여 실시해야 되며 이를 위해서는 모든 품질특성이 계량화되어야 한다.

품질특성의 측정은 종래의 조사에서도 실시되고 있었으나 측정하는 것만으로는 통제가 되지 않는다. 결과를 분석, 평가함으로써 결론을 유출하여 품질이 형성되는 모든 단계, 즉 설계단계로부터 시공 및 유지관리단계에 이르기까지 이를 적용하여 각 단계를 표준화하여야 한다.

건설업에서 품질관리의 목적을 정리하면 다음과 같다.

① 개선 및 개발 할 수 있는 문제점을 발견하여, 원인을 규명하고 대책을 수립, 개선하며 그 상태가 유지될 수 있도록 작업표준을 확립하고 관리한다.
② 각 공정(工程)에 발생할 수 있는 품질의 산포를 감소시킨다.
③ 예상되는 결점을 미연에 방지한다.
④ 공사 및 프로젝트 생산 전체에 대한 신뢰성을 증대시킨다.
⑤ 이상의 사항들을 시간의 함수로써 신속히 해결한다.

또한, 이러한 품질관리 활동의 목적을 구체적으로 요약하여 보면 다음과 같다.

① 시공능률의 향상
② 품질 및 신속성의 향상
③ 설계의 합리화
④ 작업의 표준화

이상의 목적을 가지고 품질관리를 실시할 경우 그 효과는 추진방법이나 실천과정 또는 현재 상태, 기업체의 규모 등에 따라 차이가 있으나 품질관리의 목적별로 분류하여 볼 때 다음과 같은 효과를 기대할 수 있다.

1) 시공능률의 향상

① 올바른 자재를 사용하여 자재의 낭비를 막을 수 있다.

② 시공 상 불필요한 노력이나 시간의 낭비를 피할 수 있다.

③ 준비가동률이 향상된다.

④ 설비 및 기기의 수명이 연장된다.

⑤ 차기공정에 대한 작업연결이 원활하게 된다.

2) 품질 및 신속성의 향상

① 품질의 변동이나 불량률을 감소시킬 수 있다.

② 건설시장의 신용도를 높일 수 있다.

③ 공사수주의 증대를 기대할 수 있다.

④ 불필요한 검사를 배제하고 신속성이 높은 분석결과를 얻을 수 있다.

⑤ 하자 발생률을 감소시킬 수 있다.

3) 설계의 합리화

① 설계도나 시방서를 설정할 수 있다.

② 불량요인을 정확하게 파악하여 적절한 설계변경을 할 수 있다..

4) 작업의 표준화

① 작업표준을 설정할 수 있다.

② 작업표준을 준수할 수 있다..

③ 작업표준을 개선할 수 있다.

이상과 같이 품질관리의 효과는 품질 뿐 아니라 공사비 및 공기에도 절감효과를 유발할 수 있어야 한다. 품질이 향상되면 원가가 상승한다든가 품질을 개선하게 되면 공기를 준수하지 못하게 된다고 하는 사고는 진정한 의미의 품질관리효과라고 볼 수 없다. 따라서 올바른 품질관리의 효과는 이들 3요소, 즉 품질(品質), 공사비(工事費) 및 공기(工期)가 동시에 만족되어야 하는 것이다.

이러한 정의들과 전술한 품질과 관리의 의의를 종합하여, 건설산업에 적합한 소위 건설 품질관리에 대하여 정의하면, 건설 품질관리(QC)란 소비자가 만족할 수 있는 구조물을 가장 경제적인 수준으로 생산하기 위하여 구조물의 품질유지 및 개선에 쏟는 조직적 노력이라고 할 수 있다.

8-6. 건설공사 품질관리 기법

건설공사의 품질은 설계도와 시방서(示方書)에 명시되어 있으며 KS는 재료의 품질, 시험방법 등의 표준이 되며, 품질관리의 기준이 되는 것이다.

즉, 건설공사의 품질기준은 설계도, 시방서에 명시된 대로 공사진행 전 과정에서 일정한 품질이 유지될 수 있도록 공정관리(工程管理), 안전관리,(安全管理), 원가관리(原價管理) 등에 여러 가지 관리 수단이 강구되어야 한다.

1) 품질: 품질시방 + 사용목적에 적합한 기능(안정성, 유용성, 수익성)

2) User's Cost (Life Cycle Cost) —반영→ 품질설계

└→ (사용에너지 + 보전수리 + 수명종료 제품처리)

3)

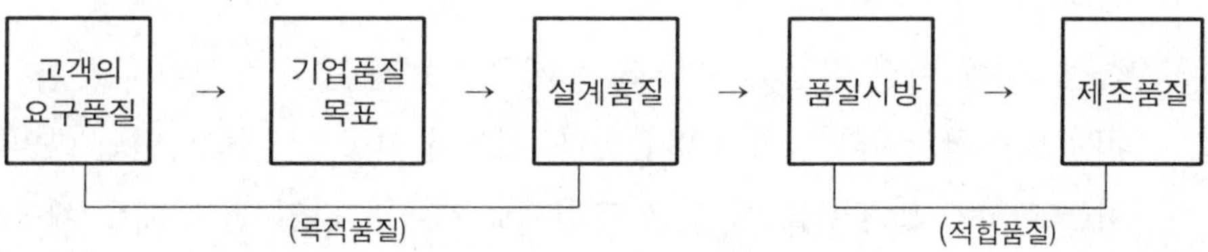

8-6-1. 품질관리 사고 기법

- 어떤 목적을 계속적(장기적), 효과적(경제적)으로 달성하기 위한 활동
- 관리활동: (현상유지 활동 + 현상개선활동) → 관리능력향상

8-6-2. 품질관리 기법의 순서

1. 품질목표를 분명히 하고, 그 달성방법을 표준화한다.

이 품질목표에 따라 공정표준, 작업표준을 정하고 그 취급법, 처리법에 시스템화, 표준화를 도모한다.

2. 표준화된 방법으로 작업을 실시한다.

정해진 순서대로 작업을 하고 표준화에서 벗어나는 경우에는 그 이유를 명기하고 표준의 수정 혹은 새로운 표준설정의 자료로 한다.

3. 실시결과를 측정하고 통계적인 편차범위를 체크한다.

공정상태, 완성된 구조물의 상태를 정확히 파악하기 위해서 구조물의 특성선정, 시험, 검사, 계측에 의해 결과를 검토한다. 얻어진 데이터는 반드시 오차, 편차가 포함되어 있으므로 확률, 통계적인 생각이 필요하다.

4. 결과를 처리한다.

측정결과에 따라 작업의 변경 혹은 계획의 변경 등의 수정처치를 한다. 이 처치에는 응급처치와 참의처치가 있다. 예로서 시공 전후에 벽면의 타일이 탈락하는 사고가 발생했을 때 같은 조건으로 시공한 타일 면 전체를 체크해서 탈락한 타일만을 보수하든가 전면을 보수한다. 이것을 응급처치라 한다. 다음으로 그 원인이 구체(軀體)에 있는가 바탕 모르터(Mortar)에 있는가, 타일의 뒷면에 있는가 또는 시공시의 작업 표준에 있는가 등을 분석하여 사고의 원인을 근절하도록 한다. 이것을 참의처치라고 있다.

8-7. 통계적 품질관리(統計的 品質管理)

품질관리가 만족스럽게 이루어지기 위해서는 관리도(管理圖)와 공정능력도, 히스토그램(Histogram)의 조건을 만족하는 것이 필요하며, 현장에서 가장 보편적으로 이용되고 있는 히스토그램, 공정능력도, $\bar{x}-R$관리도에 중점을 두고 기술한다.

8-7-1. 통계적수법의 위치선정

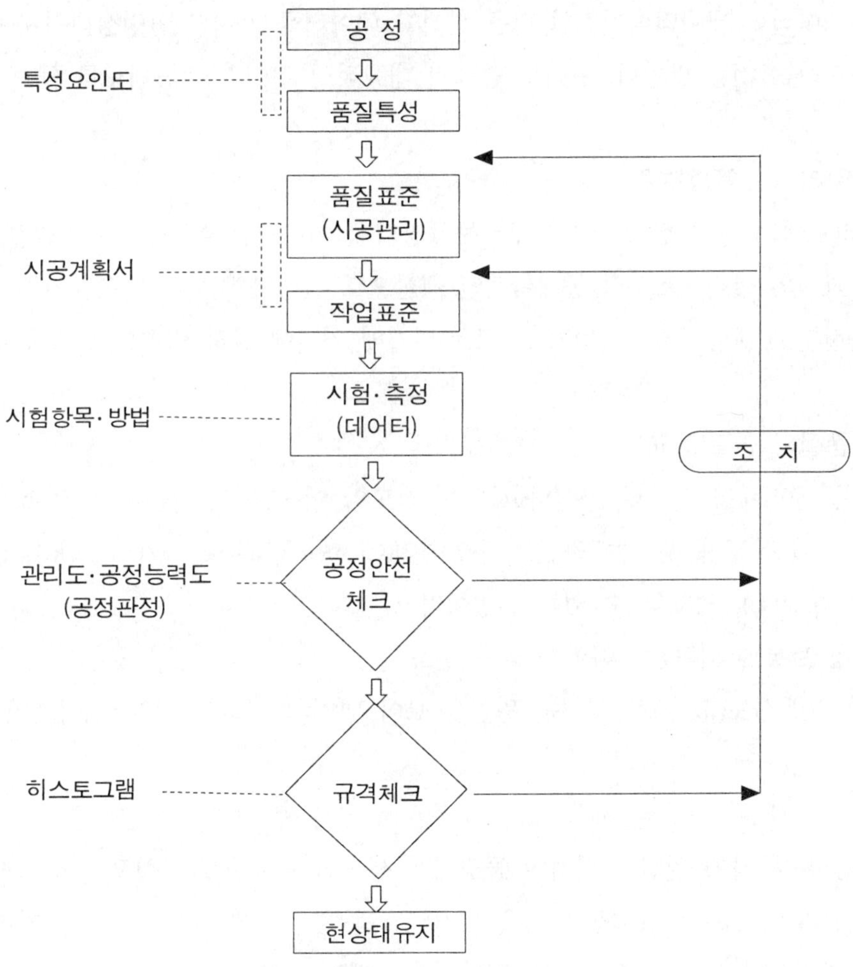

그림 8-2. 통계적방법의 위치선정

8-7-2. 관리도(Control Chart)

1. 관리도(管理圖)의 정의

관리도는 공정이 안정상태, 불안정상태를 체크하기 위한 것으로, 실험에 의해 얻어진 데이터를 데이터베이스한 다음 관리할 데이터를 가지고 안정상태인지 아닌지를 판단하는 것을 말한다. 관리도 중에서 대표적인 것이 공정능력도를 들 수 있다.

1) 관리한계(管理限界)

관리도에는 관리 한계선이라 부르는 1쌍의 선이 표시되어 있는데 관리한계선은 보통 과거의 실적으로부터 통계학적인 계산으로 설정하게 되는데 평균치를 중심으로 타점할 통계량의 표준편차(Deviation)의 3배 거리에 상하 대칭으로 그려 넣는다.

2) 품질의 산포(散布)

① 공정에서 언제나 일어나고 있는 정도의 어찌할 수 없는 산포(Dispersion)
이 산포가 생기는 원인을 우연원인(Chance Cause), 불가피원인(Assignable Cause), 억제할 수 없는 원인이라고 한다.

② 보통 때와 다른 의미가 있는 산포
이 산포(散布)가 생기는 원인을 보아 넘기기 어려운 원인, 이상원인이라고 한다.

이상의 두 가지 원인에 의하여 공정에서 생산되는 제품에는 산포가 생기지만 보아 넘기기 어려운 원인(이상원인)을 제거하고 우연 원인에 의한 산포만을 가지는 상태를 관리상태(State of Control) 또는 안정상태라고 한다.

2. 관리도의 종류

관리도의 종류에는 여러 가지가 있는데 어떠한 데이터를 써서 작성할 것인가, 즉 사용할 통계량에 의한 분류, 한계선을 긋는 방법에 의한 분류, 관리도의 양식에 의

한 분류 등으로 나눈다. 여기에서는 일반적인 관리도로서 사용하는 통계량에 의해 분류해 보면,

ⓐ $\overline{x}$ − R(평균치와 범위)관리도
ⓑ X(개개의 측정치)관리도
ⓒ $\tilde{x}$ - R(메디안과 범위)관리도
ⓓ Pn (불량개수)관리도
ⓔ P (불량률)관리도
ⓕ C (결점수)관리도
ⓖ U (단위당 결점수)관리도

1) $\overline{x}$ − R관리도

(1) 정의

이 관리도는 시료의 길이, 중량, 강도 등과 같은 계량값일 때 사용된다. $\overline{x}$관리도는 주로 분포의 평균값 변화를 보기 위하여 사용되고, R 관리도는 분포의 폭, 수량의 변화를 보기 위하여 사용된다. 이 두 관리도를 함께 만든 것이 $\overline{x}$ − R관리도이다. 이 $\overline{x}$ − R관리도는 공정 상태의 변화를 알아보기 위한 기본적인 관리도이다.

(2) $\overline{x}$ − R관리도의 작성방법

① 데이터를 수집(보통 60이상, 규격별 등)하여 평균치 $\overline{x}$를 계산한다.

$$\overline{x} = \Sigma x/n$$

(각 조마다 $\overline{x}=(x_1+x_2+x_3+\cdots+x_n)/_n$)

여기서, n: 조별 측정치(데이터)의 수

Σx : 조별 합계

② 범위(Range)를 각 조별로 계산한다.

$R = X\max - X\min$

$X\max$: 한 조에서 측정치 중 최대값

$X\min$: 한 조에서 측정치 중 최소값

③ 총 평균($\overline{\overline{x}}$)을 계산한다.

$\overline{\overline{x}} = \sum \overline{x} / K$

여기서, K : 조의 수

$\sum \overline{x}$: 조별 평균치($\overline{x}$)의 합계

④ 범위의 평균($\overline{R}$)을 계산한다.

$\overline{R} = \sum R / K$

여기서, K : 조의 수

$\overline{R} = (R_1 + R_2 + R_3 + \cdots\cdots + R_n) / K$

⑤ $\overline{x}$ 관리도의 관리 한계선을 계산한다.

상부관리 한계선(Upper Control Line)

UCL : $\overline{x} + A_2 \overline{R}$

하부관리 한계선(Low Control Line)

LCL : $\overline{x} - A_2 \overline{R}$

⑥ R 관리도의 관리 한계선을 계산한다.

중심선 CL = $\overline{R}$

상부관리 한계선 UCL = $D_4 \overline{R}$

하부관리 한계선 LCL = $D_3 \overline{R}$

여기서, $\overline{\overline{x}}$: $\overline{x}$의 평균치

$\overline{R}$: R의 평균치

A_2, D_3, D_4 : 조의 크기(측정치수) n에 관한 정수

($\overline{x}$ - R 관리도 관리한계 계수표 참조)

표 8-1. 관리한계 계수표

시료수(n)	A_2	D_3	D_4
2	1.880	0	3.268
3	1.023	0	2.574
4	0.729	0	2.282
5	0.577	0	2.114
6	0.483	0	2.005
7	0.419	0.076	1.924
8	0.373	0.136	1.864
9	0.337	0.184	1.816
10	0.308	0.223	1.777

⑦ 관리도 용지 준비

⑧ 관리도의 기입

㉠ 관리도의 상부에 관리하는 품질특성, 특정단위, 공사명, 관리도 번호 등 필요 관계사항을 기입한다.

㉡ $\overline{x}$관리도를 위로, R관리도를 밑에 배치하여 상하조 번호를 대칭으로 취한다.

㉢ 종축은 관리한계의 폭이 3～5cm 정도가 되도록 눈금을 긋는다.
횡축은 점의 간격이 2～5mm가 되도록 취한다.

㉣ $\overline{x}$관리도, R 관리도의 좌측에 각각 x, R를 기입한다.

㉤ $\overline{x}$관리도 좌상에 시료 크기 n을 기입한다.

㉥ 관리선의 기입은 예비 데이터를 사용하는 경우 중심선은 실선, 한계선을 파선을 각각 사용한다.

㉦ 점의 기입은 명확하고 크게 한다. 보통 x는 지름 1mm 정도의 「·」, R은 각 선의 길이가 2mm 정도의 「x」 표로 점을 찍는다. 관리한계에서 이탈한 것은 「◉」「 」등의 색표를 한다. 한계상부의 점은 관리 밖으로 나간 것으로 한다.

ⓞ 예비 데이터의 최후의 조 뒤에 마감선을 그어서 예비 데이터 외의 경계를 명백히 한다. 비관리도에 규격선을 넣지 말 것,

ⓧ 안정 상태의 판정

앞 순서에 의해서 점 찍은 x, R가 각 관리한계 내에 있으면 안정상태에 있는 것으로 판정할 수 있다.

ⓩ 관리선의 재계산

앞 순서에서 불안정상태로 판정되면 그 원인 등이 제거되었을 경우 그 점을 제외하고 관리선의 재계산을 하여 관리선의 중심선, 관리선을 다시 긋는다. 한계 외에 찍힌 점이라도 원인을 알 수 없든지, 알고 있어도 처치 불가능하면 그 점은 제외하지 않고 계산한다. 처음에 관리한계 내에 있던 점이 재계산으로 인한 새 관리한계선에서 튀어나오더라도 그대로 사용한다.

ⓚ 규격과 대조

이상의 순서에 의하여 관리선의 계산에 사용한 개개의 측정치 x을 전부 사용하여, 히스토그램을 만들어 규격을 비교한다. 규격이 정해져 있지 않은 경우는 다음 순서로 옮긴다.

ⓣ 관리한계선의 결정

품질 특성치가 충분한 여유를 갖고 규격을 만족시키고 안정상태에 있음을 알면 앞의 관리한계를 연장하여 공정에 대한 당분간의 관리한계로 이용한다. 관리선의 연장은 예편, 데이터에 의한 관리선과 구별하기 위하여 중심선은 실선이지만 일점쇄선을 사용한다.

(3) $\bar{x}-R$관리도의 판정

① 관리상태(안정상태)의 조건

ⓖ 점이 한계선 밖으로 벗어나지 않을 때(35점 중 1개만 벗어날 때)

ⓝ 점들이 나열된 방향이 이상이 없을 때

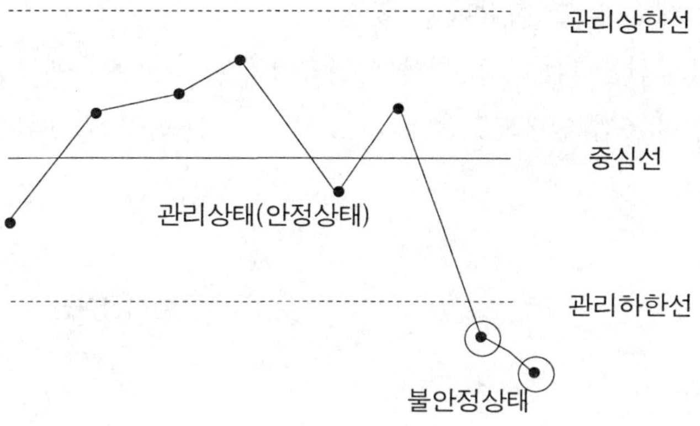

그림 8-3. $\overline{x}-R$ 관리도와 관리한계선

② 관리상태가 부적절한 경우(점들이 나열된 방향이 이상이 있을 때)

㉠ 점들이 중심선 한쪽으로 편중된 상태(7점 이상)

변동은 적으나 규격에 비해 평균이 지나치게 높다. 공정은 안정되어 있지만 평균을 낼 필요가 있다.

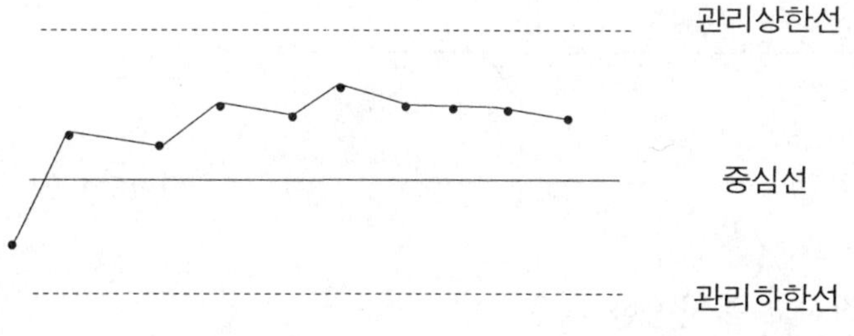

㉡ 불안정한 상태

규격 내에는 있지만, 변동의 정도가 크고, 언제 규격을 벗어날지 모르기 때문에 변동을 적게 할 필요가 있다.

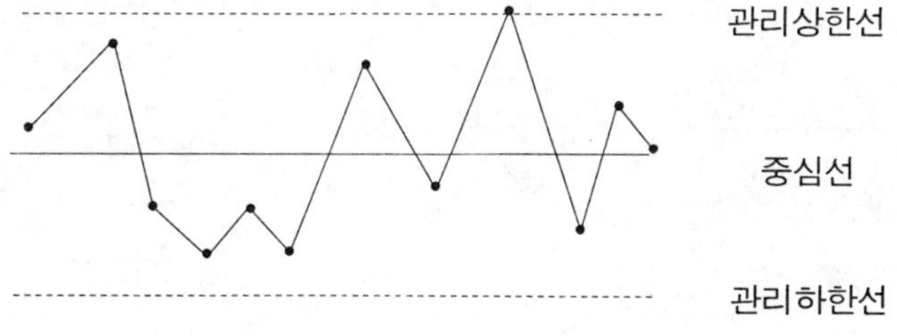

㉢ 점들이 상승 또는 하강하는 경우

점이 중심선을 기준으로 한쪽에 연속되어 나타난 경우에 5점 연속되었을 때는 주의, 6점 연속되었을 때는 조사, 7점 연속되었을 때는 조치를 취해야 한다.

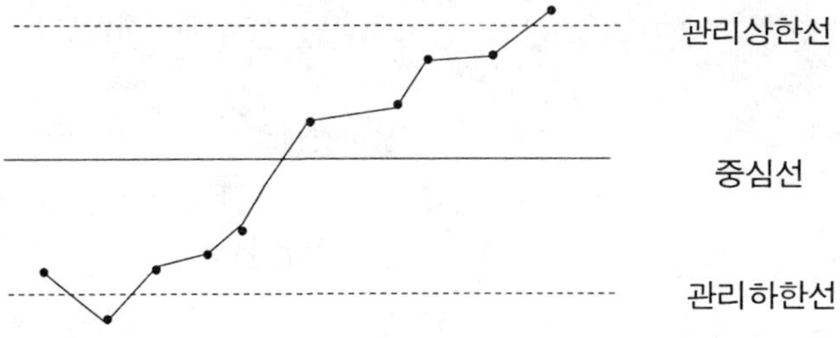

㉣ 불안정하고 규격을 벗어난 경우

변동도 크고 규격 이외의 점도 많아 변동을 적게 하는 것이 필요하다.

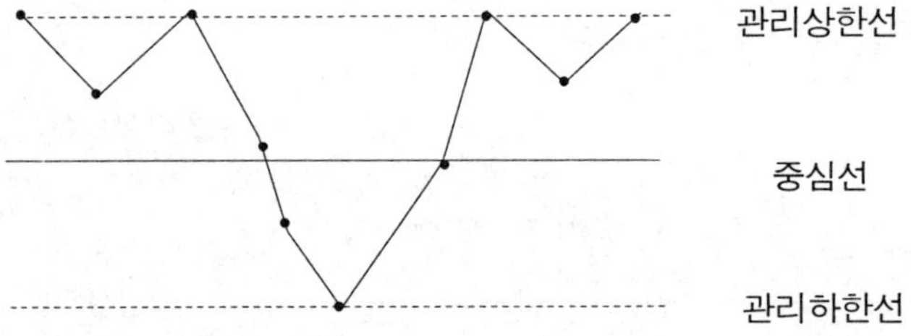

㉤ 편향적이고 불안정한 경우

변동의 정도가 크고, 규격을 벗어나 있는 점이 많기 때문에 변동을 적게 할 필요와 평균 내는 것이 필요가 있다.

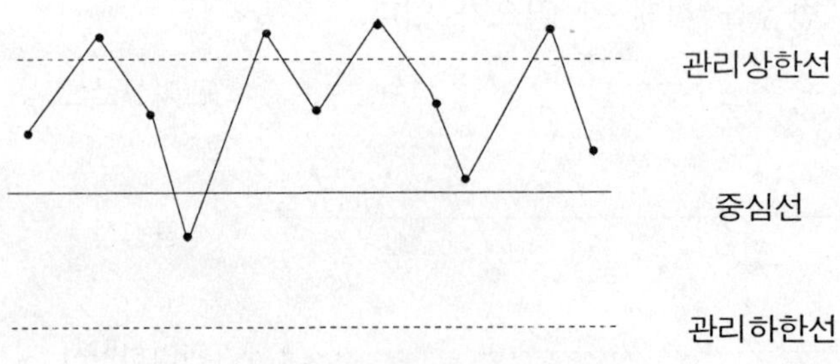

ⓑ 점들이 중심선 부근에 집중되는 경우

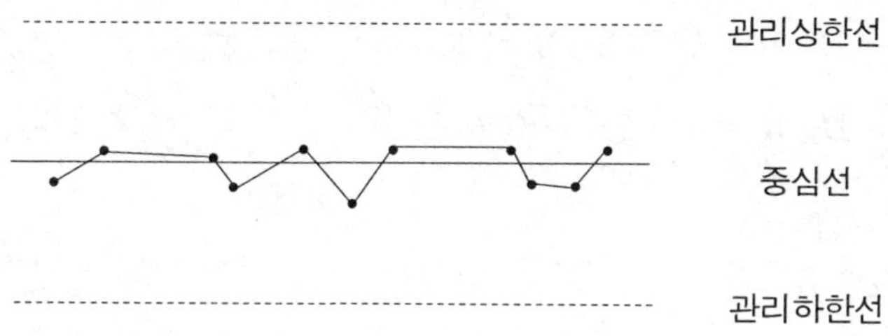

[예제 1]

다음은 콘크리트 슬럼프시험(Concrete Slump Test) 결과의 평균치와 범위를 발췌한 것이다. 각 조의 데이터(Date)를 사용하여 관리한계를 계산하고 $\overline{x}-R$관리도를 작성하시오

조	1	2	3	4	5
X	9.0	8.0	7.0	7.5	8.5
R	1.5	0.5	1.5	0.5	1.0

단, (A_2 = 1.023, D_3 = 0, D_4= 2.574, n= 3)

[해]

$\overline{x}$ = (9.0+8.0+7.0+7.5+8.5)/5 = 8.0

$\overline{R}$ = (1.5+0.5+1.5+0.5+1.0)/5 = 1.0

1) $\overline{x}$관리도의 관리 한계선

U.C.L = $\overline{x} + A_2\overline{R}$ = 8.0 +(1.023 × 1.0) = 9.023

L.C.L = $\overline{x} - A_2\overline{R}$ = 8.0 -(1.023 × 1.0) = 6.977

2) R관리도의 관리 한계선

$$C.L = \overline{R} = 1.0$$

$$U.C.L = D_4\overline{R} = 2.574 \times 1.0 = 2.574$$

$$L.C.L = D_3\overline{R} = 0 \times 1.0 = 0$$

3) $\overline{x}$-R관리도

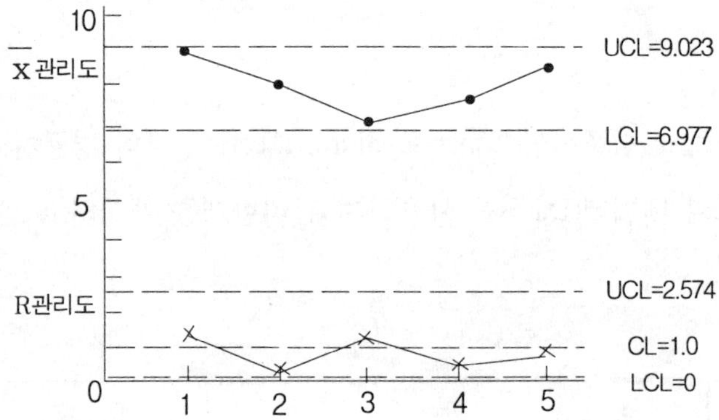

[예제2]

다음의 데이터를 사용하여 $\overline{x}-R$관리도를 작성하고 관리상태를 판정하시오.

일시	시료 군의 번호	측 정 치				일시	시료 군의 번호	측 정 치			
		X_1	X_2	X_3	X_3			X_1	X_2	X_3	X_4
4.9	1	38.3	38.9	39.4	38.3	4.18	9	40.6	41.9	38.2	40.0
4.10	2	39.1	39.8	38.5	39.0	4.19	10	39.2	39.0	38.0	40.5
4.11	3	38.6	38.0	39.2	39.9	4.20	11	38.9	40.8	38.7	39.8
4.12	4	40.6	38.6	39.0	39.0	4.21	12	39.0	37.9	37.9	39.1
4.13	5	39.0	38.5	39.3	39.4	4.23	13	39.7	38.5	39.6	38.9
4.14	6	38.8	39.8	38.3	39.6	4.24	14	38.6	39.8	39.2	40.8
4.15	7	38.9	38.7	41.0	41.4	4.25	15	40.7	40.7	39.3	39.2
4.16	8	39.9	38.7	39.0	39.7						

(1) $\bar{x}-R$관리도의 CL, UCL, LCL를 구하시오.

(단, $A_2 = 0.729$, $D_3 = 0$, $D_4 = 2.282$)

(2) $\bar{x}-R$관리도를 작성하시오.

(3) 관리도를 이용하여 관리상태(안정상태) 여부를 판정하시오.

2) X 관리도

데이터를 군으로 나누지 않고 측정치 하나를 그대로 사용하여 공정을 관리할 경우에 사용한다. 데이터를 얻는 간격이 크거나, 군으로 나누어도 별로 의미가 없는 경우 또는 정해진 공정으로부터 한 개의 측정치밖에 얻을 수 없을 때 사용한다.

예로서, 시간이 많이 소비되는 화학 분석치, 알콜의 농도, 배쳐(Batch) 반응 공정의 수확률, 1일 전력 소비량 등이 있다.

3) $\tilde{x}-R$ 관리도

이 관리도는 평균치($\bar{x}$)를 계산하는 시간과 노력을 줄이기 위해 $\bar{x}$ 대신에 $\tilde{x}$(Median)을 사용하는 경우에 쓴다. 메디안은 데이터를 크기 순으로 나열하였을 때 데이터의 수가 홀수이면 중앙에 위치하는 데이터, 데이터의 수가 짝수이면 중앙에 위치하는 두 개의 데이터의 평균치에 의해 정의되며, 메디안은 이와 같이 단순히 순위를 헤아리는 것만으로 간단하게 구할 수가 있어 현장에서는 사용하기가 편리하다. 그러나 데이터를 크기 순으로 나열하였을 때의 중앙의 값만 사용하므로 평균치에 비하여 효율이 떨어지는 것은 피할 수 없다.

4) Pn관리도

데이터가 계량치가 아니고 하나 하나의 물품을 양품, 불량품으로 판정하여 시료 전체 속에 불량품이 몇 개 있었지 불량 개수로서 공정을 관리할 때 사용한다. 시료의 크기 n이 항상 일정한 경우에만 사용한다.

예로써, 전구 꼭지쇠의 불량개수, 나사의 길이 불량, 전화기의 겉보기 불량 등이 있다.

5) P관리도

불량률로서 공정을 관리할 때 사용하는데, P관리도는 시료의 크기가 반드시 일정하지 않아도 된다. 2급 품률, 규격 외 품의 비율, 양호품률, 출근율 등도 P관리도를 작성할 수 있다.

6) C관리도

일정한 크기의 시료 가운데 나타나는 결점 수에 의거하여 공정을 관리할 때에 사용한다.

예로서, 일정함 면적의 철판의 흠, 직물의 일정 면적중의 흠의 수, 에나멜 동선의 일정한 길이 중의 핀 구멍 수, 라디오 1대중 납땜 불량의 수 등이 있다.

7) U관리도

결점 수에 의해 공정을 관리할 때, 제품의 크기가 여러 가지로 변할 경우에는 결점수를 일정 단위당으로 바꾸어서 U관리도를 사용한다. 즉, 일정면적, 일정길이, 제품 1개당 결점수 등이다.

3. 공정능력도(工程能力圖)

1) 공정능력(工程能力)

공정능력이란 공정의 품질달성능력에 대한 정보로서 주어진 일련의 조건에서 일정기간 통계적 관리상태로 유지되고 있는 공정에서 산출된 결과의 능력을 말한다. 공정능력은 일반적으로 품질특성의 분포와 규격과의 관계로 나타내는 것이다. 공정능력의 조사 및 파악을 위한 방법으로 공정능력도가 있으며 이를 수량화한 공정능력지수(Process Capability Index, 工程能力指數)가 있다. 현장에서 많은 데이터에서 관리정보를 얻을 수 있는 히스토그램에서 전체의 분포를 파악하는 데에는 좋은 방법이나 시간적 또는 위치적인 품질의 변동을 파악하는 데에는 공정능력도가 유효하다.

2) 공정능력도 작성방법

데이터에서 정보를 얻는데 있어, 히스토그램은 전체의 분포를 보는데 좋으며 시간적으로 품질의 변동을 조사하는 데에는 공정능력도가 좋다. 공정능력도는 가로축에 시간 또는 거리, 공시체의 번호 등을 기입하고, 세로축은 품질의 특성치를 기입한다. 각 데이터의 변동의 크기는 관리상한선, 관리하한선의 관계를 도표 상으로 나타낸다.

- 관리상한치(U)= $\overline{\mathrm{x}} + 2\sqrt{V}$

- 관리하한치(L)= $\overline{\mathrm{x}} - 2\sqrt{V}$

- 평균치($\overline{\mathrm{x}}$) $= \dfrac{x_1 + x_2 + x_3 + \ldots\ldots + x_n}{N}$

- 표준편차 ($\sqrt{V}$) $= \sqrt{\dfrac{(\overline{x} - x_1)^2 + (\overline{x} - x_2)^2 + \ldots. + (\overline{x} - x_n)^2}{N-1}}$

여기서, x_1, x_2........ x_n : 각 측정치

N : 측정치의 합

만약 측정수가 작은 공정의 초기에 규격치를 벗어난 경우는 측정의 빈도를 늘려 데이터 수가 10개 정도로 되면 평균치, 표준편차를 계산하여 체크한다.

3) 공정능력도의 판정

공정능력도가 안정상태인 경우는 문제가 되지 않으나, 만약 불안정상태라고 판단되면 그 원인을 조사하여 적절한 조치를 취해야 된다.

또한 검사에 합격할지 여부는 그때까지의 데이터로부터 평균치와 표준편차를 계산하여 확인할 필요가 있다. 공정능력도의 판정은 다음과 같이 한다.

① 분포정도가 작으며, 평균치는 대략 규격의 중앙에 있어 규격 내에 있어 안정된 상태

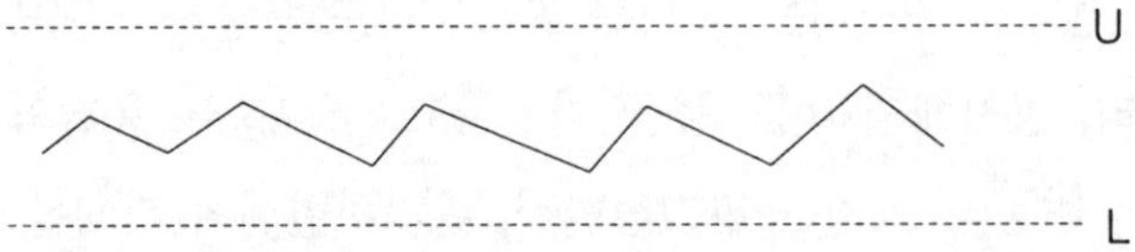

② 분포의 정도는 작으나, 규격에 비하여 평균이 높은 편이다. 공정은 안정되어 있으나 평균을 내릴 필요가 있다.

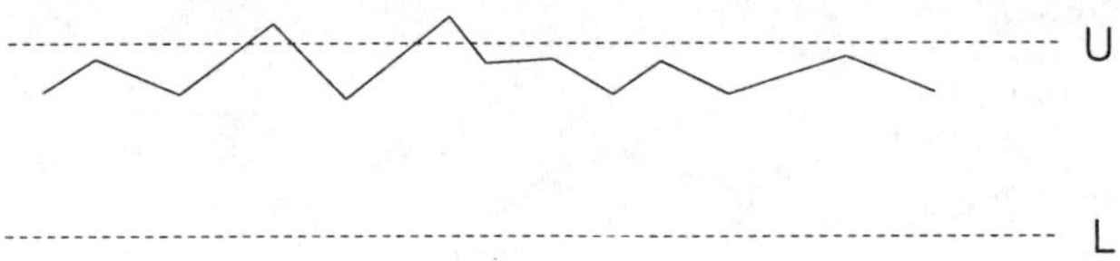

③ 대체로 규격 내에 있으나 큰 변동이 불안전하여 주의를 요하는 상태

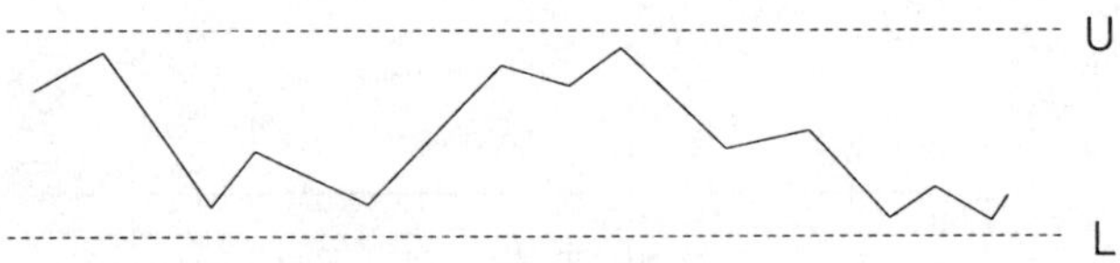

④ 불안정한 상태로서 규격을 벗어나는 것을 방지하며 평균을 낮추는 것이 바람직하다.

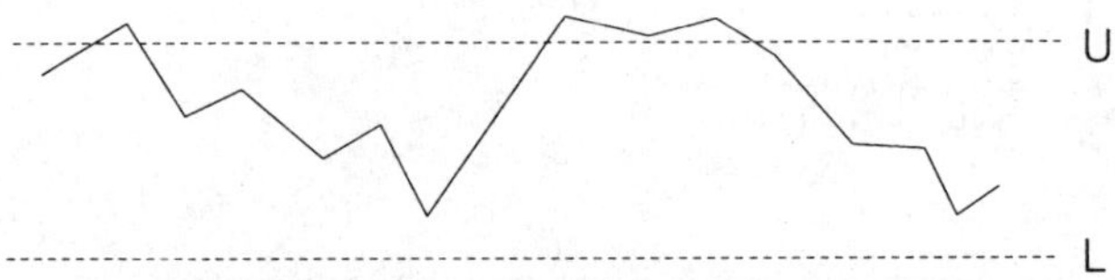

⑤ 규격 내에 있으나 분포가 커서 규격을 벗어날 불안정한 상태

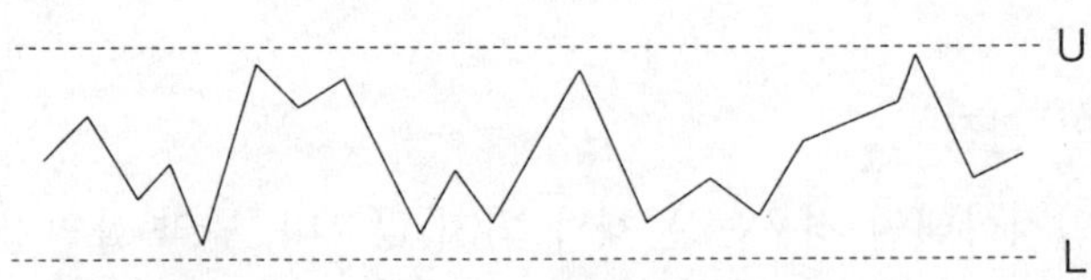

⑥ 분포도 크고, 규격을 벗어난 점도 많아 분포를 작게 할 필요가 있다.

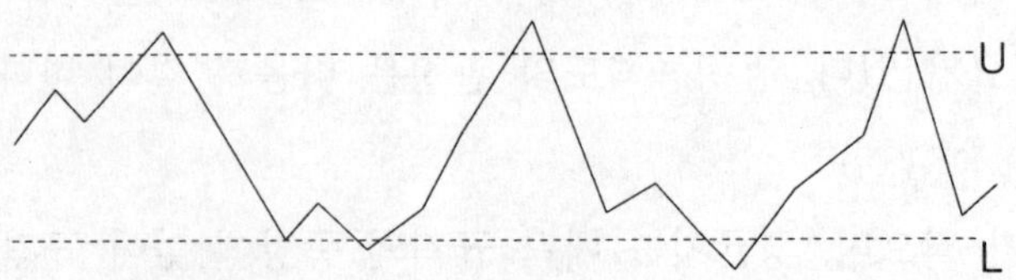

[예제3]

아스팔트 플랜트의 품질관리를 하려고 한다. 밀입도 아스팔트콘크리트로 배합설계를 할 때 설계 아스팔트량이 5.0~7.0%로 평균($\overline{x}$)이 6.0%이다. 이 때 추출시험을 한 결과 다음과 같이 10개의 데이터를 얻었을 때 추출검사의 합격여부를 확인하고 조치방안을 제시하시오. (단, 아스팔트량의 규격치($2\sqrt{V}$)는 ±0.9이다.)

공시체번호	1	2	3	4	5	6	7	8	9	10
아스팔트량(%)	6.2	5.5	5.7	4.8	5.9	5.1	5.5	5.7	5.2	5.8

[해]

1) 설계 아스팔트량의 평균으로 관리상한치와 관리하한치를 구한다.

- 관리상한치(U)= $\overline{x} + 2\sqrt{V} = 6.0 + 0.9 = 6.9\%$
- 관리하한치(L)= $\overline{x} - 2\sqrt{V} = 6.0 - 0.9 = 5.1\%$

2) 공정능력도 작성

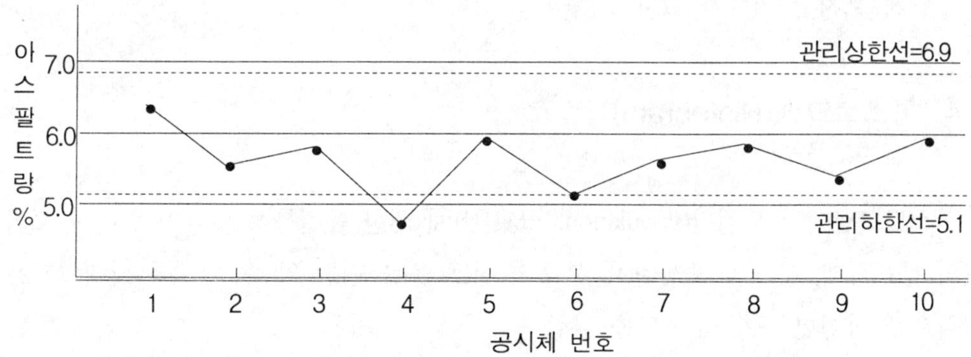

3) 실험 데이터의 평균치와 표준편차를 구한다.

· 평균치($\bar{x}$) $= \dfrac{x_1 + x_2 + x_3 + \ldots\ldots + x_n}{N}$

$= \dfrac{6.2+5.5+5.7+4.8+5.9+5.1+5.5+5.7+5.2+5.8}{10}$

$=5.54\%$

· 표준편차 $(\sqrt{V}) = \sqrt{\dfrac{(\bar{x} - x_1)^2 + (\bar{x} - x_2)^2 + \ldots + (\bar{x} - x_n)^2}{N-1}}$

$= \sqrt{\dfrac{(5.54-6.2)^2 + (5.54-5.5)^2 + \ldots\ldots\ldots + (5.54-5.8)^2}{10-1}}$

$=0.414\%$

4) 합격여부를 판정

∴ 관리하한치(L)= $\bar{x} - 2\sqrt{V} = 5.54 - (2 \times 0.414) = 4.71\% < 5.1\%$

■ 조치방안

공정관리도의 관리상태도 부적절하고 관리하한치를 밑돌기 때문에 불합격이며, 아스팔트 함량을 0.5%(6.0-5.54=0.46%) 증가시켜 설계 아스팔트량을 6.0% 가깝게 조치할 필요가 있다.

4. 히스토그램(Histogram)

히스토그램이란 모집단(Population, 母集團)에 대한 품질특성을 알기 위하여 모집단의 분포상태, 분포의 중심위치, 분포의 산포 등을 쉽게 알 수 있도록 막대그래프 형식으로 작성한 도수 분포도를 말한다.

공사 또는 품질상태가 만족한 상태에 있는가의 여부를 판단하는데 가로축에 특성치를, 세로축에 도수를 잡고, 구간의 폭으로 주상의 막대그래프를 작성하는 것이다.

도수분포나 히스토그램으로 개략적인 모양을 파악할 수 있으나 수량적인 뒷받침을 하면 분포의 모양을 더욱 바르게 파악할 수 있고 분포의 비교 등에 편리하다.

1) 분포의 위치

분포의 위치, 중심적 경향을 표시하는데 일반적으로 쓰여지는 평균치 외에 데이터를 크기순으로 나열했을 때 가운데에 해당하는 중앙치(메디안)나 히스토그램 등에서 최대의 출현도수를 갖는 구간의 대표적인 최다치(모드) 등이 있다.

- 평균치(x)

  n개의 데이터 $x_1, x_2 \ldots\ldots. x_n$의 평균치 x는

  $$x = (x_1 + x_2 + \ldots\ldots. + x_n)/n = (\Sigma x_i)/n$$

2) 분포의 편차

편차의 수량적인 표시방법에는 다음과 같은 것이 있다.

- 편차평방치(S)

  평방치, 2승치라고도 하고 S로 표시한다. 편차란 각 측정치 x_i와 평균치 x의 차로서 $(x_i - x)$로 표시하면

  $$S = (x_1 - x)^2 + (x_2 - x)^2 + \ldots\ldots.. + (x_i - x)^2 + \ldots\ldots + (x_n - x)^2$$
  $$= \Sigma(x_i - x)^2 = \Sigma x_i^2 - (\Sigma x_i)^2/n$$

- 분산(V 혹은 s)

  편차평방치 S를 데이터의 수 n에서 1을 뺀 $(n-1)$로 나눈 것으로 불편분산이라고도 한다. $(n-1)$을 자유도라고 한다.

  $$V = s^2 = S/(n-1) = \Sigma(x_i - x)^2/(n-1)$$

· 표준편차(s 혹은 σ)

편차평방치와 분산은 어느 것이나 자승한 것이므로 편차와 비교하는데 불편하다. 분산의 평방근을 표준편차라 한다.

$$\sigma = s = \sqrt{\ } s^2 = \sqrt{\ } s/(n-1)$$

· 범위(R)

일련의 데이터에서 최대치 L과 최소치 S의 차이다.

$$R = L - S$$

5. 추출검사

검사의 목적은 완성된 제품이 설계도, 시방서를 만족하는지 여부를 판정하는데 있으며, 일반적으로 추출검사방법이 이용된다.

추출검사란 제품 전체로부터 일부의 시료를 추출하여 계측, 시험 등을 하고 그 결과를 검사기준에 비추어 전체의 합격·불합격을 검사하는 방법이다,

제9장 … 특수콘크리트(特殊 Concrete)

보통포틀랜드시멘트, 물, 잔골재, 굵은골재, 혼화재료로 만든 콘크리트를 보통콘크리트라 하며 그 이외의 모든 콘크리트를 특수콘크리트라 한다. 특수콘크리트는 다음과 같이 분류할 수 있다.

첫째, 특수한 재료를 사용한 콘크리트

둘째, 특수한 시공방법에 의한 콘크리트

셋째, 특수한 환경에 사용된 콘크리트

9-1. 각종 콘크리트

1. 레디믹스트 콘크리트(Ready Mixed Concrete)

일반적으로 레미콘이라 부르며 최초로 레디믹스트 콘크리트가 탄생한 것은 1903년 독일의 스타른베르크(Starnberg)에서 건설업자 마겐스(J. H. Magens)에 의해 레미콘 플랜트가 건설되었으며 미국은 이보다 늦은 1913년 최초의 레미콘 플랜트가 건설되었으나 센트럴믹스방식으로 품질이 불량하여 수요가 제한적이었다. 그러나 1926년 트럭믹스의 발명으로 품질문제가 해결되어 급속한 발전을 가져왔다. 근래에는 대규모공사 뿐만 아니라 소규모공사 또는 중요한 공사에서 거의 레미믹스트 콘크리트에 의한 건설공사가 이루어지고 있다.

레디믹스트 콘크리트란 정비된 콘크리트 제조설비를 갖춘 공장에서 수요자가 지정된 배합의 콘크리트나 공장 임의로 배합된 콘크리트를 현장까지 운반, 배달하여 주는 굳지 않은 콘크리트를 말한다.

레디믹스트 콘크리트로 시공하면 현장에서 시멘트, 골재의 저장 및 콘크리트 혼합설비 등이 필요 없고 품질이 균등한 콘크리트를 얻을 수 있으며 콘크리트 타설 시 가설 경비를 절약할 수 있어 공기단축, 공사비 절감을 할 수 있다.

1) 제조 및 운반

레디믹스트 콘크리트의 제조, 시험방법 및 검사 등에 관해서는 KS F 4009에 규정되어 있으며, 비비기나 운반방법에는 다음과 같은 3가지 방법이 있다.

① 센트럴 믹스트 콘크리트(Central Mixed Concrete)
공장에서 충분히 혼합된 콘크리트를 트럭믹서(Truck Mixer)나 트럭에지테이터(Truck Agitator)로 현장까지 운반하는 방법으로 운반시간이 40분 이내의 단거리인 경우에 적합하다.

② 쉬링크 믹스트 콘크리트(Shrink Mixed Concrete)
공장에서 1/2정도 혼합된 재료를 트럭믹서로 운반하면서 혼합하여 현장에 타설하는 방법으로 중거리인 경우에 적합하다.

③ 트랜싯 믹스트 콘크리트(Transit Mixed Concrete)
배처 플랜트에서 계량한 재료를 트럭믹서에 재료를 싣고 운반하다가 적당한 거리에 도달하면 혼합하기 시작하여 현장에 도착하여 타설하는 방법으로 장거리 작업에 적당하다.

레디믹스트 콘크리트의 운반시간과 슬럼프, 공기량 및 강도와의 관계는 콘크리트의 온도에 영향을 받으며, 슬럼프 및 공기량은 운반시간, 운반방법 등에 따라 변화한다. 그러나 압축강도에는 그다지 큰 변화는 미치지 않는다.

레디믹스트 콘크리트는 운반 즉시 타설하고 충분히 다짐을 하여야 하는데 특별한 사정으로 즉시 타설하지 못할 경우라도 비비기로부터 타설시까지의 시간은 외기온도가 25℃ 미만인 경우에는 120분, 25℃ 이상인 경우에도 90분을 넘어서는 안된다.

2) 종류

(1) 생산에 의한 종류

① 일반레미콘

시멘트, 자갈, 모래, 물 및 혼화재료를 원료로 하여 KS F 4009에 규정된 제조방법, 품질검사 등에 준하여 전문적인 생산설비를 갖춘 공장에서 제조하고 레미콘 트럭믹서를 이용하여 건설현장까지 운반하는 굳지 않은 콘크리트를 일반레미콘이라 한다.

② 고강도레미콘

호칭강도 350이상의 콘크리트를 고강도레미콘이라 하며 구조물의 안정성 확보 및 건설비 절감이 가능함은 물론 고내구성을 통한 유지관리비용의 감소로 경제성이 높아 구조물의 압축부재, 교량, PC Beam 등에 사용되는 레미콘

③ 초내구성레미콘

초내구성레미콘은 내구력을 증대시킨 배합설계로 500년이 지나도 초기의 강도를 유지할 수 있어 타입캡슐, 기념비 같은 반영구적인 구조물에 사용

④ 저발열성레미콘

시멘트 자체의 수화열을 낮추거나 광물성 혼화재료의 배합기술로 시멘트 수화열에 의한 온도 균열 및 응력을 최소화한 콘크리트로 주로 지하구조물, 댐, 항만 및 해양구조물과 같은 초대형 구조물에 사용

⑤ 광택노출레미콘

자체적으로 표면에 광택이 발현되어 별도의 마감이 필요 없는 레미콘

⑥ 수중불분리레미콘

수중에서 재료분리에 대한 저항성이 우수하여, 주로 교각과 같은 수중구조물에 사용

(2) 호칭강도, 슬럼프, 굵은골재 최대치수에 의한 종류

레디믹스트 콘크리트를 발주할 때 호칭강도, 슬럼프, 굵은골재 최대치수를 지정하여야 하며 다음 표에 표시한 레디믹스트 콘크리트의 종류를 제조업자에게 주문할

수가 있다.

표 9-1. 레디믹스트 콘크리트의 종류

콘크리트의 종류	굵은골재 최대치수 (mm)	슬럼프 (cm)	호칭강도(kgf/cm^2)									
			160 (16)	180 (18)	210 (21)	240 (24)	270 (27)	300 (30)	350 (35)	400 (40)	40 (휨4.0)	45 (휨4.5)
보통 콘크리트	20, 25	8, 10, 12	○	○	○	○	○	○	○	○	-	-
		15, 18	-	○	○	○	○	○	○	○	-	-
		21	-	-	○	○	○	○	-	-	-	-
	40	2.5, 6.5	-	-	-	-	-	-	-	-	○	○
		5	○	○	○	○	○	○	-	-	-	-
		8	○	○	○	○	○	○	-	-	-	-
		12, 15	○	○	○	○	○	○	-	-	-	-
경량 콘크리트	15,20	8,12,15,18,21	-	○	○	○	○	○	-	-	-	-

주) ( ) 안의 호칭강도의 단위는 N/mm^2

비고 1) 호칭강도는 설계기준강도를 의미하는 것이다.
호칭강도를 보증할 재령에 대하여 강도시험에서 공시체의 재령은 지정이 없는 경우 구입자가 지정한 일수로 한다.

2) 콘크리트 펌프를 이용하여 콘크리트를 칠 때는 슬럼프 15cm 이상의 콘크리트를 사용하여야 한다. 다만, 기초, 경사 구조물 등 특수한 경우에는 예외로 할 수 있다.

3) 레미콘 플랜트(Batcher Plant)

레미콘 플랜트는 일반적으로 재료의 저장설비, 계량설비, 혼합설비, 관리장치 및 기타 부대설비로 구성된다. 레미콘 플랜트의 형식에는 골재의 계량부분과 믹싱부분을 별도로 설치한 횡치형과 양자를 일체화시킨 탑형이 있다.

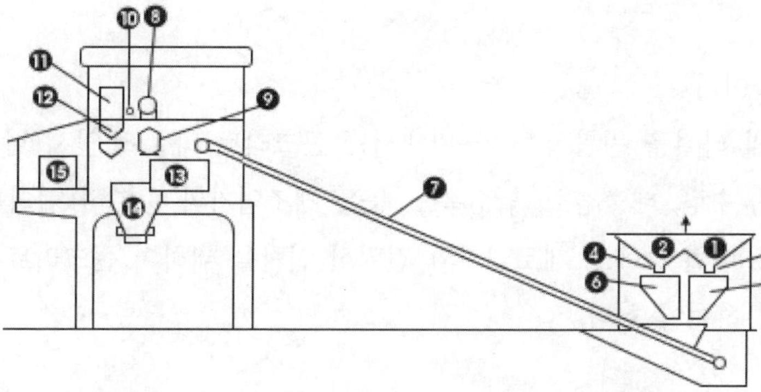

1 굵은골재 저장조 2 잔골재 저장조 3 굵은골재 계량 게이트 4 잔골재 계량 게이트 5 굵은골재 계량 호퍼 6 잔골재 계량 호퍼 7 벨트 콘베이어 8 시멘트 계량 스크류 콘베이어 9 시멘트 계량 호퍼 10 혼화제 계량 호퍼 11 물 탱크 12 물 계량 호퍼 13 믹서 14 콘크리트 호퍼 15 계량표시판

횡치형 플랜트의 구성 (강제식 믹서를 사용한 경우)

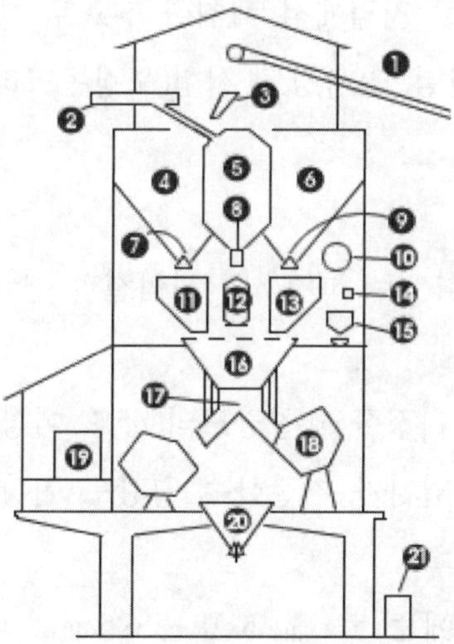

1 벨트 콘베이어
2 시멘트 스크류 콘베이어
3 Turn head
4,5,6 굵은골재, 시멘트, 잔골재 저장조
7,8,9 굵은골재, 시멘트, 잔골재 계량 게이트
10 물 탱크
11,12,13,14,15 굵은골재, 시멘트, 잔골재, 혼화제, 물 계량 호퍼
16 집합 호퍼
17. 분배장치
18 믹서
19 계량표시판
20 콘크리트 호퍼
21 혼화제 탱크

탑형 플랜트의 구성 (가경식 믹서를 사용한 경우)

그림 9-1. 레미콘 플랜트의 종류

4) 레디믹스트 콘크리트의 받아들이기 및 검사

(1) 받아들이기

콘크리트의 타설을 원활히 하기 위해서는 콘크리트 타설에 앞서 납품일시, 콘크리트의 종류, 수량, 배출장소, 납품속도 등을 제조업자와 충분히 협의를 하여야 한다. 콘크리트 타설 중에도 제조업자와 긴밀히 연락을 취하여 콘크리트 타설이 중단되지 않도록 하여야 한다.

(2) 검사

① 자기검사

제조업자가 품질 보증을 위하여 자체적으로 행하는 검사

② 받아들이기 검사

㉠ 구입자가 배달된 콘크리트의 합격여부를 판정하는 검사

㉡ 검사는 원칙적으로 레미콘 타설 지점에서 채취한 시료로 행하며 검사의 종류는 슬럼프 시험, 공기량 시험, 압축강도 시험(포장콘크리트에서는 휨강도) 등이 있다.

㉢ 압축강도 시험

시험회수는 150㎥당 1회를 원칙으로 하며 3회 시험결과 평균치로 합격여부를 판단한다.

- 1회의 시험결과는 구입자가 지정한 호칭강도의 85% 이상이어야 한다.
- 3회 시험결과의 평균치는 구입자가 지정한 호칭강도 이상이어야 한다.

㉣ 슬럼프 시험

슬럼프는 지정값이 2.5㎝일 때에는 ±1㎝, 5 또는 6.5㎝일 때에는 ±1.5, 8 ㎝ 이상 18㎝ 이하의 경우에는 ±2.5㎝, 21㎝일 때에는 ±3.0㎝의 범위를 초과해서는 안된다.

표 9-2. 슬럼프의 허용치

슬럼프(cm)	슬럼프의 허용치(cm)
2.5	±1.0
5 및 6.5	±1.5
8 이상 18 이하	±2.5
21	±3.0

㉤ 공기량 시험

공기량은 지정값이 5% 이하일 때에는 ±1%, 5%를 넘을 보통콘크리트의 경우 4.5%이며, 경량콘크리트의 경우 5%로 하되 ±1.5%의 범위를 초과해서는 안된다.

표 9-3. 공기량의 허용치

콘크리트의 종류	공기량(%)	공기량의 허용차(%)
보통콘크리트	4.5	±1.5
경량콘크리트	5.0	

㉥ 염화물 함유량 시험

염화물의 함유량이 0.03%(0.3kg/m^3)이하이어야 한다. 다만, 구입자의 승인을 얻은 경우에는 0.06%(0.6kg/m^3) 이하로 할 수 있다.

(3) 검사결과의 조치(검사결과 소요의 품질을 얻지 못했을 때)

① 사용재료, 배합, 제조과정, 시험방법 등을 재검토하고 사용재료를 변경하거나 배합강도를 높여 배합설계를 수정한다.

② 불량콘크리트를 사용한 경우에는 코아시험, 비파괴시험을 실시, 양생기간을 연장, 적당한 보강조치, 콘크리트의 품질이 극히 불량할 경우에는 교체하여야 한다.

2. 경량골재콘크리트(Light Weight Concrete)

콘크리트는 내구적이고 경제적인 구조재료로 사용되고 있으나, 강도에 비하여 중량이 큰 것이 하나의 결점이다. 그래서 콘크리트의 중량을 감소시키기 위하여 건조비중 2.0이하의 콘크리트를 경량골재콘크리트(輕量骨材 Concrete)라 한다.

경량골재콘크리트에 이용되는 경량골재에는 천연경량골재(天然輕量骨材), 인공경량골재(人工輕量骨材), 산업부산물골재 등이 있다. 우리나라의 경우 사용 가능한 천연경량골재는 거의 기대할 수 없는 실정으로 인공경량골재를 사용하고 있다.

1) 특성

① 경량성(輕量性)

보통콘크리트의 단위용적중량이 2.3～2.5tf/m^{3}인데 비하여 경량골재콘크리트의 단위용적중량은 1.6tf/㎥ 정도까지 경감할 수 있다.

② 강도(强度)

실용상의 압축강도의 한계는 600kgf/cm^2 정도이고, 인장 및 전단강도는 같은 압축강도를 갖는 콘크리트의 60～80% 정도이다.

③ 내동해성(耐凍害性)

경량골재콘크리트는 동결융해작용에 대한 내구성이 매우 낮은 경향을 나타내고 있다.

④ 수밀성(水密性)

슬럼프값이 12cm 이하이면 블리딩이 적어서 균질의 콘크리트를 얻을 수 있으므로 보통콘크리트와 같은 정도로 양호하다.

⑤ 시공성(施工性)

시공 시 프리웨팅(Pre-Wetting)을 하여야 하며, 반드시 AE콘크리트로 시공하여야 한다. 또한 펌프시공을 할 경우 유동화콘크리트로 하여 시공 전에 시험 등을 실시하여 그 성상을 확인한 다음 사용하는 것이 바람직하다.

2) 품질(品質)

① 경량골재를 사용할 경우 보통골재와의 조합에 따라 다음 3종류로 분류한다.

㉠ 잔골재와 굵은골재를 모두 경량골재로 사용하는 방법

㉡ 잔골재의 일부 또는 전부를 보통골재로 사용하는 방법

㉢ 굵은골재의 일부 또는 전부를 보통골재로 사용하는 방법

② 경량골재콘크리트의 단위중량은 실제의 단위무게가 설계에서의 기준값보다 커지면 위험하게 되는 경우가 많다.

3) 재료(材料)

경량골재는 팽창성 혈암, 팽창성 점토, 플라이애쉬 등을 주원료로 하여 공장에서 제조, 소성하여 깨끗하고, 강하고, 내구적이며, 적당한 입도 및 단위중량을 가져야 하고, 콘크리트 및 강재에 나쁜 영향을 주는 유해물질을 함유해서는 안된다. 또한 품질변동이 작은 것이어야 한다.

① 입도(粒度)

㉠ 경량골재는 그 입도가 적합하기 위해서는 모양이 둥근 낱알이고, 굵은골재 최대치수는 15mm 또는 20mm로 한다.

㉡ 경량골재는 입경에 따라서 비중이 다르며, 일반적으로 입경이 작을수록 비중이 커진다. 따라서 동일한 입도를 중량백분율로 표시한 경우와 용적백분율로 표시한 경우, 조립률이 잔골재에서 0.1~0.2 정도의 차이가 생기게 된다.

㉢ 잔골재의 씻기시험에 의하여 손실되는 양은 10% 이하로 한다.

② 단위중량(單位重量)

㉠ 경량골재는 표 9-4의 규정에 적합한 단위중량을 가져야 하고 변동폭이 작은 것이어야 한다.

㉡ 경량골재의 단위중량은 허용치의 10% 이상 틀려서는 안된다.

표 9-4. 경량골재의 단위중량

치 수	잔골재	굵은골재	잔골재와 굵은골재의 혼합물
건조된 상태의 최대단위중량(tf/m^3)	1.12	0.88	1.04

4) 배합(配合)

경량골재콘크리트의 배합은 소요의 강도, 단위중량, 내동해성 및 수밀성을 가지며, 작업에 적합한 워커빌리터를 갖는 범위 내에서 단위수량을 될 수 있는한 작게하도록 시험에 의하여 정한다. 경량골재콘크리트는 AE콘크리트로 하는 것을 원칙으로 한다.

① 물-시멘트비

㉠ 콘크리트의 압축강도를 기준으로 하여 정하는 경우 보통콘크리트의 기준과 동일하다.

㉡ 콘크리트의 내동해성을 기준으로 하여 물-시멘트비를 정할 경우에는 보통포틀랜드 시멘트를 사용할 경우 표 7-5의 값이어야 한다.

㉢ 콘크리트의 수밀성을 기준으로 물-시멘트비를 정할 경우에는 55% 이하를 표준으로 한다.

② 슬럼프

작업이 가능한 범위 내에서 5～18cm를 표준으로 한다.

③ 공기량

보통골재를 사용한 콘크리트보다 1% 크게 한다.

5) 비비기

① 재료를 믹서에 투입하는 순서는 비비기 효율, 믹서 안에서의 골재의 흡수의 정도 등에 큰 영향을 받는다.

② 비비기 시간의 표준은 재료를 전부 투입한 후 강제식 믹서일 때는 1분 이상, 가경식 믹서일 때는 2분 이상으로 한다.

③ 현장에서 소형의 가경식 믹서를 사용할 경우에는 믹서의 배벽에 콘크리트가 부착하여 비비기 효율이 저하하는 경우가 있으므로, 시험에 의해 재료의 투입 순서, 비비기 시간을 정한다.

6) 운반, 타설 및 다지기

① 경량골재콘크리트를 운반할 경우에는 하차가 쉽고, 재료분리가 작은 구조설

비를 사용하여야 한다.

② 슬럼프가 작은 경우에는 운반 및 하차에 어려움이 있으므로 적절한 강제교반기가 있는 운반차를 선정하여야 한다.

③ 슬럼프가 8cm 이상이면 운반차의 구조가 경동형(傾胴形)이거나 강제교반형 등 종류에 상관없이 재료분리가 생기지 않고 운반할 수가 있으며, 콘크리트 하차도 쉬워야 한다.

④ 운반에 콘크리트 펌프를 사용할 경우에는 원칙적으로 유동화콘크리트로 하되, 슬럼프가 8～12cm인 베이스 콘크리트를 유동화시켜서 슬럼프를 18cm 정도로 하면 콘크리트 펌프에 의한 운반이 가능하다.

⑤ 진동을 적게 주는 것보다는 많이 주는 것이 좋다.

3. 중량콘크리트(Heavy Weight Concrete)

비중이 큰 골재를 사용하여 만든 콘크리트를 중량콘크리트(重量 Concrete)라 한다. 토목구조물은 일반적으로 댐이나 옹벽과 같이 자중에 의하여 외력(外力)에 견디는 구조물이 많으므로 단위중량이 큰 콘크리트가 요구되나, 여기서 중량콘크리트는 방사선 차폐용과 같은 특수한 목적으로 사용되는 경우를 말한다.

중량콘크리트를 제조하기 위해서는 철광석, 중정석 기타의 중량골재(重量骨材)를 사용하며 단위용적중량이 3～5tf/m^3 범위이다.

굳지 않은 중량콘크리트의 성질로서 중요한 것은 재료분리가 적고, 블리딩의 수축률이 적은 콘크리트가 필요하며, 타설 후 진동기를 사용할 때는 과도한 진동을 하지 않도록 주의하여야 한다. 골재의 중량에 의하여 콘크리트가 불균일한 비중이 되지 않도록 시공하여야 한다.

중량콘크리트는 X선이나 γ 선 및 중성자선의 차폐재료로서도 유효하므로 방사선 차폐용으로서 원자력발전용 압력용기, 생체차폐용과 같은 곳에 사용된다.

4. AE콘크리트(Air Entrained Concrete)

보통콘크리트에 지름 5～300㎛(0.005～0.3mm) 정도의 다량의 기포 즉 연행공기

(連行空氣)를 분산시키는 AE제를 가한 것을 AE콘크리트라 한다. AE콘크리트는 기포에 의해 워커빌리티가 좋아지고, 기포의 탄성에 의해 내동해성(耐凍害性) 및 내구성(耐久性)이 높아진다.

1) 특성(特性)

워커빌리티가 크게 향상되고, 거푸집에 대한 충진성의 개선, 곰보 등의 타설 결점이 감소된다. 또한 동결융해에 대한 저항성도 크게 증진된다.

2) 공기량(空氣量)

콘크리트에 갇힌공기가 많다는 것은 콘크리트에 구멍을 만드는 것으로 수밀성과 강도의 저하를 가져온다. 실제로 갇힌공기량이 1% 증가하면 압축강도는 4~6% 정도 감소한다.

그러나 AE제는 기포를 미세하고 균등하게 분포시키므로 단위수량을 줄이는 것이 가능하고, 공기 연행작용에 의한 강도저하 방지와 감수에 의한 강도상승 효과를 가져오므로 AE제의 사용량은 콘크리트 중 전(全) 공기량의 4~6%가 적당하다. 그러나 사용량이 2% 이하이면 영향이 없고, 6% 이상이면 오히려 강도의 저하, 비경제적, 철근과의 부착강도 저하 등 여러 가지 장애가 발생한다.

5. 프리팩트콘크리트(Prepacked Concrete)

특정한 입도(粒度)를 가진 굵은골재를 거푸집에 채우고, 그 공극 속에 특수한 모르터를 적당한 압력으로 주입하여 만든 콘크리트를 프리팩트콘크리트라 한다.

특수한 모르터란 포틀랜드시멘트에 모래, 플라이애쉬, 고로슬래그 미분말, 감수제, 팽창제 등을 혼합하여 유동성(流動性)이 크고, 재료분리가 적고, 적당한 팽창성을 가진 결합재를 주입모르터라 한다.

프리팩트콘크리트는 수중에서 시공하는 경우가 많으나 공기 중에서 시공하는 경우도 있다.

프리팩트콘크리트는 완성한 후에는 품질의 확인이 곤란하고, 시공이 적절하지 못할 경우에는 결함을 일으키기 쉬우므로 시공 시 소요품질을 얻기 위하여 모르터의 배합, 안전한 시공을 행하여야 하다.

1) 재료

① 결합재

결합재인 주입모르터는 유동성, 화학저항성의 향상, 수화열의 억제 등의 목적으로 보통 포틀랜드시멘트에 플라이애쉬 등의 혼화제를 혼합하여 사용함을 표준으로 한다.

② 혼화제

㉠ 혼화제는 유동성을 좋게하고 보수성(保水性)을 향상시켜서 재료분리를 방지하고 응결을 지연시키며 팽창성을 가지는 감수제, 발포제, 보수제 및 지연제 등을 적당량 혼합한 프리믹스트(Pre-Mixed)타입의 프리팩트콘크리트용 혼화제를 사용할 수 있다.

㉡ 프리팩트콘크리트용 혼화제를 사용하지 않을 경우에는 양질의 감수제에 적당한 알루미늄 및 알루미늄 합금박을 혼합한 것을 사용할 수 있다.

③ 골재

㉠ 잔골재의 입도는 주입모르터의 유동성과 보수성을 좋게하기 위하여 표준입도 범위에 있어야 하고, 조립률은 1.4～2.2 정도가 좋다.

㉡ 굵은골재 최대치수는 15mm 이상, 굵은골재 최대치수는 부재단면 최소치수의 1/4 이하, 철근콘크리트의 경우 철근 순간격의 2/3 이하로 해야 한다.

㉢ 굵은골재 최대치수와 최소치수의 차를 적게하면 굵은골재의 실적률이 적어지고, 주입모르터의 소요량이 많아지므로 적절한 입도 분포를 선정할 필요가 있으며 일반적으로 굵은골재 최대치수는 최소치수의 2～4배 정도가 좋다.

2) 주입모르터의 배합

① 유동성은 유하시간이 16～20초를 표준으로 한다.

② 블리딩은 시험개시 후 3시간의 값이 3% 이하여야 한다.

③ 팽창률은 시험개시 후 3시간의 값이 5～10%를 표준으로 한다.

④ 팽창률은 블리딩의 2배정도 이상이 바람직하지만 팽창률이 지나치게 크면

모르터 속의 공극을 크게하여 해롭다.

⑤ 깊은 해중(海中)에 시공할 경우에는 압력을 받는 모르터의 팽창률이 적정값이 되도록 보일의 법칙에 의하여 알루미늄 미분말의 혼합량을 증가시켜야 한다.

⑥ 압축강도는 소요의 강도를 얻을 수 있어야 한다.

3) 주입모르터의 주입

① 주입기기의 배치

모르터의 주입은 시공수량, 시공시간 및 입지조건을 충분히 고려하여 연속적이고 원활하게 시행되도록 재료의 공급, 모르터 플랜트의 제조능력, 모르터 플랜트에서 주입장소까지의 거리 및 주입펌프의 능력과 대수를 적절히 계획해야하며, 예기치 않은 사태에 대처할 수 있도록 예비펌프를 준비해야 한다.

② 주입관의 배치

㉠ 주입관은 일반적으로 안지름 25～65mm의 강관이 사용된다.

㉡ 연직주입관의 수평간격은 2m 정도를 표준으로 한다.

㉢ 수평주입관의 수평간격은 2m 정도, 연직간격은 1.5m 정도를 표준으로 하며, 수평주입관에는 역류를 방지하는 장치를 구비하는 것을 원칙으로 한다.

③ 비비기

㉠ 모르터믹서는 5분 이내에 소요품질의 주입모르터를 비빌 수 있는 것이어야 한다. 모르터믹서는 1배치가 0.2～1.5m^3 정도이다.

㉡ 재료의 투입시간 및 비비기 시간은 정해진 범위 내에 들도록 해야 한다.

㉢ 믹서에 재료투입은 물, 혼화제, 플라이애쉬, 시멘트, 잔골재의 순으로 하고, 믹서는 이들 재료 전체를 균등하게 비비며, 시멘트나 혼화제 등의 입자를 강력히 분산시키는 구조가 바람직하다.

㉣ 에지테이터는 주입모르터를 천천히 교반할 수 있는 것으로 모르터의 주입이 완료될 때까지 소요의 품질을 유지할 수 있는 것이어야 한다.

④ 주입

㉠ 주입은 하부에서 상부로 하면 모르터 면의 상승속도는 0.3 ～2.0m/h 정도

로 해야 한다.

㉡ 연직주입관은 관을 뽑아 올리면서 주입하되, 주입관의 끝부분은 일반적으로 0.5~2.0m 모르터 속에 묻혀있는 상태를 유지하여야 한다.

4) 프리팩트콘크리트의 용도

① 안벽, 호안, 잔교, 우물통 기초 등의 각종 수중콘크리트 공사

② 댐, 교대, 앵카 블록 등의 매스콘크리트

③ 각종 콘크리트 또는 석조 구조물의 보수 및 보강

④ 옹벽의 뒷채움, 복잡한 매설물이 있는 곳의 콘크리트 타설

6. 고강도콘크리트(High Strength Concrete)

일반적으로 사용하는 콘크리트의 압축강도는 210~270kgf/㎠의 범위이다. 콘크리트의 강도를 증진시킨 고강도콘크리트(高强度 Concrete)를 구조물에 적용면 부재의 단면감소로 인하여 자중이 감소되고 미학적으로도 좋은 효과를 가져온다. 또한 고강도콘크리트의 탄성계수는 $3.15 \sim 4.55 \times 10^5$kgf/$cm^2$의 범위로 이와 같은 탄성계수의 증가는 부재의 강성을 높여 처짐을 감소시키고 구조거동을 개선하는데 도움을 준다. 그 이외에도 인장강도의 증가효과나 수밀성의 개선 등으로 말미암아 장대교량이나 유해한 환경하의 구조물에도 적용이 가능하다.

이러한 고강도콘크리트의 개발은 결합재, 혼화재료, 골재, 배합 및 양생 등 여러 분야를 고려해 볼 수 있다. 개략적으로 혼화재료의 적용에 따른 물-시멘트비의 획기적 감소, 양생방법의 개선, 골재 자체의 강도 및 시멘트풀와의 부착강도 개선 등이 그 주된 내용이다. 즉 단위수량을 낮춤으로 인하여 발생하는 워커빌리티의 감소는 고성능 유동화제나 고성능 AE감수제 등 혼화제를 사용하여 개선할 수 있다. 또한 실리카흄이나 고로슬래그 미분말, 플라이애쉬 등은 시멘트보다 미세한 입자로 이루어져 이러한 혼화제의 사용은 콘크리트의 조직을 보다 치밀하게 하므로 강도의 증진을 기할 수 있다.

가압양생이나 오토클레이브양생 등의 양생방법의 발전, 골재 선정방법의 개선 등에 의해서도 콘크리트의 고강도화가 이루어진다.

이러한 고강도콘크리트에 있어서 선진국이라 할 수 있는 미국에서는 1950년대에는 350kgf/cm^2 이상을 고강도콘크리트로 간주하지만 최근에는 시카고와 시애틀지역 등에서 강도 1,000kgf/cm^2 이상의 콘크리트가 실구조물에 적용됨에 따라 그 범위는 상향되어 보통콘크리트에서는 약 420kgf/cm^2 이상을 고강도콘크리트로 규정하고 있다.

우리나라에서도 고강도콘크리트에 대한 지속적인 연구개발로 강도 400kgf/cm^2 이상의 콘크리트가 실구조물에 적용된 사례가 다수 있으며 비록 시험시공이기는 하지만 600, 800, 1000kgf/㎠ 등이 실제 구조물에 적용되고 있다.

7. 진공콘크리트(Vacuum Concrete, 眞空 Concrete)

도로 등의 콘크리트 바닥에 콘크리트를 타설한 직후, 그 표면에 물을 빨아들이는 매트를 깔고 펌프로 물을 받아들여서 콘크리트의 초기수량을 줄여 콘크리트강도를 높이려고 하는 방법으로 제작된 콘크리트이다.

8. 뿜어붙이기 콘크리트(Shotcrete)

뿜어붙이기 콘크리트란 압축공기를 이용하여 시공 면에 뿜어붙이는 모르터나 콘크리트이며, 숏크리트(Shotcrete) 또는 건나이트(Gunite)라고도 한다.

1) 뿜어붙이기 콘크리트의 종류

① 건식법

시멘트와 골재를 건비빔(Dry Mix)시켜서 노즐(Nozzel)까지 보내어 여기서 물과 합류시켜 압축공기로 뿜어붙이는 공법으로 가장 널리 사용되고 있다.

② 습식법

전 재료를 믹서로 비벼서 노즐까지 보낸 후 필요에 따라 여기서 압축공기를 공급해서 뿜어붙이는 공법으로 주로 모르터뿜기에 사용된다.

2) 뿜어붙이기 콘크리트의 장점

① 거푸집이 필요치 않다.

② 타설작업이 신속하고 급속시공이 가능하다.
③ 위쪽, 옆쪽을 포함한 임의 방향으로 시공되며, 최소인원으로 시공이 가능하다.

그러나 단점으로
① 숙련된 인원이 필요
② 반발에 의한 재료의 손실이나, 타설된 콘크리트의 실배합의 예지가 어려움 등의 결점이 있다.

그러므로 종래의 뿜어붙이기 콘크리트는 비탈면 방호, 터널, 지하발전소 등의 1차 복공에 사용되었다. 그러나 최근에 있어서는 뿜기기구나 급결재의 개발에 의해 뿜어붙이기 콘크리트에 대한 신뢰도가 더하고, 얇은 철근콘크리트 또는 프리스트레스 구조물 등에도 사용되고 있다.

3) 재료 및 배합

(1) 골재
① 잔골재의 입도는 보통콘크리트에 이용되는 입도범위를 표준으로 한다.
② 건식법에는 적당히 젖은 잔골재를 이용하는 것이 좋다. 표면수가 과소인 경우는 급결재의 효과를 막는 수가 있으며, 과다한 경우는 분진을 일으킨다. 그러므로 표면수율은 3~6%가 적당하다.
③ 굵은골재 최대치수는 혼화재료의 압송성 및 반발량을 고려하여 10~15㎜로 한다.

(2) 급결제 및 분진저감재
① 급결제는 뿜어붙이기 콘크리트의 벗겨지는 것을 방지하거나 구조체로서의 부착콘크리트 경화촉진의 목적으로 사용한다.
② 급결제의 사용량은 연직뿜기면인 경우 시멘트 중량의 1%정도 이하, 수평하향면인 경우 4~8%를 표준으로 하다.
③ 분진저감제는 메이커에 의해 사용량이 대폭으로 다르기 때문에 신뢰되는 자

료나 시공실적을 참고로 하던가 시험에 의해 그 사용량을 정한다.

(3) 콘크리트의 배합

① 뿜어붙이기 콘크리트의 배합은 강도 등의 소요의 품질을 가지는 범위 내에서 반발이 될 수 있는 한 적게하고 양호한 작업성을 표시하도록 정한다.

② 뿜어붙이기 콘크리트의 배합은 토출배합에 대해서 각 재료의 중량으로 표시한다.

그림 9-2. 숏크리트 시공

9. 한중(寒中)콘크리트(Cold Weather Concrete)

일 평균기온이 4℃이하로 되면 콘크리트가 굳을 때까지 시간이 길어지고 굳은 후부터도 강도의 증가도 느리고 콘크리트가 동결할 염려가 있으므로 한중콘크리트 시공 준비를 위한 적절한 조치를 취하여야 한다.

한중콘크리트의 시공은 콘크리트가 동결하지 않고 소요의 품질이 되도록 재료, 배합, 비비기, 운반, 타설, 다지기, 양생과 거푸집과 동바리에 대하여 적절한 조치를 취해야 한다.

한중콘크리트의 시공방법은 기온이 0~4℃에서는 간단한 주의와 보온이 되게 시공하고, -3~0℃에서는 물 또는 물과 골재를 가열할 필요가 있는 동시에 어느 정도의 보온이 필요하다. -3℃ 이하에서는 물과 골재를 가열하여 콘크리트의 온도를 높일 뿐만 아니라 필요에 따라 적절한 보온, 급열에 의하여 타설한 콘크리트를 소요의 온도로 유지하는 본격적인 한중콘크리트 시공을 해야 한다.

1) 재료

① 시멘트

㉠ 시멘트는 보통포틀랜드시멘트를 사용하는 것을 표준으로 한다.

㉡ 매시브한 콘크리트의 경우에는 수화열에 의하여 균열이 발생할 염려가 있으므로 수화열이 낮은 중용열포틀랜드시멘트를 사용하는 것이 좋다.

㉢ 긴급공사용의 특수시멘트는 초속경시멘트, 알루미나시멘트 등이 있다.

㉣ 시멘트는 어떠한 경우라도 가열해서는 안되며, 재료의 가열은 용이함과 열용량이 큰 점으로 보아 물의 가열이 유리하다.

② 골재

㉠ 골재가 동결, 빙설이 혼입되어 있는 것은 사용해서는 안된다.

㉡ 골재의 가열은 온도가 균등, 과열시켜서는 안된다.

㉢ 골재가열법: 증기가열법, 화기가열법, 증기분사법

③ 혼화제

㉠ 고성능감수제, 고성능 AE감수제

단위수량이 감수되므로 물의 동결가능성이 낮아지고, 연행공기에 의해 동결융해에 대한 내구성이 증가한다.

㉡ 경화촉진제

칼슘이나 나트륨의 염화물을 사용하며, 조기강도 증진으로 양생기간의 단축과 거푸집의 활용이 용이

3) 배합

① AE콘크리트를 사용하는 것을 원칙으로 한다.

② 단위수량은 초기동해를 작게하기 위하여 소요의 워커빌리티를 유지할 수 있는 범위 내에서 되도록 작게 한다.

③ 물-시멘트비를 60% 이하로 한다.

4) 시공

① 재료가열

㉠ 일 평균기온이 4℃ 이상일 때: 보통의 시공법

㉡ 일 평균기온이 4～0℃ 일 때: 타설한 콘크리트를 보호

㉢ 일 평균기온이 0～-3℃ 일 때: 물 또는 골재를 가열

㉣ 일 평균기온이 -3℃ 이하 일 때: 물 또는 골재를 가열하고 콘크리트 온도를 높임

② 비비기

㉠ 콘크리트를 비빈 후 온도는 기상조건, 운반시간 등을 고려하여 타설할 때 소요의 콘크리트 온도가 되도록 한다.

㉡ 가열한 재료를 믹서에 투입하는 순서는 시멘트가 급결하지 않도록 정해야 한다. 먼저 가열한 물과 굵은골재, 잔골재를 넣고 믹서 안 재료의 온도가 40℃ 이하가 된 후 시멘트를 넣는다.

③ 운반 및 타설

㉠ 운반 및 타설은 열량의 손실을 가능한 한 줄이도록 한다.

㉡ 타설 시 콘크리트의 온도는 5~20℃의 범위에서 정한다.

㉢ 타설 시는 철근이나 거푸집 등에 빙설이 있으면 제거한다.

㉣ 시공이음부에 콘크리트가 동결되어 있는 경우에는 적당한 방법으로 녹이고 완전한 시공이음을 얻도록 한다.

④ 양생

㉠ 한중콘크리트의 양생방법은 보온양생과 급열양생이 있다.

㉡ 콘크리트는 초기동결을 받으면 양생을 계속하더라도 강도가 저하하므로 타설 후 동결에 주의한다.

6) 한중콘크리트의 시공 시 주의사항

① 응결경화의 초기단계에서 동결되지 않도록 한다.

② 양생종료 후 봄까지 동결융해작용에 대하여 충분한 저항성을 가지게 한다.

③ 공사 중 각 단계에서 예상되는 하중에 대하여 충분한 강도를 가지게 한다.

10. 서중(暑中)콘크리트(Hot Weather Concrete)

서중콘크리트로 시공해야 할 시기를 일률적으로 정하기는 곤란하나, 일 평균기온이 25℃ 또는 최고온도가 30℃를 초과하는 시기에 시공할 경우에는 일반적으로 서중콘크리트로 시공할 수 있도록 준비하여야 한다.

서중콘크리트의 시공에 있어서는 기온이 높으면 그에 따라 콘크리트의 온도가 높아져서 운반 중의 슬럼프저하, 연행공기량의 감소, 콜드조인트의 발생, 표면 수분의 급격한 증발에 의한 균열의 발생, 온도균열의 발생 등 위험성이 증가한다. 그러므로 콘크리트를 타설할 때와 타설 직후에는 될 수 있는대로 콘크리트의 온도가 낮아지도록 재료의 취급, 비비기, 운반, 타설 및 양생을 하여야 한다.

1) 재료

① 시멘트

㉠ 시멘트는 되도록 낮은 온도가 되도록 저장하고 온도가 낮은 시멘트를 사용한다.

㉡ 수화열에 의한 온도균열을 방지하기 위해 댐이나 포장콘크리트에서는 중용열포틀랜드시멘트를 사용한다.

㉢ 보통포틀랜드시멘트 온도 ±8℃에 대하여 콘크리트의 온도가 ±1℃ 변화한다.

② 골재

㉠ 골재는 그늘진 장소에 저장하거나 차양막을 설치하여 보관하여야 한다.

㉡ 골재에 살수하는 경우 냉수가 효과적이며 골재의 표면수가 균일하게 되도록 살수하여야 한다.

㉢ 골재온도 ±2℃에 대하여 콘크리트의 온도가 ±1℃ 변화한다.

③ 물

㉠ 냉수를 사용하여야 한다.

㉡ 어름을 넣어 온도를 낮추기도 한다.

㉢ 물의 온도 ±4℃에 대하여 콘크리트의 온도가 ±1℃ 변화한다.

④ 혼화제

㉠ 지연제, AE감수제 등을 사용한다.

㉡ 지연제는 응결시간을 지연시키나 슬럼프 저하를 일으키지 않는다.

㉢ 감수제는 온도증가에 따른 단위수량의 증가를 줄일 수 있다.

3) 배합

① 소요의 강도 및 워커빌리티를 얻을 수 있는 범위 내에서 단위수량 및 단위시멘트량을 될 수 있는대로 적게 해야 한다.

② 온도 10℃의 상승에 대하여 단위수량은 2~5% 증가한다.

③ 단위수량을 감소시키기 위하여 감수제, AE감수제, 유동화제를 사용하는 것이 좋다.

4) 운반

① 비빈 콘크리트는 가열되거나 건조해져서 슬럼프가 저하하지 않도록 적당한 장치를 사용하여 되도록 빨리 운반하여 타설하여야 한다. 덤프트럭 등을 이용하여 운반할 경우에는 콘크리트의 표면을 덮어서 직사광선이나 바람으로부터 보호하는 것이 바람직하다.

② 펌프로 수송할 경우에는 수송관을 젖은 천으로 덮는 것이 좋다. 레디믹스터 콘크리트를 사용하는 경우에는 트럭 에지테이터을 햇볕에 장시간 대기시키는 일이 없도록 사전에 배차계획까지 고려하여 시공계획을 세워야 한다.

5) 타설

① 콘크리트를 타설하기 전에 콘크리트로부터 수분을 흡수할 우려가 있는 지반, 거푸집 등은 습윤상태를 유지해야 한다. 또한 거푸집, 철근 등이 직사광선을 받아 고온이 될 우려가 있는 경우에는 살수, 덮게 등의 조치를 취하여야 한다.

② 비빈 후 되도록 빨리 타설하는 것이 바람직하며, 지연형 감수제 등을 사용하는 경우 라도 90분 이내에 타설하여야 한다.

③ 콘크리트를 타설할 때의 온도는 35℃ 이하여야 한다.

④ 콜드 조인트가 생기지 않도록 적절한 계획에 따라 실시해야 한다.

⑤ 슬럼프가 줄어서 타설하기가 곤란한 경우에는 시멘트풀의 양을 증가시켜야 한다.

⑥ 낮에 콘크리트 타설이 위험한 경우에는 야간에 타설하는 것도 무방하다.

6) 양생

① 콘크리트 타설을 끝낸 즉시 양생을 시작하여 콘크리트 표면이 건조하지 않도록 한다.

② 타설이 끝난 후 적어도 24시간은 일시적이라도 노출면이 건조하지 않도록

습윤상태로 유지하고, 양생은 5일 이상 실시하는 것이 바람직하다.

③ 거푸집이 건조하여지는 경우 거푸집에 살수하여야 한다.

④ 넓은 면적의 슬래브, 도로에서 양생할 경우 살수나 덮게로 양생이 곤란한 경우에는 막양생을 실시한다.

11. 매스콘크리트(Mass Concrete)

부재 또는 구조물의 치수가 커서 시멘트의 수화열로 인한 온도의 상승 및 하강에 따른 콘크리트의 과도한 팽창과 수축을 고려하여 시공해야 하는 콘크리트를 매스콘크리트라 한다. 수화열에 의한 구조물의 온도변화가 균열을 일으킬 수 있으며 이는 콘크리트 부재의 표면과 내부와의 온도차가 부재 전체의 온도를 강하할 때 수축변형 등의 응력에 의해 균열을 조장한다. 수화열에 의한 온도 균열의 문제는 콘크리트 댐, 부재치수가 큰 콘크리트 구조물, 비교적 작은 구조물에서도 발생한다.

매스콘크리트는 댐, 교대, 교각, 대형 박스, 공장의 대형기초 등이 있다.

1) 온도균열의 제어

① 온도균열이란 콘크리트 강도의 발현이 불충분한 시기에 콘크리트 균열과 내부의 온도구배에 의한 인장응력에 의하여 생기는 균열이다.

② 온도차이의 발생원인

㉠ 수화열에 의해 콘크리트 내부가 고온으로 된 경우

㉡ 거푸집 제거 등에 의해 콘크리트 표면이 급냉한 경우

2) 대책

① 재료 및 배합

㉠ 저발열성 시멘트를 사용하거나 단위시멘트량을 줄인다.

㉡ 굵은골재 최대치수를 작업이 가능한 한 크게 한다.

㉢ 양질의 감수제나 혼화제를 사용한다.

㉣ 슬럼프를 작게 한다.

㉤ 양질의 골재를 사용한다.

② 설계

㉠ 콘크리트의 타설량, 균열발생 등을 고려하여 이음의 위치를 결정한다.

㉡ 철근으로 균열을 분산시킨다.

㉢ 균열발생에 대비하기 위하여 방수, 보강한다.

③ 시공

㉠ 온도변화를 적게 위하여 습윤양생, 보온양생, 가열양생을 한다.

㉡ 콘크리트 온도가 25℃를 넘을 때는 타설을 중단한다.

㉢ 냉각방법을 시행한다.

㉣ 리프트 높이를 작게 한다.

3) 냉각방법

① 프리쿨링(Pre-cooling)

콘크리트 재료의 일부 또는 전부를 미리 냉각하여 콘크리트의 타설온도를 저하시키는 방법

② 파이프쿨링(Pipe-cooling)

콘크리트를 타설하기 전에 쿨링용 파이프설치하고 그 속에 냉각수나 하천수를 순환시켜 콘크리트의 수화열을 저하시키는 방법

12. 수중콘크리트(Submerged Concrete)

수중콘크리트(水中 Concrete)로 시공되는 구조물에는 수면하의 비교적 넓은 면적에 콘크리트를 타설, 현장치기 말뚝 혹은 지하 연속벽과 같이 비교적 좁은 곳의 구조물 등이 있다.

수중콘크리트는 품질의 균일성, 이음의 신뢰성, 철근과의 부착성 등을 확인하는 방법이 없다. 수중에서 콘크리트를 시공하는 경우에는 공기 중에서 시공할 때보다 높은 배합강도와 설계기준강도가 요구된다. 특히 재료, 배합, 타설 및 시공기계 등에

주의하여 재료분리가 적게 되도록 시공한다.

1) 수중콘크리트의 타설 종류

① 연속시공

㉠ 트레미에 의한 타설

㉡ 콘크리트 펌프에 의한 타설

② 단속시공

㉠ 밑열림 상자에 의한 타설

㉡ 밑열림 포대에 의한 타설

③ 주입공법: 프리팩트콘크리트

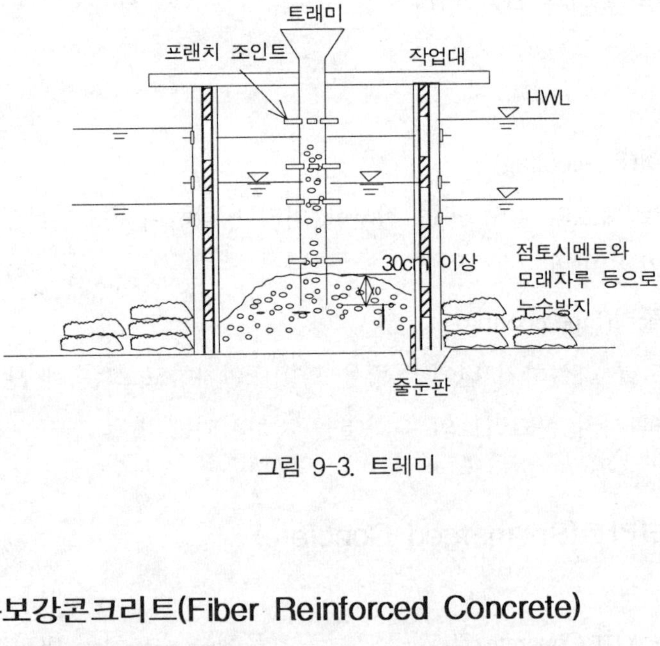

그림 9-3. 트레미

13. 섬유보강콘크리트(Fiber Reinforced Concrete)

섬유보강콘크리트는 불연속의 단섬유를 콘크리트 중에 균일하게 분산시켜 인장강도, 휨강도, 균열에 대한 저항성, 인성, 전단강도 및 내충격성 등을 개선한 복합재료이다. 그러나 압축강도는 그다지 변화하지 않는다.

섬유의 종류로는 크게 강섬유, 유리섬유, 합성섬유, 자연섬유 등이 있다.

1) 강섬유보강콘크리트(Steel Fiber Reinforced Concrete)

강섬유보강콘크리트는 단면이 작고 길이가 짧은 강섬유를 수화성의 시멘트와 잔골재의 배합에 분산시켜 만든 건설 신소재를 말한다. 강섬유보강콘크리트는 압축응력 또는 인장응력을 받을 때 강섬유는 콘크리트 내의 균열을 제어하게 되어 콘크리트의 강도, 인성, 연성, 취성을 증가시키게 된다.

① 강섬유의 길이

강섬유의 길이는 길수록 효과가 크나 강섬유의 길이가 30㎝ 이상이 되면 워커빌리티를 크게 약화시키기 때문에 타설작업은 상당히 어렵게 된다. 그러므로 일반적으로 사용되는 강섬유는 인장강도 11,000kgf/cm^2 이상의 저탄소강으로 길이는 30mm, 직경 0.5mm 정도(형상계수60이상)로 절단한 후 양단에 Hook를 만들어 사용한다.

② 굵은골재의 최대치수

강섬유의 길이가 베이스 콘크리트의 굵은골재 최대치수보다 짧은 경우에는 강섬유의 혼입효과가 떨어지게 된다. 따라서 강섬유의 길이가 30mm일 경우의 굵은골재 최대치수는 일반적으로 20~25mm 이하로 한다.

③ 강섬유 혼입률

강섬유혼입률을 크게 하면 섬유혼입 효과는 크게 되지만, 강섬유의 균일한 분포가 어렵게 되고, 적절한 워커빌리티의 확보가 어렵게 되기 때문에 혼입률은 최고 20~30% 이하로 하다.

④ 단위수량 및 잔골재율의 증대

강섬유보강콘크리트의 반죽질기의 평가에는 보통콘크리트와 동일한 슬럼프를 사용하지만, 소정의 슬럼프를 얻기 위해 단위수량은 보통콘크리트에 비해 상당히 크게 되고 동시에 단위시멘트량도 크게 되어 부배합의 콘크리트가 된다. 더욱 강섬유의 분산성과 거푸집의 충진성이 좋은 시공성의 강섬유콘크리트를 얻기 위해서는 베이스 콘크리트의 잔골재율을 50~70% 정도로 매우 크게 할 필요가 있다.

⑤ 시공성

위의 조건에 맞는 강섬유보강콘크리트의 경우에는 보통콘크리트 믹서에 의한 혼합, 트럭 에지테이터에 의한 운반, 콘크리트 펌프에 의한 압송이 가능하다. 그러나 같은 슬럼프의 보통콘크리트와 비교할 경우 거푸집의 간격이 협소하거나 배근이 많은 부분에 타설하는 것은 상당히 곤란하고 많은 인력이 필요하다. 또한 섬유혼입률을 높게 할수록 강섬유보강콘크리트의 혼합, 타설 등의 제조 및 시공이 어렵게 된다.

⑥ 작용

㉠ 숏크리트 보강재료로 콘크리트의 인성을 향상시켜 공기단축과 공사비 절감을 가져옴

㉡ 터널숏크리트, 라이닝(Lining) 보수작업, 법면작업

㉢ 고속도로 포장공사

㉣ 활주로 공사

㉤ 교량상판용

㉥ 원자력발전소 압력용기

㉦ 지하 탱크라이닝

㉧ 건축물 보강재

그러나 강섬유보강콘크리트는 보통콘크리트에 비해 형상이 매우 나쁜골재라고 할 수 있는 강섬유를 사용하기 때문에 워커빌리티가 나빠진다. 결국 강섬유의 혼입에 의해 콘크리트의 유동성이 저하되고, 부주의한 취급에 의해 강섬유의 균일한 분산이 어렵게 되어 강섬유가 서로 엉켜서 뭉침이 발생하기 쉽다.

번들(Bundle)형

낱개(Single)형

그림 9-4. 강섬유

2) 유리섬유보강콘크리트(Glass Fiber Reinforced Concrete)

유리섬유보강콘크리트란 시멘트에 규산염을 주성분으로 하는 유리을 용융·가공하여 섬유모양으로 만든 내알카리성 유리섬유를 보강재로 사용하여 인장강도, 휨강도, 충격 등을 보강한 콘크리트를 말한다.

그림 9-5. 유리섬유(단섬유와 장섬유)

3) 합성섬유보강콘크리트

합성섬유를 보강재로 사용하여 성질을 개선한 콘크리트를 합성섬유보강콘크리트라 한다. 합섬섬유의 종류로는 아크릴, 아라미드, 탄소, 나일론, 폴리에스테르, 폴리에틸렌, 폴리프로필렌 등을 사용한다. 합성섬유는 강섬유나 유리섬유에 비해 휨강도가 매우 작기 때문에 잘 휘는 특성이 있다.

4) 자연섬유보강콘크리트

포틀랜드시멘트에 코코넛, 삼, 사탕수수 줄기, 대나무, 마, 식물섬유 등 천연섬유를 보강재로 사용하는 콘크리트를 자연섬유보강콘크리트라 한다. 일반적으로 자연보강재료는 가격이 저렴하고, 에너지절약 그리고 쉬운 제조기술로 생산이 가능하다, 그러나 내구성에서 시멘트 입자와의 부착, 습기 하에서 섬유의 팽창 등의 문제점이 있다.

14. 폴리머콘크리트(Polymer Concrete)

보통콘크리트의 재료인 시멘트결합체를 대신하여 폴리머결합재, 충전재, 골재, 그 밖의 재료를 일체가 된 콘크리트를 폴리머콘크리트라 하며 이는 강도, 부착, 방수, 내화학성, 내동결융해성, 내마모성을 개선한 콘크리트이다.

폴리머결합재로 에폭시수지(EP), 폴리스틸렌이 함유된 불포화 폴리에스터수지(UP), 비닐에스터수지(VE), 퓨란수지(FR), 메틸 메타아크릴레이트(MMA) 모노머 등이 있다.

폴리머콘크리트에서 일반적으로 사용되는 풀리머결합재는 불포화 폴리에스더수지이며 최근에는 폴리머결합재, 액상수지 및 재활용수지의 적용에 관한 연구가 다양하게 이루어지고 있다.

1) 종류

폴리머콘크리트는 뛰어난 역학적 성질과 화학적 저항성을 갖고 있기 때문에 건설분야에 폭넓게 이용되고 있으며 크게 다음과 같이 분류할 수 있다.

① 폴리머 포틀랜드 시멘트 콘크리트(Polymer Portland Cement Concrete)
② 폴리머 콘크리트(Polymer Concrete)
③ 폴리머 함침 콘크리트(Polymer Inpregnated Concrete)

2) 믹싱과 성형

폴리머콘크리트는 경화가 빠르게 일어나고 점도가 높은 결합재를 사용하기 때문에 재료분리가 잘 일어나므로 이를 막기 위해 손으로 혼합하지 않고 믹서를 이용한 기계 혼합을 하며 타설 시에는 연속적으로 몰드에 타설하여야 한다. 또한 우수한 특성을 얻기 위해서는 충분히 다지기를 하여야 한다. 진동시간을 너무 길게 하면 재료분리의 원인이 되므로 일반적으로 길게하지 않는 것이 좋다.

3) 특성

폴리머콘크리트의 특성은 폴리머결합체의 종류, 결합체 조성, 배합비 및 양생조건에 의해 다르게 나타난다. 폴리머콘크리트가 갖는 일반적인 장점은 다음과 같다.

① 응결시간을 몇 분에서 몇 시간까지 조절할 수 있어 많은 양의 제품을 빠르게 제작가능
② 다양한 거푸집을 이용하여 쉽게 성형할 수 있다.
③ 보통콘크리트에 비해 표면의 질감이 좋다.
④ 각종 강도가 보통콘크리트의 4~5배 정도로 높다.
⑤ 우수한 내약품성과 내마모성을 갖는다.
⑥ 불투수성이고 동결융해에 대한 저항성이 우수하다.
⑦ 콘크리트에 대한 부착성이 우수하다.
⑧ 절연성이 우수하다.
⑨ 보통콘크리트에 비해 중량과 크기를 줄일 수 잇다.
⑩ 진동의 흡수율이 우수하다.

그러나 폴리머콘크리트는 결합재의 성질 때문에 고온에서 크리프가 크게 발생하고, 시멘트 가격에 비해 폴리머의 단가가 비싼 것, 보노머와 수지의 불쾌한 냄새, 작업자들의 이해 부족 등이 단점이다.

9-2. 콘크리트제품

콘크리트제품은 토목, 건축, 도로, 교량, 상·하수도, 호안, 철도 등 건설공사의 여러 분야에 사용되는 콘크리트나 철근콘크리트의 제품을 정비된 공장에서 만드는 것을 말한다.

콘크리트제품을 사용하면 현장에서 콘크리트를 타설하는 것보다 공사비와 공기단축이 가능하고 현장에서 양생하지 않아도 되므로 콘크리트 제품의 품질이 균일하다.

또한 현장에서 거푸집이나 동바리의 준비가 필요 없으며, 많이 사용되는 제품은 KS 규격으로 표준화되어 있어 사용하기 편리하다.

9-2-1. 콘크리트제품의 재료 및 배합

1) 시멘트

초기에 고강도를 필요로 하는 제품이나 한냉기 제조시 조강포틀랜드시멘트가 이용되나 일반적으로 보통포틀랜드시멘트가 가장 많이 사용된다.

2) 혼화재료

혼화재료는 콘크리트제품의 제조, 목적에 따라 제조자가 선택하여 사용하여야 하며 강도, 내구성, 수밀성, 워커빌리티, 초기강도를 개선하기 위해 혼화재료를 사용한다.

3) 굵은골재

굵은골재 최대치수는 30mm 이하, 철근 순간격의 4/5, 제품 최소치수의 2/5를 초과해서는 안된다.

4) 배합

콘크리트제품은 기계적 다짐으로 성형하므로 단위수량이 작고, 슬럼프가 작은 된반죽 콘크리트가 이용되며 고강도를 필요로 하는 경우와 양생기간을 단축시킬 필요가 있는 경우에는 일반적으로 부배합을 사용한다.

9-2-2. 콘크리트 제품의 종류

용 도	명 칭
건축용	속빈시멘트블록 형틀시멘트블록 시멘트블록 치장시멘트블록 속빈 프리스트레스트 콘크리트 패널
구조 채용	경량기포콘크리트패널 경량기포콘크리트블록 조립용콘크리트벽판 조립용콘크리트바닥판 조립용콘크리트지붕판 RC커튼월 GRC커턴월 RC계단
건축용	석면시멘트외장벽판 석면슬래이트·목모시멘트합성판 석면시멘트펄라이트판 치장용석면시멘트판 테라조판 가압시멘트판기와 목편시멘트판 펄프시멘트판 테라조타일
마감용	흡음용구멍석면시멘트판 목모시멘트판 콘크리트 문틀 및 창틀 석면규회판 골석면슬레이트 석면시멘트판 석면시멘트관 석면시멘트규산칼슘판 석면판 압축석면판 석고시멘트판
기타	철근콘크리트조립담
토목구 조물 (말뚝)	원심력철근콘크리트말뚝 프리텐션방식 원심력 PC말뚝 프리텐션방식원심력고강도콘크리트 말뚝 프리텐션방식 진동 PC말뚝
흙막이	철근콘리트조립흙막이 철근콘크리트널말뚝 프리스트레스트콘크리트널말뚝 가압콘크리트널말뚝

용 도	명 칭
호안·옹벽	철근콘크리트L형옹벽 호안, 견치, 조경블럭 콘크리트적층블럭
육로용 (도로용)	보도용콘크리트판 콘크리트경계블럭 원심력콘크리트경계블럭 콘크리트 및 철근콘크리트 L형 철근콘크리트 U형 철근콘크리트 U형용덮게 빔교용 PC보 슬래브교용 PC보 경하중슬래브교용 도로용철근콘크리트 다형측구 및 측구덮게 보차도용콘크리트 인터록킹블럭
철교용	프리스트레스트콘크리트 침목
電路用	콘크리트전선관 철근콘크리트케이블 트로프 프리텐션방식 원심력 PC전주
수로용 (관류)	원심력철근콘크리트용 이형관 무근콘크리트관 및 철근콘크리트관 진동 및 전압 철근콘크리트관 원심력 철근콘크리트관 코어식 프리스트레스트 콘크리트관 프리스트레스트 콘크리트 실린더관 소켓 철근콘크리트관 원심력유공철근콘크리트관 수로용석면시멘트관의 주철이음 및 주철이형관 원심력 수로관 원심력 철근콘크리트 접속관
하수도용	하수도용 맨홀블록 하수도용 맨홀뚜껑 우수거뚜껑
기타	철근콘크리트 조립식 암거블럭 철근콘크리트 플륨 철근콘크리트플륨덮게 철근콘크리트벤치풀륨 철근콘크리트유개벤치풀륨 철근콘크리트L형 플륨
해양	방파제블럭 인공어초
조원용	수목보호블럭

9-2-3. 도로용 콘크리트제품

1) 보도용 콘크리트판

정사각형의 무근콘크리트판으로 보도의 노면 포장에 사용된다. 제품의 중앙에 하중을 가하여 휨시험에 합격한 제품을 사용한다.

시공방법은 지반에 가는모래를 깔고 그 위에 수평을 유지하며 깔아 나간다. 규격은 30×30×6㎝의 치수이다.

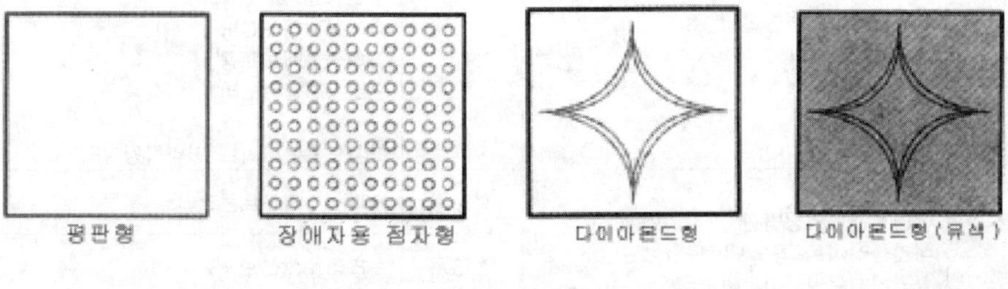

그림 9-6. 보도용 콘크리트 판

2) 철근콘크리트 U형

철근콘크리트 U형은 일반적으로 도로, 가로의 옆도랑, 배수 도랑과 같은 U자 도랑을 말하며 여기에 시공하는 관을 뜻한다.

시공방법은 측구를 파고 잡석을 깐 위에 U형 머리가 노면과 같은 높이가 되도록 설치한 후 이음부분은 모르터로 채운다. 규격은 상단 내폭이 15~60㎝, 길이 60㎝ 정도이다.

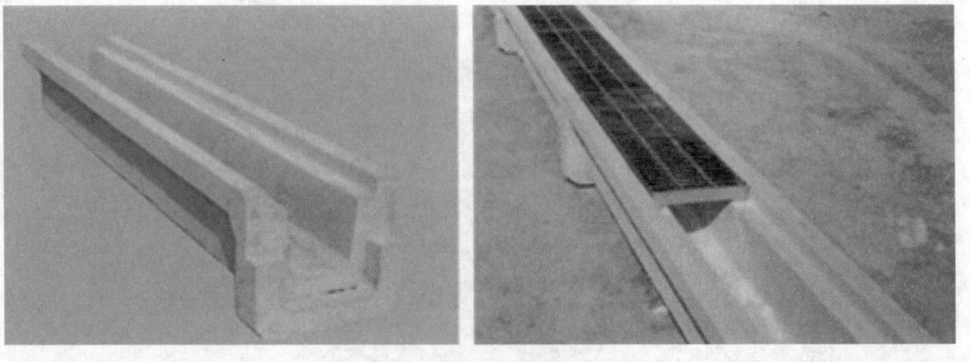

그림 9-7. 철근콘크리트 U형

3) 콘크리트 및 철근콘크리트 L형

콘크리트 및 철근콘크리트 L형은 일반적으로 보도의 구분이 있는 옆도랑과 같은 모양의 도랑을 L형 도랑을 말하며 여기에 시공하는 관을 뜻한다. 특히 폭이 좁은 배수도랑에 널리 사용되며 규격은 가로 45㎝, 세로 60㎝ 정도이다.

4) 콘크리트 경계블록

콘크리트 경계블럭은 차도, 식수대 그 밖의 지역과 노면의 경계 등에 사용된다. 종류로는 도로경계 블록과 보차도경계 블록 등이 잇다. 규격은 가로 100㎝, 세로 12~21㎝, 두께 12~30㎝ 정도이다.

그림 9-8. 콘크리트 경계블럭(KS F 4006)

인조화강 경계블럭

곡선형 경계블럭

5) 차보도용 콘크리트 인터로킹블록(Interlocking Block, ILB)

일반적으로 인터로킹이란 말은 짜맞추다라는 뜻으로 보도블럭처럼 하나하나를 계속이어서 짜맞추어 나가는것을 말한다. 인터러킹블럭의 형태는 무척 다양한데 평면 사각형부터 울퉁불퉁한것, 오목조목한 것, 맹인용점자블럭 같은 것 등등 수십 종류가 있다.

그림 9-9. 차보도용 콘크리트 인터로킹블록

6) 철근콘크리트 플륨

그림 9-10. 철근콘크리트 U형 플륨

그림 9-11. 철근콘크리트 벤치플륨

9-2-4. 콘크리트 관류

1) 철근 콘크리트관(RC관, 내경 1,800mm 까지 규격화)

초기에 많이 사용하였으나 최근에는 사용이 적으며, 비교적 가격이 저렴하다. 최근에 고진동 진공탈수에 의한 잉여수 배제 등의 방법에 따라 고강도의 내경

3,000mm까지의 관 제작가능하나 내산성 및 내알칼리성에 약한 단점이 있다.

철근 콘크리트관은 하수나 관개 배수용으로 수압을 받지 않는 관로에 사용된다. 제조방법은 강재거푸집에 철근을 넣고 단위시멘트량 320～350kg, 슬럼프 4～6cm, 물-시멘트비 45～53%의 된반죽 콘크리트를 타설한 다음 진동기와 압축기를 이용하여 다지며 성형한다.

철근 콘크리트관에는 소켓(Socket)이 달린 것과 접속이음으로 된 두 가지가 있으며, 소켓이 달린 철근콘크리트관은 내경이 150～600mm, 두께 24～62mm, 길이 1m 정도이며 접속이음 철근 콘크리트관은 내경 600～1,800mm, 두께 62～150mm, 길이 1～1.2m 정도이다.

2) 원심력 철근콘크리트관

원심력 철근콘크리트관은 원심력을 이용하여 만든 고강도, 수밀성을 가진 관으로 흄관(Hume Pipe)이라 한다. 제조방법은 조립된 철선을 원통형의 틀에 넣고 틀을 회전시키면서 단위시멘트량이 370～540kg, 물-시멘트비 32～45%, 슬럼프 3～8cm 정도의 콘크리트 반죽을 타설하면 원심력에 의해 콘크리트가 틀의 내면에 부착되어 관이 형성된다. 회전시간은 10～30분 정도이고, 양생온도는 65℃가 적당하며, 증기양생 시에는 단시간내에 틀을 제거할 수 있다. 종류에는 내압관과 외압관이 있다.

그림 9-12. 원심력 철근콘크리트관 A형

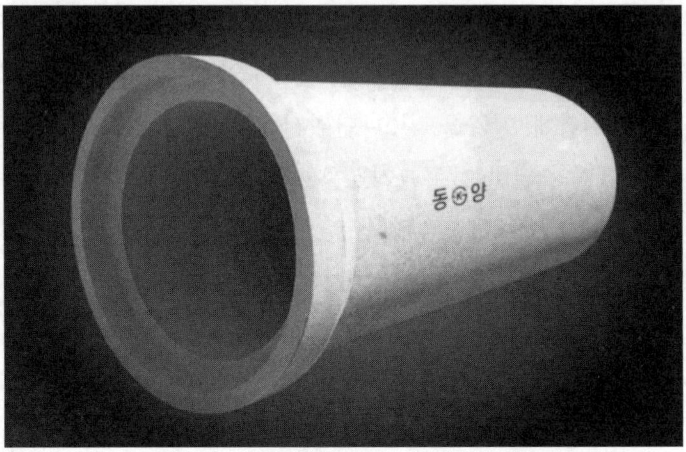

그림 9-13. 원심력 철근콘크리트관 B형

3) PC 콘크리트관

PC관이라고도 하며, 콘크리트관의 원주방향 또는 관의 길이 방향에 고장력 강선을 당겨서 코아(Core)에 미리 응력을 주어 만든 것으로서, 안팎의 압력이 비교적 큰 관로에 사용한다. 종류에는 PS콘크리트관과 프리스트레스트 실린더 콘크리트관이 있다.

4) 코어식 프리스트레스트 콘크리트관(P.C관)

콘크리트로 된 코어 파이프 주위에 P.C강선을 인장하여 줌으로써 원주방향으로 미리 압축응력을 작용케 하여 내외압에 의해 발생되는 인장응력을 소멸시키고 상당히 큰 압력에도 견딜 수 있게 만든 관으로 내압과 외압이 많이 걸리는 장소에 주로 사용되고 안정성과 통수능이 좋으나 가격이 고가인 것이 단점이다.

9-2-5. 콘크리트 말뚝 및 전주

1) 원심력 철근콘크리트 말뚝

원심력 철근콘크리트 말뚝은 나무말뚝에 비해서 경제적이고, 지하수 등에 관계없이 사용된다. 이것은 필요한 치수를 비교적 쉽게 만들 수 있어서 교량이나 건축물의 기초용으로 많이 사용된다. 원심력 철근콘크리트 말뚝은 축방향력 이외에도 큰 휨모멘트를 받기 때문에 휨에 저항하도록 설계한다. 원심력 철근콘크리트 말뚝에 사용되는 콘크리트의 단위시멘트량은 400~430kg, 물-시멘트비 40~42%, 슬럼프 4~6cm 정도의 조건을 만족해야 한다.

2) 원심력 철근콘크리트 전주

철근을 조립하여 틀속에 넣고 콘크리트를 타설하면서 틀을 회전시켜 제조한 것으로 원심력 철근콘크리트 전주에 사용되는 콘크리트의 단위시멘트량 400~450kg, 물-시멘트비 35~40% 정도의 조건을 만족해야 한다.

원심력 철근콘크리트 전주는 송전, 통신 및 조명에 사용되며, 신호주에 이용되는 1종과 철도나 궤도의 전차 선로주에 사용되는 2종이 있다. 내구성이 좋고 장주의 경우 목재전주보다 경제적이다.

3) 원심력 PS콘크리트 전주

원심력 철근콘크리트 전주와 같으나 철근을 사용하지 않고 PC강선을 사용하여 전주에 프리스트레스를 주어 제조한 제품이다.

1종

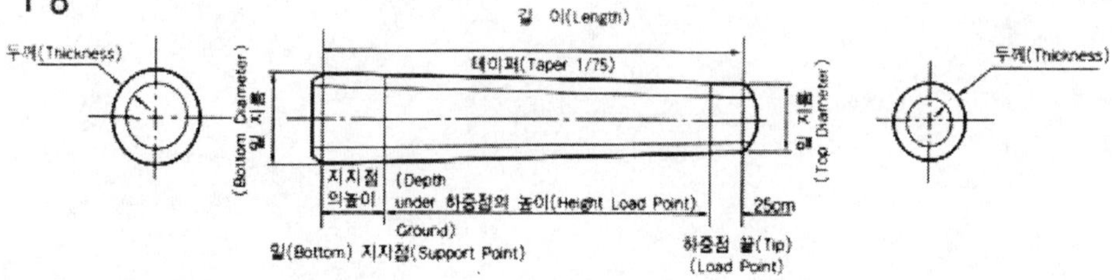

그림 9-14. 원심력 PS콘크리트 전주

9-2-6. 프리스트레스 콘크리트제품

1) 슬래브용 프리스트레트 콘크리트보

슬래브용 PC보는 슬래브 형식의 폭 12m 이하의 슬래브교에 사용된다.

2) 빔교용 프리스트레스트 콘크리트보

빔교용 PC보는 빔(Beam)교 형식의 도로교에 사용되는 프리텐션방식에 의한 PC보의 빔이다.

3) 프리스트레스트 콘크리트 널말뚝

PC널말뚝은 프리텐션방식에 의하여 길이방향으로 미리 응력을 주어 만들기 때문에 비교적 단면이 얇고 길게 제작된 콘크리트 널말뚝으로, 주로 흙막이벽에 사용된다.

제10장 … 콘크리트 시공(Concrete Construction)

소요의 강도와 경제적으로 배합설계한 콘크리트를 비비기한 후 여러 방법으로 운반하고 거푸집에 타설하여 다지기, 양생시키는 일련의 현장 작업을 콘크리트 시공(施工)이라 한다.

10-1. 용어

1) 배쳐 프랜트(Batcher Plant)

재료를 계량하는 장치를 배쳐라 하고 배쳐에 재료를 넣는 설비를 배쳐 프랜트라 한다.

2) 배쳐 믹스(Batcher Mixer)

재료를 1회분씩 혼합하는 믹스

3) 거듭비비기(Remixing)

콘크리트나 모르터가 엉기기 시작하지는 않았으나 비빈 후 상당한 시간이 지났을 경우나 재료가 분리한 경우 다시 비비는 작업

4) 되비비기(Retempering)

콘크리트나 모르터가 엉기기 시작하였을 경우에 다시 비비는 작업

5) 프리 쿨링(Pre-cooling)

미리 재료를 냉각시켜서 콘크리트의 온도를 낮추는 작업

6) 파이프 쿨링(Pipe-cooling)

매스 콘크리트 시공 시 콘크리트의 온도를 낮추기 위하여 파이프를 미리 묻어 냉수와 공기를 통과시키는 장치

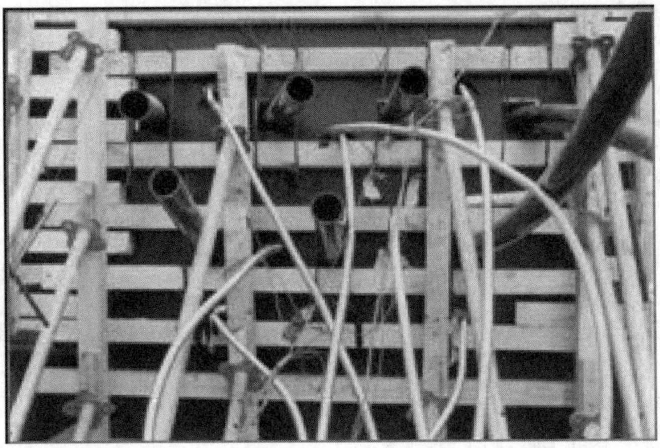

7) 프리 웨팅(Pre-wetting)

경량골재를 사용하기 전에 미리 물을 흡수시키는 작업

8) 가열콘크리트(Hot Concrete)

비빈 직후 콘크리트의 온도를 40℃ 이상으로 되게 한 것

10-2. 콘크리트 비비기(Mixing)

콘크리트의 재료는 콘크리트가 균등하게 될 때까지 충분히 비벼야 한다. 비비기가 잘되면 워커빌리티가 좋고, 강도가 증가한다. 그러나 필요 이상으로 비비면 오히려 워커빌리티가 나빠져 재료분리가 일어나고, 강도가 저하한다. 또한 AE콘크리트에서는 연행공기량이 줄어든다.

1) 비비기의 종류

① 인력비비기: 삽비비기

② 기계 비비기: 배치 믹스를 이용하여 1회분씩 비빈다.

㉠ 중력식 믹서

드럼이 돌면서 회전하는 가경식과, 드럼이 수직회전하는 드럼식이 있다.

㉡ 강제식 믹서

드럼을 고정된 상태에서 날개가 돌면서 비비는 방식

③ 레디믹스트 콘크리트 비비기

그림 10-1. 콘크리트 강제식 믹서

2) 작업시 유의사항

① 재료를 믹서에 투입하는 순서는 믹서의 형식, 비비기 시간, 골재의 종류 및 입도, 단위수량(單位水量), 단위시멘트량, 혼화재료(混和材料)의 종류 등에 따라 다르므로 KS F 2455에 의한 시험, 강도시험, 블리딩시험 등의 결과 또는 실적을 참고로 하여 정한다. 보통 재료 투입 순서는 모래, 시멘트, 물, 자갈의 순으로 전 재료를 동시에 균등하게 투입함을 원칙으로 한다.

② 비비기 시간은 믹서 안에 재료를 투입한 후 가경식 믹서일 경우에는 1분 30초 이상, 강제식 믹서일 경우에는 1분 이상을 표준으로 한다.

③ 비비기는 미리 정해 둔 비비기 시간의 3배 이상 계속해서는 안된다.

④ 비비기를 시작하기 전에 미리 믹서 내부를 모르터로 부착시켜야 한다.

⑤ 믹서 안의 콘크리트를 전부 꺼낸 후가 아니면 믹서 안에 다음 재료를 넣어서는 안된다.

⑥ 믹서는 사용 전·후 청소해야 한다.

⑦ 비벼 놓아 굳기 시작한 콘크리트는 되비벼서 사용해서는 안된다.

10-3. 콘크리트 운반(運搬)

1) 계획

콘크리트 타설을 시작하기 전에 구조물에 요구되는 기능, 강도, 내구성 및 시공상 유의사항을 고려하여 구체적인 운반, 타설 등의 방법을 세워야 하며, 계획수립 시 검토해야 할 사항은 다음과 같다.

① 전 공정 중의 콘크리트 작업의 공정

② 1일에 타설해야 할 콘크리트량에 맞추어 운반, 타설방법 등의 설비 및 인원 배치

③ 운반로, 운반경로

④ 타설구획, 시공이음의 위치, 시공이음의 처치방법

⑤ 콘크리트 타설순서

⑥ 콘크리트의 비비기에서 타설까지 소요시간

⑦ 온도, 습도, 풍속, 직사광선 등의 기상조건

2) 운반

콘크리트는 신속하게 운반하여 즉시 타설하고 충분히 다져야 한다. 비비기로부터 타설까지의 시간은 일반적으로 외기온도가 25℃를 넘었을 때는 1시간 30분, 25℃ 이하일 때는 2시간을 넘어서는 안된다. 다만 양질의 지연제 등을 사용하여 응결을 지연시키는 특별한 조치를 강구한 경우에는 콘크리트의 품질변동이 없는 범위 내에서 책임감리원의 승인을 받아 시간제한을 변경할 수 있다.

① 운반차

㉠ 콘크리트 운반용 자동차는 배출작업이 쉬운 것이어야 한다. 운반거리가 긴 경우에는 에지테이터 등의 설비를 설치해야 한다.

㉡ 운반거리가 50~100m 이하의 평탄한 운반로를 만들어 콘크리트의 재료분리를 방지할 수 있는 경우에는 손수레 등을 사용해도 무방하다.

② 버킷(Bucket)

믹서에서 나온 콘크리트를 버킷에 받아 이를 콘크리트 타설장소로 운반하는 것으로 용량은 1.5~9m^3정도이며 주로 댐공사에 사용되고 버킷의 운반에는 철도, 자동차, 케이블 크레인 등이 이용된다.

㉠ 버킷의 구조는 콘크리트를 투입, 배출할 때에 재료분리를 일으키지 않는 것으로서 콘크리트의 배출이 쉬워야 한다.

㉡ 배출구의 개폐가 쉽고, 닫을 때 콘크리트나 모르터가 새지 않아야 한다.

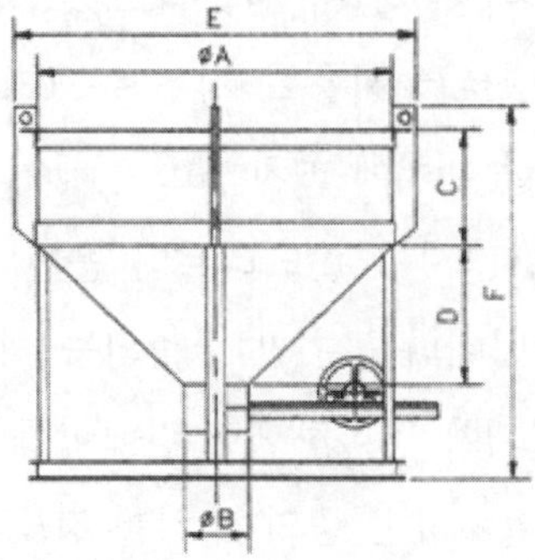

그림 10-2. 콘크리트 버킷

③ 슈트(Chute)

슈트를 사용하는 경우에는 일반적으로 연직슈트를 사용하여야 하며, 연직슈트는 깔대기 등을 이어서 만들며 되도록 재료분리가 작게 일어나도록 해야 한다.

연직슈트를 사용할 경우 콘크리트가 한 장소에 모이지 않도록 투입구의 간격, 투입순서 등에 대하여 콘크리트 타설 전에 검토해 두어야 한다.

경사슈트는 전길이에 걸쳐 거의 일정한 경사를 가져야 하며, 그 경사는 콘크리트의 재료분리를 일으키지 않는 것이어야 한다.

슈트의 하단은 될 수 있는 대로 콘크리트 타설 표면에 가까이 두는 것이 좋다.

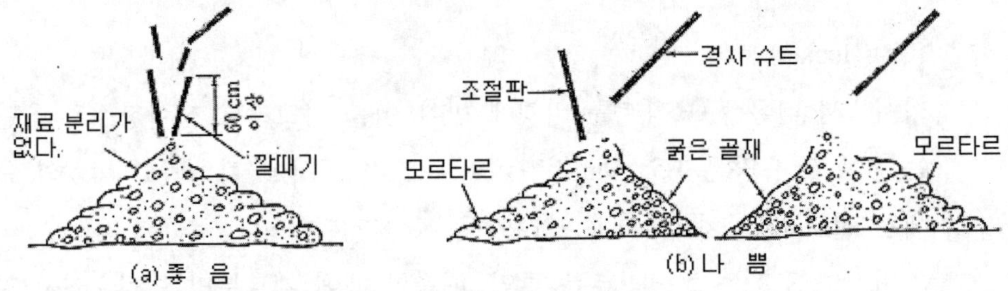

그림 10-3. 슈트에 의한 콘크리트 운반

④ 컨베어 벨트(Conveyer Belt)

켄베어는 물체를 싣고 일정한 거리를 이동하면서 연속적으로 운반하는 기계장치이다. 콘크리트 운반시 컨베어 벨트를 사용할 경우 콘크리트의 품질을 해치지 않도록 컨베어 벨트를 적당한 위치에 배치하고, 컨베어 벨트의 끝부분에는 조절판 및 깔대기를 설치한다. 경사는 콘크리트의 운반 중 재료분리가 없도록 한다. 운반거리가 길면 햇빛이나 공기가 노출되는 시간이 길어지므로 콘크리트가 건조하거나, 반죽질기가 변화하므로 컨베어를 적당한 위치에 배치하여 컨베어 벨트에 덮게를 설치하는 등의 조치를 강구해야 한다.

⑤ 콘크리트 펌프(Concrete Pump)

콘크리트 펌프는 주로 토목현장에서 트레일러 형(型)으로 사용되어 왔으며 콘크리트 펌프는 수송관을 통하여 압력으로 비빈 콘크리트를 타설할 장소까지 연속적으로 보내는 기계로서, 좁은 장소나 수중 콘크리트의 치기에 알맞으며 그 종류는 다음과 같다.

㉮ 피스톤식 : 피스톤의 왕복 운동으로 콘크리트를 수송관 속으로 밀어내는 방식

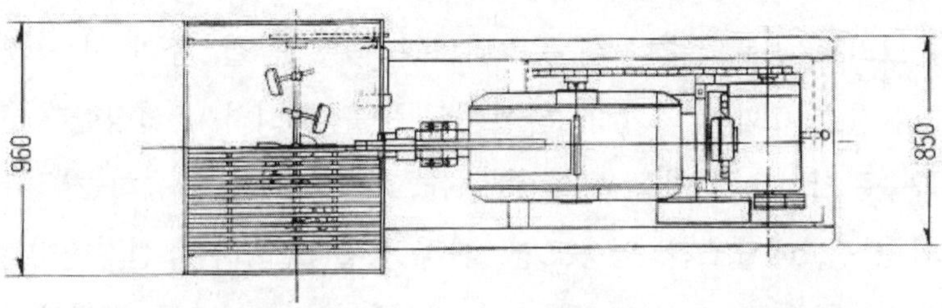

그림 10-3. 초고압 콘크리트 펌프(피스톤식)

㉯ 스퀴즈식 : 회전자(Rotor)를 돌려서 콘크리트를 수송관 속으로 밀어내는 방식(이러한 콘크리트 펌프를 실은 트럭을 콘크리트 펌프카라 한다)

콘크리트 펌프카(스퀴즈식)는 레디믹스트 콘크리트를 타설하기 위한 장치로 3~5개의 굴절된 붐을 기지고 있으며 통상적으로 두 개의 압송실린더를 장착하고 있다.

콘크리트 펌프카의 능력은 15~52m까지 작업이 가능하며 시간당 타설량은 55~178m^3이다. 또한 콘크리트 펌프카의 종류로 콘크리트 펌프카, 포터블, 숏크리트, CPS 등이 있다.

그림 10-4. 콘크리트 펌프카

㉠ 콘크리트 펌프의 기종은 콘크리트의 종류, 품질, 관의 지름 및 배관조건, 타설장소, 1회의 타설량, 타설속도 등을 고려하여 선정한다.

㉡ 특수콘크리트의 압송 또는 특수한 조건 하에서 압송하는 경우에는 기종의 선정, 배관조건, 압송조건, 환경 등을 고려하여 선정한다.

㉢ 압송조건은 관내에 콘크리트가 막히는 일이 없도록 정해야 한다.

㉣ 관경이 클수록 압력손실이 적어지고, 압송이 쉬우며 토목용으로는 125A(5B)가 많이 사용된다.

㉤ 보통콘크리트를 펌프로 압송할 경우 굵은골재 최대치수는 40mm 이하를 표준으로 하며, 슬럼프는 10～18cm의 범위가 적절하다.

㉥ 수송관의 배치는 될 수 있는대로 수평, 상향으로, 굴곡을 적게 압송하여 콘크리트가막히지 않도록 한다.

㉦ 콘크리트 펌프의 위치는 믹서트럭 2대를 동시에 주차할 있는 위치에 배치한다.

㉧ 인공 경량골재콘크리트에는 사용하지 않는 것을 원칙으로 한다.

⑥ 콘크리트 플레이서(Concrete Placer)

콘크리트 펌프와는 달리 수송관 속의 콘크리트를 압축공기에 의하여 압력으로 보내는 것으로서 고정식 콘크리트 플레이서와 대차 위에 실은 에지테이터 콘크리트 플레이서의 2종류가 있다. 최대 수송거리는 수평방향으로

100m~200m, 연직방향으로 20m~50m 정도이며 주로 터널의 둘레 콘크리트 치기에 사용된다.

콘크리트 플레이서를 사용할 경우는 수송거리, 공기압, 공기소비량에 따라 재료분리가 심하므로 기종, 형식 및 사용방법에 대하여 검토하여야 한다.

터널 등의 좁은 곳에 콘크리트를 운반하는데 편리하며, 콘크리트의 재료분리가 매우 심한 경우가 발생하므로 이에 대한 대책으로 점성이 풍부한 콘크리트를 사용하는 것이 좋다.

10-4. 콘크리트 타설(치기)

비비기로부터 타설(打設)까지의 시간은 외기 온도가 25℃를 넘으면 1시간 30분, 25℃이하일 때 2시간이내에 작업, 낙하 높이는 1.5m 이내로 하여야 한다.

1) 콘크리트의 타설작업은 철근 및 매설물의 배치나 거푸집이 변형 및 손상되지 않도록 주의하여야 한다.
2) 타설한 콘크리트를 거푸집 안에서 횡방향으로 이동시켜서는 안된다.
3) 타설 도중에 심한 재료분리가 생겼을 때에는 재료분리를 방지할 방법을 강구해야 한다.
4) 한 구획 내의 콘크리트는 타설이 완료될 때까지 연속적으로 타설한다.
5) 콘크리트는 그 표면이 한 구획 내에서는 거의 수평이 되도록 타설하는 것을 원칙으로 한다. 한 층의 높이는 내부진동기의 성능을 고려하여 40~50cm 이하로 하는 것이 좋다.
6) 콘크리트를 2층 이상으로 나누어 타설할 경우, 상층의 콘크리트는 원칙적으로 하층의 콘크리트가 굳기 시작하기 전에 타설하며, 상층과 하층이 일체가 되도록 시공하여야 한다.
7) 거푸집의 높이가 높을 경우 슈트, 펌프배관, 버킷, 호퍼 등의 배출구와 타설면까지의 높이는 1.5m 이하를 원칙으로 한다.
8) 콘크리트 타설 도중 표면에 떠올라 고인 블리딩수가 있을 경우에는 적당한

방법으로 이를 제거한 후가 아니면 그 위에 콘크리트를 타설해서는 안된다.

9) 타설속도는 단면의 크기, 배합, 다지기 방법 등에 따라 다르나 일반적으로 30분에 1~1.5cm 정도로 하는 것이 적당하다.

10-5. 콘크리트 다지기(Tamping)

콘크리트 중의 공기나 수분을 없애고 콘크리트가 철근사이와 거푸집 내부에 잘 채워지도록 하기 위하여 콘크리트에 다짐을 실시하며 다짐에 의한 여분의 물을 제거하면 물-시멘트비가 작어져 강도가 증가하고, 내구성 및 수밀성이 큰 콘크리트가 된다. 콘크리트 다지기는 내부진동기를 사용함을 원칙으로 하나 단면이 얇은 경우에는 거푸집진동기를 사용해도 좋다.

1) 봉다지기(찔러 다지기)

묽게 반죽된 콘크리트에서 다짐봉을 사용하여 깊이 30cm 이하로 찔러서 다지는 것을 말하며, 찔러 다지기의 방법은 복잡한 배근의 콘크리트나 된반죽 콘크리트에서는 부적당하며 슬럼프 5cm 정도의 된반죽 콘크리트에서는 깊이 15cm 이하로 찔러 다져야 한다.

2) 진동 다지기

진동 다지기에는 내부진동기(Interval Vibrator)와 외부진동기(External Vibrator)가 있으며 일반적으로 내부진동기를 쓰는 것을 원칙으로 한다.

① 내부진동기를 쓰는 경우에는 다지는 1층의 높이, 진동시간, 찌르는 간격 등에 대하여 책임기술자의 지시를 받아야 한다. 상층을 다질 때는 진동기를 하층의 콘크리트 속으로 10cm가량 더 찔러 넣어야 한다. 내부진동기는 될 수 있는 대로 연직으로 하여 일정한 간격으로 찌러 넣는다. 그 간격은 일반적으로 60cm 이하로 한다.

한 대의 내부진동기로 다지는 콘크리트의 용적은 일반적으로 소형인 경우 1시간에 4~8m^3, 대형인 경우는 1시간에 30m^3 정도이다.

② 외부진동기는 거푸집 전체에 진동을 주는 거푸집 진동기와 표면 진동기, 그리고 콘크리트 제품 및 공시체를 만들 때 사용하는 진동대 등이 있다.

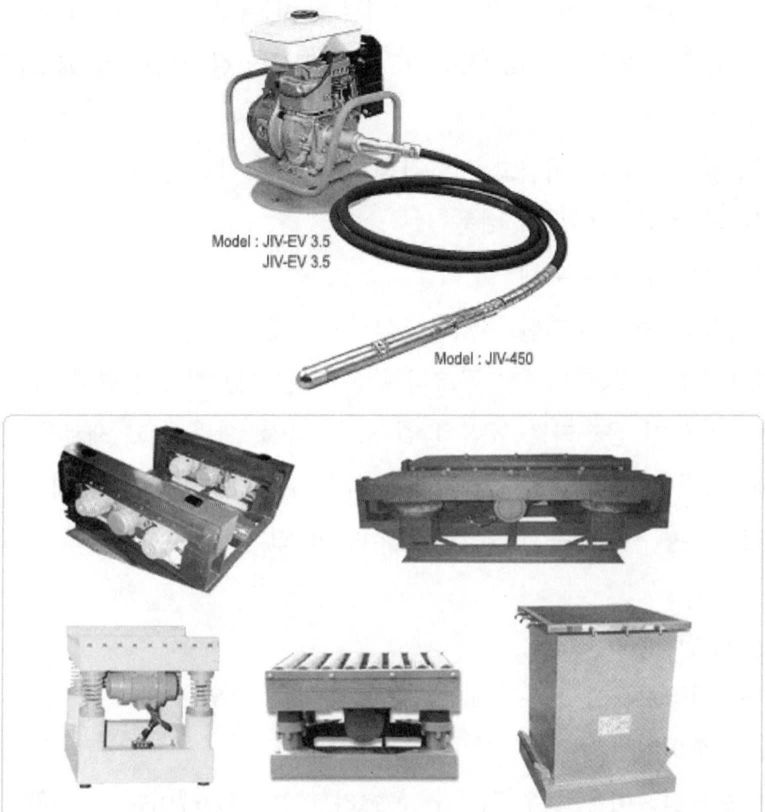

그림 10-5. 내부진동기와 진동대(진동테이블)

▲ 폼바이브레타를 사용한 상층과 사용 안한 하층과의 비교

▲ 외부진동기 여러개 붙은 FORM

▲ 거푸집 부착 외부 진동기

그림 10-6. 외부진동기(거푸집 진동기)

10-6. 콘크리트의 이음(Joint)의 종류

1) 시공이음(Construction Joint)

콘크리트를 시공할 때 연속적으로 콘크리트를 치는 것이 좋으나 구조물의 전체를 한번에 치는 것은 불가능하므로 콘크리트 사이에 적당한 시공이음(施工)을 두며 그 이유는 다음과 같다.

① 거푸집의 조립이 어렵고 거푸집을 반복해서 사용키 위해

② 철근의 조립이 어렵기 때문

③ 콘크리트 검사를 위해

④ 야간작업 등의 무리한 작업을 피하기 위해

⑤ 댐과 같은 콘크리트에서 콘크리트 온도 상승을 피하기 위해 시공이음을 두며, 먼저 친 콘크리트 표면에 철근, 돌 등을 끼워 놓고 새로운 콘크리트를 타설하면 신구 콘크리트가 일체가 되어 수평력에 지장이 없게 된다. 시공이음은 수평 시공이음과 연직 시공이음이 있다.

(1) 수평 시공이음의 시공

① 수평 시공이음이 거푸집에 접하는 선은 될 수 있는 대로 수평한 직선이 되도록 주의해야 한다.

② 콘크리트를 이을 경우에는 구 콘크리트 표면의 레이탄스나 품질이 불량한 콘크리트, 꼭 달라붙지 않은 골재 등을 제거하고 충분히 물을 흡수시켜야 한다.

③ 새 콘크리트를 치기 전에 거푸집을 바로 잡고, 새 콘크리트를 칠 때 구 콘크리트와 밀착되게 다짐을 잘 해야 한다.

④ 역방향 타설 콘크리트의 시공 시에는 콘크리트의 침하를 고려하여 시공이음이 일체가 되도록 콘크리트의 재료, 배합 및 시공방법을 선정하여야 한다.

(2) 연직 시공이음의 시공

① 연직 시공이음의 시공 시에 시공이음면의 거푸집을 견고하게 지지하고, 이음부분의 콘크리트를 진동기로 충분히 다짐을 한다.

② 구 콘크리트의 시공이음면은 와이어 브러쉬·쪼아내기(Chipping) 등에 의해 거칠게 하고, 충분히 물을 흡수시킨 후 시멘트풀, 모르터 또는 습윤면용 에폭시 수지 등을 바른 후 새 콘크리트를 타설한다.

③ 새 콘크리트를 타설할 때 신·구 콘크리트가 충분히 밀착되도록 잘 다져야 한다.

2) 신축이음(Expansion Joint)

구조물의 온도 변화, 건조 수축, 기초의 부등침하 등에서 생기는 균열을 방지하기 위해 설치하는 것이 신축이음이다. 신축이음은 구조물이 단일체로 작용하도록 좁은 간격으로 설치한다. 그리고 신축이음에 토사, 기타의 불순물이 들어가서 신축이음의 작용을 방해할 우려가 있을 때는 신축이음의 두께 사이에 적당한 이음 채움재(Filler)를 사용한다.

(1) 신축이음의 위치 및 간격

① 신축이음에는 서로 접하는 구조물의 양끝 부분을 완전히 절연시켜야 한다. 신축이음에는 필요에 따라 이음재나 지수판 등을 설치한다.

② 신축이음은 교대나 날개벽 사이, 벽이 합치는 구석, 단면이 급격하게 변하는 장소, 댐의 절연부 등 균열을 방지하는 위치에 둔다.

③ 신축이음의 두께는 보통 1~3cm로 하면 적당하다.

④ 변위량이 적을 때는 완전히 마디를 끊지 않고 동판, 강판, 염화비닐판, 고무이음 등 물막이재(지수판)를 사용한다.

⑤ 채움재는 Sealing, Compound, 합성고무, 콜타르 등이 있다.

(2) 신축이음의 구비 조건

① 구조가 단순하고 시공이 쉬워야 한다.

② 평탄하고 주행성이 좋은 구조가 되어야 한다.

③ 강성이 높은 일체 구조로서 내구성이 좋아야 한다.

④ 이음재의 변형(Strain)이 용이해야 한다.

⑤ 방수 또는 배수가 완전히 될 수 있는 구조가 되어야 한다.

⑥ 슬래브 단부가 충분히 보강되어 있어야 한다.

3) 콜드 조인트(Cold Joint)

콘크리트의 시공과정 중 장비의 고장이나 재료공급의 중단으로 계속 콘크리트를 타설하지 못해 콘크리트가 응결하기 시작한 콘크리트에 새로운 콘크리트를 이어칠 때 일체화가 저해되어 생기게 되는 줄눈

4) 바닥틀 시공이음

바닥틀의 시공이음은 슬래브 또는 보의 지간 중앙 근처에 두어야 한다. 다만 보가 그 지간 중앙에서 작은 보와 교차할 경우에는 작은 보(Beam) 폭의 약 2배정도 떨어진 곳에 시공이음을 설치하고, 시공이음을 통하는 경사진 인장철근을 배치하여 전단력에 대하여 보강하여야 한다.

10-7. 콘크리트 양생(Curing)

콘크리트를 친 후 응결·경화가 완전히 이루어지도록 콘크리트 표면을 피복하고 하중이나 진동·충격에 보호하는 작업을 양생(養生)이라 한다. 굳지 않은 콘크리트에 충격, 진동, 과하중이 작용하지 않도록 양생 중에 주의를 하여야 한다. 양생온도은 습윤상태 일 때 4～35℃까지는 강도에 비례하며, 가장 적당한 온도는 15～30℃이다.

1) 습윤양생(Moisture of Wet Curing, 濕潤養生)

콘크리트를 타설한 후 경화를 시작할 때까지 직사광선이나 바람에 의해 수분이 증발하지 않도록 하여야 한다. 콘크리트면를 해치지 않고 작업이 가능할 정도로 경화한 콘크리트의 노출면은 양생용 가마니, 양생포 등을 적셔서 덮거나 살수를 하여 습윤상태로 보호하여야 한다. 습윤상태의 보호기간은 보통포틀랜드시멘트를 사용할 경우 5일 이상, 조강포틀랜드시멘트를 사용한 경우 3일 이상을 표준으로 한다.

2) 막(膜)양생 또는 피복양생(Membrane Curing, 被服養生)

① 콘크리트 표면에 막이 생기는 양생제를 뿌려서 물의 증발을 막는 양생방법

② 양생용 재료는 비닐유제, 아스팔트유제 등이 사용되며 여름철에는 백색, 겨울철에는 검정색으로 직사광선에 의한 온도조절을 한다.

③ 스프레이어로 사용량의 반은 노즐을 한방향으로 뿌리고, 나머지는 이에 직각방향으로 뿌린다.

④ 막양생제의 사용에 시험을 하여 그 효과를 반드시 확인하여야 한다.

⑤ 포장콘크리트의 양생에 많이 사용되고 있다.

3) 온도제어 양생

온도제어 양생이란 콘크리트를 타설한 후 일정기간 콘크리트 온도를 제어하는 양생이다. 콘크리트는 경화가 충분히 진행될 때까지 경화에 필요한 온도조건을 유지하여 저온, 고온, 급격한 온도변화 등에 의한 유해한 영향을 받지 않도록 해야 한다. 온도제어 양생을 실시할 경우에는 온도제어방법 및 양생일수를 콘크리트의 종류 및 형상, 치수를 고려하여 적절히 정해야 한다.

① 증기양생(Steam Curing, 蒸氣養生)

60～70℃의 높은 온도와 습윤상태가 확보되어야 하므로 보일러 등의 증기발생장치가 설비되어 있는 공장에 적합한 방법이다. 프리캐스트 콘크리트제품의 생산, PC교량, 한중콘크리트 등에 주로 사용된다.

② 전기양생(Electric Curing, 電氣養生)

콘크리트에 100～200V 이하 저압의 전류를 보내 콘크리트의 전기저항으로 생기는 열을 이용하여 양생하는 방법으로 철근을 사용한 구조물에는 부적합한 방법이다.

③ 전열양생(電熱養生)

전열저항선을 이용하여 콘크리트 표면에서 보온, 가열하는 방법이다.

⑤ 오토클레이브양생(Autoclave and High Pressure Steam Curing)

고온·고압양생이라고도 하며 지름 2.5～4.0m, 길이 40～60m의 고온 고압 용기에 콘크리트제품을 넣고 온도 180℃, 증기압 7～15기압의 고온고압으

로 처리하는 방법이다. 오토클레이브양생은 표준 28일 양생 직후에 얻으며 석면시멘트 관, 말뚝 제품 등의 양생에 사용된다.

10-8. 콘크리트의 표면 마무리

거푸집을 제거한 콘크리트 표면의 미관과 내구성, 수밀성 등을 높이기 위해 콘크리트 표면처리을 고려한 것을 표면 마무리라 한다.

1) 거푸집 댄 표면의 마무리

(1) 노출되지 않은 표면

① 완성된 구조물에서 노출되지 않는 콘크리트는 거푸집 마무리에 명시된 대로 어느 것이든 거푸집 마무리로 해야 한다.

② 막방수를 하게 될 콘크리트는 해당 요건에 따라 매끈한 거푸집 마무리로 해야 한다.

(2) 노출되는 표면: 달리 명시된 경우가 아니면 완성된 구조물에서 노출되는 콘크리트는 명시된 대로 다음의 마무리가 되어야 한다.

① 매끈하게 땜질한 마무리

② 매끈하게 다듬은 마무리

③ 그라우트 칠한 마무리

④ 명시되지 않은 마무리: 마무리가 명시되지 않은 경우에는 위에 명시된 매끈한 거푸집 마무리를 해야 한다.

2) 슬래브의 표면 마무리

슬래브와 평면작업은 일체로 치고 마무리해야 한다. 슬래브는 명시된 표고에 표면이 맞도록 깍아서 고루어야하며, 표면 아래로 굵은 골재가 박히도록 진동기, 흙손 및 다짐막대로 충분히 다져야 한다. 슬래브의 마무리는 콘크리트를 치고 4시간 내에

행하여야 한다. 특히 배수구가 있는 구역에서는 마무리된 슬래브가 배수구 쪽으로 경사지게 해야 하며, 경사는 달리 명시된 것이 없으면 1% 이상이라야 한다.

(1) 슬래브 마무리

달리 명시된 것이 없으면 슬래브와 평면작업은 다음에 명시된 마무리를 해야 한다.

① 긁은 마무리: 슬래브 바닥에 하는 긁은 마무리는 시멘트 씌우기 또는 테라조나 도기타일의 모르터 바닥 등에 한다.

② 나무흙손 마무리: 슬래브와 평면작업에 하는 나무흙손 마무리는 합성고무지 지판, 지붕 및 막방수 등에 시공한다.

③ 쇠흙손 마무리: 쇠흙손 마무리는 완성된 구조물에서 노출되는 내부슬래브와 평면작업 및 탄력 마루 씌우기를 하는 슬래브에 한다.

④ 비질마무리: 비질마무리의 정확한 조직과 거칠기는 시공자가 제출하여 감리자가 승인한 견본 또는 승인 받은 현장시험마무리와 일치해야 한다. 외부보도와 포장, 차고마루 및 외부경사로에는 명시된 대로 고운 비질이나 중간거친 비질마무리를 해야 한다.

⑤ 논슬립 마무리: 논슬립 재료는 산화알루미늄과 실리콘 카바이드의 모래알맹이며 명시된 내부밀도경사로와 다른 마루에 시공해야 한다.

⑥ 명시되지 않은 마무리: 마무리가 명시되지 않는 경우에는 위에 명시된 마무리를 해야 한다.

3) 콘크리트포장 표면 마무리

콘크리트 슬래브의 표면은 치밀하고 견고하여 평탄성이 좋고 특히 세로방향의 작은 파형(波形)이 적게 되도록 마무리하는 것이 중요하다. 일반적으로 표면 마무리는 피니셔에 의한 초벌 마무리, 표면 마무리, 장비에 의한 평탄 마무리 및 거친면 마무리의 순으로 시행한다.

(1) 초벌 마무리

초벌 마무리는 피니셔, 피니싱 스크리드와 슬림폼 페이버를 쓰는 것을 원칙으로 한다. 초벌 마무리면의 높이 및 표면상태는 그 후의 평탄 마무리 작업성에 큰 영향을 주게 되므로 소정의 높이로 균일한 마무리면이 되도록 주의하여야 한다.

(2) 평탄 마무리

평탄 마무리는 초벌 마무리에 연이은 작업으로 표면 마무리에 의한 기계 마무리나 플롯(Flot)에 의한 인력 마무리로 종횡방향의 요철을 고르는 평탄 마무리를 하여야 한다.

(3) 거친면 마무리

평탄 마무리가 완전히 종료되어 표면에 물기가 없어지면 거친면 마무리 장비 또는 인력에 의하여 거친면 마무리를 한다.

① 거친면 마무리 시기는 평탄 마무리 후, 표면에 물의 비침이 없어진 다음 콘크리트가 경화되기 직전의 시기이며, 너무 빨리 실시하면 골재가 패이고 모르터의 흠을 메우며 너무 늦으면 깊이가 얕아진다.
② 형성된 홈의 방향은 도로 중심선에 직각이 되도록 하여야 한다.
③ 줄눈 절단 예정 부위는 띄우고 실시하는 것이 좋다.
④ 빗살이 휘어지거나 콘크리트가 붙었으면 빗살을 교체하거나 재조정해야 한다.

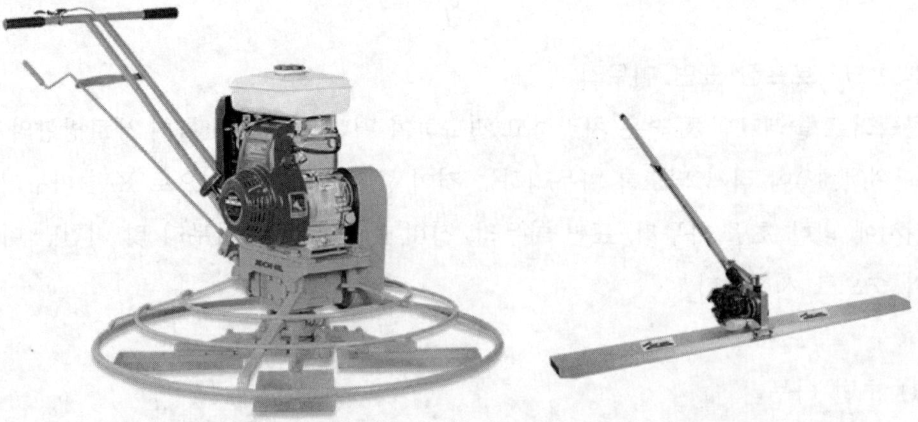

그림 10-7. 콘크리트 피니셔 및 스크리드(표면 진동기)

제11장 … 역청재료(瀝青材料)

이황화탄소(CS_2)에 용해되는 탄화수소의 혼합물로서 고체 또는 반고체를 역청(Bitumen)이라 하며, 역청을 사용한 재료를 역청재료라 한다.

역청재료 중에서 토목공사에 사용되는 것은 아스팔트, 타르 등 이를 재료로 하는 유제(乳劑) 등이며 그 용도는 포장재료, 토질안정재료, 방수, 도포, 주입재료, 이음제 등으로 널리 사용된다.

11-1. 아스팔트(Asphalt)

아스팔트는 석유의 성분 중 경질(輕質)성분이 자연적 또는 인위적으로 증발하고 남은 흑색, 흑갈색의 반고체의 물질을 말하며 아스팔트는 천연아스팔트와 석유아스팔트로 분류된다.

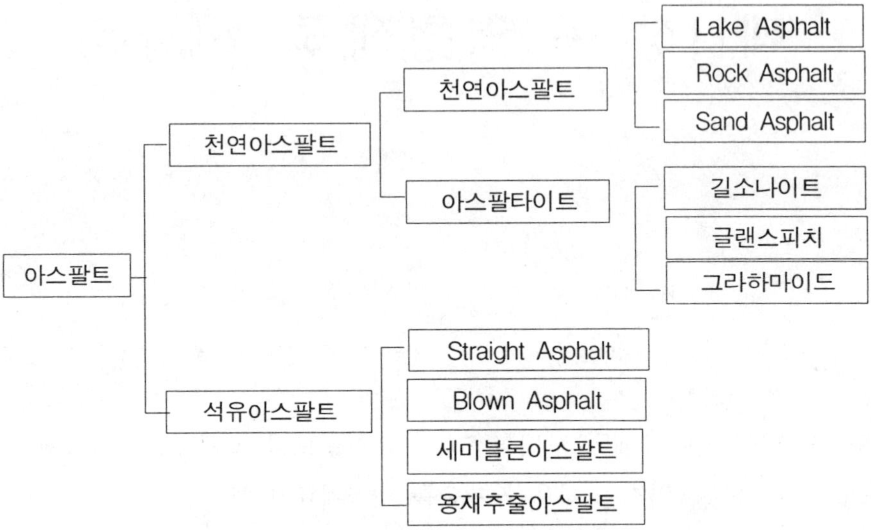

그림 11-1. 아스팔트의 분류

1) 아스팔트의 분류

(1) 천연 아스팔트(天然 Asphalt)

천연아스팔트는 석유가 지표에 흘러나오거나 암석에 침투하여 휘발성 물질이 증발하거나 대기의 영향을 받아 변질되어 생긴 것이다.

① 레이크 아스팔트(Lake Asphalt, 호산 아스팔트)
레이크 아스팔트는 석유질의 원유가 지표의 낮은 곳에 퇴적되어 형성된 것으로 남미 트리니다드(Trinidad)섬과 베네수엘라 북부해안에서 생산되는 것이 대표적이다. 이는 주로 도로포장, 바닥포장, 방수공사에 사용된다.

② 록 아스팔트(Rock Asphalt, 암석 아스팔트)
록 아스팔트는 석유질 원유가 석회암, 사암 등의 다공질 암석 사이에 스며들어가 형성된 것으로 남북아메리카, 중동, 동남아에서 생산되며 역청분의 함유량은 산지에 따라 다르나 일반적으로 5~20% 정도이다. 이는 도로포장, 바닥포장, 방수공사에 사용된다.

③ 샌드 아스팔트(Sand Asphalt, 사암 아스팔트)
샌드 아스팔트는 석유질 원유가 모래 속에 스며들어 형성된 것

④ 아스팔타이트(Asphaltite)

석유질의 원유가 지층이나 암석의 갈라진 틈에 침투하여 내부에서 장시간 중합하여 축합해서 생긴 것으로 페인트, 바나쉬, 타일, 컴파운드, 루핑 등의 방수재, 바닥재, 절연재의 원료로 사용된다. 아스팔타이트의 종류로는 길소나이트, 그라하마이드, 글랜스피치 등이 있다.

(2) 석유 아스팔트(石油 Asphalt, 인공 아스팔트)

원유를 분류할 때 생기는 것으로 주로 건설재료로 사용된다. 원유에는 아스팔트기 석유와 파라핀기 석유가 있다. 이들 원유를 분류하면 약 400℃ 이하에서 휘발류분, 등유, 경유분이 증류하고 중유와 피치가 남는다. 아스팔트는 아스팔트기 석유를 증류하여 피치에 달하기 전에 유출량을 제한하여 그 잔유분을 반고체로 한 것으로 99% 이상의 역청을 포함한 것이 많다. 제조방법에 따라 스트레이트 아스팔트와 블론 아스팔트로 분류한다.

① 스트레이트 아스팔트(Straight Asphalt)

스트레이트 아스팔트는 원유 속의 아스팔트 성분이 열에 의하여 변화를 일으키지 않도록 하여 상압 증류법, 감압 증류법 등에 의하여 만든 것이다.

스트레이트 아스팔트는 신장성, 점착성, 방수성 등이 풍부하나 연화점이 낮고, 감온비가 크며 내후성이 낮다. 스트레이트 아스팔트에 모래와 자갈을 혼합하여 아스팔트 콘크리트를 제조하거나 아스팔트 펠트(Asphalt Filt), 아스팔트 루핑(Asphalt Roofing) 제조에 사용되며 방수, 방습공사에 사용된다.

② 블론 아스팔트(Blown Asphalt)

블론 아스팔트는 스트레이트 아스팔트가 되기까지 정제하기 이전의 잔유량에 200~300℃의 온도로 공기를 불어넣어 아스팔트분에 화학반화를 일으켜 만든 것이다.

블론 아스팔트는 화학적으로 안정되어 있으며, 감온성이 작고, 탄력성이 풍부하며, 연화점이 높아 주로 방수재료, 접착제, 이음재 등에 쓰인다.

2) 아스팔트의 성질

(1) 물리적 성질

① 비중(Specific Gravity)

아스팔트의 비중(比重)은 25℃에서 스트레이트 아스팔트의 경우 1.0~1.1 정도이며, 아스팔트 함유량이 많을수록 침입도가 작을수록 비중이 크다.

② 흡수성 및 투수계수

아스팔트는 거의 물에 녹지 않으며 흡수량은 무시할 정도이다. 투수계수는 일반적으로 2.1~5.3 × 10^{-2}cm/sec 정도이다. 아스팔트 자체는 거의 불투수성이다.

③ 부착성

아스팔트 혼합물에서 아스팔트가 골재를 결합시키는 역할을 한다. 충분한 부착을 확보하기 위해서는 액체상태에서의 아스팔트가 골재표면에 충분히 피복되어야 한다. 사용하는 골재의 산성도와 표면상태에 영향을 받으며 염기성 골재가 부착에 유리하다.

④ 점도(Viscosity)

점도(粘度)는 아스팔트의 컨시스텐시(Consistency)와 교착력을 나타내는 중요한 성질이다. 아스팔트는 저온에서는 고체이지만 고온에서는 액체상태가 되며, 온도변화에 의한 점도의 영향을 많이 받는다.

⑤ 감온성(Temperature Susceptibility)

아스팔트는 온도변화에 따라 컨시스턴시가 현저하게 변화한다. 온도변화에 따른 컨시스텐시 변화의 정도를 감온성(感溫性)이라 한다. 스트레이트 아스팔트가 블론 아스팔트보다 감온성이 낮은 것이 유리하다.

⑥ 침입도(Penetration)

침입도(針入度)란 어떤 조건 하에서 아스팔트의 연경 정도를 나타내는 것으로, 규정된 바늘이 아스팔트 중에 관입한 깊이를 나타낸다. 일반적으로 침입도시험하여 동일 조건 하에서 단단한 아스팔트의 침입도는 작고, 부드러운 아스팔트의 침입도는 커져 이 값에 따라 아스팔트의 종류를 분류하고 있다.

⑦ 연화점(Softening Point)

아스팔트의 여러 가지 화합물의 혼합물이므로 일정한 융점이 없지만 가열하면 서서히 액상으로 변화한다. 연화점(軟化點)은 고체상태에서 액체상태로 되는 과정 등 일정한 컨시스턴시에 도달했을 때의 온도로 나타낸다. 스트레이트 아스팔트의 경우 침입도가 작을수록 연화점은 높으면 대략 30~60℃ 정도이다. 블론 아스팔트는 동일 침입도의 스트레이트 아스팔트보다 연화점이 높으며 70~130℃이다.

⑧ 인화점(Flash Point)과 연소점(Burning Point)

인화점(引火點)은 아스팔트를 가열하여 불을 가까이 하는 순간에 인화할 때의 온도를 나타내며 계속 가열하게 되면 인화한 불꽃이 5초 동안 지속되는데 이 때의 온도를 연소점이라 한다. 아스팔트의 인화점은 원유의 종류, 제조방법, 침입도에 의하여 다르지만 일반적으로 250~350℃의 범위이고 연소점(燃燒點)은 인화점보다 25~60℃ 정도 높다.

⑨ 고화

아스팔트가 고화하여 그 점성을 상실할 때의 최고온도로서 고화점에 달하면 아스팔트는 취성이 되며 점착성이 없어진다.

⑩ 신도(Ductility)

아스팔트는 다른 건설재료에 비해 잘 늘어나는 성질 즉 연성(延性)이 있다. 연성을 알기 위해서는 일반적으로 신도(伸度)시험을 한다. 신도시험은 시료의 양단을 일정한 속도로 잡아당겼을 때, 시료가 끊어질 때까지 늘어난 길이를 cm로 나타낸다.

⑪ 증발감량(Loss on Hearting)

휘발성 물질을 많이 함유하는 아스팔트는 증발감량(蒸發減量)이 크다. 이것은 방청제, 노면처리용으로 사용되며 아스팔트의 적부를 판정할 때 중요한 지수가 된다.

(2) 화학적 성질

석유 아스팔트는 산소 1.1~2.1%, 질소 0.15~0.25%, 황 0.3~3.25%를 포함하고 있으며 그 외에도 철, 니켈, 칼슘 등의 금속성분을 함유한 탄화수소이다. 석유나프타에 녹는 성분을 말텐(Maltene), 시염화탄소에 녹는 성분을 아스팔텐(Carbene), 사염화탄소에 녹지 않고 이황화탄소에 녹는 성분을 카벤(Carbene), 이황화탄소에 녹지 않는 성분을 카보이드, 말텐 중에 규조토 등에 흡착되는 성분을 수지(Resin), 흡착되지 않는 성분을 오일(Oil)이라 한다. 아스팔트 유기 용제에는 용해되지만 농도가 약한 용액에는 저항성이 있으며 알카리용액과는 화학반응 일으키지 않지만 변색이 된다.

3) 기타 아스팔트

① 컷백 아스팔트(Cut-back Asphalt)

컷백 아스팔트는 석유 아스팔트에 석유제의 휘발성 용제를 넣어서, 일시적으로 점도를 낮추어 유동성을 좋게 한 것이다.

㉠ 급속경화(Rapid Curing, 急速硬化)

아스팔트를 끓는 점 100～150℃의 가솔린으로 컷백한 것으로서, 증발속도가 가장 빠르며, 노상혼합용, 동기침투용, 표면 처리용 등으로 사용된다.

㉡ 중속경화(Medium Curing, 中速硬化)

끓는 점 140～300℃의 등유로 아스팔트를 컷백한 것으로, 일반적으로 가장 많이 쓰이며, 침투성이나 혼합성이 좋으므로 프라임 코트나 상온 혼합용으로 많이 사용된다.

㉢ 완속경화(Slow Curing, 緩速硬化)

아스팔트를 중유로 컷백한 것으로 증발속도가 가장 느리다. 침투성이나 혼합성이 가장 나쁘며 작업효율도 떨어지며 먼지 방지용이나 표면처리 일부에 사용된다.

② 고무 혼입 아스팔트(Rubberized Asphalt)

아스팔트에 고무를 혼입하여 아스팔트의 성질을 개선한 것으로 아스팔트 분말에 라텍스(Latex), 재생고무, 천연고무 등의 액상고무를 첨가하여 일정시간 교반, 혼합하여 제조한다.

고무의 혼합량은 5% 정도이며 침입도는 60～150, 연화점은 50℃, 신도 10～100℃ 정도이다.

③ 수지 혼입 아스팔트(Plastic Asphalt)

아스팔트에 에폭시 수지, 폴리소프렌 수지, 네오프렌 고무 등의 고분자 합성수지 재료를 혼입하여 아스팔트의 인성, 감온성, 탄성 등을 개선한 것이다. 에폭시 수지 아스팔트는 접착성이 좋고, 내열과 중하중 및 용재 등에 대한 저항성이 크며, 포장의 유동성이 적어 비행장의 포장에 이용된다.

④ 칼라 결합재(Color Binder)

포장을 착색 또는 색을 선명하게 하기 위한 방법으로 천연 또는 인공의 선명한 골재를 사용하는 방법과 착색 결합제를 사용하는 방법이 있다. 아스팔트 포장을 착색함으로서 미관과 도로기능의 향상, 안전성 향상에 큰 역할을 한다. 칼라 결합제의 착색은 녹색, 청색, 황색, 백색 등 임의의 색으로 착색할 수 있다.

⑤ 역청 이음재

콘크리트 포장의 이음재는 이음판과 주입이음재가 있으며, 이는 양질의 블론 아스팔트를 주성분으로 하여 섬유류, 고무, 광물질 분말 등을 첨가 혼합한 것으로 임의의 크기와 모양으로 성형한 것이다. 이들은 적당한 압축성과 복원성을 가지며 내후성이 우수하고 온도의 변화를 잘받지 않으며 저장, 시공, 취급이 간단하다.

11-2. 타르(Tar)

석유질 원유, 석탄, 수목 등의 유기물을 건류(乾溜) 또는 증류(蒸溜)할 때 만들어지는 휘발성 액체를 타르라 한다.

타르의 용도는 아스팔트와 같은 방수포장용으로 사용되며, 직사광선이나 날씨에 의해 산화나 중합은 아스팔트보다 심하고, 휘발분의 증발에 의해 중량이 감소되고 연성도 적게 되며 인화점 등에 대해서도 아스팔트보다 떨어진다. 목재의 방부 및 철재의 방식제로 사용되며 타르 콘크리트를 만들 때 사용된다.

1) 콜타르(Coal Tar)

석탄의 고온 건류에 의해 가스 또는 코크스(Cokes)를 제조할 때 발생하는 부산물로 흑갈색 유상액체이다. 증류하면 가스, 경유, 중유, 피치 등으로 분류된다. 방부도료로 사용되지만 방향족 화합물을 포함하여 폭약, 의약 등 유기화학 등에도 사용된다. 가열도포하면 방부성은 우수하나 목재를 흑갈색으로 착색시키고, 페인트칠도 불가능하므로 잘 보이지 않는 지하에만 사용한다.

2) 가스 타르(Gas Tar)

경유를 분해하여 수성가스를 제조할 때 발생하는 부산물로 수성 가스타르라고도 한다. 콜타르에 비해 점성이 적고, 유리탄소량도 적다.

3) 포장용 타르(鋪裝用 Tar)

콜타르를 도로포장용으로 사용하기 위해 정제한 것으로 비중이 1.1~1.25 정도로 액체 또는 반고체 상태를 이루고 있다. 포장용 타르는 일반적으로 컷백 타르가 사용되며 여러 가지 종류의 탄화수소 화합물로 구성되나 그 성질은 아스팔트와 매우 다르다. 포장용 타르는 온도변화에 의한 점도의 변화가 크고 한냉시는 취성이 생기므로 주의해야 한다. 인화점이 낮고 인화점과 연소점의 차이가 작으므로 사용할 때 주의를 요한다. 포장용 타르는 상온에서 사용하는 것과 가열하여 사용하는 것이 있으며 약 12종으로 분류한다.

4) 피치(Pitch)

타르를 다시 가열하여 중유(重油), 중유(中油), 경유(輕油) 등을 증류에 의해 생산하고 남는 찌꺼기로 나오는 흑갈색 또는 흑색의 열가소성 역청질을 피치라 한다. 비중은 비교적 크며, 유리탄소량이 많고 연화점이 높으며 증발에 의한 감량도 적다. 방수공사에 사용된다.

11-3. 아스팔트 혼합물

아스팔트포장에서 교통하중이나 기상작용의 영향을 가장 많이 받는 부분은 표층과 기층이다. 표층과 기층의 포장에는 가열 아스팔트혼합물을 쓴 가열혼합식공법을 사용한다. 가열 아스팔트혼합물은 단독으로 사용하는 경우는 드물고 아스팔트에 잔골재, 굵은골재(또는 쇄석), 채움재(Filler) 등을 소정의 온도조건으로 가열·혼합하여 사용하며 이를 아스팔트 혼합물이라 한다. 아스팔트 혼합물의 종류는 다음과 같다.

표 11-1. 아스팔트포장의 공법

종 류	내 용
혼합식공법	가열혼합식공법: 가열 아스팔트혼합물을 이용 상온혼합식공법: 상온 아스팔트혼합물을 이용 노상혼합식: 직접 노상에서 골재와 역청재를 혼합
침투식공법	골재를 넓게 포설한 위에 골재와 역청재를 살포침투시키는 공법

가열 아스팔트혼합물의 종류는 용도, 교통조건, 기상조건 등을 고려하여 굵은골재의 비율과 입도분포의 형에 따라 2.5mm(N0.8)체 통과백분율이 20~30%인 것을 조립도(Coarse Grading), 15~30%이하를 개립도(Open Grading), 35~50%를 밀립도(Dense Grading), 50% 이상을 세립도(Fine Grading), 65~80%를 토페카(Topeka)라 하며 수정토페카는 50~60%로 굵은골재량이 토페카 보다 많다. 또 입도분포가 불연속인 것을 갭(Gap Grading) 아스팔트 콘크리트라 한다.

표 11-2. 가열 아스팔트혼합물의 종류

구 분		일반지역	적설지역
중간층		① 조립도 아스팔트콘크리트(19)	
표층		② 밀입도 아스팔트콘크리트(19,13) ③ 세립도 아스팔트콘크리트(13) ④ 밀입도 갭 아스팔트콘크리트(13)	⑤ 밀입도 아스팔트콘크리트(19F,13F) ⑥ 세립도 갭 아스팔트콘크리트(13F) ⑦ 세립도 아스팔트콘크리트(13F) ⑧ 밀입도 갭 아스팔트콘크리트(13F)
마모층	내마모용		⑥ 세립도 갭 이스팔트콘크리트(13F) ⑦ 세립도 아스팔트콘크리트(13F)
	미끄럼 방지용	⑨ 개립도 아스팔트콘크리트(13)	

(주) 1. ○안의 번호는 혼합물의 정리번호를, ( )안의 숫자는 최대입경을 또한 F는 채움재를 많이 사용하고 있는 혼합물을 나타낸다.
2. 굵은골재 최대치수가 19mm의 것과 13mm의 것을 비교하면 19mm의 것이 일반적으로 내유동, 내마모, 미끄럼, 미끄럼 저항성 등의 성질이 우수하다. 내구성에 대해서는 일반적으로 13mm의 것이 우수하다. 시공두께가 40mm 이하의 경우는 13mm의 것이 마무리 면의 결을 균질하게 하기 쉽다.
3. 19F, 13F 혼합물은 내마모성, 내구성이 우수한 것이 많으나 세립분이 많기 때문에 내유동성이 떨어지는 경향이 있다.

1) 아스팔트 콘크리트

아스팔트 혼합물 중 가장 일반적인 것이 아스팔트 콘크리트(Asphalt Concrete)로 이는 스트레이트 아스팔트에 잔골재, 굵은골재, 채움재(Filler) 등을 가열 또는 상온으로 혼합한 것으로 도로포장이나 주차장 등에 사용되고 있으며, 사용목적이나 용도, 기능, 공법에 따라 여러 가지로 구분하며 일명 아스콘(Ascon)이라고도 하다.

아스콘은 아스팔트 콘크리트(Asphalt Concrete)를 줄인 명칭이며, 아스팔트, 아스팔트 혼합물, 아스팔트 콘크리트, 가열혼합·가열포설 역청 포장용 혼합물(KS F 2349 규격), HMA(Hot Mix Asphalt)등 여러 가지로 호칭되고 있다.

여기서 채움재는 석회석분, 포틀랜드시멘트, 소석회, 플라이애쉬, 회수더스트, 전기로 제강더스트, 주물더스트, 각종 소각회 및 기타 적당한 광물성 물질의 분말이며 사용량은 아스팔트 혼합물 중량의 3~10%정도이다. 또한 채움재는 잔골재와 굵은골재의 공극을 매워 줄 뿐만 아니라 아스팔트와 일체가 되어 성질을 개선하는 재료로 사용할 때에는 먼지, 진흙, 유기물, 덩어리진 미립자 등의 해로운 물질이 함유되어 있지 않아야 하며, 품질이 KS F 3501 규격에 적합한 것이어야 한다.

(1) 아스팔트 콘크리트 포장의 종류

① 공법에 의한 구분

㉠ 일반 아스콘 포장

㉡ 개질(改質) 아스콘 포장

㉢ 재생 아스콘 포장

② 기능에 의한 구분

㉠ 일반 포장

㉡ 칼라 포장

㉢ 미끄럼 방지 포장

㉣ 내유성 포장

㉤ 배수성 포장

㉥ 투수성 포장 (보도, 자전차도로 등)

③ 장소에 의한 구분

㉠ 차도 포장

㉡ 보도 포장

㉢ 공항 활주로 포장

㉣ 주차장 포장

㉤ 터널 포장

㉥ 교면 포장

㉦ 공원 포장

㉧ 운동장 포장

(2) 아스팔트 콘크리트 포장의 구성

① 표층(Surface Course)

② 중간층(Binder Course)

③ 기층(Base Course)

④ 보조기층(Subbase Course)

⑤ 동상방지층(Antifrost Layer)

⑥ 차단층(Filter Layer)

⑦ 노상(Subgrade)

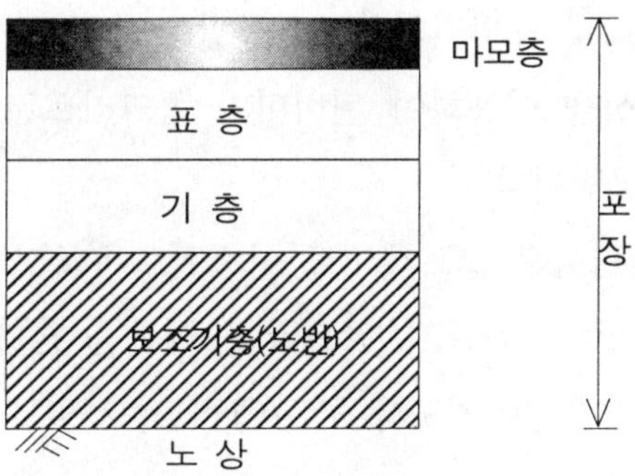

그림 11-2. 아스팔트포장의 구성

2) 특수 아스팔트포장

특수 아스팔트포장은 일반적 아스팔트포장에 비하여 재료, 용도, 설계, 시공방법 등이 다른 것을 총칭하여 특수포장이라고 한다. 아스팔트계 특수포장의 구분은 다음과 같다.

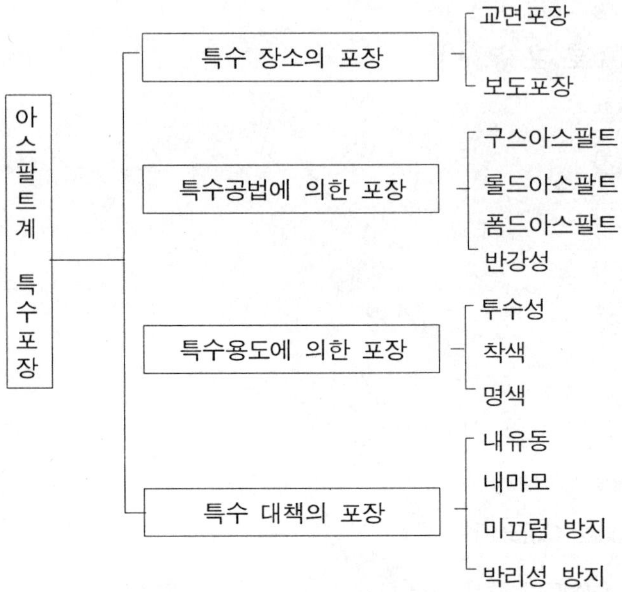

그림 11-3. 아스팔트계 특수포장의 종류

(1) 구스아스팔트(Guss Asphalt) 포장

구스아스팔트 포장은 독일에서 개발된 포장공법으로 영국에서는 매스틱아스팔트(Mastic Asphalt)로 개발되었다. 이 공법은 롤러로 전압을 하지 않고 고온 시 혼합물의 유동성을 이용하여 된비비기 콘크리트처럼 타설하고 피니셔로 평활하게 고르는 공법이다.

구스아스팔트 혼합물은 스트레이트 아스팔트에 열가소성수지 등의 개질재를 혼합한 아스팔트로서 잔골재, 굵은골재, 석분을 혼합하여 유입시공이 가능한 작업성과 안정성이 얻어지도록 쿠커(Cooker: 가열보온장치 및 교반기를 장치한 차) 속에서 200~260℃ 고온으로 교반한 것이 특징이다. 사용한 아스팔트는 일반적으로 침입도 20~40의 포장용 스트레이트 아스팔트 75%와 남미 트리니다드섬에서 산출되는 트리니다드 에퓨레(Trinidad Epure)를 혼합하여 사용한다.

(2) 롤드아스팔트(Rolled Asphalt) 포장

롤드아스팔트 포장은 잔골재, 석분, 아스팔트로 이루어진 아스팔트 모르터에 비교적 단입도의 굵은골재를 일정량 혼입한 불연속입도의 혼합물에 의한 포장을 말한다. 혼합물의 구성은 아스팔트 모르터가 기본이 되고 굵은골재의 혼합비율은 포장두께에 따라 결정된다. 굵은골재가 40% 이하의 혼합물일 경우에는 아스팔트를 프리코트한 쇄석을 치핑(Chipping)해서 안전성을 높임과 동시에 미끄럼 저항성을 확보한다.

롤드아스팔트 포장은 미끄럼 저항성, 내구성, 수밀성, 내마모성 등이 우수할 뿐만 아니라 명색화도 가능하기 때문에 적설지역 및 산악지의 도로에 적합하다.

(3) 폼드아스팔트(Foamed Asphalt) 포장

폼드아스팔트 포장공법은 아스팔트 플랜트에서 가열 아스팔트혼합물을 제조할 때 가열한 아스팔트를 거품상태로 만들고 믹서 속에 분산하여 혼합시킨 것을 시공하는 공법이다.

(4) 풀 뎁스 아스팔트(Full Depth Asphalt) 포장

풀 뎁스 아스팔트 포장은 일반아스팔트 포장에서 노상 위의 모든 층에 가열 아스팔트 혼합물을 사용하는 포장을 말한다. 이 포장의 특징은 포장두께 설계에서 소요 지지능력만을 만족시켜 주면 되기 때문에 포장두께를 얇게 할 수 있다는 장점과 이로 인한 공기단축이 가능하다는 것이다.

(5) 반강성(Semi-rigid) 포장

반강성 포장은 아스팔트 포장의 휨성과 콘크리트 포장의 강성 및 내구성을 복합적으로 활용하는 공법이다. 반강성 포장은 내유(耐油), 내유동성이 좋고, 침투성 시멘트 페이스트가 표면을 덮고 있기 때문에 백색에 가까운 명색포장도 할 수 있어 교차점 부근, 버스터미널 및 정류장, 터널 내, 주차장 등에 적합하다. 반면 미끄러지기 쉬운 결점이 있으므로 포장 면의 처리에 주의하여야 한다.

(6) 박리방지제(剝離防止劑)

아스팔트 혼합물의 박리현상(Stripping)은 아스팔트 포장의 파손을 일으키는 원인의 하나이며 한 번의 발생으로 보수가 곤란하다. 따라서 아스팔트 박리가 예상되는 다음과 같은 경우에는 박리방지 대책을 세워야 한다.

① 과거 아스팔트 혼합물이 심하게 박리가 발생한 재료, 특수 골재를 부득이 사용하는 경우

② 기존 포장에 심한 박리현상을 일으키고 있는 장소의 재포장, 덧포장(Over Ray) 등의 보수공사를 시행하는 경우

③ 벼농사지대의 낮은 성토구간 또는 지하배수시설을 설치하지 않은 절토구간 등의 연장이 긴 경우

④ 소성지수(PI)가 규격상한에 가까운 재료를 기층에 사용하는 경우

⑤ 교면에서 특히 상판의 배수가 나쁠 경우

박리방지 대책으로 특별한 재료를 사용하는 방법, 아스팔트 혼합물을 내수성이 우수한 배합으로 하는 방법 등이 있다.

제12장 … 금속재료(Metallic Materials)

12-1. 금속재료(金屬材料)의 일반

여러 가지 금속 중에서 대표적인 것이 철과 구리라 할 수 있다. 철(鐵)은 지구상에서 알루미늄(Al) 다음으로 많이 존재하는 금속원소로서, 순철 자체로는 비교적 그 응용범위가 제한되므로 대부분의 철은 탄소강의 형태로 사용되고 있다. 탄소강은 소성가공과 열처리로서 강도, 인성 및 연성 등의 성질을 다양하게 변화시킬 수 있고, 가격이 매우 싸기 때문에 실용재료로서의 중요성은 매우 크다. 철(鐵)은 Fe을 주원료로 하여 그 이외에 소량의 탄소(C), 망간(Mn), 규소(Si) 및 불순물로서 인(P), 황(S) 등을 포함한 것을 철이라 한다. 화학적으로 순수한 것을 얻는 것은 매우 곤란하며 설령 순수한 것을 얻었다 하여도 그 성질은 아주 연질이어서 일반적으로 사용하기에는 적당하지 않다.

철 이외의 여러 원소 중 탄소는 철의 강도 및 그 이외의 강도를 좌우하는 중요한 요소이므로 용도에 따라 인공적으로 적당히 함유시켜 사용한다. 그리고 탄소가 적을수록 연질이고 강도가 적고 가단성(可鍛性)이 크고 굴곡이 용이하고 담금질의 효과가 적으나 반대로 탄소량이 많아짐에 따라 경질이고 가단성이 적어지고 주공성(鑄工性)이 증가하고 담금질 효과가 크게 된다.

탄소량의 증감에 따라 철의 성질은 연속적으로 변화하므로 명확한 구분은 없으나 보통 다음과 같이 분류한다.

표12-1. 탄소함유량에 의한 철의 분류

명 칭	탄 소 량	성 질
연 철	0.03이하	800~1000℃ 내외에서 가단성이 크고 연질
탄소강	0.03~1.7	가단성, 주공성, 담금질의 효과가 있다.
주 철	1.7이상	주공성, 취성이 크다.

1. 금속재료의 분류

1) 재료에 의한 분류

① 철금속 재료: 선철, 주철, 연철, 강 등

② 비철금속재료: 주석, 아연, 동, 알루미늄

2) 중량에 의한 분류

① 중금속: 비중이 큰 금속(연)

② 경금속: 비중이 4이하인 금속(알루미늄)

2. 금속재료의 제조법

1) 제선(製銑)

용광로에 철광석, 석회석, 코크스를 넣고 선철을 제조하는 과정으로 선철은 3~5% 정도의 탄소를 함유하고 있기 때문에 인성과 가단성이 없어 그대로는 구조용으로 사용이 불가능하다.

2) 제강(製鋼)

선철은 탄소량이 많고 불순물을 다량 함유하여 이것을 강으로 만들기 위해 각종 제강법이 필요하다. 제강법에는 평로제강법, 전로제강법, 전기로제강법, 도가니제강법 등이 있으며, 평로와 전로는 일반용 강을 제조할 때 사용되고 전기로와 도가니로는 특수강을 제조할 때 사용된다.

3) 조괴(造塊)

제강이 끝나면 용융된 강을 꺼내 주형 틀에 주입하여 강괴(Ingot)를 만드는데 이 과정을 조괴라 한다. 탈산도가 높은 순서로 킬드강(Killed Steel)과 림드강(Rimmed Steel)으로 분류할 수 있다.

킬드강은 훼로실리콘, 알미늄, 망간 등을 탈산제로 사용하여 충분히 탈산한 제조 방식으로 림드강보다 우수한 기계적 성질을 갖지만 생산성이 낮고 가격이 고가이므로 공구, 기계 제작용으로 사용된다. 림드강은 훼로망간이나 규소 등을 탈산제로 사용하여 탈산하며 제조비율이 높고 가격이 저렴하여 일반구조용 형강에 많이 사용된다.

4) 압연(壓延)

강괴를 다시 가열하여 롤러에 강을 끼워 성형해 나가는 방법으로 1100~1250℃에서 열간 압연한다.

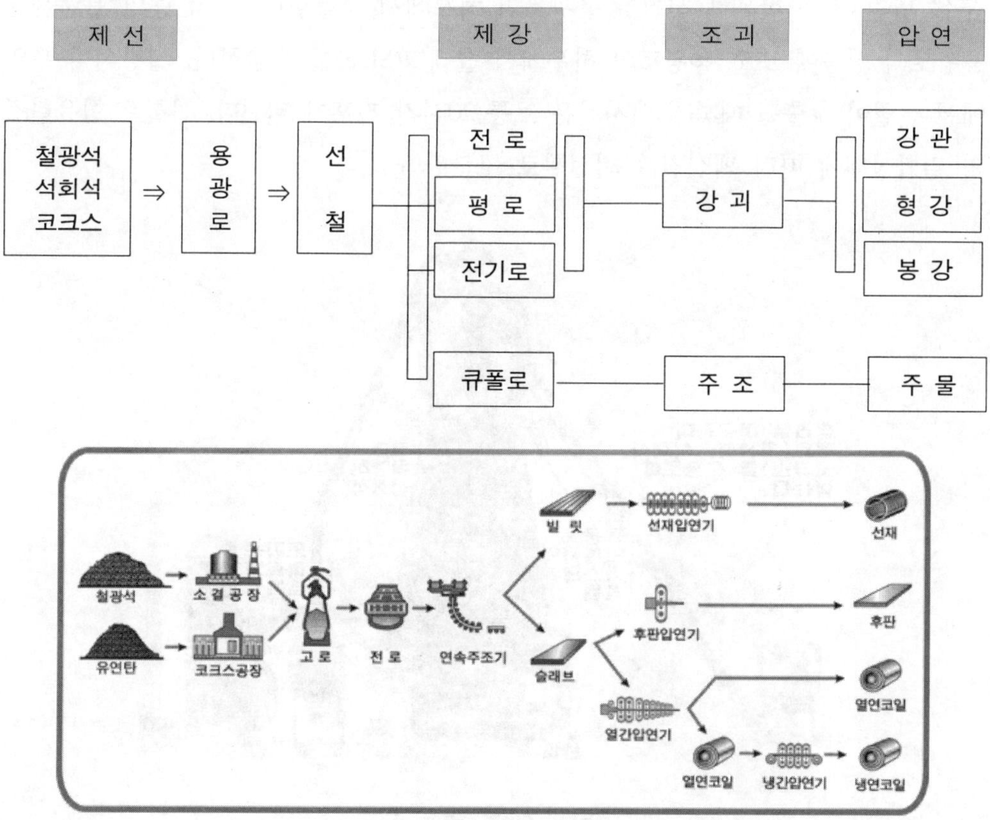

그림 12-1. 철강의 제조 공정

12-2. 철금속재료(鐵金屬材料)

철금속은 철광석을 용융하여 환원 분리하여 얻은 선철을 원료로 한 것을 철금속이라 한다.

1. 선철(Pig Iron)

선철(銑鐵)은 용광로(高爐)에서 철광석으로 환원 제조한다. 선철을 제조할 때는 철광석 이외에도 연료로 코크스(Cokes), 석회석($CaCO_3$) 등을 번갈아 용광로 위에 넣고 용광로 하부의 송풍구를 통하여 700~900℃의 열풍을 불어넣어 용융한다. 용광로의 하부의 송풍구 부근은 코크스의 연소로 인해 생성된 일산화산소가 용광로 속으로 올라가면서 화학반응을 일으켜 철(Fe)이 환원된다. 여기서 녹여진 철은 탄소, 규소, 망간 등을 함유한 선철로 용광로의 하부에서 추출한다. 광석 중의 불순물은 용광로의 상층에 뜨고 용광로의 하부에서 슬래그(Slag)를 추출한다. 철광석의 투입에서 선철이 추출될 때까지의 시간은 보통 20시간 전후가 걸린다. 선철은 함유탄소의 결합상태에 따라 백선철과 회선철로 구분된다.

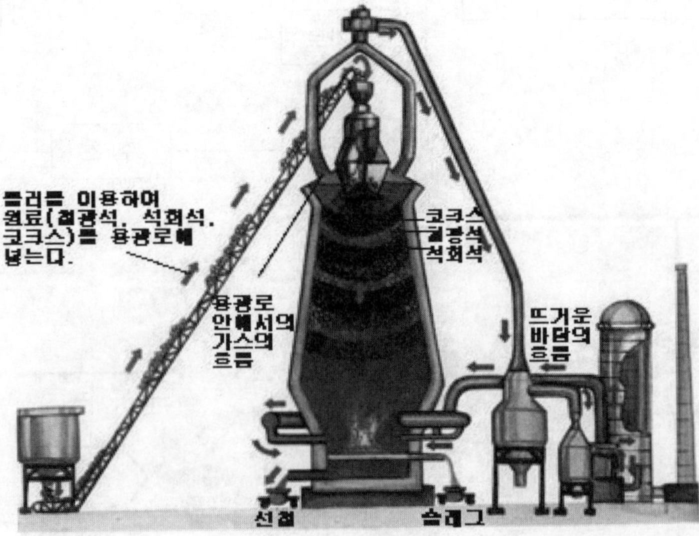

그림 12-2. 용광로의 단면

선철

고로 슬래그

2. 주철(Cast Iron)

주철(鑄鐵)은 용광로에서 만든 선철을 주원료로 하여, 여기서 규소와 철 부스러기 등을 넣고 녹여 만든 것으로 탄소의 함유량이 2.0～6.7% 정도인 철-탄소의 합금이다.

일반적으로 강에 비하여 충격에 약하고 잘 깨어지기가 쉬우나 내마모성이 크고, 압축에는 상당히 강하다. 또한 녹는점이 낮고 주조와 절삭성이 좋으며 값이 싸 수도관이나 맨홀 등에 사용된다. 주철은 백주철과 회주철로 구분된다.

3. 강(Steel)

일반적으로 강(鋼)을 탄소강과 특수강으로 분류한다. 특수강은 탄소 이외에 니켈(Ni), 크롬(Cr), 망간(Mn), 텅스텐(W), 몰리브덴(Mo) 및 규소(Si) 등의 한 종류 또는 한 종류 이상을 첨가한 것을 특수강이라 한다. 탄소강은 탄소의 함유량에 따라 표 12-2와 같이 구분하며 탄소량에 의한 기계적 성질은 표 12-3과 같다.

표 12-2. 탄소량에 의한 강의 분류

탄 소 량(%)	구 분	주 용 도
0.12이하	극 연 강	박판, 못, 리벳, 샛시 등
0.12～0.20	연 강	철골, 교량, 조선용 형강, 철근, 강판 등
0.20～0.30	반 연 강	레일, 차량, 기계용 형강, 강판 등
0.20～0.40	반 경 강	볼트, Sheet Pile
0.40～0.50	경 강	공구, 축류, 피아노선 등
0.5 이상	최 경 강	용수철 기타

표 12-3. 탄소량과 기계적 성질

탄소량(%)	인장강도(kgf/mm²)	항복점(kgf/mm²)	신축률(%)	브리넬경도	담금질효과
0.10	30~42	20~27	30	85~115	없음
0.15	34~45	24~28	25	100~125	없음
0.25	44~55	24~35	24	115~145	적음
0.35	50~60	30~40	22	140~165	약간 있음
0.45	60~70	30~45	17	165~205	양호
0.60	70~85	40~50	12	205~250	양호

1) 강의 분류

(1) 제조방법에 의한 분류

① 평로 제강법(Open Hearth Process)

선철과 철 부스러기, 석회석등을 배합하여 로 속에 넣고 예열된 공기와 가스를 로 속에 불어넣어 혼합물을 융해시키면 탄소 및 기타 불순물이 연소됨으로서 강을 만든다. 로의 내측에 사용하는 내화벽돌의 종류에 의하여 산성법과 염기성법으로 구분된다. 일반적으로 염기성법이 많이 사용되며 평로(平爐) 제강법의 장점은 원료의 재생이 가능하며 제품의 품질조절이 용이하다. 단점으로는 능률이 떨어지고 장시간 작업을 하므로 연료의 소비가 많아 비경제적이다. 한번에 용해할 수 있는 양은 50~250ton정도이다. 평로 제강법은 세계 강 생산량의 70%이상을 차지하며 강의 제조시간은 5~10시간 정도 걸린다.

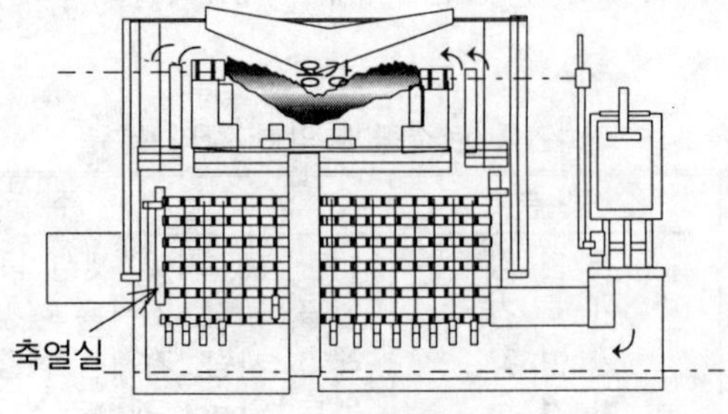

그림 12-3. 평로의 구조

② 전로 제강법(Bessemer Process)

전도장치가 있고 회전할 수 있는 전로(轉爐)를 경사지게 하여 여기에 녹은 선철을 넣은 후 로 밑으로 2.0기압 내외의 공기를 불어넣고 로를 바로 세우면 인, 규소, 황, 망간 등이 연소하여 제거되며 동시에 탄소도 산화 제거되어 강이 된다. 전로강은 평로강보다 탄소의 제거가 쉬우므로 저탄소강의 제조에 많이 사용되고 제조 시에 열손실이 적다. 품질은 평로강보다 떨어지며 강의 제조시간은 20～40분 정도 걸린다. 용량은 70～200ton정도이다.

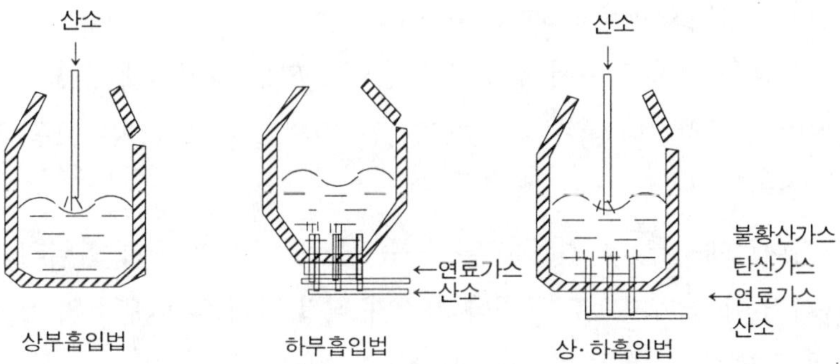

그림 12-4. 전로의 구조

③ 전기로 제강법(Electric Process)

전기로(電氣爐)는 전류의 열 효과를 이용하여 높은 온도를 발생시켜 짧은 시간에 쉽게 고온이 되므로 온도제어와 조작이 용이한 것이 장점이다. 열효율은 70% 정도로 매우 크기 때문에 연소 시 폐가스가 나오지 않으므로 불순물이 섞이지 않아 순도가 높은 강을 얻을 수 있는 것이 특징이다. 전기로에는 저항식, 아크식, 유도식 등이 있으며 로의 재료는 염기성 재료를 사용한다. 현재 많이 사용하고 있는 아크식은 3개의 탄소 전극에 의해서 발생하는 열로 로 속에 미리 넣어둔 원료를 가열하여 온도를 높인다. 로의 용량은 3～30ton정도로 특수강 제조에 적합하다.

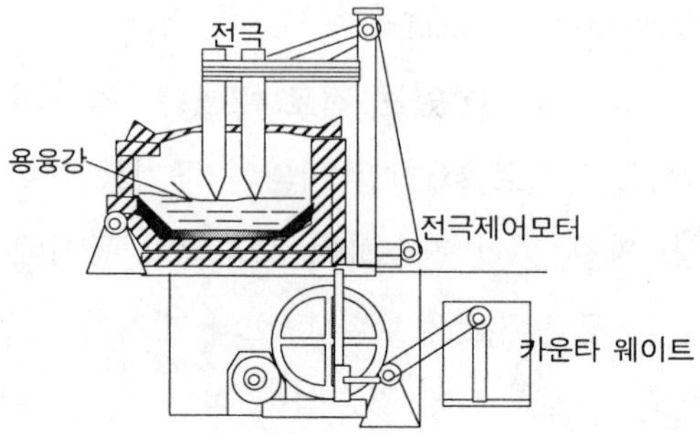

그림 12-5. 전기로의 구조

④ 도가니 제강법(Crucible Steel Process)

양질의 강을 얻기 위해서 점토나 흑연으로 만든 도가니에 순철과 저탄소강을 넣어 공구강이나 특수강을 제조하는 것으로 제조시간은 보통 3~4시간 정도 걸린다.

도가니로에 제강의 원료를 넣어 뚜껑을 덮었기 때문에 화염의 직접적인 접촉이 없이 녹여지므로 공기나 가스가 직접 닿지 않아 원소의 소모나 침투가 없는 관계로 양질의 강을 제조할 수 있다.

(2) 화학성분에 의한 분류

① 탄소강(보통강)

② 특수강(합금강)

(3) 용도에 의한 분류

① 일반 구조용 압연강재

평로나 전로, 전기로 등에 의해 만들어진 강괴를 압연한 강재로 교량이나 철도 등의 구조에 사용한다.

② 리벳트용 압연강재

교량 등에서 형강의 이음에 사용되며 리베트용 강재로 연성이 커야 한다.

③ 용접 구조용 압연강재

평로나 전기로 등에 의해 만들어진 강괴를 압연한 것으로 용접 작업시 강재의 성분과 성질이 변하지 않아야 하고 용접 후에 잔류응력이 없어야 하므로 우수한 재질의 강재를 사용하여야 한다.

④ 고인장 강철

교량 등에서 자중을 줄여 지간을 길게 하거나 PS콘크리트에 사용되는 PC강재용으로 대부분 탄소의 함유량이 0.5% 이내인 강철을 열처리하여 고인장 강철을 제조한다.

2) 탄소강(Carbon Steel, 炭素鋼)

탄소강은 탄소의 함유량이 0.04～2.0% 정도의 것으로 일반적으로 탄소의 함유량이 증가할수록 비중, 선팽창계수 등은 감소하나 항복점, 경도, 인장강도, 전기저항성 등은 증가한다. 이 상태에서 열처리를 하면 강의 성질이 크게 달라진다. 탄소강은 탄소의 함유량에 따라 저탄소강(0.04～0.3%), 중탄소강(0.3～0.7%), 고탄소강(0.7～2.0%)으로 구분할 수 있다. 탄소강의 조직이나 성질은 탄소의 함유량·온도에 따라 다르다. 강의 성질은 기계적 성질, 물리적 성질, 고온특성, 저온특성, 내식성, 용접성 등이 있다.

(1) 강의 열처리(Heat Treatment)

강은 열처리 및 가공에 의하여 강의 성질을 개선·향상시키는 효과가 있다.

① 불림(Normalizing)

강괴를 800～1000℃로 가열하여 그 온도에서 수 십분 간 보존한 후 공기중에서 서서히 냉각하면 조직이 정상화되고 부서지기 쉬운 것이 강하게 된다. 이러한 것을 불림이라 하며 상온가공은 보통 불림한 후 행한다.

② 풀림(Annealing)

불림과 같이 가열보존한 후 강괴를 로(爐) 안에서 서서히 냉각하면 인장강도는 저하하나 균질하고 연질인 강이 된다. 이것을 풀림이라 한다.

③ 담금질(Quenching or Hardening)

풀림과 같이 로 안에서 서서히 냉각하는 것과 반대로 냉수나 기름에 담가 급랭시키면 강도 및 경도가 증대하여 마모가 적게 된다. 이것을 담금질이라 한다.

④ 뜨임(Tempering)

담금질한 강은 부서지기 쉽기 때문에 사용에 주의하여야 한다. 이러한 성질을 개선하기 위해 다시 200~600℃로 가열하여 수 십분 후 공기 중에서 냉각시키면 잔류응력을 제거하여 인성을 증가시키는 것을 뜨임이라 한다.

3) 특수강(Special Steel, 特殊鋼, 합금강)

탄소강에서 니켈, 크롬, 망간, 텡스텐, 몰리브텐 등의 원소를 가함으로서 물리적, 화학적성질을 개선하여 여러 가지 목적에 적합하도록 하여 특수한 성질을 가진 강을 말한다. 일반적으로 합금을 하면 인장강도가 증가되거나 열 및 전기의 전도성이 작아지는 등 본래 금속이 가지고 있던 성질이 근본적으로 변화한다. 특수강은 원소를 단독첨가 하거나 여러 가지 종류를 조합 첨가함으로써 원하는 성질을 개선할 수 있다.

(1) 스테인레스강(Stainless Steel)

크롬(Cr)을 11~26% 정도의 주원소로 함유시키고 3~22% 정도의 니켈(Ni)을 포함시켜 내식성이 우수하며 인장강도를 크게 함으로서 연성이 풍부한 성질을 갖게한 강을 스테인레스강이라 한다. 불활성가스(Inert Gas)를 이용한 아아크용접에 의하여 신뢰도가 높은 용접을 할 수 있으나 일반적인 용접은 비교적 곤란하다.

(2) 니켈강(Nickel Steel)

탄소의 함유량이 0.1~0.3%의 탄소강에 니켈(Ni) 5%이하를 첨가한 합금강으로 탄소강에 비해 강성이 크며 내식성, 내마모성이 우수하다. 니켈강의 기계적 성질은 니켈 첨가량의 증감에 따라 크게 변한다.

(3) 니켈-크롬강(Nickel-Chrome Steel)

탄소의 함유량이 0.1~0.4%의 탄소강에 니켈(Ni) 0.1~3.0%, 크롬(Cr) 0.5~1.0%를 첨가한 특수강을 말하며 니켈(Ni)에 의하여 인장력이 증가하며, 크롬에 의하여 경도가 증가한다. 고온 및 저온에서 강도의 변화가 적으므로 내열, 내한성 구조용 재료에 적합하다.

(4) 고탄소강

강에 탄소의 함유량을 0.5% 이상 늘려 교량 등 높은 인장력을 필요로 하는 장소에 이용하기 위하여 제조한 것으로 공구강이라고도 한다. 특수강에는 고강도를 가진 구조용 특수강과 내식성, 내후성 그 밖의 특수한 목적을 가진 특수용 합금강이 있다.

12-3. 비철금속재료(非鐵金屬材料)

비철금속은 선철을 원료로 하지 않은 것을 비철금속이라 한다.

1. 구리(Copper) 및 구리합금(Alloyed Copper)

1) 구리(銅)

황동광, 휘동광 등을 로에서 유해하여 조동(粗銅)을 만들고 이를 전기분해, 정련하여 구리를 만든다. 구리는 비중이 8.87～8.92로 상온에서는 변하지 않으나 가열하면 표면이 산화되어 암적색으로 되며, 비자성체(悲磁性體)이고 전기전도율이 크다. 또한 상온에서 전연성(展延性)이 풍부하여 가공이 용이하다. 건조공기 중에서는 산화가 잘 안 되나 습기나 탄산가스가 있으면 염기성 탄산동($CuCO_3 \cdot Cu(OH_2)$)을 발생시켜 녹이 발생한다. 또한 암모니아, 알카리, 염수에 약하다.

2) 구리합금

구리는 무르기 때문에 구조용으로 부적합하므로, 여기에 주석, 아연 등을 넣어서 구리합금으로 만들어 사용한다.

(1) 황동(Brass)

황동(黃銅)은 60～70%의 구리(Cu)와 30～40%의 아연을 주체로 한 합금으로 색조, 기계적 성질은 아연의 함유량에 따라 변한다. 일명 놋쇠라고도 하며 아연의 함유량에 따라 동적색 또는 황색 등의 색이 된다. 가공이 용이하고 내식성이 크나 산,

알카리 및 암모니아에 침식되기 쉬우므로 사용에 주의하여야 한다.

(2) 청동(Bronze)

청동(青銅)은 구리(Cu)와 주석(Sn)을 주체로 한 합금으로 색조가 아름답고 내식성이 크며 주조하기 쉽고 표면에 청록색을 띠며 강도, 경도가 크다.

2. 알루미늄(Aluminium)

알루미늄은 알루미나가 주성분인 보크사이트(Bauxite)로부터 추출하고 이것을 빙정석(氷晶石) 중에서 전기분해하여 제조한다. 알루미늄은 회백색으로 비중이 철의 1/3정도인 2.7로 가벼운 반면 역학적 성질이 우수하며 열, 전기전도성이 구리 다음으로 크고 반사율이 높다. 또한 내식성이 우수하며 연하기 때문에 가공성은 우수하나 내화성이 약하다. 알루미늄은 대기 중에서는 부식이 안 되지만 알칼리나 해수에는 매우 약하다. 따라서 대기 중의 습도와 염분함유량, 불순물의 양과 질에 관계있으며 상온에서 판, 선으로 압연가공하면 경도와 인장강도가 증가하고 연신률이 감소한다.

알루미늄의 합금으로 듀랄루민(Duralumin), 초듀랄루민(Super Duralumin), 실루민(Silumin), No 12합금, Y 합금, LO-ex 합금 등이 있다.

3. 주석(Tin)

주석은 은백색의 연한 금속으로 융점이 낮고 주조성, 단조성이 우수하여 각종 금속과 합금이 용이하다. 강산, 강알카리에는 침식하지만 중성에는 내식성을 가지며 산소와 접하면 부식한다. 주석은 인체에 무해하고 유기산에 침식되지 않아 식품보관용의 용기로 이용되며 합금으로 주석기기나 장식철물, 납땜, 의약품과 그림물감 등의 튜브용기로 사용된다.

4. 납(Lead)

납은 융점이 낮고 가공이 용이하여 오래 전부터 사용되어 온 금속이다. 비중이 11.4로 아주 크고 연질이며 전성, 연성이 크고 내식성이 우수하고, 방사선의 투과도가 낮다. 주로 관, 판상으로 위생공사나 방수용, 방습용, X선실 방사능 차폐용으로 사용된다. 납의 합금은 스프링클러, 배전판 휴즈, 케이블 피복용으로 사용된다.

5. 아연(Zinc)

청색을 띤 백색 금속으로 비점이 비교적 낮고 인장강도나 연신율이 낮기 때문에 열간 가공하여 결정을 미세화하면 가공성을 높일 수 있다. 건조한 공기 중에서는 거의 산화되지 않으나 물, 탄산가스에 의해 부식되기 때문에 철판에 아연을 도금하여 함석으로 사용한다.

6. 니켈(Nicket)

전기도금을 제외하고는 건설재료로 니켈을 그대로 사용하는 경우보다는 합금으로 사용하는 경우가 많다. 이 합금은 은백색을 띠며 내식성, 내변색성이 높으며 기계적 성질이 우수하며 니켈의 연성, 전성은 철과 유사하다. 공기 및 습도에 대해서는 철보다 안전하고 잘 산화되지 않으며 알카리에는 강하고 산에는 약하다.

니켈의 합금으로 니켈-구리 합금, 니켈-크롬 합금, 모넬메탈(Monel Metal), 니크롬, 양은 등이 있다.

12-4. 금속제품

1. 구조용재

구조용재에 사용되는 것은 연강압연재로 형강, 강판, 봉강 및 평강 등이 있다. 형강, 강판(Steel Plate)은 주로 구조용으로, 평강판은 강괴를 롤러로 압연한 판으로 두께 1.2~50mm, 너비 300~3,000mm, 표준길이 1,829~15,000mm 정도로 교량, 철골구조, 기계 등에 사용되며, 봉강은 볼트, 리벳 이외에 철근콘크리트 보강재로 사용된다. 이들 강재는 보통 일반구조용 압연강재, 용접용 압연강재, 리벳용 압연강재로 규정하고 있다.

1) 형강(Shape)

형강(形鋼)의 종류로 I형강, H형강, T형강, Z형강, ㄷ형강, 앵글형강, 부등변 앵글형강 등이 있다.

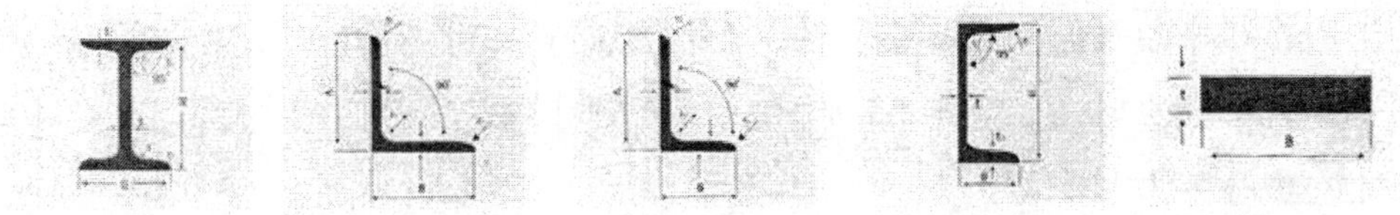

그림 12-6. I 형강 　 등변ㄱ 형강 　 부등변ㄱ 형강 　 ㄷ 형강 　 평강

2) 봉강(Bar)

철근콘크리트용 봉강(棒鋼)은 원형철근(圓形鐵筋)과 이형철근(異形鐵筋)으로 구분되며 치수범위는 약 6~41mm이나 9~22mm의 것이 가장 많이 사용된다.

(1) 철근(Steel Bar, Reinforcement Bar)의 종류

① 원형철근(Round Steel Bar): 돌기가 없는 매끈한 표면으로 된 봉강

② 이형철근(Deformed Steel Bar): 표면에 리브(Rib)와 마디(Joint) 등의 돌기가 있는 봉강

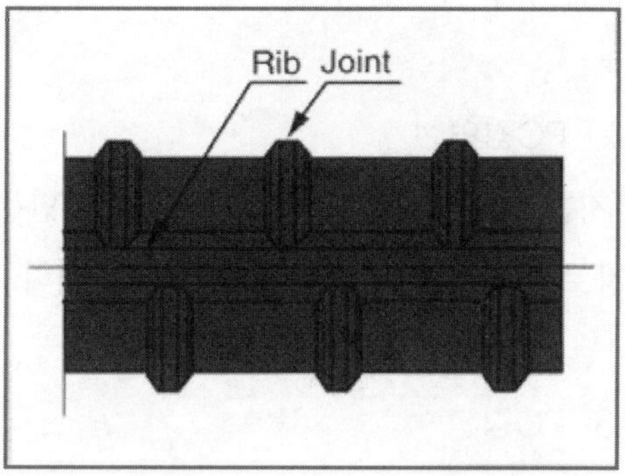

그림 12-7. 이형철근

(2) 철근의 공칭치수

표 12-4. 이형철근의 공칭치수

호칭	단위중량(kg/m)	공칭지름(mm)	공칭단면적(cm²)	공칭둘레(cm)
D6	0.249	6.35	0.3167	2.0
D10	0.560	9.53	0.7133	3.0
D13	0.995	12.7	1.267	4.0
D16	1.56	15.9	1.986	5.0
D19	2.25	19.1	2.865	6.0
D22	3.04	22.2	3.871	7.0
D25	3.98	25.4	5.067	8.0
D29	5.04	28.6	6.424	9.0
D32	6.23	31.8	7.942	10.
D35	7.51	34.9	9.566	11.0
D38	8.95	38.1	11.40	12.0
D41	10.50	41.3	13.40	13.0
D51	15.90	50.8	20.27	16.0

2. PC강선, PC강연선, PC강봉

1) PC강선

프리스트레트 콘크리트에 사용하는 것으로 고탄소 강재를 냉각·압연한 것으로 지름 2.9～9mm정도의 고인장 강선이다. 이것은 단선 또는 여러 개를 꼬아 한 다발로 묶어서 사용한다.

2) PC강연선

지름 2.9mm인 가는 2개를 꼬아서 만든 2연선과 1개의 강선 둘레에 6개의 강선을 S자로 꼬아서 감아 만든 7연선이 있다.

3) PC강봉

PC강봉은 고탄소 강재를 냉각·압연한 것으로 원형봉강(지름 9.2～32㎜)과 이형봉강이 있다

3. 강관과 주철관

강관(Steel Pipe)이란 단면 형상이 원형 또는 각형으로 내부가 비어 있는 강재로 외경 3mm 정도의 가는 관에서부터 1,600mm가 넘는 굵은 관이 있으며, 오래 전부터 강관을 파이프 또는 튜브로 구분했는데 이에 대한 명확한 구분은 없지만 통상적으로 가스관이나 수도관 강관 등은 파이프라 하고 보일러용이나 열교환기 강관은 튜브라고 한다.

강관은 강도가 크며 두께가 얇고 길게 만들어 토목, 건축공사의 구조용 또는 배관용으로 많이 사용된다.

그림 12-8. 강관(백관과 흑관)

1) 일반구조용 탄소강관

일반구조용 탄소강관은 평로, 전기로에 의해 제조된 강괴로써 토목, 건축, 철탑, 비계, 말뚝, 지주 기타 구조물에 사용된다.

2) 일반구조용 강관

원형 또는 각형으로 성형하여 전기저항용접에 의하여 제조한 것으로 토목, 건축 구조용으로 사용된다.

3) 배관용 강관

배관용 강관에는 탄소강관, 스테인레스 강관 등이 있다.

4. 가설용 금속제

1) 강관비계

강관비계는 단관비계라고도 하며 토목, 건축공사 현장에서 조립 철물을 사용하며 현장에서 직접 조립하는 임시구조물이다. 강관은 일반 구조용 탄소강을 사용하여 지름 48.6mm, 두께 2.4mm의 관으로 만들어 아연도금을 한 것이다. 강관비계는 강관과 부속 철물로 되어 있으며 부속 철물에는 이음 철물과 받침 철물이 있다.

그림 12-9. 강관비계

2) 강관 틀비계

강관 틀비계는 기본틀, 정선대, 띠장재, 가새 및 이음철물, 받침철물, 버팀철물 등의 부속 철물로 구성되어 있다.

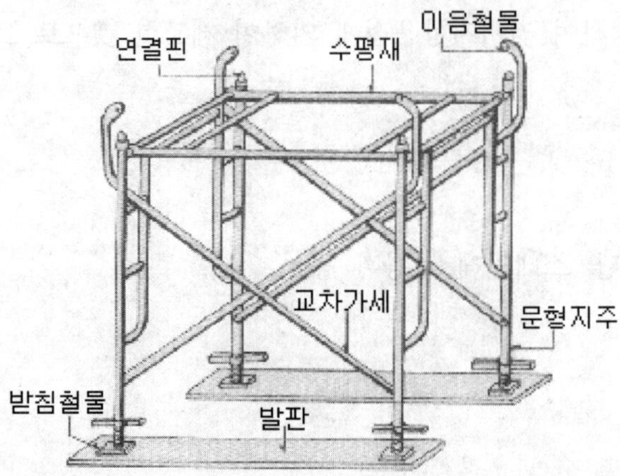

그림 12-10. 강관 틀비계

그림 12-11. 파이프 스포트

3) 강관 동바리

4) 파이프 스포트(Pipe Supporter)

토목공사의 콘크리트 형틀의 받침 기둥으로 사용되는 단주식강관 받침기둥으로 내관, 외관, 길이 조절용 나사봉 등으로 구성되어 있으며 상단에 받이판, 하단에 받침판이 있다.

5) 강재 조립 동바리

6) 보형 동바리

5. 구조용 긴결 철물

리벳, 볼트 및 너트, 못, 나사못, 꺾쇠

6. 박판 및 선재의 가공품

아연철판, 메탈라스(Mater Lath), 펀칭메탈(Punching Metal, 구멍철판), 철망, 알루미늄판

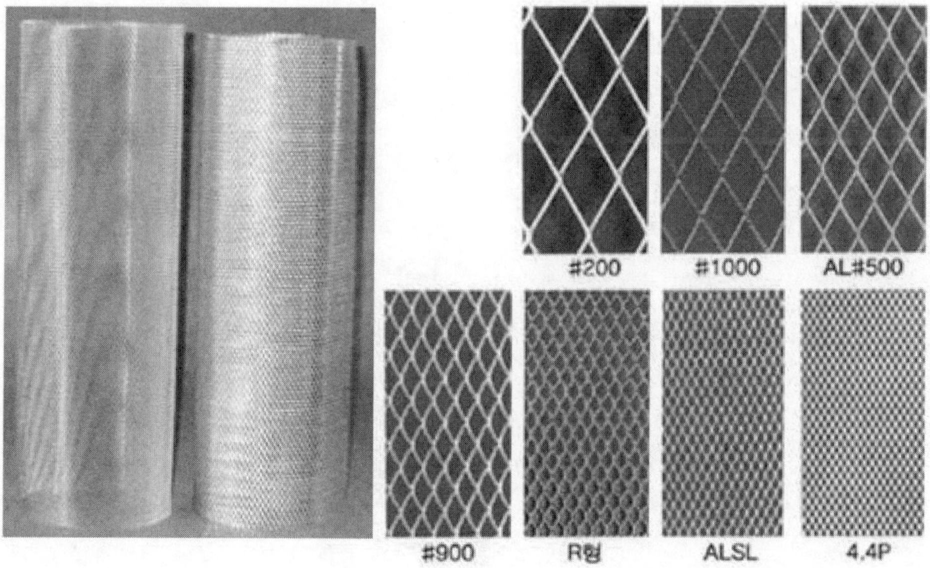

그림 12-12. 메탈라스

제13장 … 목재(Wood, Timber)

13-1. 목재의 일반

목재(木材)는 옛부터 건설용 재료로 많이 사용되어 왔지만, 최근에는 내구성, 내진성, 내화성 등이 큰 강재나 콘크리트 등의 사용이 증가하고 있으며 목재는 가설재나 장식재로 사용이 감소하고 있는 실정이다.

1. 목재의 장단점

1) 장점

① 가볍다.

② 가공성이 좋다.

③ 열과 소리의 전도율이 적다.

④ 겉모양이 아름답다.

⑤ 무게에 비해 강도가 크다.

⑥ 온도에 대한 신축이 작다.

⑦ 탄성과 인성이 크다.

⑧ 충격이나 진동 등의 흡수성이 크다.

⑨ 가격이 비교적 사다.

2) 단점

① 불붙기 쉽다.

② 썩기 쉽다.

③ 수분에 의한 팽창과 수축이 크다.

④ 재질과 강도가 고르지 못하다.

⑤ 크기에 제한이 있다.

13-2. 목재의 분류

1. 성장 상황에 따른 분류

1) 외장수(Exogeneous, 外長樹)

1년마다 한 개의 나이테를 형성하여 밖으로 성장하는 목재를 말하며 소나무, 삼나무, 전나무, 측백나무 등이 있다.

2) 내장수(Endogeneous, 內長樹)

나이테를 나타내지 않고 내부를 채우면서 성장하는 목재를 말하며 야자나무, 종려나무, 대나무 등이 있다.

2. 외관에 따른 분류

1) 침엽수(Needle Leaved Tree, 針葉樹)

목재의 잎이 뾰족한 모양의 것으로 소나무, 측백나무, 삼나무, 노송나무, 화백나무, 솔송나무, 전나무, 흑송 등이 있다.

2) 활엽수(Broad Leaved Tree, 濶葉樹)

목재의 잎이 둥근 모양의 것으로 나왕, 졸참나무, 밤나무, 느티나무, 너도밤나무, 참나무, 오리나무, 벚나무 등이 있다

3. 재질에 따른 분류

1) 연재(Soft Wood, 軟材)

목재의 질이 부드러운 것으로 소나무, 낙엽송, 삼나무, 노송나무, 해송, 전나무, 가

문비나무, 솔송나무 등이 있다.

2) 경재(Hard Wood, 硬材)

목재의 질이 단단한 것으로 밤나무, 떡갈나무, 너도밤나무, 느티나무, 벚나무, 잣밤나무, 계수나무, 자작나무, 단풍나무 등이 있다.

3) 열대재(Tropical Wood, 熱帶材)

열대지방에서 생산되는 목재로 나왕, 대나무, 야자나무 등을 말하며 공사용으로는 별로 사용되지 않고 장식용으로 사용된다.

4. 용도에 따른 분류

1) 구조용재(構造用材)

각종 구조물에 사용되는 목재

2) 장식용재(裝飾用材)

티크(Teak), 대나무, 나왕 등과 같이 각종 장식용으로 사용되는 목재

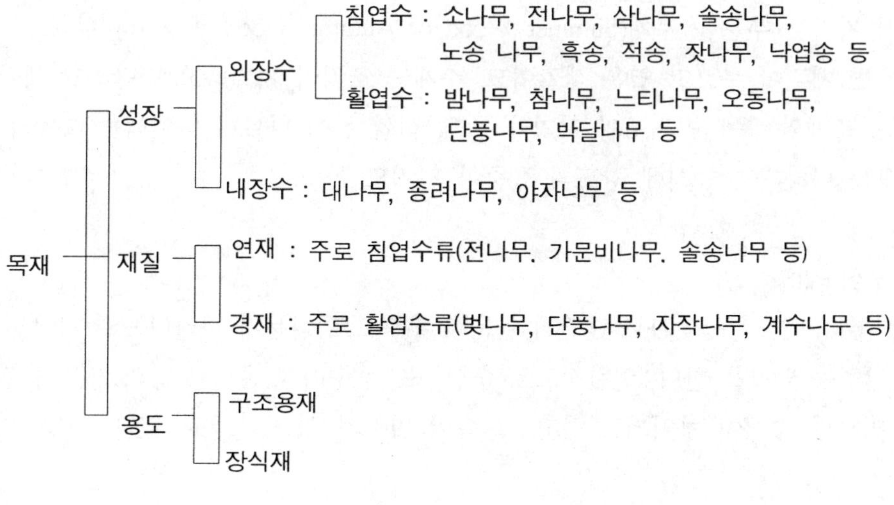

그림 13-1. 목재의 분류

13-3. 목재의 성분과 조직

1. 목재의 성분

목재의 주요 성분은 60% 섬유소(Cellulose)와 20~30% 리그린(Lignin)이 복합조성된 유기물질이다. 리그닌질은 목재의 강도, 변형과 부식에 상당히 많은 영향을 주는 것으로 적당히 제거한 후에 사용하는 것이 좋다. 그러나 리그닌질을 제거할수록 취성이 커지는 단점도 있다. 그 외에 탄닌(Tannin), 수지(Resins), 반셀루로오즈(Semi-cellulose)가 구성되어 있으며 수지, 색소, 당분, 전분과 같은 유기물질과 탄산칼슘과 같은 광물질로 구성되어 있다. 셀루로우즈는 세포막을 구성하며 리그닌은 세포상호간의 접착제 역할을 한다.

2. 목재의 조직

1) 나이테(Annual Ring)

계절에 따라 성장조건이 다르므로 성장속도에 따라 생성되는 동심원 모양의 조직을 나이테라 하며 봄부터 여름까지는 매우 활발하게 자라고 가을과 겨울에는 잘 자라지 않는다. 봄부터 여름까지 자라는 부분을 춘재(Spring Wood, 春材)라 하고, 가을부터 겨울까지 자라는 부분을 추재(Summer Wood or Autumn Wood, 秋材)라 한다.

춘재는 재질이 무르고 옅은 색깔이고, 추재는 조직이 치밀하고 단단하고 색깔이 진하다. 춘재와 추재는 세포의 크기와 두께, 색깔 등이 다르며 나이테는 수목의 성장연수를 나타내는 동시에 강도의 표준이 되기도 한다.

2) 수심(Pith)

수심(樹心)은 나무의 가로 단면의 가운데 부분으로 나무가 자라나는 초기에 수액을 전달하는 역할을 한다. 일반적으로 수심부는 무수히 많은 관모양의 세포가 집합되어 있으며 수액이 차있기도 하고 그 속이 비워져 있는 경우도 있다.

3) 변재(Sap Wood)

목질부에서 바깥쪽 둘레의 담색(淡色) 부분을 변재(邊材)라 하며 변재는 다공질이며 수액의 이동, 양분의 저장이 이루어지는 곳으로 다음과 같은 성질을 가진다.

① 심재보다 비중이 적으나 건조하면 변하지 않는다.
② 심재보다 신축성이 크다.
③ 심재보다 내후성, 내구성이 약하다.
④ 고목일수록 변재의 폭이 좁다.
⑤ 일반적으로 심재보다 강도가 약하다.

4) 심재(Heart Wood)

목질부 중 수심 부근에 있는 부분을 심재(心材)라 하며 심재는 수목의 성장에 따라 변재는 심재로 변화하며 다음과 같은 성질을 가진다.

① 변재보다 다량의 수액을 포함하고 비중이 크다.
② 변재보다 신축이 적다.
③ 변재보다 내후성, 내구성이 크다.
④ 고목일수록 심재의 폭이 넓다.
⑤ 일반적으로 변재보다 강도가 크다.

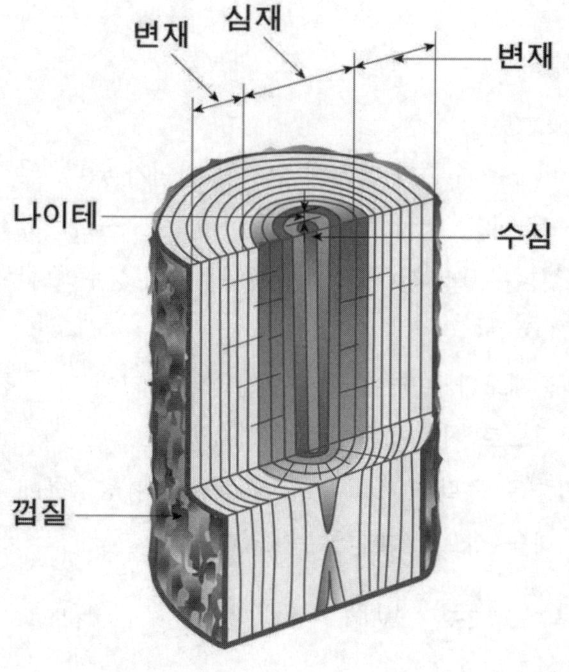

그림 13-2. 목재의 구조

13-4. 목재의 성질

1. 물리적 성질

1) 비중(Specific Gravity)

① 목재는 측정할 때의 함유수분에 따라서 중량과 용적이 변화하기 때문에 비중도 함유수분의 정도에 따라 다르게 된다.

벌채 직후의 생재(Green Wood), 공기 중 건조상태의 목재 및 절대건조 상태의 목재에 대하여 각각의 중량을 G_g, G_u, G_o로 하고, 그 때의 용적을 각각 V_g, V_u, V_o라 하면 각 비중은 다음과 같이 계산할 수 있다.

- 절건비중

  $\gamma_o = G_o / V_o$

- 기건비중

  $\gamma_u = G_u / V_u$

- 생재비중

  $\gamma_g = G_g / V_g$

목재의 비중은 수종에 따라서 현저한 차이가 있다. 외국산 목재의 기건비중은 0.1~1.3이고, 국산 목재의 기건비중은 오동나무 0.3, 곰솔 0.4, 자작나무 0.5, 이깔나무 0.6, 서나무 및 단풍나무 0.7, 상수리나무 0.8, 박달나무 0.9, 조록싸리 1.0 등이다.

추재는 춘재보다 비중이 크며 추재율의 증가에 따라 침엽수는 직선적 또는 포물선적으로 비중이 증대한다.

② 목재의 비중은 목질부 내에 포함된 섬유질과 공극률에 의해 결정되며, 그 공극률은 다음 식으로 계산할 수 있다.

$$v = (1 - \frac{\gamma}{1.54}) \times 100\%$$

여기서 v : 공극률

γ : 절대건조 비중

2) 함유수분

(1) 수분 함유상태

목재 중의 수분은 그 함유상태에 따라 다음과 같이 분류할 수 있다.

① 절대건조상태

100~105℃에서 항량에 이를 때까지 건조한 상태로서 절건상태라고도 하며, 0.5% 이하의 구조수가 존재한다.

② 공기 중 건조상태

목재가 통상 대기의 온도·습도와 평형된 수분을 함유한 상태로서 기건상태라고도 하며, 이 때의 목재의 기건함수율은 계절, 장소, 기후 등에 따라서 다르지만 국내의 경우 평균 15(±2)%이고, 구미의 경우 12% 정도이다.

③ 섬유포화상태

세포막 내부가 완전히 수분으로 포화되어 있고 세포내강과 공극 등에는 액체수분이 존재하지 않는 상태를 말하며, 보통섬유포화점(Fiber Saturated Condition)은 25~35%이다.

목재의 물리적 또는 기계적 성질은 섬유포화점 이상의 함수율에서는 거의 영향이 없으나 섬유포화점 이하로 건조가 진행되면 결합수를 잃고 수축, 전기저항의 증대, 강도의 증가가 현저해진다.

④ 생재상태

세포막 내부가 포화되어 있고 세포내강 및 공극의 일부가 액체수분으로 존재하는 상태로서 입목 또는 벌목 직후의 함수상태이다. 생재함수율은 수종, 입지, 계절 및 수체 내의 부위에 따라서 다르며, 침엽수의 경우 변재는 심재보다 생재 함수율이 높고, 활엽수의 경우에는 변재≥심재 또는 변재≤심재의 생재 함수율을 나타낸다.

가장 많이 사용하는 함수율의 측정방법은 통상 공장에서 전기적으로 측정하는 방법이며, 그 밖의 경우에는 절건법을 사용한다.

① 절건법

각국의 표준 측정법으로서 건조 전의 중량 W_a 를 측정한 후 환기가 양호한 100～105℃의 건조기 내에서 항량에 달할 때까지 건조시켜 W_o 를 구하여 다음 식으로 함수율 M을 구하면, 가장 정확한 방법이다.

$$M = \frac{W_a - W_o}{W_o} \times 100(\%)$$

② 전기적 수분계 측정법

목재의 함수율에 따른 비전기저항 또는 유전율을 이용하는 수분계 측정법으로 전기저항식(Resistance Type Moisture Meter)은 섬유 포화점 이하에서 유전율식(Dielectric Type Moisture Meter) 은 그 이상에서도 측정할 수 있으나, 대개 사용하는 함수율은 범위가 정해져 있으며 그 범위를 벗어나는 경우에는 오차가 심하다.

2. 열 및 전기에 대한 성질

1) 열팽창

목재는 열에 의한 팽창량이 수분에 의한 팽창량보다 훨씬 적기 때문에 특수한 경우를 제외하고는 무시하여도 된다.

2) 비열

목재의 비열(Specific Heat)은 금속에 비하여 대단히 크다. 수종, 비중, 심제 및 변재에 따른 차이가 거의 없으며 목재의 평균비열은 0.324 정도이다.

목재의 함수율(u)과 비열(C)과의 관계는 다음과 같다.

$$C = \frac{u + 0.324}{u + 1}$$

3) 열전도율

목재는 에너지를 쉽게 전달하는 자유전자가 적고 다공질로서 열의 전도성이 매우 나쁘기 때문에 보온재료로 대단히 좋은 재료이다. 주요 재료의 열전도율은 다음과 같다.

목재의 열전도율은 방향에 따라 다르고, 그 크기는 섬유방향, 섬유방향의 직각방향, 접선방향의 순이며, 섬유방향이 섬유의 직각방향보다 2.25~2.75배 더 크다. 또한 직각방향과 접선방향의 차이는 매우 작으므로 실용적으로는 양자가 같다고 보아도 무방하다.

또한 절건목재의 열전도율은 비중에 따라 직선적으로 증가되는데 이것은 목재 공극 중 건조공기의 열전도율이 목재의 그것보다 작기 때문이다. 한편 수분의 열전도율은 목재의 섬유방향의 값보다 약 2배가 더 크므로 목재가 수분을 함유하고 있으면 열전도율은 높아지며 보온효과는 떨어진다.

표 13-1. 주요 재료의 열전도율

구 분	온도(℃)	열전도율(Kcal/m·h·℃)
유리(Pyrex)	30~75	0.937
폴리스틸렌	상온	0.0688~0.103
콘크리트	상온	0.860
구리	0	347
스테인레스강	0	21.1
공기	20	0.02
물	20	0.50
절건목재(섬유방향)	20	0.2~0.3
절건목재(섬유에 직각방향)	20	0.1~0.15

4) 내열성

목재를 공기 중에서 가열하면 180℃ 전후에서 분해가 시작되며 CO, H_2, CH_4 등의 가연성 가스가 발생한다. 이때 불꽃을 가까이 하면 순간적으로 불이 붙지만 곧 꺼진다. 이 온도를 인화점이라고 한다. 다시 온도를 높여 250~290℃가 되면 발열반응이 일어나며 불을 접근 시키면 곧 불이 붙어 연소한다. 이때의 온도를 착화점이라 한다. 다시 온도가 350~450℃ 이상에 달하면 불의 접근 없이도 발열 연소하는데 이때의 온도를 발화점이라 한다.

5) 전기적 성질

목재는 절건상태에서는 대단히 양호한 절연체이지만 함수율이 증가하면 전기저항은 감소되며 섬유포화점을 넘으면 이미 절연체라고 말할 수 없을 정도로 전기저항은 감소된다. 또한 수종에 따라 내부구조는 다르지만 수종간의 비저항의 차이는 거의 없으며 따라서 비중의 영향도 심하지 않다. 온도가 상승하면 전기저항은 감소되며 목재의 방향별로는 섬유방향이 가장 작고 직각방향은 섬유방향보다 2.5~4.0배 더 크다.

3. 역학적 성질

1) 압축강도(Compressive Strength)

압축하중이 작용할 때의 강도로서 섬유방향의 압축강도(壓縮强度)를 종압축강도, 섬유에 직각방향의 압축강도를 횡압축강도라 한다. 횡압축강도는 종압축강도와 비해 대단히 작고, 명확한 값을 나타내지 않는다. 공기 중 건조목재의 종압축강도는 대략 250~700kgf/cm^2 정도이다.

2) 인장강도(Tensile Strength)

목재에서 가장 큰 강도는 인장강도(引張强度)이며, 인장강도는 목재에 인장하중이 작용할 때의 강도로서 목재의 섬유방향의 인장강도를 종인장강도, 섬유에 직각방향의 강도를 횡인장강도라 한다. 공기중 건조 목재의 종인장강도는 침엽수의 경우 500~1,500kgf/cm^2, 활엽수의 경우 200~2,600kgf/cm^2 정도이다.

3) 휨강도(Bending Strength)

휨강도는 보통 단순보에 집중하중을 가할 때 다음과 같이 계산한다.

$$f_r = \frac{3pl}{2bh} \ (\mathrm{kgf/cm^2})$$

여기서 p : 최대하중

l : 지간

b : 시편 단면의 폭

h : 시편 단면의 높이

4) 전단강도(Shearing Strength, 剪斷强度)

목재에 전단력이 작용할 때의 파괴응력을 말한다. 목재가 구조부재로 사용될 때 전단력을 받는 경우가 많으므로 실용상 중요하지만 실제로는 전단력 이외에 압축이나 휨응력이 동시에 작용하기 때문에 순수한 값을 얻기가 어렵다.

5) 경도(硬度)

경도는 물체의 단단한 정도 즉 어떤 물체에 다른 물체를 압입시킬 때 저항하는 힘을 말한다. 목재에는 강구를 목재의 표면에서 0.32mm 만큼 압입시킬 때 요하는 하중을 측정해서 나타내고 있다. 목재의 경도는 목구면이 가장 크다. 정목면과 판목면의 경도는 작으며 이들 사이에는 큰 차이가 없다.

6) 피로강도(疲勞强度)

목재의 피로강도를 나타낼 때 사용하는 피로한도, 정적강도의 비는 평균적으로 압축 0.6, 휨 0.33, 인장 0.28, 전단 0.19 정도이다. 또한 지속적인 휨 재하의 경우 장시간 강도/정적강도의 값은 연 단위의 재하에서 0.55 정도, 수개월 단위의 재하에서 0.6~0.65 정도이다. 그리고 섬유와 평행방향의 압축재하에서는 0.75~0.80 정도이다.

7) 마모저항

재료가 다른 재료와 접촉, 마찰되어 표면이 소모되는 현상을 마모라 하고, 이에 대한 저항을 마모저항이라고 하다. 목재에서는 마모중량과 마모용적으로 나타내는데 마모면별 마모량은 정목면, 판목면, 수구면의 순이다.

13-5. 목재의 건조법(乾燥法)

생목이 함유하고 있는 수분이나 수액을 제거시키기 위해서 제재된 목재는 적당히 건조시켜야 하며 생목을 건조시키면 강도가 증진, 수축이나 균열을 방지, 약액주입이 쉽고, 중량을 감소시켜 운반이 용이, 균류에 의한 부식이나 해충을 방지해서 내구성이 증대되는 효과가 있다.

1. 자연건조법(Nature Seasoning)

자연건조법(自然乾燥法)은 건조비가 적게 들고 재질도 변질이 작은 장점이 있으나, 건조시간이 오래 걸리고 건조변형이 생길 수 있고 넓은 장소가 필요한 것이 결점이다.

1) 공기건조법(Air Seasoning)

원목이나 제재된 목재를 공기가 잘 통하는 곳에 V형 또는 정(井)자형으로 쌓아 두어 자연 공기로 건조하는 것이다. 나무의 종류와 크기에 따라 건조기간이 길어지므로 급할 때는 이 방법이 부적당하다.

그림 13-2. 공기건조법

2) 수중건조법(Water Seasoning, 침수법)

공기 건조의 기간을 줄이기 위해 공기 건조를 하기 전에 목재를 물 속에 3~4주 동안 담가 수액을 추출시킨 후 공기건조시키는 방법이다. 공기건조법 보다 건조속도가 빠르고 변형 및 균열이 작아지는 장점이 있는 반면 취성이 커지며 강도가 감소되는 단점이 있다.

2. 인공건조법(Artificial Seasoning)

인공건조법(人工乾燥法)은 건조실 내의 온도와 습도를 조절하여 갈라짐을 막을 수 있고, 함수율을 알맞게 조정할 수 있다. 이 방법은 자연건조법에 비해 건조가 빠르고 변형도 적으나 시설비와 가공비가 많이 들어 가격이 비싸다는 단점이 있다.

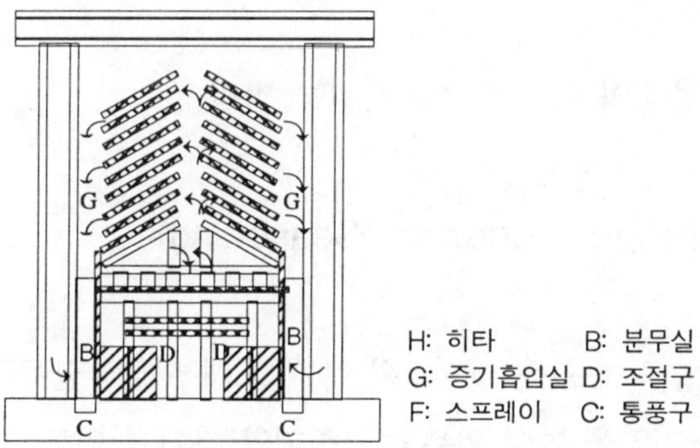

그림 13-3. 대류식 증기 건조실

1) 훈연건조법(Smoke Seasoning)

밀폐된 실내에 목재를 넣고 열기 대신 짚이나 톱밥 등을 태워 그 연기를 건조실에 보내어 건조시키는 방법으로 설비비가 적고 연기 속의 수분으로 인하여 변형은 적으나 목재 표면의 색깔이 검게 되는 외관상에 문제가 있다.

2) 증기건조법(Steam Seasoning))

용기 속에 목재를 넣고 고온, 고습의 공기를 보내어 수액을 빼는 방법이다. 이 방법은 자비건조법보다 시간을 줄일 수 있으나 시설비가 많이 들고 건조 후에 방부제의 주입이 쉽다.

3) 열기건조법(Hot Air Seasoning)

밀폐된 건조실 내에 목재를 넣고 가열된 공기를 보내어 건조하는 방법이다. 이 방법은 건조가 빠르고 건조 정도를 자유로이 조정할 수 있으나 온도상승이 너무 급격하면 목재가 휘거나 갈라지며 표면이 경화되기 쉬우므로 주의를 요한다.

4) 자비건조법(Boil Seasoning, 끓임법)

목재를 가마 속에 넣고 물로 삶아서 수액을 빼는 방법이다. 이 방법은 수중건조법보다 건조 속도가 빠르나 지나친 끓임은 고유의 강도와 탄성이 저하되고 목재가 가지는 고유의 색채가 변할 수 있다.

5) 약품건조법

건조제 약품을 사용하여 목재를 건조시키는 방법이다.

3. 고주파건조법(High Frequency Seasoning)

고주파 유전자 가열을 응용한 것으로써 목재를 내부에서 균등하게 가열할 수 있으며, 그 중심부의 증기압을 높여 외부와의 증기압 차이에 의하여 매우 급속히 수분을 증발시킬 수 있고 아울러 조정도 가능하다. 그러나 건조비가 비싼 것이 단점이다.

4. 전기건조법

목재에 고압전류를 흘여 보내서 그 흐름의 저항을 이용하는 건조법을 말한다.

5. 오존건조법

13-6. 목재의 부식(腐蝕)과 방부법(防腐法)

목재의 부식의 원인은 균과 박테리아에 의한 부식, 벌레에 의한 충식 및 충해, 일광 및 비바람 등에 의한 풍화, 화재, 마모 등이 있다. 목재를 부식으로부터 보존하기 위한 완전한 방법은 아직 없으나 외부의 영향에 의한 부식 및 피해를 최소화하여 목적에 적합한 재료를 사용할 수 있도록 내구성을 크게 하여야 한다.

1. 목재의 부식

1) 온도와 습도에 의한 부식

건조가 불충분하고 수액이 남아 있는 목재에 적당한 온도와 습도를 제공하면 균류의 발육에 의해 목재가 부식하기 쉬우나 완전히 건조된 목재를 공기의 소통이 원활한 곳에서 보관하거나 수중에서 완전하게 침수시켜 놓으면 부식을 장기간 방지할 수 있다. 건조나 습윤이 반복되는 장소에 목재를 보관하면 부식이 급속하게 진행되므로 주의하여야 한다.

2) 균류에 의한 부식

목재가 부식하는 가장 큰 원인은 균에 의한 침식으로 균류의 대부분은 사상균이며 균의 분비물이 목질을 융해시키고 균은 이를 양분으로 하여 번식한다. 균은 20~30℃ 정도의 온도에서 가장 발육이 왕성하며 균이 활동하는 데는 적당량의 공기가 필요하고 목재의 함수율이 20% 이상이어야 발육이 가능하며 85% 정도의 함수율을 가지면 균의 발육이 최대가 된다. 또한 수지나 고무질을 포함한 목재는 발육이 저하되나 당분이나 녹말, 흰자질을 포함한 목재는 발육이 촉진된다.

3) 충류에 의한 부식

습윤한 목재는 충류에 의한 피해를 받기 쉬우며 이를 방지하기 위해서는 방충제인 크레오소트(Creosote)를 주입하는 것이 바람직하다.

2. 목재의 방부법

목재가 썩는 것은 주로 균류가 작용하며 목재 내부의 목질을 파괴하기 때문이다. 목재의 방부법은 다음과 같이 분류할 수 있다.

1) 표면처리법

① 표면탄화법(表面炭化法)

옛날부터 사용된 방법으로 목재의 표면을 3～10mm 정도로 태워서 탄화시키는 방법으로 일시적인 효과는 있으나 지속성은 부족하다. 다른 방법에 비해 작업이 간편하고 비용이 적게 드는 것이 장점이나 미관상 좋지 않음이 단점이다.

② 약제도포법(藥劑塗布法)

약제도포법은 외부로부터 습기, 균류, 벌레 등이 침입하는 것을 막기 위하여 목재의 표면에 콜타르(Coal Tar), 크레오소트(Creosote), P.C.P.(Penta Chloro Phenol), 황산구리, 플로오르화나트륨(불화소다), 염화아연, 승홍(염화 제2수은) 등을 바르는 방법이다.

2) 방부제 주입법(防腐劑 注入法)

방부제 주입법은 목재의 방부법 중에서 가장 완전하고 효과가 큰 방법으로서 방부제의 주입방법에 다라 상압주입법과 가압주입법으로 분류한다.

① 상압주입법(常壓注入法)

상압주입법은 방부제 용액 속에 목재를 담가 주는 방법으로 약제는 주로 크레오소트를 사용한다.

② 가압주입법(加壓注入法)

가압주입법은 압력실 내에 목재를 넣고 고압으로 크레오소트, 염화아연 등을 스며들게 하는 방법으로 효과가 좋다. 가압주입법의 방법으로는 베셀(Bethel)법, 로리(Lorry)법, 루핑(Ruping)법, 부세리(Boucherie)법, 버네트(Burnet)법 등이 있다.

13-7. 목재의 가공품(加工品)

목재제품은 목재를 주원료로 한 제품의 총칭이며 제재, 합판, 원목 등을 포함한 넓은 뜻으로 사용된다. 목재는 산지에서 벌채되어 가지치기, 껍질 벗기기, 제재, 건조과정을 거쳐 공급되며 소재나 제재처럼 절단, 연삭하여 천연의 형태로 사용하는 경우와 합판, 파티클보드, 섬유판 등과 같이 화학적 처리과정을 거쳐 새롭게 재구성한 경우로 대별된다.

1. 합판(Plywood)

얇은 판을 단판(Veneer)이라 하는데 합판은 이러한 단판을 3장, 5장, 7장, 9장 등 홀수로 섬유방향이 서로 직각방향으로 압축하여 접착제로 붙여서 만든 것이다. 합판의 두께는 1～30mm정도로 하며 3, 4, 6, 9, 12, 15, 18mm가 표준이다. 폭은 용도에 따라 다르지만 표준제품의 경우 3×6판(91×182cm), 4×8판(121×242cm)을 기준으로 한다.

1) 합판의 특징

① 외관이 아름다운 무늬의 제품을 얻을 수 있다.
② 가격이 다른 제품에 비해 싸다.
③ 동일한 원제로부터 많은 제품을 만들 수 있다.
④ 제품을 규격화할 수 있으므로 사용에 능률적이다.
⑤ 원하는 크기의 제품을 임의로 만들 수 있다.
⑥ 건조가 쉬우며 팽창과 수축에 따른 결점이 없다.
⑦ 잘 갈라지지 않으며 방향에 따른 강도의 차이가 작다.
⑧ 목재의 완전한 이용이 가능하다.
⑨ 내수성이 크고 접합이 쉽다.

2) 단판을 만드는 방법

① 로타리 베니어(Rotary Veneer)

원목의 중심을 축으로 회전시키면서 얇게 두루마리를 펴듯이 연속적으로 벗기는 것으로 두께는 1.5mm가 일반적으로 사용되며 대부분의 합판은 원목의 낭비가 적은 방법을 응용한 것이다.

② 슬라이스드 베니어(Sliced Veneer)

원목을 각재로 만든 다음 대패를 좌우로 이동하면서 표면이 아름다운 합판을 만드는 방법으로 두께는 1.0～1.5mm가 되도록 한다. 무늬를 그대로 살릴 수 있어서 주로 장식용에 적합하다.

③ 소오드 베니어(Sawed Veneer)

원목을 미리 각재로 켜놓고 띠톱이나 둥근톱으로 얇게 켜내는 방법으로 현재는 거의 사용하지 않는 방법이다.

3) 합판의 제조방법

합판에 접착제를 칠한 다음 여러 겹으로 겹쳐 접착제의 종류에 따라 상온가압 또는 열압하여 접착한다. 열압의 경우 20매 정도의 합판을 동시에 열압한 후 조임쇄로 24시간 죄어 압착시킨다. 열압 시의 온도는 150℃ 정도이며 압력은 15kg/m^3 정도 가한다.

4) 합판의 종류(용도에 의한 분류)

① 일반 합판(Ordinary Plywood)

순도 높은 요소수지를 사용한 3×6ft, 3×7ft, 4×8ft의 일반합판으로 보통 내장용으로 사용

② 코아 합판(Block Board)

제재목을 심재로하고 단판을 부친 후 갑을판으로 Veneer를 Overlay한 합판으로 내장 및 문짝에 사용되며 두께는 보통 12mm ～25mm

③ 태고 합판(Phenolic Film Faced Plywood)

거푸집용 합판으로 합판의 양면 샌딩한 부분에 패널 함침지를 열압시켜 가공된 한판

④ 우레탄 코팅 합판(Urethane Coated Plywood)

두께 12mm, 넓이 3×6ft, T1 합판 표면에 Poly-urethane Coating 처리한 것

⑤ 콘크리트 형틀형 합판(Concrete Forming Plywood)

두께 12mm, 넓이 3×6ft, 4×8ft, T1 또는 페놀 접착제를 사용한 합판

⑥ 난연합판(Combustion Resistance Plywood)

난연 접착제, 난연 도료를 사용한 난연성 합판

일반합판 코아합판

미송합판 태고합판

그림 13-4.

2. 마루판(Flooring)

참나무, 미송, 나왕 등 견고하고 무늬가 아름다운 목질부를 가진 목재를 판재로 공장 생산한 바닥판이다. 그 종류로는 용도에 따라 플로링보드, 파키크보드, 파키트

패널, 파키크블록이 생산되고 있다.

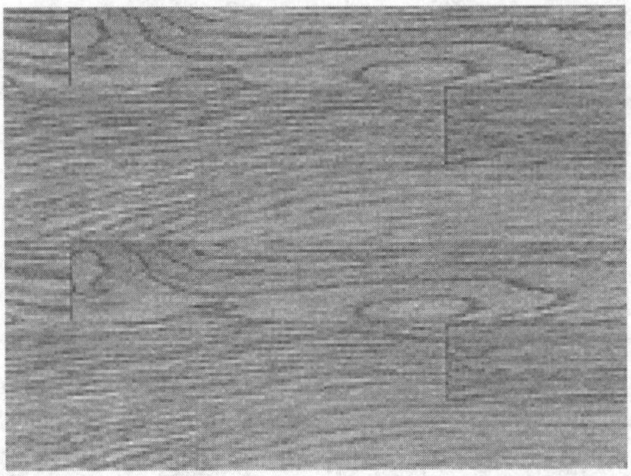

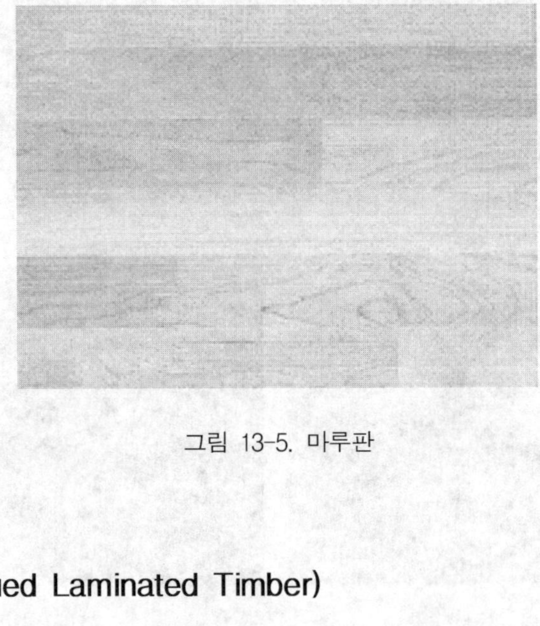

그림 13-5. 마루판

3. 집성목(Glued Laminated Timber)

집성목은 거의 대부분이 수입목재를 그 원료로 한다. 집성목은 참나무, 단풍나무, 미송 등이 재료로 이용된다. 집성목이란 제재판재 또는 소각재 등의 부재를 서로 섬유방향에 평행하게 하여 길이, 폭, 두께 방향으로 접착제로 접착시킨 인공자재이다.

집성목의 장점은 요구된 치수, 형태 등의 원하는 규격에 맞추어 판재를 용이하게 제조할 수 있고 옹이·균열 등의 결함을 제거하므로 강도의 편차가 적다. 또한 충분히 건조되므로 비틀림, 변형이 적다.

단점으로는 접합부분이 떨어지거나 외관이 미려하지 못한 경우가 있다.

그림 13-6. 집성목

4. 파티클 보드(Particle Board)

목재를 두께 0.1～0.5mm, 폭 2～10mm, 길이 1～5cm로 깎은 다음 나무조각에 합성수지 접착제를 섞어서 고열·고압으로 성형한 것이며 제품의 비중은 0.4정도이다.

파티클보드는 목재섬유를 방향성 없이 열압·성형한 것이므로 강도와 섬유방향에 따른 방향성이 없고 강도가 크기 때문에 변형도 작다. 방화제나 방부제의 첨가에 따라 방부·방화성을 높일 수 있으며 흡음성과 열의 차단성이 크다. 또한 폐자재의 이용 등 자원적인 면에서도 우수하여 수요가 늘고 있다. 규격으로 두께 9, 12, 15, 22, 25mm 등이며 크기는 4×8판(1200×2400mm)등이 있다.

그림 13-7. 파티클보드

5. 섬유판(Fiber Board)

목질재료를 주원료로 하여 고온에서 해섬하여 얻은 목섬유(Wood Fiber)를 합성수지 접착제로 결합시켜 성형, 열압하여 만든 밀도 0.4~0.8g/cm^{3}의 목질판상 제품이며 3.0mm에서 30mm두께까지 생산이 가능하다. 전 두께에 걸쳐 섬유분배가 균일하고 조직이 치밀하여 복잡한 기계가공작업을 면이나 측면의 파열없이 수행할 수 있다.

따라서 섬유판은 측면 모울딩이나 표면가공을 하는 테이블상판, 문짝, 서랍정면 등에 사용된다. 또한 면이 평활하고 견고하며 장식용 필름이나 베니어 등을 오버레이 하거나 페인팅 하는 데에도 매우 적합하다. 뛰어난 안정성과 기계가공성, 높은 강도 때문에 서랍측면이나 캐비넷레일, 거울틀, 모울딩 등에 일반목재 대신 사용할 수 있다.

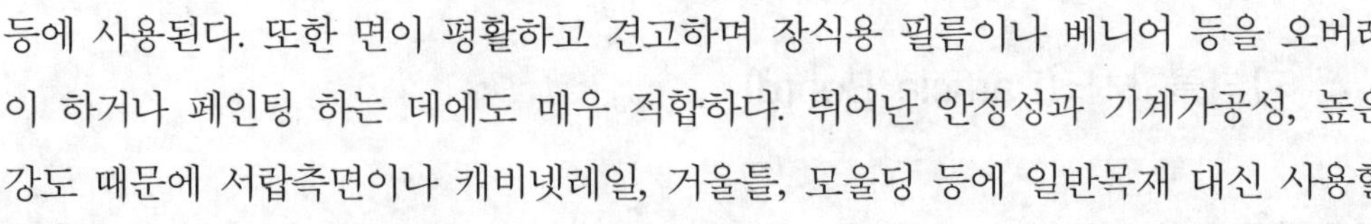

그림 13-8. 섬유판

제14장 … 석재(Stone Materials)

14-1. 석재의 개요

석재(石材)는 건설재료로서 내마모성, 내식성, 내화성이 우수하며 종류가 다양하고 외관이 뛰어난 장점을 가지고 있지만, 비중이 크고 운반이 어려운 단점을 가지고 있기 때문에 현대에 와서는 건설재료로 콘크리트 및 강재가 주로 사용되고, 석재는 건물의 외벽 및 내벽의 장식용 재료로 사용되고 있는 실정이다. 건설재료로 석재를 선택할 경우에는 재료의 성질, 강도, 외관 및 생산량은 물론 산지로부터 운반도 고려하여야 하고, 어떠한 장소에 어떠한 석재를 사용할 것인지 석재의 종류 및 특성, 마감방법, 시공법, 물량과 납기에 대한 사전 검토가 필요하다.

14-2. 석재의 분류

1. 생성 원인에 의한 분류

지표 상에 분포하는 암석의 분포비율은 수성암 75%, 화성암 25% 정도로 구성되어 있으며 지하로 내려갈수록 수성암의 비율이 낮아지고 화성암의 비율이 증가되는 경향이 있다. 우리나라의 경우 변성암이 전 국토의 26% 정도, 그 다음 화성암이 25%, 수성암이 21% 정도로 분포되어 있다.

① 화성암(Igneous Rock, 火成岩)

마그마가 식어서 생성된 암석으로 마그마의 성분과 냉각속도에 따라 심성암, 반심성암, 화산암 등으로 분류된다.

② 수성암(Aqueous Rock, 水成岩, 퇴적암)

기존 암석이나 점토가 풍화작용, 침식작용에 의해 퇴적되어 생성된 암석이다. 지표에 노출된 암석들이 풍화 파쇄되어 기존 암석으로부터 분리 생성된 물질과 생물유해 등의 퇴적 및 침전에 의하여 생성된 암석으로 이암, 점판암, 사암, 응회암, 석회암 등이 있다.

③ 변성암(Metamorphic Rock, 變成岩)

변성암은 화성암 및 수성암이 지각변동이나 마그마 등의 압력 및 열에 의해 변화되어 생성된 암석으로 마그마의 접촉에 의해 열 때문에 성질이 변해버린 접촉변성암과 지하 깊은 곳의 암석이 지각운동에 의해 큰 압력과 고온에 의해 광범위한 영역에서 변성하는 광역변성암이 있다.

2. 형상에 의한 분류

① 잡석, 호박돌

잡석은 지름 20cm 정도의 부정형하게 생긴 돌이고, 호박돌은 하천에서 생긴 지름 20~30cm 정도의 둥글 넙적한 돌이다. 주로 기초 잡석다짐 또는 바닥 콘크리트의 지정(地定)공사에 사용한다.

그림 14-1. 호박돌

② 간사(間沙)

한 면이 20～30cm 정도인 네모지게 생긴 돌로써 돌쌓기에 사용된다.

③ 각석(角石)

장대석, 장석 이라고도 하며 단면 30～60cm, 사각단면 60～150cm 인 각석이 주로 사용된다.

그림 14-2. 성각돌

④ 견치석(犬齒石)

네모뿔 형태로 만든 것으로 흙막이, 석축 등에 사용된다.

⑤ 사고석(괴석)

건물의 벽체나 돌담을 쌓는데 사용되는 15～25cm의 돌로서 네 개를 한 짐에 질 수 있다는 뜻에서 유래된 것으로 2배 정도 큰 것은 이괴석이라 한다.

⑥ 판석

두께 15cm 미만으로 나비가 두께의 3배 이상으로 바닥깔기, 붙임돌에 사용된다.

그림 14-3. 판석

3. 압축강도에 의한 분류

석재를 압축강도에 따라 분류하면 경석(硬石), 준경석(準硬石), 연석(軟石)으로 구분된다.

표 14-1. 석재의 압축강도에 의한 분류

종 류	압축강도(kgf/cm²)	흡수율(5%)	겉보기 비중
경 석	500 이상	5 이하	2.5～2.7
준경석	100～500	5～15	2.0～2.6
연 석	15～100	2.0 이하	

4. 용도에 의한 분류

① 구조용

견치돌 쌓기, 벽, 기둥 등의 외력을 받는 구조물에 사용하며 그 종류로 화산암, 안산암, 사암 등이 있다.

② 장식용

빗물에 약한 대리석, 사문암 등은 내장재로 사용하고, 산성과 빗물에 강한 화강암, 안산암, 점판암 등은 외장재로 사용한다.

③ 골재용

14-3. 석재의 구성

암석을 석재로 사용하기 위해서는 암석에는 특유의 규칙적인 배열을 가진 균열이 있는데 이는 채석과 가공에 이용된다.

1. 절리(Joint)

모든 석재는 석재의 종류에 따라 특유의 균열을 가지고 있는데 이를 절리(節理)라 한다.

① 주상절리(柱狀節理)

화산암에 발생하는 절리를 말하며 돌기둥의 형태로 구성되어 있다.

그림 14-4. 주상절리(포항 달전리 주상절리)

② 판상절리(板狀節理)

수성암, 안산암에 발생하는 절리를 말하며 판자 형태로 구성되어 있다.

③ 구상절리(球狀節理)

양파모양으로 생긴 절리로 암석의 돌출 두부 등에 나타난다.

④ 괴상절리(塊狀節理)

화강암에 발생하는 절리로 암석의 생성 시 냉각으로 인해 생기는 불규칙한 절리를 말한다.

2. 층리(Bedding Stratification)

수성암 및 변성암에 나타나는 평행의 절리를 층리(層理)라 하며 퇴적과정에서 퇴적물질의 변화 또는 조건에 따라 생성된 성층 구조를 말한다.

3. 편리(Schistosity)

변성암에서 발생된 절리로 방향이 불규칙하고 얇은 판상으로 갈라지는 성질을 편리(片理)라 한다.

4. 석리(Texture)

암석을 구성하는 조암광물의 집합상태에 따라 생기는 모양으로 암석 조직상의 갈라진 균열을 석리(石理)라 한다.

5. 석목(돌눈, Rift)

암석의 가공이나 채석에 이용되는 것으로 암석의 갈라지기 쉬운 면을 석목(石目) 또는 돌눈이라 하며 서로 직교하는 세 개의 면으로 되어 있으며 두 면은 절리와 평행하다.

6. 벽개(Cleavage)

일정한 결정면이 평행으로 갈라지면서 평탄한 파괴 면을 가지는 것을 벽개(劈開)

라 하며 갈라진 면을 벽개면이라 한다.

14-4. 건설용 석재

건설용 석재는 호박돌, 자갈, 모래, 부순돌, 콘크리트 및 아스팔트 포장용 골재, 기초 공사용으로 사용되며 그 석재로는 화강암, 안산암, 사암, 정판암, 응회암, 대리석, 사문암 등이 잇다.

1. 화성암의 종류

① 화강암(Granite)

화강암(花崗岩)은 쑥돌이라고도 하며 장석 65%, 석영 30% 정도를 주성분으로 하는 암석으로 장석의 색깔에 따라 분홍색, 백색, 흑색 등의 반점을 가지며 장식용 석재로 많이 사용된다.

화강암은 조직이 균일하고 내구성과 강도가 크며 외관이 아름답다. 균열이 적기 때문에 큰 재료를 채취할 수 있으나 내화성이 약한 것이 단점이다. 300℃에서 변색 분해가 시작되며 500℃에서는 박리가 발생하고 800℃에서 붕괴한다.

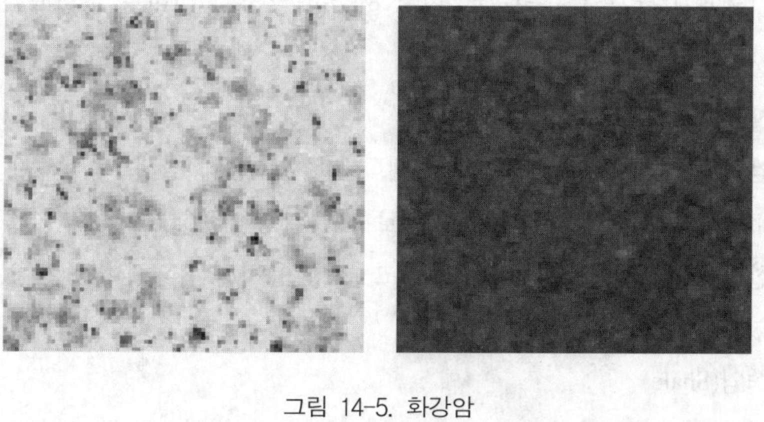

그림 14-5. 화강암

② 안산암(Andesite)

사장석, 휘석 등을 주성분으로 하며 화강암 다음으로 많은 석재이다. 안산암(安山岩)은 강도와 내화성이 크나 조직과 광택이 고르지 못하고 판상 또는 주상절리가 많아 큰 재료를 얻기 어려운 것이 단점이다. 건설공사에 사용이 많이 되며 주로 교량, 돌쌓기, 하천의 호안공사, 도로용 석재로 사용된다.

③ 섬록암(Diorrite)

다량의 사장석을 주성분으로 하는 암석으로 광물을 많이 함유하기 때문에 진한 녹색을 나타낸다. 섬록암은 강도가 크며 연마하면 광택이 나지만 돌눈이 없어 가공이 어렵고 외관이 아름답지 못한 단점이 있다.

④ 현무암(Basalt)

사장암과 휘석을 주성분으로 하는 암석으로 비중이 2.9～3.1 정도로 크며 흑색이나 암록색으로 산화철을 함유하고 있어 분해되면 갈색으로 변한다. 현무암(玄武岩)은 안산암과 같이 강도와 내화성이 크나 가공이 어려운 단점이 있어 부순돌로 사용된다.

2. 수성암(퇴적암)의 종류

① 응회암(Tuff)

화산재와 화산모래 등이 퇴적되어 응고된 것과 암석의 부스러기가 고결된 것이다. 암질은 연하고 다공질로 흡수율이 크기 때문에 동해를 받기 쉬우나 내화성이 풍부하고 경도는 크지 않지만 중량이 가볍고 가공성이 좋으므로 장식용 석재로 많이 사용된다.

② 사암(Sand Stone)

암석의 붕괴에 의해 발생된 모래, 자갈이 수중에 침전, 퇴적하여 점토나 탄소물질 등이 경화, 생성된 것으로 모래입경이 0.6mm이하의 것을 사암이라 한다. 사암(砂岩)은 내화성이 크고, 가공 용이하나 외관이 좋지 않은 단점이 있다.

③ 혈암(Shale)

점토가 불완전하게 응고한 것으로 판상조직의 얇은 층으로 분리되며 주성분이 점토이고 약간의 모래와 탄소물질 및 산화철을 포함하고 있다. 건설재료의 구조용으로는 사용하지 못하고 부순돌로 이용되는 정도이지만 점토분이 많기 때문에 시멘트 제조 시 원료로 사용된다.

④ 점판암(Clay Stone)

점토질 혈암이 지압을 받아 응고하여 변질, 경화된 것으로 혈암과 같이 판상조직으로 얇게 벗겨진다. 성분은 혈암과 같으나 석질은 혈암보다 치밀하여 강도가 크고 흡수성이 작다. 또한 외관이 아름답고, 중량이 가볍다.

⑤ 석회암(Lime Stone)

화성암에 포함된 석회분과 동물 및 식물의 유체가 퇴적하여 생성된 암석으로 주성분은 탄산칼슘($CaCO_3$)이고 석영과 황철광 등을 포함하고 있다. 암질은 연하고 경도는 3정도로 가공이 쉽고 내화성이 크며 풍화하면 주성분인 탄산석회는 물에 녹아 규산, 점토 등이 남는다. 석회암(石灰岩)의 용도는 광범위하며 석회, 시멘트, 카바이트, 비료, 제철시 용매제(溶媒劑) 등의 원료로 사용된다. 큰 석재를 얻을 수 있으며 조직이 단단하고 치밀하나 내산성이 부족하여 석재로 사용하기에는 부적당하다.

3. 변성암의 종류

① 편마암(Gneiss)

화강암과 섬록암 등의 편상절리로 된 것으로 암질은 강하고 색조는 회색, 담색, 흑색으로 화강암과 비슷한 성질을 갖는다. 광물성분의 분포가 일정하지 않고 재질의 균일성이 결여 되어 중요한 공사재료로 사용하기에는 부적당하여 돌담이나 바닥에 끼는 돌 등에 사용된다.

② 편암(Crystalline Schist)

석영과 장석을 주성분으로 하며 층상으로 구성된다. 가공이 어려워 중요한 건설공사에 사용하기가 어렵다.

③ 대리석(Marble)

대리석(大理石)은 석회암이 오랜 세월동안 땅속에서 지열·지압에 의하여 변질된 것으로 장식용으로 사용되며 순수한 것은 백색이고 연마하면 아름다운 광택을 나타내는 것이 특징이다. 강도는 매우 크지만 내화성이 약하며 풍화하기 쉬우므로 실내 장식재로 이용된다.

그림 14-6. 대리석

④ 석면

석면은 사문암 또는 섬록암이 열과 압력을 받아 변질하여 섬유모양의 결정질로 된 것으로 유일한 천연결정 섬유이다. 단열재 및 석면 시멘트판, 석면판, 마감재료의 충진재로 사용된다.

14-5. 석재로 사용되는 암석의 성질

암석의 형상이나 물리·화학적 성질은 암석을 구성하고 있는 광물의 종류 및 광물의 결합상태에 따라 달라진다.

1. 물리적 성질

암석은 자연상태에서 생성되기 때문에 불균질하고 성인에 의해 이방형성을 나타내는 경우가 많으며, 물리적 성질은 암석의 종류에 의해 강도, 흡수율, 경도 등에 차이가 크나 열팽창률이나 진비중 등 비교적 차이가 크지 않다.

1) 비중 및 흡수율

암석의 비중은 암석을 구성하고 있는 광물에 의해 달라지며, 일반적으로 암석의 비중은 겉보기 비중을 말하며, 공극이 적고 조직이 치밀한 암석의 비중은 보통 2.0～3.0 정도이고 공극이 많은 암석은 2.0 이하이다.

일반적으로 비중이 큰 암석은 공극도 적고 흡수율이 적기 때문에 강도가 커지며, 흡수율이 큰 경우는 다공성이며, 풍화나 동해되기 쉽다.

표 14-2는 암석의 종류별 비중 및 흡수율을 나타내었으며, 비중 및 흡수율은 다음과 같은 식으로 구한다.

- 겉보기비중 $= \dfrac{W_1}{W_3 - W_2}$
- 흡수율 $= \dfrac{W_3 - W_1}{W_1} \times 100(\%)$

여기서 W_1 : 시료를 110℃ 이하의 온도로 건조한 후의 공기 중 중량(g)

W_2 : 증류수에 96시간 담근 후의 수중 중량(g)

W_3 : 증류수에 96시간 흡수한 후의 공기 중 중량(g)

표 14-2. 암석의 종류별 비중 및 흡수율

종 류	비중	흡수율
화강암	2.61～2.72	0.1～0.4
안산암	2.36～2.88	0.5～6.99
응회암	2.0～2.5	1.30～2.00
대리석	2.68～2.75	0.02～0.25
사문암	2.75～2.90	0.18～0.40
점판암	2.71	0.18～0.25

2) 공극률

암석의 공극률은 암석의 전 공극($W_3 - W_1$)에 대한 겉보기 체적의 비(V)로 나타내며, 공극률이 크면 흡수율이 크고 동결융해의 반복으로 동해가 쉬워 석재로서의 내구성이 떨어진다.

・ 공극율 $= \frac{W_3 - W_1}{V} \times 100(\%)$

3) 열팽창계수

암석은 조성광물에 따라 온도변화에 따른 열팽창계수가 다르며, 암석은 온도변화에 의해 암석 내부에서 복잡한 온도응력이 발생하여 암석붕괴의 한 원인이 되기도 한다. 암석의 열팽창계수는 표 14-3과 같다.

표 14-3. 암석종류에 따른 열팽창계수($\times 10^{-4}$)

종류 \ 온도(℃)	300	500	600	750	900	1,060
화강암	0.101	0.063	0.137	0.339	0.337	0.0264
안산암	0.023	0.051	0.124	0.105	0.086	0.093
응회질안산암	-	0.030	0.023	0.035	0.035	-
응회암	0.027	-	0.035	0.070	0.094	0.211
석회암	0.090	0.170	0.220	-	-	-

4) 압축강도, 인장강도 및 휨강도

암석의 압축강도는 일반적으로 매우 크나, 인장강도 및 휨강도는 압축강도에 비해 매우 작기 때문에 암석을 석재로 사용 시 구조용 압축재료로 사용할 수 있으나, 인장 및 휨부재로는 사용하지 않는다. 암석의 압축강도는 단위용적 중량이 클수록 크며, 공극률이 작고 흡수율이 작을수록 강도는 커진다.

표 14-4. 암석의 물리적 성질

종 류	압축강도 (kgf/cm^2)	인장강도 (kgf/cm^2)	휨강도 (kgf/cm^2)	탄성계수 ($tonf/cm^2$)	포아송비
화성암	1,470~1,940	37~50	104~132	520	0.20
안산암	1,035~1,680	36~82	78~177	-	-
응회암	86~372	8~35	23~60	-	-
점판암	1,410~1,640	-	-	170	-
사암	266~674	25~29	54~94	172	0.19
대리석	1,180~2,140	39~87	34~90	769	0.27
석회암	500	-	-	310	0.25

5) 탄성계수

암석 중에는 현무암, 경질사암과 같이 일정한 응력까지는 응력-변형률 곡선이 훅크의 법칙에 따라 영계수가 일정한 것과 화강암, 사암 등과 같이 훅크의 법칙을 따르지 않고 응력의 증가와 함께 영계수가 증가하는 것도 있다.

6) 경도

석재로 포장 등에 사용되는 암석은 경도가 크며, 마모저항성이 커야 한다. 경도는 긁거나 마찰에 대한 저항도를 나타내며 일반적으로 사용하고 있는 모스(Mohs)경도와 절대경도가 있으며, 암석의 경도는 압축강도와 상관성을 갖고 있으며 경도나 마모저항성의 크기 순서는 화강암, 안산암, 대리석 순이다. 퇴적암 계통은 비교적 작다.

2. 화학적 성질

암석이 건설용 석재로 사용되면 암석은 장기간 공기 중에 노출시 동결융해, 우수 중의 탄산가스, 염산, 황산류에 의해 침해를 받는다. 암석을 구성하고 있는 조암광물 중에서 장석이나 방해석은 주성분인 칼슘이 산류를 함유하고 있는 물과 공기에 의해 침해되어 파괴가 발생될 수가 있으며 동결융해에 의해서도 조직이 파괴되어 내구성이 저하된다.

1) 산화작용

석재 중 특히 장석이나 방해석은 주성분인 칼슘이 공기 중의 탄산, 약한 염산, 황산류에 의해 생긴 침식과 이들 산류를 포함한 물의 흡수에 의해 팽창수축이 반복되어 모암파괴를 일으킬 수 있으며, 황철광, 갈철광과 같은 금속함유 광물은 그 산화에 의해 팽창붕괴의 원인이 된다.

2) 융해작용

석재는 주로 빗물에 의한 산화로 융해되며, 일반적으로 규산분을 많이 함유한 석재는 내력이 크고, 석회분을 포함한 것은 내산성이 적으므로 대리석, 사문암, 백운암 등을 외장재로 사용하는 것은 좋지 않다.

3. 내화성

석재로 사용되는 암석은 열에 대한 불량도체이기 때문에 열의 불균등분포가 생겨 내부 열응력에 의해 1,000℃ 이상으로 가열하면 조직이 파괴된다. 일반적으로 석재는 500℃까지는 온도상승에 의해 내구성 저하가 나타나지 않으며, 화강암은 500~600℃ 정도에서 조암광물인 석영이 팽창하여 파괴를 일으키며, 대리석이나 석회암에서는 700℃에서 주성분인 $CaCO_3$의 열분해에 의한 강도저하가 발생한다. 그러나 안산암, 사암, 응회암 등은 1,000℃ 이하의 고온에도 영향을 받지 않은 경우도 있기 때문에 암석을 석재로 사용할 경우 용도에 따라 적절한 선택이 필요하다.

4. 내구성

석재의 내구성은 보통 암석의 조직, 광물조성에 따라 다르며, 석재가 사용된 장소의 환경조건에 따라 영향을 받는다. 일반적으로 석재의 내구성은 조암광물이 미립, 등립일 경우 흡수율이 작고 공극률이 작은 경우가 내구성이 좋다. 또한 조암광물의 풍화정도에 따라 내구성이 달라진다. 내구성이 큰 석재로는 화강암이나 안산암이 있으며, 연질사암이나 응회암 등은 내구성이 나쁘다.

14-6. 석재 사용 시 주의사항

석재는 예각부가 생기면 부서지기 쉬우므로 표면에 심한 요철부분이 없어야 한다. 구조재료로 석재를 사용할 경우는 휨응력과 인장응력을 받는 부재에는 석재의 사용을 가급적 피하는 것이 좋으며, 압축응력을 받는 부재에 사용할 경우에도 석재의 자연층에 직각으로 위치하여 사용하는 것이 바람직하다.

또한 석재의 크기가 크면 취급상 불편하기 때문에 최대 체적 $1m^3$ 정도로 한정하여 사용하는 것이 좋으며, 석재를 외벽이나 콘크리트 포장용으로 사용할 경우는 연석(軟石)의 석재를 사용하면 안된다. 석재를 장기간 보관할 경우에는 석재표면을 도포하여 우수의 침투방지와 함수로 인한 동해방지 등에 유의하여야 한다.

제15장 … 고분자재료(Polymer Materials)

15-1. 고분자재료(高分子材料)의 정의

자연계에 존재하는 물질은 일반적으로 금속, 세라믹, 그리고 고분자(Macro Molecular)로 분류된다. 고분자는 분자량이 10,000이상으로 섬유소, 녹말과 같은 천연 유기 고분자와 천연고분자를 합성하여 화학적 방법으로 개량한 초산 섬유소(Cellulose Acetate)와 같은 반합성 유기 고분자, 석탄·석유 등의 기초물질로부터 차례차례 합성을 되풀이하여 만들어지는 합성수지·합성섬유·합성고무와 같은 합성 유기 고분자가 있다.

고분자는 중합체(Polymer)라고 하는 말과 거의 같은 뜻으로 사용되고 있는데, 이는 단위체(Monomer)라는 분자량이 작은 분자가 여러 개 중합(Polymerization)되어 분자량이 큰 고분자가 되기 때문이다. 단위체로 사용되는 물질은 대부분 탄화수소(Hydrocarbon)들이며, 이들은 탄소와 수소로 이루어져 있다.

15-2. 고분자 재료의 분류

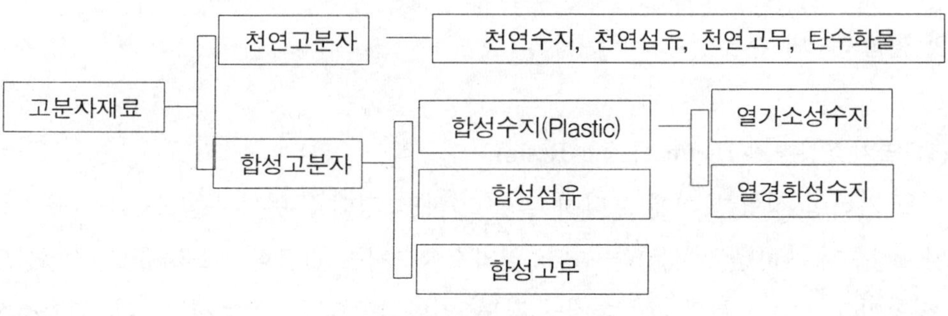

그림 15-1. 고분자재료의 분류

1. 천연수지(Natural Resin, 天然樹脂)

침엽수 등의 수액에서 휘발성분이 휘발하여 나머지 분이 고화한 수지

2. 합성수지(Synthetic Resin)

합성수지(合成樹脂)는 가소성이 풍부한 성질이 있으므로 이를 플라스틱이라 하며 이는 합성수지와 동일하게 쓰이는 경우가 많다. 합성수지는 열에 대한 성질에 따라 열가소성소지와 열경화성수지로 분류하고 있다.

1) 합성수지의 원료

합성수지의 원료는 표 15-1과 같다.

표 15-1. 합성수지의 원료

	원 료	합성수지의 종류
석 탄	아세틴렌	염화비닐수지, 초산비닐수지, 네오프렌(합성고무)
	석탄질소	멜라민수지
	코크스	요소수지
	콜타르	페놀수지, 폴리아미드수지, 마크론수지
석 유	에틸렌	폴리에틸렌수지, 폴리아미드수지, 알키드수지, 마크론수지
	프로필렌	아트릴수지
목 재	셀루로오스	질산셀루오스, 초산셀루로오스

2) 합성수지의 분류

(1) 열가소성수지(Thermoplastic Resin)

열을 가하여 성형한 뒤에도 다시 열을 가하면 형태를 변형시킬 수 있는 수지를 열가소성수지(熱可塑性樹脂)라 한다. 열가소성수지는 일반적으로 자유로운 형상으로 성형이 가능하며 투광성이 좋지만 강도, 연화점이 낮은 것이 결점이다. 열가소성

수지의 종류에는 결정성과 비결정성이 있으며 결정성에는 폴리에틸렌, 나일론, 폴리아세탈수지 등이 있으며, 비결정성은 염화비닐수지, 폴리스티렌, ABC수지, 아크릴수지 등 투명한 것이 많다. 열가소성수지는 전체 합성수지의 생산량 중에서 80%을 차지한다.

① 아크릴(Acrylic)수지

투명하고 유연한 수지로 가공이 용이하고 투명도가 높으며 착색이 쉽다. 내후성(耐候性)과 내화학성(耐化學性)이 우수하여 도료나 시멘트의 혼화제 및 채광판 등의 유리 대용품에 주로 사용하며 마찰이 있으면 정전기가 발생한다.

② 초산비닐수지

접착성이 좋고 무색, 무취, 무미의 성질을 가지며 접착제로 사용되고 도료에서는 에멀션형의 도료로 많이 사용된다.

③ 폴리에틸렌(Polyethylene, P.E.)수지

물보다 가볍고 백색의 우유 빛을 띠며 내약품성(耐藥品性), 내수성(耐水性)이 아주 좋다. 비중이 0.94이고 내충격성, 전기절연성이 커서 건축용 성형품, 방수필림, 방습판, 배관 등에 사용된다.

④ 불소수지

삼불화 에틸렌수지와 사불화 에틸렌수지가 있으나 주로 사불화 에틸렌수지를 많이 사용하며 이는 만능 수지로서 모든 성질이 좋아 다용도로 사용된다.

⑤ 염화비닐(Poly-vinyl Chloride, P.V.C.)수지

비중이 1.4 정도인 PVC수지는 우리가 일상생활 중 매일 접하게 되는 것으로 세계에서 가장 많이 생산되는 플라스틱(Plastic) 중 하나이다. 그 이유는 영구적이고 난연성을 가지고 있으며 다양한 가공 방법으로 제품을 생산할 수 있기 때문이다. PVC는 인조가죽, 파이프, 포장용기, 벽지 등 일상생활에 매우 밀접하게 사용된다. PVC란 원래 투명한 경질 플라스틱이며 플라스틱 중에서 가장 점도가 높으나 열안정성은 나쁘다. 따라서 성형 가공이 어렵고 약간의 물성저하가 있어 여기에 열안정제와 가소제를 첨가해서 연화시킨다. PVC수지의 종류로는 가소제를 첨가시키지 않은 경질PVC와 가소제가 첨가

된 연질 PVC로 구분한다.

PVC는 제조방법에 따라 현탁중합법, 유화중화법, 괴상중합법등 크게 3가지 방법이 있으며 생산비율로 볼 때 현탁중합방법으로 약 80%, 유화중합방법으로 약 10%, 괴상중합 방법으로 약 10%가 생산되고 있다. PVC 제조공정을 개괄적으로 보면 원유를 정유공장에서 증류하면 나프타가 생산되고 이 나프타를 열분해하면 석유 화학의 기초 원료인 에틸렌(CH_2=CH_2)이 생산된다. 이 에틸렌과 소금을 전기 분해하여 생산한 염소를 반응시켜서 VCM의 전단계인 EDC를 생산하게 된다. EDC를 열분해하여 VCM(Vinyl Chloride Monomer)를 만들고 VCM을 중합하면 PVC가 된다.

PVC 자원은 국내에도 풍부하고, 또 가격이 싸고 물성도 비교적 좋으며, 또 딱딱한 것부터 고무처럼 부드러운 것까지 자유롭게 선택할 수 있기 때문에 우리나라에서 가장 대량으로 사용되고 있는 플라스틱이다.

PVC의 주된 특성은 화학적 성질(내수, 내산, 내알칼리성, 무독성 등)과 물리적 성질(경연자유)이다. 또한 자소성(自消性)등이 비교적 좋고 내노화성이 우수하다. 결점은 물성적으로 내열 및 내한성이 약하고 성형가공 상 범용플라스틱 중 가장 열분해를 잘 일으키며 경질PVC는 가장 용융점도가 높다는 것이다.

활용분야로 파이프, 홈통 등의 조인트, 배관부품, 전기부품(케이스류가 많음), 각종 쿠션 소재, 케미슈즈, 샌들, 장화 등의 신발류 등

⑥ 폴리프로필렌(Polypropylene, P.P.)수지

플라스틱 중에서 비중, 기계적 강도, 굽힘, 피로성, 내열성, 전기적 특성, 내약품성 등이 높다. 비중은 PVC의 60% 정도이며, 기계적 강도는 항복점, 인장강도, 압축강도, 탄성률 요구되는 부분에서 부족함이 없는 재료이다. 화학적으로는 황산(H_2SO_4), 질산(HNO_3)을 제외하고는 안정하며, 원색은 불투명한 유백색이다. PP수지의 최대 특징은 반복 휨이 강해서, 본체와 뚜껑을 하나로 성형하는 힌지를 만들 수 있다는 것이다. 단점은 저온에서의 충격에 약하고 자외선에 약한 점이다.

폴리프로필렌의 재료인 Propylene은 Ethylene과 같이 석유Naphtha의 분해에 의해 얻어진다. 이 Propylene을 저압법 PE의 경우와 유사한 방법으로 용

제 중에서 Ziegler-Natta촉매와 접촉시켜 상온 800℃, 3~10kg/cm^{2}에서 중합을 행하면 입체 규칙성 PP(이소태틱 PP)가 얻어진다. 이것을 비등 Pentane을 이용하여 추출 분리하여 입체 규칙성 Polymer 함량을 90~95%정도로 한 것이 성형재료로 시판되고 있다. 중합법에는 상기의 Ziegler-Natta촉매를 이용하는 방법 외에도 각종의 방법이 실시되고 있는데 어느 것도 입체 규칙성 Polymer를 얻는 것을 특징으로 하고 있다. 또한 Ethylene 그 밖의 Olefine류나 Vinyl Monomer를 공중합 시키기도 하고 기타 Polymer를 Blend한 재료도 시판되고 있다.

PP는 PE와 같이 성형성이 좋은 Type의 사출성형기나 압출기를 이용하여 각종의 성형품, 봉, Pipe, Film, Sheet병 등을 가공할 수 있다. 식기, 물통, 욕실용품 등의 가정용품이나 완구 등의 잡화품, 약전기기나 자동차 부품의 공업용품, 맥주병 등의 수송용 상자, 농수산물의 수확 컨테이너(Container) 등의 대형 성형품, Firm Sheet, Yarn, 그 밖의 압출 성형품 등이 그 사용 범위라 할 수 있다.

⑦ 폴리스틸렌(Polystyrene, P.S.)수지

Polystyrene은 무색투명으로 선명한 착색이 자유롭고 비중도 PP, PE 다음으로 작다. 또한 우수한 전기적 성질을 갖으며, 방사선에 대하는 저항력은 모든 플라스틱 중에서 가장 강하다. 정유 또는 Ketone, Ester, 방향족 탄화수소 등의 유기용제에 대해서는 연화 또는 용해하는데 산, 알카리, 염류, 광유, 유기산, 저급 알코올 등에 대해서도 우수한 저항성을 갖고 있다.

Polystyrene은 용융시의 열안정성과 유동성이 양호하므로 성형가공성이 우수하다. 특히 사출성형에 적당하고 성형 수축율이 적고 성형품의 치수 안정성도 좋고 가격이 저렴하다. 이상과 같은 특징을 갖는 반면 연화 온도가 비교적 낮고 단단하고 무른 큰 결점이 있다. 폴리스틸렌수지 성형품은 여러 가지의 일용품, 부엌용품, 완구, 라디오, VTR, 유산균 음료 용기 등에 사용된다. EPS의 용도는 건재와 포장재로서 그 비율은 약 2 : 5 정도이다.

(2) 열경화성수지(Thermosetting Resin)

열을 가하여 경화 성형한 후 다시 열을 가하도 형태가 변형하지 않는 수지를 열경화성수지(熱硬化性樹脂)라 한다. 열경화성수지는 일반적으로 내열성, 내용제성, 내약품성, 기계적 성질, 전기절연성이 좋으며, 충전재를 넣어 강인한 성형물을 만들 수가 있다. 또 고강도 섬유와 조합하여 섬유강화플라스틱을 제조하는데에도 사용된다. 열경화성수지는 축중합형과 첨가중합형으로 나누어지며 축중합형에는 페놀수지, 요소수지, 멜라민수지 등이 있으며 첨가중합형에는 에폭시수지, 폴리에스테르수지 등이 있다.

① 페놀(Phenol)수지

석탄산을 원료로 한 베클라이트가 있으며, 접착성, 내후성, 전기절연성이 커서 파이프, 덕트, 발포보온관, 내수합판의 접착제, 전자회로판 등에 사용된다.

② 요소(Urea)수지

요소와 포르말린과 축합반응시켜서 만든 수지로 페놀수지와 성질이 비슷하고 무색으로 착색이 자유롭다. 내화성, 내산성이 크고 전기절연성이 강하므로 각종 가정용 장식용 기구, 도료, 접착제의 원료로 사용되며 내수성이 약한 것이 단점이다.

③ 폴리에스테르(Polyester)수지

폴리에스테르수지 내에서는 불포화 폴리에스테르수지와 포화 폴리에스테르수지가 있는데 포화 폴리에스테르수지를 알키드수지라 한다.

㉠ 알키드(Alkyd)수지

각종 도료(락카, 페인트)의 혼성도료의 원료로 사용되며 내수성과 내알카리성이 약하다.

㉡ 불포화 폴리에스테르수지

유리섬유로 보강한 것으로 매우 강하여 파이프, 커튼월 등 큰 성형품에 주로 사용된다.

④ 멜라민(Melamine)수지

멜라민을 포르말린과 축합반응 시켜서 만든 수지로 외관이 미려하고 착색이 쉽다. 표면경도가 크고 내열성, 내수성, 내화학성이 커서 판재류, 식기류, 전화기, 도료, 접착제, 약품용기 등에 사용된다.

⑤ 실리콘(Silicon)수지

내열성이 매우 우수하며 가스켓 패킹(Gasket Packing)에 이용되며 실리콘 오일은 방수제로 사용되며 발포 보온관에 많이 사용된다.

⑥ 에폭시(Epoxy)수지

에폭시수지는 산·알카리에 매우 강하고 접착성과 내화성이 우수하므로 널리 사용되는 건설재료로 그 용도는 다음과 같다.

㉠ 콘크리트 구조물, 강구조물의 표면강화와 부식을 방지키 위해 도장재료로 사용

㉡ 콘크리트 구조물의 균열 및 박리현상의 보수재료로 사용

㉢ 탄소섬유, 폴리섬유류를 이용한 구조물의 보강재, 접착제로 사용

⑦ 프란수지

접착성과 내약품성이 우수하고 합성고무 등과 결합하면 변성이 된다. 화공약품 저장통, 접착제, 내식재 등에 사용된다.

⑧ 우레탄수지

내열성, 내약품성, 내구성이 크고 보온재와 바닥재로 사용된다.

(3) 합성수지의 장단점

① 비중이 1~2 정도로 금속재, 석재, 콘크리트 등 타 건설재료에 비하여 경량이다.

② 페놀수지 등 경질수지의 경우 인장강도는 900kgf/cm^2, 압축강도 700kgf/cm^2 정도로 상당히 고강도이다.

③ 목적이나 요구되는 성능에 따라 선택할 수 있는 원료가 풍부하며 어떠한 모양으로도 성형이 가능하고 대량생산이 가능하다.

④ 내수성이 우수하고 멜라민수지는 30℃의 수중에서 24시간 동안 0.3%의 흡수율을 나타낸다.

⑤ 채색이 자유롭고 높은 투명도가 필요한 곳에 사용이 가능하다.

⑥ 합성수지 상호간에 계면접착이 잘 되며 금속, 콘크리트, 철강, 유리 등 타 건설재료와 잘 부착된다.

⑦ 전기전열성이 양호하다.

그러나 합성수지가 건설재료로서 다음과 같은 단점이 있다.

① 응력변화에 있어 명확한 탄성계수가 불분명하여 정확한 설계가 불가능하다.

② 하중에 의한 변형과 열에 의한 변형이 크다. 또한 가연성이 있어서 사용한계 온도가 낮다.

③ 직사광선이나 자외선, 열적변화의 영향 등에 따라 강도저하, 노화가 발생한다.

④ 열에 의한 수축과 팽창이 크고, 재료마다 다양한 선팽창계수와 선수축계수를 확인하여야 한다.

(4) 기능성 고분자재료

앞에서 다른 고분자재료의 일반적인 성질들을 살펴보면, 비경질 구조를 가지며 전기적으로 부도체이고 열전도율이 낮고 대부분 화학적 부식에 대한 저항성이 높으며, 연화 온도(Softening Temperature)가 낮고 성형성이 좋다는 것들을 들 수 있다. 그 외에 새로운 성능을 포함한 고분자재료로 광학 고분자, 분리막 고분자, 초내열성·초강도 고분자 등이 있다.

① 광학 고분자

안경렌즈로 종래에는 무기 글래스를 주로 사용하였지만, 투명성이나 내충격성·경량감 등이 탁월한 고분자 렌즈가 많이 사용되고 있다.

또한 광학 고분자는 빛을 전달하는 광전달용 통신재료로 응용되고 있는데, 석영계 광섬유보다는 투광성이 떨어지므로 단거리 광전달용으로 주로 사용되고 있다. 고분자계 광섬유·유리계 광섬유·석영계 광섬유의 성능을 비교해 보면 투광성은 유리계와 비슷하나 내굴곡성·내충격성·가공성 등은 매우 좋고 가격은 저렴하고 경량인 점이 장점이다.

② 분리막 고분자

분리막으로 사용되는 고분자재료는 물질의 특성 차이나 막의 특수한 분자구조에 의해 혼합물질 중에서 특정 물질만 통과시킬 수 있는 기능이 있다. 기능에 따라 분자의 크기에 따라 분리하는 한외 여과막, 역삼투막, 이온 교환막, 혼합기체를 분리하는 기체 분리막 등이 있다.

한외 여과막은 직경이 5내지 수십 나노미터인 콜로이드 입자나 1내지 5

나노미터 정도의 비교적 큰 분자를 여과하여 분리하는 재료로 최근에는 다공성으로 중공사 가운데 구멍이 있는 막을 반도체 제조에 필요한 초순수(Ultra Pure Water)나 식품공업에 사용되는 무균수의 제조에 사용되고 잇다. 폴리에틸렌슬폰(Polyethylenesulfone)을 소재로 한 한외 여과용 중공사 막은 내부에 다공층(Porous Layer)이 존재한다. 환외 여과막은 앞으로 구멍이 더욱 작아지면 알코올의 분리, 폐기가스의 분리 등에도 적용 가능하다.

역삼투막은 물과 식염수 사이에 두면 물이 막을 통과하여 식염수 쪽으로 이동하는 삼투압이 생기지만, 이 압력보다 높은 압력을 식염수쪽에 가하면 역으로 식염수내에 있는 물이 막을 통하여 물 쪽으로 이동하는 역삼투 현상이 일어난다. 이것을 식수가 귀한 중동지역에서 바닷물을 담수화하는데 이용할 수 있다. 역삼투막의 재료로 초산셀루로오스가 주로 사용되고 있으며, 내구성이나 강도 등 기계적 성질이 우수한 폴리아미드계 고분자재료가 연구되고 있다.

③ 초내열성·초강도 고분자

고분자재료는 금속이나 세라믹 재료에 비해 사용 가능 온도가 낮은 단점이 있다. 고온까지 견디는 고분자재료에 대한 요구로 개발된 벤젠고리를 연결한 화학구조를 가지는 폴리파라페린렌(Polyparaphenylene)은 550℃ 견디나 가공성이 없어 비실용적이다. 벤젠고리 사이에 삽입한 폴리페닐렌슬파이드(Polyphenylsulfide)는 굴곡성이 있어 가공성이 좋고, 내열온도도 260℃ 정도로 상당히 높아 각종 전기·전자·기계 등의 분야에 이용되고 있다.

최근에 와서 높은 내열성과 기계적 성질을 가지며 가공성이 좋은 고분자로 폴리이미드가 개발되었다. 1965년 미국 듀퐁사에서 개발한 캡톤(Kapton)이 최초의 폴리이미드 고분자재료로 우주항공·기계·전자산업에 이용되고 있다.

초강도를 가지는 고분자재료로 1972년 개발된 아라미드 섬유는 강철에 비해 수배의 강도를 가지는 재료이다. 대표적인 아라미드 고분자로 케블라(Kevlar)와 노멕스(Nomex)가 있으며 케블라는 방탄복이나 비행기재료 및 광섬유의 보호막으로 사용된다. 또한 강도가 케블라보다 낮은 노멕스는 절연재나 방염복으로 사용된다.

④ 전도성 고분자

고분자재료에 금속분말이나 카본블록 등을 첨가하면 전도성을 향상시킬 수 있다. 최근에는 투명성을 유지하면서 전도성이 있는 고분자 필림이 개발되었다.

또한 어두운 장소에서는 부도체이지만 빛을 조사하면 전도성을 나타내는 광전도성 고분자가 정보용 기능재료로 사용되고 있다. 폴리비닐카르바솔이 대표적인 광전도성 고분자로 전자 사진용 감광재료로 사용된다.

15-3. 건설공사에 사용되는 합성수지

1) 수도용 경질 염화비닐관(P.V.C.관)

경질 염화비닐관은 가볍고, 부식되지 않으며 시공하기가 쉬워서 강철관 대신에 수도관으로 사용된다. 인장강도는 480kgf/㎠ 이상이며, 비중은 1.4 정도로 다루기 쉽고 이음도 만들 수 있다. 경질 염화비닐관의 장점은 내식성이 좋고, 관의 내면이 깔끔하기 때문에 흐르는 물의 마찰이 작고 관내의 유량을 크게 할 수 있어 경제적이다.

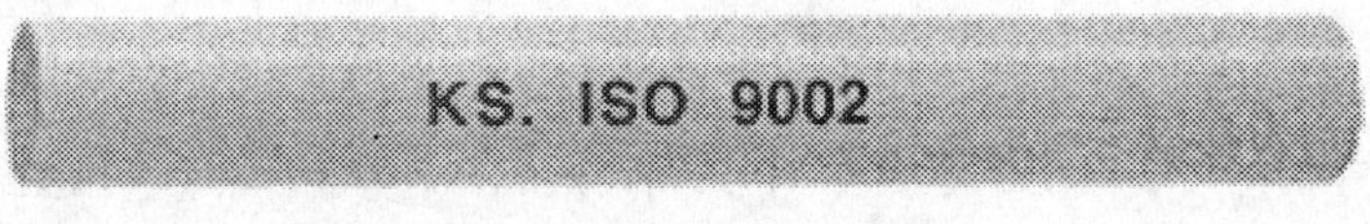

그림 15-2. 수도용 경질 염화비닐관

2) 수도용 폴리에틸렌관

폴리에틸렌관은 경질 염화비닐관과 비슷하나 비중이 0.93으로 가볍고 인장강도는 연질관에서는 100kgf/cm^2 이상이 된다. 이것은 염화비닐관에 비해 내한성이 커서 저온에 동결, 파괴되지 않으므로 추운 지방의 수도용관으로 많이 사용된다.

3) 차수막, 방사막, 지수판

① 차수막(遮水膜)

차수막이란 지반의 공극에 물이 침투하여 침하, 세굴현상이 발생할 경우 이를 방지하기 위하여 저수댐, 용수로의 저면, 댐의 사면 등에 깔아 사용하는 플라스틱 막

② 방사막(防砂膜)

해안선이나 매립지 호안의 뒷채움 토사가 조수간만의 차에 의하여 유실되어 침하, 함몰 등을 방지하기 위해 호안의 배면지와 토사와의 중간에 설치하는 플라스틱 막

③ 지수판(PVC止水板)

콘크리트 구조물의 단목처리의 지수판으로 종래의 금속판(동판 또는 철판)이 사용되었으나, 1953년 경 부터 구미에서는 일반고무지수판이 사용되고 있다.

그러나 합성수지공업의 발달로 연질염화비닐을 주원료로 하여 압출성형에 의하여 여러가지 단면 형상으로써 콘크리트 구조물의 연결부 또는 Expansion Joint 부위 등에 설치하여 누수를 방지할 수가 있다.

댐, 지하 구조물, 옹벽 등의 신축이음에 끼워 이음부에 물이 새는 것을 방지하기 위해 사용하는 연질염화비닐판을 PVC지수판이라 한다.

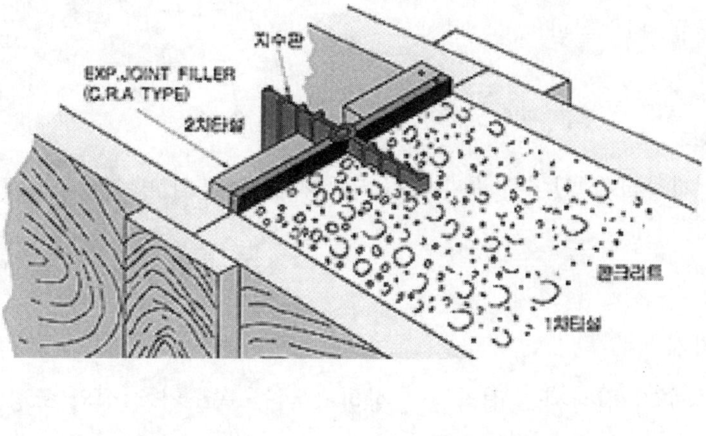

그림 15-3. 지수판의 종류(동지수판, PVC지수판)

4) 줄눈재

줄눈재는 콘크리트 구조물 이음부의 채움재로 지금까지는 아스팔트 제품을 사용해 왔지만 최근에는 폴리에틸렌 발포제, 에폭시 수지, 합성고무 등을 사용

5) 코팅(Coating) 및 라이닝(Lining)

표면에 발랐을 때 막의 두께가 약 1mm이하면 코팅, 1mm이상이면 라이닝이라 한다.

콘크리트의 표면에 실리콘 수지를 바르면 방수작용을 하며 포장의 표면에 에폭시 수지를 6mm 두께로 발라 미끄럼을 방지한다.

6) 차수판, 지수실판

투수계수를 낮출 목적으로 하천제방이나 간척제방에 사용한 플라스틱 시트를 차수판, 판종류를 지수실판

7) 방수시트

터널이나 지하철에 있어서 용수처리 및 지하구조물의 방수에 사용

8) 접합재

① 접착제

합성수지 접착제는 접착력이 강하고 굳는 속도와 점성의 조정이 쉬워서 강재, 목재, 콘크리트 등을 붙이는데 많이 사용된다. 접착제는 목재에 주로 사

용되는 요소수지와 합판 접착제로 쓰이는 페놀수지, 금속·콘크리트·유리 등의 접착제로 쓰이는 에폭시수지 등이 있다.

② 그라우트(Grout)제

그라우트재란 콘크리트 구조물의 균열 부분에 주입, 충진하여 보강하므로 강도의 증가와 수밀성의 확보가 가능하며 그라우트제로 액상 폴리머를 사용한다. 그라우트제가 갖추어야 할 일반적인 조건은 다음과 같다.

㉠ 시공이 용이하여야 한다.
㉡ 내수성, 내후성이 좋아야 한다.
㉢ 경화 후 흡수 및 투수에 대한 저항성이 커야 한다.
㉣ 작업성이 양호하고 세부주입이 가능하여야 한다.
㉤ 접착강도가 커야 한다.
㉥ 경화 후 콘크리트보다 큰 강도를 내야 한다.
㉦ 가격이 저렴하여야 한다.

9) 이음판

온도 및 기후의 변화에 따라 콘크리트의 변형이 발생되었을 때 응력을 받아도 콘크리트가 파괴되지 않도록 소정의 위치에 이음을 설치하는데 팽창이음에 사용되는 이음재를 이음판이라 한다. 이음판의 폭은 20mm 정도가 적당하다. 이음판의 기능은 봉랍재를 보유할 수 있어야 하고, 팽창공간을 형성할 수 있어야 한다.

그림 15-4. 아스팔트와 콜크타입, 고무발포타입

10) 수지콘크리트(Resin Concrete)

수지콘크리트란 합성수지를 소재로 하여 골재와 결합시킨 콘크리트를 말하며 포틀랜드시멘트를 전혀 사용하지 않는다. 수지콘크리트는 보통콘크리트보다 다음과 같은 장점이 있다.

① 수밀성이 좋다.

② 수지의 종류에 따라 내약품성을 갖는다.

③ 동결·융해에 대한 저항성이 양호하다.

④ 콘크리트, 금속, 석재 등의 재료에 접착성이 좋다.

⑤ 경화속도의 조절이 가능하다.

⑥ 내마모성, 내충격성이 좋다.

⑦ 조기강도 발현이 가능하므로 한냉지 시공에 유리하다.

⑧ 고강도를 얻을 수 있으므로 부재의 단면을 작게 할 수 있다.

11) FRP(Fiberglass Reinforced Plastic)

플라스틱을 구조재료로 사용할 경우 보통 플라스틱은 압축강도 이외는 매우 약하므로 이를 보강하기 위해 유리섬유, 석면, 합성섬유 등으로 보강한 강화플라스틱를 말한다.

(1) 장점

① 가볍고 강하다: 비중이 철의 25%, 알루미늄의 60%

② 내식성이 양호하다: 녹이 나지 않는다. 썩지 않는다. 물, 기름, 약품에 일반 프라스틱 제품보다 강하다.

③ 성형성이 양호하다: 특수시설이 불필요하며 착색이 가능하다.

④ 전기 절연성이 우수하다: 전파 투과성이 양호하고 강도를 동시에 보유(항공기, 선박등의 지상레이다, 격납하는 레이다 돔에 사용)

⑤ 열차단성이 우수하다: 보온효과(내장고, 콘테이너(생선)), 비열: 금속의 2-3배 높다. 열전도율: 금속의 2-3배 낮다.

⑥ 투광성 부여가능: 투광성 이외에 빛이 흐트러져 온실사용시 직방향외에도 다른 방향으로 공급되여 식물생육에 도움이 된다.

(2) 단점

① 탄성률이 낮다: 철, 알루미늄, 금속에 비해서 강성이 낮다.

② 내열성이 낮다: 고온 장시간 사용범위(일반FRP 100℃ 내외, 내열성수지 160℃내외)

③ 난연성이 약하다: 수지가 유기물인 탄소 결합물이기 때문에 난연성 수지를 써서 자기소화성을 높인다.

(3) FRP의 용도

① 건축관계: 물탱크, 정화조, 욕조, 창틀, 의자, 레이다 돔, 칸막이, 이정표 ,조립식가옥방수, 구조물 등

② 자동차관계: 보디, 계기판, 탱크로리, 에어컨디션 등

③ 철도차량관계: 차량(내장제, 창틀, 좌석), 연료탱크, 신호기, 오물탱크

④ 선박관계: 어선, 보트, 요트, 해상콘테이너, 급수배관, 해상수족관, 카누 등

⑤ 항공기: 바디, 날개, 조립식격납고 ,글라이더, 헬리콥터 등

⑥ 병기관계: 헬멧, 로켓트, 미사일, 방탄복, 탄약운반상자

⑦ 공업관계; 파이프, 탱크, 콘테이너, 안전모, 탱크라이닝, 기계카바, 닥트, 콘크리트라이닝 등

⑧ 전기관계: 스위치, 배전판, 케비넷, 냉장고, 세탁기, 진공청소기, 변압기의절연박데리케이스

⑨ 공예품, 조형물, 인공폭포, 탈, 화분대, 엑서사리(머리핀,팔지 등), 열쇠고리, 물레방아

⑩ 기타 트렁크케이스상자, 쟁반, 책상, 낚시대, 스키, 마네킹, 탠트폴, 양궁, 농업용품

부록

- 건설재료 시험법 -

제1장 … 골재

1-1. 잔골재 체가름 시험(KS F 2502)

1. 목적

1) 이 시험방법은 골재의 입도상태를 결정하는 방법에 대한 것이며 역청 혼합물 중에서 채취한 체가름시험 또는 광물질 채움재에 대한 체가름 시험에서는 이 방법을 사용할 수 없다.
2) 골재의 입도, 입도곡선, 조립률 등을 알기 위하여 실시한다.
3) 골재의 적부, 각종 골재의 적당한 비율의 결정, 콘크리트의 배합설계, 골재의 품질관리 등에 필요하다.

2. 재료 및 시험기구

잔골재, 저울, 시료분취기, 삽, 체진동기, 건조기, 시료팬
표준체(10mm, 5mm, 2.5mm, 1.2mm, 0.6mm, 0.3mm, 0.15mm, Fan)

3. 시료

1) 4분법 또는 시료분취기에 의해서 채취한 시료(500g)를 105±5℃의 온도로 항량(恒量)이 될 때까지 건조시킨다.
2) 잔골재용은 건조 후에 다음의 양을 표준으로 한다.

2.5mm(No.8) 체를 95% 이상 통과하는 것 : 100g

5mm(No.4) 체를 90% 이상 통과하고 2.5mm 체에 5% 이상 남는 것 : 500g

4. 시험방법

1) KS A 5101에 규정된 한 벌의 체로써 체가름을 하되 체눈이 가는 것을 밑에 놓는다.
2) 체를 진동기에 걸어 놓은 다음 시료를 맨 위체(10mm)에 조심하여 붓는다.
3) 체진동기로 1분간에 각 체에 남는 시료량의 1% 이상이 그 체를 통과하지 않을 때까지 계속한다.
4) 각 체에 남은 시료의 중량을 저울로 측정한다.
5) 각 체에 잔류하는 시료의 중량을 전 중량(500g)에 대한 백분율(%)로 표시한다. 중량 백분율의 표시는 정수로 한다.
6) 조립율을 구한다. 그리고 입도곡선을 그린다.
   (잔골재의 조립율은 2.3～3.1)
7) 같은 시료로 시험을 2회 이상으로 하여 그 평균값을 취한다.

5. 주의 및 참고사항

1) 체가름할 때 체에 잔류한 시료편을 손으로 눌러서 통과시켜서는 안된다.
2) 시험은 2회 이상으로 하고 그 평균치를 취한다.
3) 골재의 조립률은 80mm, 40mm, 19mm, 10mm, 5mm, 2.5mm, 1.2mm, 0.6mm, 0.3mm. 0.15mm 등 10개의 체를 1조로 사용하여 체분석을 행한 경우 각 체에 남는 누가중량백분율의 합계를 100으로 나눈 값을 말한다.
4) 잔골재의 입도의 표준은 표 1-1과 같다.

표 1-1. 잔골재의 입도의 표준

체의 호칭	체를 통과한 양의 중량백분율(%)
10mm	100
5mm(NO.4)	95～100
2.5mm(NO.8)	80～100
1.2mm(NO.16)	50～85
0.6mm(NO.30)	25～60
0.3mm(NO.50)	10～30
0.15mm(NO.100)	2～10

체진동기

시료분취기

시료팬

잔골재의 체가름 시험 Date Sheet

시험일의 상태	실 온(℃)				습 도(%)	
시 료	채취장소		채취날자		채취자	
체 크 기 (mm)	각체에 남는량의 누계		각체에 남는량		통과량	
	(g)	(%)	(g)	(%)	(g)	(%)
10mm						
5mm						
2.5mm						
1.2mm						
0.6mm						
0.3mm						
0.15mm						
팬(접시)						
계						
최대치수(mm)			조립률			

입도곡선

비고

체가름 곡선

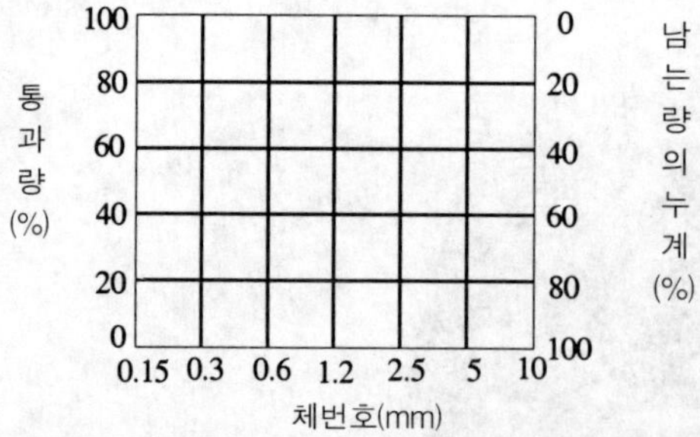

조사 지점		시험년월일	
학과, 학년		반, 조	
학 번		성 명	

1-2. 굵은골재 체가름 시험(KS F 2502)

1. 목적

1) 이 시험방법은 골재의 입도상태를 결정하는 방법에 대한 것이며 역청혼합물 중에서 체취한 체가름시험 또는 광물질 채움재에 대한 체가름 시험에서는 이 방법을 사용할 수 없다.
2) 골재의 입도, 입도곡선, 조립률, 굵은골재 최대치수 등을 알기 위하여 실시한다.
3) 골재의 적부, 각종 골재의 적당한 비율의 결정, 콘크리트의 배합설계, 골재의 품질관리 등에 필요하다.

2. 재료 및 시험기구

굵은골재, 저울, 시료분취기, 삽, 체진동기, 건조기, 시료팬
표준체(40mm, 25mm, 19mm, 13mm, 10mm, 5mm, Fan)

3. 시료

1) 4분법 또는 시료분취기에 의해서 채취한 시료(10,000g)를 105±5℃의 온도로 항량(恒量)이 될 때까지 건조시킨다.
2) 굵은골재용은 건조 후에 표 1-2에 규정한 양에 달하여야 한다.
3) 5,000g 또는 그 이상인 시료에 대해서는 지름 40cm 또는 그 이상의 지름을 가진 체를 사용하는 것이 좋다.

표 1-2. 굵은골재 시료의 최소중량

골재의 최대공칭치수(mm)	시료의 최소중량(g)
10	1,000
13	2,500
19	5,000
25	10,000
40	15,000
50	20,000
65	25,000
80	30,000
90	35,000

4. 시험방법

1) KS A 5101에 규정된 한 벌의 체로써 체가름을 하되 체눈이 가는 것을 밑에 놓는다.
2) 체를 진동기에 걸어 놓은 다음 시료를 맨 위체(40mm)에 조심하여 붓는다.
3) 체진동기로 1분간에 각 체에 남는 시료량의 1% 이상이 그 체를 통과하지 않을 때까지 계속한다.
4) 각 체에 남은 시료의 중량을 저울로 측정한다.
5) 각 체에 잔류하는 시료의 중량을 전 중량(10,000g)에 대한 백분율(%)로 표시한다. 중량 백분율의 표시는 정수로 한다.
6) 조립율을 구한다. 그리고 입도곡선을 그린다.
   (굵은골재의 조립율은 6.0～8.0)
7) 굵은골재 최대치수를 구한다.
8) 같은 시료로 시험을 2회 이상으로 하여 그 평균값을 취한다.

표 1-3. 굵은골재 입도의 표준(무근 및 철근콘크리트, 포장콘크리트의 경우)

골재번호	체의호칭 / 골재의 크기(mm)	각 체를 통과하는 것의 중량 백분율(%)												
		100	90	80	65	50	40	25	20	13	10	5	2.5	1.2
1	90~40	100	90~100		25~60		0~15		0~5					
2	65~40			100	90~100	35~70	0~15		0~5					
3	50~25				100	90~100	35~70	0~15		0~5				
357	50~5				100	90~100		35~70		10~30		0~5		
4	40~20					100	90~100	20~55	0~15		0~5			
467	40~5					100	90~100		35~70		10~30	0~5		
57	25~5						100	95~100		25~60		0~10	0~5	
67	20~5							100	90~100		20~55	0~15	0~5	
7	13~5								100	90~100	40~70	0~15	0~5	
8	10~2.5									100	85~100	10~80	0~10	0~5

5. 주의 및 참고사항

1) 체가름할 때 체에 잔류한 시료편을 손으로 눌러서 통과시켜서는 안된다.
2) 시험은 2회 이상으로 하고 그 평균치를 취한다.
3) 골재의 조립률은 80mm, 40mm, 19mm, 10mm, 5mm, 2.5mm, 1.2mm, 0.6mm, 0.3mm. 0.15mm 등 10개의 체를 1조로 사용하여 체분석을 행한 경우 각 체에 남는 누가중량백분율의 합계를 100으로 나눈 값을 말한다.
4) 굵은골재 최대치수란 중량으로 90% 이상 통과하는 체중에서 최소치수 체의 공칭치수를 굵은골재 최대치수라 한다.
5) 굵은골재의 입도의 표준은 표 1-3과 같다.

6. 굵은골재 최대치수의 표준

1) 철근콘크리트의 경우

굵은골재 최대치수는 50mm 이하로, 부재 최소치수의 1/5 또는 철근의 최소 순간격의 3/4을 넘어서는 안된다. 이론적인 경우는 25mm, 단면이 큰 경우는 40mm를 대체적인 표준으로 한다.

2) 무근콘크리트의 경우

100mm 이하를 표준으로 하고 부재 최소치수의 1/4을 넘어서는 안된다.

3) 포장콘크리트의 경우

40mm 이하로 한다.

4) 댐콘크리트의 경우

150mm 정도 이하를 표준으로 한다.

건조기

체진동기

굵은골재의 체가름 시험 Data Sheet

시험일의 상태	실 온(℃)	습 도(%)

시 료	채취장소	채취날자	채취자

체 크 기 (mm)	각체에 남는량의 누계		각체에 남는량		통과량	
	(g)	(%)	(g)	(%)	(g)	(%)
80mm						
40mm						
25mm						
19mm						
13mm						
10mm						
5mm						
팬(접시)						
계						
최대치수(mm)			조립률			

입도곡선

체가름 곡선

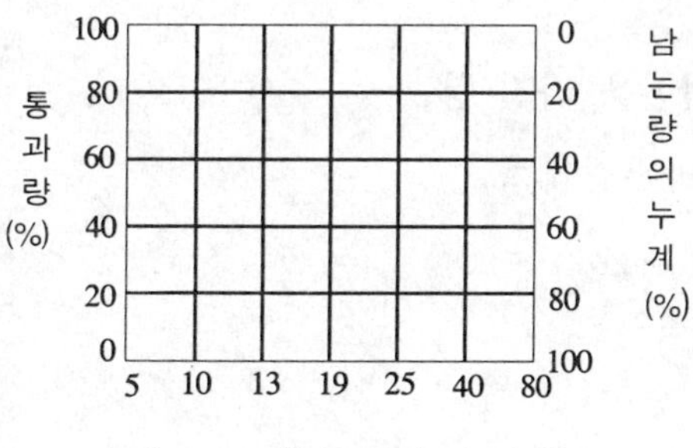

체번호(mm)

비고

조사 지점		시험년월일	
학과, 학년		반, 조	
학 번		성 명	

1-3. 잔골재의 비중 및 흡수율 시험(KS F 2504)

1. 목적

1) 잔골재의 일반적 성질을 판단하고 배합설계 시 잔골재의 산출(중량=용적×비중)을 알기 위함이다.
2) 잔골재의 흡수율 시험은 잔골재 알의 빈틈을 알 수 있고 배합설계 시 사용수량을 조절하기 위함이다.
3) 채취장소 및 풍화의 정도에 의해 비중과 흡수율이 변화한다.

2. 재료 및 시험기구

1) 잔골재를 4분법이나 시료분취기로 1,000g의 시료를 준비
2) 저울
3) 500㎖의 용적의 플라스크(Flask)
4) 원추형 몰드
   윗지름 38mm, 아랫지름 89mm, 높이 74mm, 최소두께 0.8mm의 원추형 몰드
5) 다짐막대
   중량 340g, 지름 25mm 원형인 다짐면을 가진 봉
6) 시료분취기, 건조기, 수조, 시료팬, 마른걸레......

3. 시험방법

1) 시료 1,000g을 채취하여 105±5℃의 온도로 항량이 될 때까지 건조시킨 다음 24±4시간 물에 담근다.
2) 시료를 평평한 용기(Hot Plate)에 펴 따뜻한 공기를 쬐면서 자주 시료를 헤쳐 균일하게 건조시킨다.
3) 잔골재 표면의 물기가 거의 없을 때까지 계속한다.
4) 원추형 몰드에 서서히 채운 뒤 표면을 다짐막대로 가볍게 25회 다지고 몰드

를 수직으로 올린다.

5) 잔골재가 흘러 내릴 때까지 잔골재를 조금씩 건조시킨다.(잔골재가 처음으로 흘러 내릴 때의 상태를 표면건조포화상태라 한다.)
6) 표면건조포화상태의 잔골재 500g을 정확히 단다.
7) 플라스크에 조심스럽게 넣는다.
8) 20℃의 물을 용기 용량의 90% 눈금까지 채운다.
9) 플라스크를 편평한 면에 굴러 기포를 없앤다.
10) 플라스크에 500㎖ 눈금까지 물을 정확히 채운 후 시료 및 물의 무게를 단다.
11) 플라스크에서 잔골재를 꺼내 105±5℃의 건조기에 넣어 항량이 될 때까지 건조시킨 후 실온에서 시료의 중량을 측정한다.(절대건조상태의 중량)
12) 빈 플라스크에 물을 검정 눈금까지 채운 후 중량을 측정한다.
13) 잔골재의 비중과 흡수량을 구한다.
14) 위의 시험을 2회 하여 비중시험인 경우 그 차가 0.02%, 흡수량은 0.05% 이하이어야 한다.

· 표면건조포화상태의 비중

$$= \frac{500}{500 + \text{플라스크에 물을 넣은 중량} - \text{플라스크에 물과 잔골재을 넣은 중량}}$$

· $\text{흡수율} = \frac{500 - \text{절대건조상태의중량}}{\text{절대건조상태의중량}} \times 100(\%)$

· 잔골재의 비중은 2.50～2.65정도

· 흡수율은 1% 이하

4. 중의 참고사항

1) 적재되어 있는 많은 골재로부터 대표적인 시험용 골재를 채취하는 경우에는 여러 곳에서 채취하는 것이 좋다.
2) 잔골재를 원추형 몰드에 넣고 다질 때 다짐대의 중량만으로 다지도록 한다.
3) 시료를 플라스크에 넣기 전에 소량의 물을 넣어 두면 플라스크가 깨질 염려

가 없다.

4) 잔골재의 비중은 일반적으로 2.50~2.65 정도이다.

SY-700

SY-701

SY-702

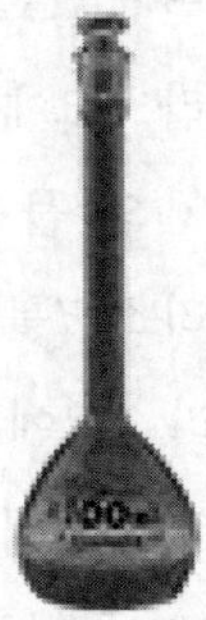
SY-703

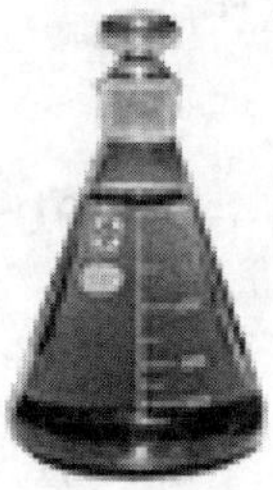
SY-704

SY-705A

SY-706A

SY-706B

잔골재의 비중 및 흡수율 시험 Data Sheet

<table>
<tr><td rowspan="2">시험일의 상태</td><td colspan="2">실온(℃)</td><td colspan="2">습도(%)</td><td colspan="2">수온(℃)</td><td>건조온도(℃)</td></tr>
<tr><td colspan="2"></td><td colspan="2"></td><td colspan="2"></td><td></td></tr>
<tr><td rowspan="2">시 료</td><td colspan="2">채 취 장 소</td><td colspan="3">채 취 날 자</td><td colspan="2">채 취 자</td></tr>
<tr><td colspan="2"></td><td colspan="3"></td><td colspan="2"></td></tr>
<tr><td colspan="2">측 정 번 호</td><td colspan="2">1</td><td>2</td><td colspan="2">3</td><td>4</td></tr>
<tr><td colspan="2">① 플라스크 의 번호</td><td colspan="2"></td><td></td><td colspan="2"></td><td></td></tr>
<tr><td colspan="2">② 물과 빈 플라스크 무게(g)</td><td colspan="2"></td><td></td><td colspan="2"></td><td></td></tr>
<tr><td colspan="2">③ 표면건조상태 시료의 중량(g)</td><td colspan="2"></td><td></td><td colspan="2"></td><td></td></tr>
<tr><td colspan="2">④ (플라스크)+(물)+(시료)의 중량(g)</td><td colspan="2"></td><td></td><td colspan="2"></td><td></td></tr>
<tr><td colspan="2">⑤ 주입된 물의 중량(g)</td><td colspan="2"></td><td></td><td colspan="2"></td><td></td></tr>
<tr><td colspan="2">⑥ 표건상태의 비중 $\frac{③}{② + ③ - ④}$</td><td colspan="2"></td><td></td><td colspan="2"></td><td></td></tr>
<tr><td colspan="2">⑦ 허 용 차</td><td colspan="2"></td><td></td><td colspan="2"></td><td></td></tr>
<tr><td colspan="2">⑧ 평 균 값</td><td colspan="2"></td><td></td><td colspan="2"></td><td></td></tr>
<tr><td colspan="2">⑨ 시료의 건조중량(A) (g)</td><td colspan="2"></td><td></td><td colspan="2"></td><td></td></tr>
<tr><td colspan="2">⑩ 흡수율 $\frac{500 - ⑨}{⑨} \times 100(\%)$</td><td colspan="2"></td><td></td><td colspan="2"></td><td></td></tr>
<tr><td colspan="2">⑪ 허 용 차</td><td colspan="2"></td><td></td><td colspan="2"></td><td></td></tr>
<tr><td colspan="2">⑫ 평 균 값</td><td colspan="2"></td><td></td><td colspan="2"></td><td></td></tr>
<tr><td colspan="8">비고</td></tr>
<tr><td>조사지점</td><td colspan="3"></td><td colspan="2">시험년월일</td><td colspan="2"></td></tr>
<tr><td>학과, 학년</td><td colspan="3"></td><td colspan="2">반, 조</td><td colspan="2"></td></tr>
<tr><td>학 번</td><td colspan="3"></td><td colspan="2">성 명</td><td colspan="2"></td></tr>
</table>

1-4. 굵은골재의 비중 및 흡수율 시험(KS F 2503)

1. 목적

1) 굵은골재의 일반적 성질을 판단하고 배합설계 시 굵은골재의 산출(중량=용적×비중)을 알기 위함이다.
2) 굵은골재의 흡수율 시험은 잔골재 알의 빈틈을 알 수 있고 배합설계 시 사용수량을 조절하기 위함이다.
3) 채취장소 및 풍화의 정도에 의해 비중과 흡수율이 변화한다.

2. 재료 및 시험기구

1) 굵은골재

   굵은골재를 4분법이나 시료분취기로 3,000g의 시료를 준비 (소요량을 채취하여 5mm(NO.4)체를 통과하는 시료는 모두 버린다.)
2) 저울

   칭량 5kg 이상, 감도 0.5g 이상이며 시료중량의 0.1% 이내를 읽을 수 있는 것
3) 철망태

   3mm 또는 그 이하의 철선으로 만든 것으로서 폭과 높이가 같은 것이어야 하며, 골재의 최대치수가 38mm 이하일 때 4,000~7,000m^3, 골재의 최대치수가 38mm 이상일 때 8,000~16,000cm^{3}의 용량을 가질 것
4) 건조기
5) 마른걸레
6) 철망태를 담을 수 있는 적당한 크기의 물통과 철망태를 저울접시의 중앙에 달아 맬 수 있는 장치

3. 시험방법

1) 시료를 깨끗이 씻은 다음 항량이 될 때까지 건조시키고 1~3시간 동안 실내

온도로 냉각시킨 다음 24±4시간 수조에 담근다.

2) 시료를 물 속에서 꺼내어 큰 흡수천으로 물기를 제거한다.(표면건조포화상태)
3) 표면건조포화상태의 시료의 대기 중 중량을 단다.
4) 철망태의 수중중량을 단다.
5) 표면건조포화상태의 시료를 철망태에 넣어 수중중량을 단다.(5-4)
6) 물 속에서 꺼낸 시료를 105±5℃ 온도로 항량이 될 때까지 건조시키고 1~3 시간 실내온도에서 식힌 다음 무게를 단다.

· 표면건조포화상태의 비중 $= \dfrac{\text{표면건조포화상태의 중량}}{\text{표면건조포화상태의 중량} - \text{시료의 수중중량}}$

· 흡수율 $= \dfrac{\text{표면건조포화상태의 중량} - \text{절대건조상태의 중량}}{\text{절대건조상태의 중량}} \times 100$

· 절대건조상태의 비중 $= \dfrac{\text{절대건조상태의 중량}}{\text{절대건조상태의 중량} - \text{시료의 수중중량}}$

· 진비중 $= \dfrac{\text{절대건조상태의 중량}}{\text{표면건조포화상태의 중량} - \text{시료의 수중중량}}$

· 굵은골재의 비중은 2.55~2.70
· 흡수율 2.5%이하
· 댐콘크리트의 비중 2.5이상

표 1-4. 시료의 최소중량

공칭최대치수(mm)	시료의 최소중량(kg)
13 또는 그 이하	2
19	3
25	4
38	5
50	8
63	12
75	18
90	25

7) 시료를 여러 개의 무더기로 나누어서 시험하였을 때 비중의 평균치는 다음 식을 사용하여 계산할 수 있다.

$$G=\frac{1}{\frac{P_1}{100\ G_1}+\frac{P_2}{100\ G_2}\ \cdots\cdots+\frac{P_n}{100\ G_n}}$$

여기서, G : 평균 비중

G_1, G_2........ G_n : 각 무더기의 비중

P_1, P_2......... P_n : 원 시료에 대한 각 무더기의 중량백분율(%)

8) 흡수율의 평균치는 다음과 같이 계산한다.

$$A=(\frac{P_1\ A_1}{100})+(\frac{P_2\ A_2}{100})\cdots\cdots+(\frac{P_n\ A_n}{100})$$

여기서, A : 평균 흡수율(%)

A_1, A_2.... A_n : 각 무더기의 흡수율(%)

P_1, P_2......... P_n : 원 시료에 대한 각 무더기의 중량백분율(%)

9) 상기의 시험을 두 번 실시하여 그 측정값의 차가 비중시험의 경우에는 그 값의 0.02 이하, 흡수율의 경우에는 0.05 이하이어야 한다.

굵은골재의 비중 및 흡수율 시험 Data Sheet

시험일의 상태	실온(℃)	습도(%)	수온(℃)	건조온도(℃)

시 료	채 취 장 소	채 취 날 자	채 취 자

측 정 번 호	1	2	3	4
① 표면건조포화상태의 중량(g)				
② 물속의 철망태와 시료의 중량(g)				
③ 물속의 철망태의 중량(g)				
④ 물속의 시료의 중량 ②-③(g)				
⑤ 표면건조포화상태의 비중 $\frac{①}{① - ④}$				
⑥ 허 용 차				
⑦ 평 균 값				
⑧ 건조 후의 시료의 중량(g)				
⑨ 흡수율 $\frac{① - ⑧}{⑧} \times 100(\%)$				
⑩ 허 용 차				
⑪ 평 균 값				

비고

조사지점		시험년월일	
학과, 학년		반, 조	
학 번		성 명	

1-5. 골재의 단위 용적 중량 시험(KS F 2505)

1. 목적

1) 골재의 공극률 계산, 콘크리트의 배합을 용적으로 표시하는 경우, 골재를 용적으로 계량하는 경우에 필요하다.
2) 포장용 콘크리트에 사용되는 단위 굵은골재 용적을 정하는데 필요하다.
3) 골재의 공극률 계산에 의해 골재의 양부를 판단하는 기준이 된다.
4) 부순돌, 경량골재의 입형 판정에 이용된다.
5) 골재의 용적에 의한 검수에 이용된다.

2. 재료 및 시험기구

1) 굵은골재, 잔골재
2) 저울
   시료 무게의 0.1% 까지 측정할 수 있는 감도를 가진 것
3) 다짐대
   중량 340g, 지름 25mm 원형인 다짐면을 가진 봉
4) 골재 단위 무게 측정 용기
   금속제 원통형으로 가급적 손잡이가 있는 것이 좋다. 크기는 골재의 최대치수에 따라 치수를 정한다.

표 1-5. 용기의 용량과 치수

용 량 (ℓ)	안지름 (mm)	안높이 (mm)	금속용기의 최소두께(mm)		골재의 최대치수
			바 닥	벽	
3	155±2	160±2	5.0	2.5	12.5
10	205±2	305±2	5.0	2.5	25
15	255±2	295±2	5.0	3.0	40
30	355±2	305±2	5.0	3.0	100

- 굵은골재의 최대치수(25mm인 경우): 용량(10 ℓ), 내경(205±2mm), 안높이(305±2mm)
- 잔골재: 용량(3 ℓ), 내경(155±2mm), 안높이(160±2mm)

3. 용기의 검정

1) 실온에서 용기에 물을 채우고 기포나 여분의 물을 제거할 수 있도록 판유리로 덮는다.
2) 용기 내의 물의 중량을 0.1%의 정밀도로 측정한다.
3) 용기 내의 물의 온도를 측정하여 물의 단위중량을 계산한다.
4) 용기에 채우는데 필요한 물의 중량을 물의 단위중량으로 나누어 용기의 계수를 계산한다.

표 1-6. 물의 단위중량

온도(℃)	단위중량(kg/m³)	온도(℃)	단위중량(kg/m³)
4	1,000.0	18	998.62
5	999.99	19	998.43
6	999.96	20	998.23
7	999.93	21	998.02
8	999.87	22	997.80
9	999.80	23	997.56
10	999.73	24	997.32
11	999.63	25	997.07
12	999.52	26	996.81
13	999.40	27	996.54
14	999.27	28	996.26
15	999.12	29	995.97
16	998.97	30	995.67
17	998.80		

4. 시험방법

1) 봉다짐 시험방법

(1) 공기 중 건조상태의 시료를 용기의 1/3정도 채우고 손가락으로 고른 다음 다짐대로 25회 고르게 다진다.
(2) 다시 용기의 2/3정도 시료를 넣고 25회 다진다.
(3) 용기에 넘쳐 흐르도록 시료를 채우고 같은 방법으로 다진다.
(4) 골재의 표면을 손이나 곧은 자로 고르게 고른 다음 튀어나온 부분은 윗면과 대략 같게 한다.
(5) 용기의 무게를 단다.
(6) 용기와 시료의 중량을 단다
(7) 각 골재를 2회 측정하여 그 평균값을 취한다.

· 단위용적중량 $= \dfrac{\text{시료의 중량}}{\text{용기의 용적}}$

시료의 중량 = {(용기+시료의 중량)−용기의 중량}

용기의 용적 $= \dfrac{\pi}{4} D^2 \times h$

2) 지깅(Jigging) 시험방법

(1) 지깅 시험방법은 골재의 최대치수가 40mm 이상, 100mm 이하인 것에 대하여 적용한다.
(2) 용기의 시료를 3층으로 채우는데 용기를 콘크리트 슬래브와 같은 견고한 바닥 위에 놓고 용기의 한쪽이 5cm 가량 올라가도록 기울인 후 슬래브에 닿아서 충격을 받을 수 있도록 용기를 떨어뜨려서 각 층을 채워야 한다.
(3) 각 층에 대하여 용기를 위의 방법으로 한쪽에 25회 씩 50회 떨어뜨려 다져야 한다. 용기의 윗면에서 골재의 튀어나온 부분이 빈틈과 대략 같도록 손가락이나 곧은 날로 고른다.

(4) 용기와 시료의 중량을 0.1%까지 달아 그 무게를 기록하고 이 무게에 용기의 계수를 곱한 값이 다져진 골재의 단위중량이다.

표 1-7. 골재의 단위중량 및 실적률

골재의 종류		단위중량(kg/m³)	실적률(%)
보통골재	잔골재	1,500~1,850	53~73
	굵은골재	1,550~2,000	45~70
경량골재	잔골재	800~1,200	48~72
	굵은골재	650~900	50~70

3) 삽을 이용한 시험방법

(1) 삽을 사용하는 시험방법은 골재의 최대치수가 100mm 이하인 것에 대하여 적용한다.
(2) 골재를 용기 윗면에서의 높이가 50mm를 넘지 않는 위치에서 삽이나 스콥(Scoop)으로 채운다. 이때 가급적 시료의 재료분리가 일어나지 않도록 주의하여야 한다.
(3) 용기의 윗면에서 골재의 튀어나온 부분이 빈틈과 대략 갖도록 손가락이나 곧은 날로 고른다.
(4) 용기와 시료의 중량을 0.1%까지 달아 그 무게를 기록하고 용기의 계수를 곱한 값이 흐트러진 상태의 단위중량이다.

5. 주의 및 참고사항

1) 동일한 시료와 시험방법을 사용한 시험결과의 차가 1% 이내이어야 한다.
2) 단위중량은 kg/m³ 또는 kg/ℓ로 표시한다.
3) 보통골재, 경량골재의 단위중량, 실적률의 대체적인 값은 표 1-7과 같다.

골재의 단위중량 시험 Data Sheet

<table>
<tr><td rowspan="2">시험일의 상태</td><td colspan="2">실온(℃)</td><td colspan="3">습도(%)</td></tr>
<tr><td colspan="2"></td><td colspan="3"></td></tr>
<tr><td rowspan="2">시 료</td><td>채 취 장 소</td><td colspan="2">채 취 날 자</td><td colspan="2">채 취 자</td></tr>
<tr><td></td><td colspan="2"></td><td colspan="2"></td></tr>
</table>

<table>
<tr><td rowspan="2">측 정 번 호</td><td colspan="2">잔 골 재</td><td colspan="2">굵 은 골 재</td></tr>
<tr><td>1</td><td>2</td><td>3</td><td>4</td></tr>
<tr><td>① 용기 용적 (m^3)</td><td></td><td></td><td></td><td></td></tr>
<tr><td>② (시료+용기)의 중량 (g)</td><td></td><td></td><td></td><td></td></tr>
<tr><td>③ 용기 중량 (g)</td><td></td><td></td><td></td><td></td></tr>
<tr><td>④ 시료 중량 (g)</td><td></td><td></td><td></td><td></td></tr>
<tr><td>⑤ 함수량을 측정하지 않은 경우
단위용적 중량 $\frac{④}{①}$ (kg/m^3)</td><td></td><td></td><td></td><td></td></tr>
<tr><td>⑥ 허 용 차</td><td></td><td></td><td></td><td></td></tr>
<tr><td>⑦ 평 균 값</td><td></td><td></td><td></td><td></td></tr>
<tr><td>⑧ 함수량을 측정한 경우
건조전의 시료 중량 (kg)</td><td></td><td></td><td></td><td></td></tr>
<tr><td>⑨ ⑧의 건조 후 중량 (g)</td><td></td><td></td><td></td><td></td></tr>
<tr><td>⑩단위용적중량 ⑤× $\frac{⑨}{⑧}$ (kg/m^3)</td><td></td><td></td><td></td><td></td></tr>
<tr><td>⑪ 허 용 값</td><td></td><td></td><td></td><td></td></tr>
<tr><td>⑫ 평 균 값</td><td></td><td></td><td></td><td></td></tr>
<tr><td colspan="5">비고

</td></tr>
</table>

조사지점		시험년월일	
학과, 학년		반, 조	
학 번		성 명	

1-6. 잔골재의 표면수 측정방법(KS F 2509)

1. 목적

이 시험은 콘크리트의 시방배합을 조정하여 현장배합으로 환산하는데 필요한 시험이다.

2. 재료 및 시험기구

1) 저울
   칭량 2kg 이상, 감도 0.5g 이하 인 것
2) 플라스크
   참프만플라스크(Chapman Flask) 또는 피크노미터(Pychnometer)용기를 이용하여 용적이 다져지지 않은 시료용적의 2～3배가 되어야 한다. 일정한 용량을 표시하는 표시선이 있든지 또는 용량을 0.5mℓ 이하까지 읽을 수 있는 눈금이 있는 것
3) 시료
   시료는 표면수량을 측정할 잔골재를 대표할 수 있도록 채취한다. 시료의 중량은 200g 이상이어야 하며 보다 더 많은 시료에 대해서 시험한 결과는 보다 더 정확한 결과를 얻을 수 있다.

3. 시험방법

1) 중량법에 의한 측정
   ① 물을 용기의 표시선까지 채우고 중량을 g 단위로 측정한 다음에 용기를 비운다.
   ② 시료를 침수시킬 수 있는 충분한 물을 용기 속에 다시 넣는다.
   ③ 그 다음 잔골재를 용기 속에 넣고 기포를 제거한다.
   ④ 용기에 원 표시선까지 물을 채우고 g 단위로서 그 중량을 측정한다.

⑤ 시료에 의해서 배제되는 물은 다음 식에 따라 계산한다.

$$V_s = W_c + W_s - W$$

여기서, V_s : 시료에 의해 배제되는 물의 중량(g)

W_c : 표시선까지 물이 들어 있는 용기의 중량(g)

W_s : 시료의 중량(g)

W : 표시선까지 물을 채웠을 때의 시료가 들어 있는 용기의 중량(g)

2) 용적법에 의한 측정

① 시료를 충분히 침수시킬 수 있는 물의 양을 mℓ로 측정하고 이 물을 용기 속에 넣는다.

② 칭량된 잔골재 시료를 용기 속에 넣은 다음 함유되어 있는 기포를 제거한다.

③ 용량을 측정할 수 있는 플라스크를 사용했을 때의 시료와 물의 혼합된 용량은 플라스크의 눈금을 읽음으로써 측정할 수 있다.

④ 일정한 용량의 피크노미터나 플라스크가 사용될 때의 시료와 물의 혼합된 용량은 다음과 같이 측정할 수 있다. 즉 이들 용기의 표시선까지 물을 채우고 그 수량을 측정한다. 용기용적에서 이 수량을 빼면 이것이 용적이 된다.

⑤ 시료에 의해서 배제되는 물의 용량은 다음과 같이 구한다.

$$V_s = V_2 - V_1$$

여기서, V_s : 시료에 의해서 배제되는 물의 용량(mℓ)

V_2 : 시료와 물의 혼합용량(mℓ)

V_1 : 시료를 완전히 침수시키는데 소요되는 물의 용량(mℓ)

⑥ 표면건조포화상태의 잔골재를 기준으로한 표면수율과 습윤상태의 잔골재의 중량을 기준으로 한 표면수율은 다음식으로 구한다.

$$P_1(\%) = \frac{V_s - V_d}{W_s - V_s} \times 100$$

$$P_2(\%) = \frac{V_s - V_d}{W_s - W_d} \times 100$$

여기서, V_s : 배제된 물의 중량(g)

V_d : 시료중량을 표면건조포화상태의 비중으로 나눈 값

P_1 : 표면건조포화상태의 잔골재를 기준으로 한 표면수율

P_2 : 습윤상태의 잔골재의 중량을 기준으로 한 표면수율

W_s : 시료의 중량(g)

W_d : 시료중량을 습윤상태의 비중으로 나눈 값

4. 주의 및 참고사항

1) 시험은 동일시료에 대하여 2회 계속 시험하였을 때의 차가 0.5% 이하이어야 한다.
2) 시험은 15～29℃의 온도범위 내에서 행해야 한다.
3) 골재의 수면수량의 근사치는 표 1-8과 같다.

표 1-7. 골재 표면수량의 기준

골재의 상태	표면수량(%)
젖은 자갈 또는 부순돌	1.5～2
아주 젖은 모래(쥐면 손바닥이 젖는 상태)	5～8
보통 젖은 모래(쥐면 모양을 유지하고 손바닥에 약간의 수분이 묻는 상태)	2～4
젖은 모래(쥐어도 모양은 바로 부너지고 손바닥이 약간 젖는 것을 느끼는 상태)	0.5～2

잔골재의 표면수 측정시험 Data Sheet

시험일의 상태	실 온(℃)	습 도(%)	수 온(℃)	건조온도(℃)
시 료	채 취 장 소	채 취 날 자	채 취 자	표 면 비 중

측 정 번 호(중량법)	1	2	3	4
① (용기중량)+(표시선까지의 중량) W_c(g)				
② 자연상태 시료의 중량 W_s(g)				
③ (용기)+(표시선까지의 물)+(시료의 중량) W(g)				
④ V_s=①+②−③(g)				
⑤ $V_d=\frac{②}{비중}$				
⑥ 표면수량 $P_1=\frac{④-⑤}{②-④}\times 100(\%)$				
⑦ 표면수량 $P_2=\frac{④-⑤}{②-⑤}\times 100(\%)$				
⑧ 허 용 차				
⑨ 평 균 값				
용 적 법				
⑩ 시료를 완전히 침수시킬 수 있는 물의 용적 V_1(cc)				
⑪ (시료)+(물)의 용적 V_2(cc)				
⑫ V_s=⑪−⑩(cc)				
⑬ 표면수량 $P_1=\frac{⑫-⑤}{②-⑫}\times 100(\%)$				
⑭ 표면수량 $P_2=\frac{⑫-⑤}{②-⑤}\times 100(\%)$				
⑮ 허 용 차				
⑯ 평 균 값				

비고

조사지점		시험년월일	
학과, 학년		반, 조	
학 번		성 명	

1-7. 모래의 유기불순물 시험방법(KS F 2510)

1. 목적

1) 이 시험은 시멘트 모르터 또는 콘크리트에 사용되는 천연모래 중에 함유된 유기화합물의 해로운 양을 대략적으로 결정하는 것이 목적이다.
2) 이 시험의 목적은 모래의 사용여부를 결정함에 앞서 모래에 대한 보다 더 정밀한 시험의 필요성 유무를 미리 판단하는데 있다.

2. 재료 및 시험기구

1) 시료분취기
2) 화학천평
3) 메스실린더
4) 피펫(Pipette)
5) 유리병

고무 병마개를 갖고 눈금이 있는 용량 400㎖의 무색 유리병이 2개 있어야 하며 그 중 하나는 130㎖와 200㎖의 눈금이 있을 것

3. 식별용 표준색 용액을 만드는 방법

1) 물과 가성소다의 무게비가 97 : 3의 비로 3%의 수산화나트륨(NaOH)용액을 만든다.
2) 10%의 알코올액으로 2%의 탄닌산 용액을 만든다.
3) 탄닌산 2.5㎖를 3%의 수산화나트륨 용액 97.5에 탄다.
4) 이것을 용량 약 400㎖의 시험용 무색 유리병에 넣는다.
5) 고무마개로 막고 잘 흔들어 24시간 가만히 놓아둔 것을 표준색 용액으로 한다.

4. 시험방법

1) 모래시료를 4분법 또는 시료분취기를 사용하여 약 450㎖를 취한다.
2) 시료를 시험용 무색 유리병에 130㎖ 되는 눈금까지 채운다.
3) 여기에 3%의 가성소다 용액을 가하여 모래와 용액의 전 양이 200㎖가 되도록 한다.
4) 병마개를 닫고 잘 흔든 후 24시간 가만히 놓아둔다.
5) 24시간 놓아 둔 시험용 유리병과 식별용 표준색 용액에 의하여 준비된 후 2시간을 경과하지 않은 표준색 용액을 75㎖ 눈금까지 넣는다.
6) 그 다음 시료 윗부분의 투명한 용액의 색을 표준색 용액의 색과 비교한다.
7) 그리고 시료 윗부분의 용액이 표준색 용액보다 연한지, 진한지 또는 같은지를 기록해 둔다.
8) 시험용액의 색도가 표준색 용액보다 진할 때는 그 모래를 사용하기 전에 KS F 2514(모르터의 압축강도에 의한 잔골재 시험방법)의 시험을 할 필요가 있음을 나타내는 것이다.

5. 유기불순물 함유량의 판정표준의 한 예

1) 2%의 탄닌산 용액은 10cc 정도 만드는 것이 색도의 차가 작게된다.
2) 3%의 수산화나트륨 용액은 표준색 용액, 시험용액을 합한 양을 동시에 만들면 편리하다.
3) 표준색 용액은 시간의 경과에 따라서 색이 변하기 때문에 그때마다 만들 필요가 있다.
4) 산모래, 산자갈 등은 하상 또는 구릉지 등에서 나오는 것으로 유기불순물, 기타 성분을 다량으로 함유하는 경우가 많다. 부득이 사용하는 경우에는 사용할 때에 충분히 세척할 필요가 있다.
5) 유기불순물 함유량 판정표준의 한 예를 나타내면 다음과 같다.

표 1-8. 유기불순물 함유량 판정표준의 한 예

색	적 부	1 : 3 된반죽모르터의 σ_7 및 σ_{28}의 저하율(%)
무색 또는 담황색	좋은 콘크리트에 사용할 수 있다.	0
농황색	사용할 수 있다.	10~20
적황색	콘크리트강도가 작을 때에 사용할 수 있다.	15~30
담적갈색	사용할 수 있다.	25~50
암적갈색	사용할 수 있다.	50~100

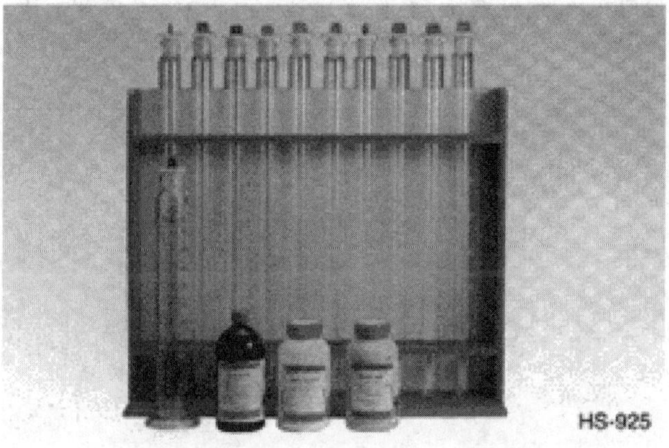

모래의 유기불순물 시험장치(비색관법)

모래의 유기불순물 시험 Data Sheet

시험일의 상태	실온(℃)		습도(%)		수온(℃)
시 료	채 취 장 소		채 취 날 자		채 취 자
측 정 번 호	1	2		3	4
용 액 의 색	표준색의( )	표준색의( )		표준색의( )	표준색의( )
결 과					
비고					

조사지점		시험년월일	
학과, 학년		반, 조	
학 번		성 명	

1-8. 굵은골재의 마모 시험방법(KS F 2508)

1. 목적

1) 이 시험은 철구를 이용하는 로스앤젤레스 시험기를 사용하여 부순돌, 부순광재, 자갈 등의 마모에 대한 저항성을 시험하는 방법이다.

2) 이 시험은 시료인 굵은 골재가 마모저항이 요구되는 콘크리트에 사용 가능한지 여부를 판정하기 위하여 행한다.

2. 재료 및 시험기구

1) 로스앤젤레스 시험기

안지름 710mm, 내측길이 510mm의 양끝이 밀폐된 강철제의 원통형으로 구성된 시험기

2) 체

80, 65, 50, 40, 25, 19, 13, 10mm, No.3, No.4, No.8, No.12 체

3) 철구

지름 약 47.5mm, 무게 390～445g의 주철 또는 강철로 된 것으로 시험에 사용되는 철구의 수 및 허용 총 중량은 규정한 시험용 시료의 입도에 따라 표 1-9의 값을 사용해야 한다.

표 1-9. 사용철구의 수 및 총 중량

등 급	사용 철구 수	사용 철구의 중량(g)
A	12	5,000±25
B	11	4,580±25
C	8	3,330±20
D	6	2,500±15
E	12	5,000±25
F	12	5,000±25
G	12	5,000±25

3. 시험방법

1) 시험용 시료는 깨끗하고 건조(항량이 될 때까지 105±5℃의 온도로 건조시켜야 한다.)된 것이어야 한다.
2) 골재의 시료는 그 입도를 표1-10의 7개 등급 중의 하나로 선정해야 한다. 사용되는 입도는 공사에 사용되는 골재의 입도를 가장 잘 대표하는 것이어야 한다. 시료의 A, B, C, D 급은 1g까지 E, F, G급은 5g의 정밀도로 측정한다.
3) 시험용 시료와 철구를 로스앤젤레스 시험기에 넣은 후 매분 30~33회 회전시킨다. 시료가 A, B, C, D의 입도의 경우에는 500회, E, F, G인 경우에는 1,000회 회전시킨다.
4) 시험이 끝난 후 시료를 시험기로부터 들어내어 No.12체로 체가름한다.

표 1-10. 사용시료의 등급에 따르는 중량

정방형체 눈을 가진체의 크기(mm)		중 량(g)						
통과체	남는체	A	B	C	D	E	F	G
80	65	-	-	-	-	5.000*	-	-
65	50	-	-	-	-	5,000*	-	-
50	40	-	-	-	-	5,000	5,000*	-
40	25	1,250	-	-	-	-	5,000*	5.000*
25	19	1,250	-	-	-	-	-	5,000*
19	13	1,250	2,500	-	-	-	-	-
13	10	1,250	2,500	-	-	-	-	-
10	No.3 1/2	-	-	2,500	-	-	-	-
No.3 1/2	No.4	-	-	2,500	-	-	-	-
No.4	No.8	-	-	-	5,000	-	-	-

(주) * 시료중량의 허용치는 ±2이다.

5) No.12체에 잔류하는 시료를 물로 씻은 다음, 항량이 될 때까지 105±5℃의 온도로 건조시켜 최소 1g까지 계량한다.
6) 시험한 시료의 시험 전의 중량과 시험 후의 중량의 차를 시험 전의 시료의 중량백분율로 표시한다.

$$마모률(\%) = \frac{시험\ 전의\ 시료중량 - 시험\ 후의\ 시료중량}{시험\ 전의\ 시료중량} \times 100$$

4. 주의 및 참고사항

1) 암석을 손으로 거의 입방체에 가까운 입형으로 깬 것을 이 방법에 의해 시험한 경우 마모감량은 같은 암석으로부터 만든 부순돌에 대하여 시험한 경우 마모감량의 약 85% 정도이다.
2) 로스앤젤레스 시험기에 의해 굵은골재의 마모감량의 한도는 포장콘크리트의 경우는 35%, 댐콘크리트 및 부순돌의 경우는 40%로 한다.
3) 데발(Deval) 시험기에 의한 굵은골재의 마모 시험방법도 있다.

굵은골재의 마모 시험 Data Sheet

시험일의 상태	실온(℃)	습도(%)

시 료	채 취 장 소	채 취 날 자	채 취 자

체의 크기 또는 번호		각무더기의 중량 (g)	각무더기의 중량 백분율(%)	입도구분	철구의수	회전수	① 시험전의 시료 중량(g)
남는체(mm)	통과체(mm)						
2.5	2.5						
5	5						
5.66(No.31/2)	10						
10	13						
13	19						
19	25						
25	40						
40	50						
50	65						
65	80						
합 계			100.0				
② 시험 후 No.12체에 남는 시료의 중량(g)							
③ 손실 중량①-② (g)							
④ (마모율)③/①×100 (%)							

비고

조사지점		시험년월일	
학과, 학년		반, 조	
학 번		성 명	

1-9. 콘크리트용 골재의 공극 시험(KS F 2506)

1. 목적

골재의 공극을 측정하기 위하여 행한다.

2. 재료 및 시험기구

1) 굵은골재의 비중 및 흡수량 시험기구
2) 잔골재의 비중 및 흡수량 시험기구
3) 골재의 단위용적중량 시험기구

3. 골재의 공극(빈틈)은 다음 식으로 구한다.

$$\text{공극률(빈율, \%)} = \frac{(\text{비중} \times 0.999) - \text{중량}}{\text{비중} \times 0.999} \times 100$$

여기서,

비중 : 표면건조상태의 비중

중량 : 공기중건조상태의 중량(정확한 값은 표면건조포화상태의 중량으로 해야 한다.)

0.999 : 표준온도 17℃에서 물 $1m^3$의 중량($0.999t/m^3$)

4. 주의 및 참고사항

1) 일반적으로 표준계량에 의한 공극률은 30～45%(잔골재), 35～40%(굵은골재)
2) 잔골재, 굵은골재가 적당한 입도를 갖고 적당히 혼합되면 공극률은 25% 이하가 된다. 공극이 적은 것을 선택하면 경제적인 콘크리트를 얻는다.

콘크리트용 골재의 공극 시험 Data Sheet

시험일의 상태	실온(℃)	습도(%)

시 료	채 취 장 소	채 취 날 자	채 취 자

측 정 번 호	잔 골 재		굵 은 골 재	
	1	2	3	4
① 표면건조상태 비중				
② 허 용 차				
③ 평 균 값				
④단위 용적 중량(t/m^3)				
⑤ 허 용 차				
⑥ 평 균 값				
⑦ 공극률(%) = $\frac{③ \times 0.999 - ⑥}{③ \times 0.999} \times 100$				
⑧ 실적률(%) = 100 − ⑦				

비고

조사지점		시험년월일	
학과, 학년		반, 조	
학 번		성 명	

제2장 … 시멘트

= 100 − ⑦

2-1. 시멘트 비중 시험(KS L 5110)

1. 목적

1) 콘크리트의 배합설계에서 시멘트가 차지하는 용적을 계산하기 위하여 그 비중을 알아야 한다.
2) 비중의 시험값에 의해 시멘트 풍화의 정도를 알 수 있다.
3) 비중의 시험값에 의해 시멘트의 품질과 혼합시멘트에 있어서 혼합하는 재료의 함유비율을 추정할 수 있다.
4) 혼합시멘트의 분말도시험(브레인 방법)을 행할 때 시료의 양을 결정하는데 비중의 실측값이 이용된다.

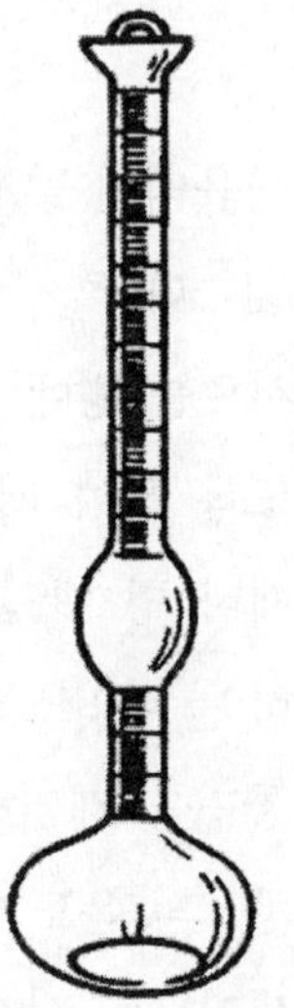

2. 재료 및 시험기구

1) 르 샤델리 비중병(Le Chatelier Flask)
2) 저울
   칭량 200±0.2g
3) 광유
   비중이 0.83정도인 완전 탈수된 등유나 나프타
4) 철사와 마른수건

5) 시멘트 64g

6) 항온수조

비중병을 넣어 20±0.2℃ 이내의 일정온도로 조절할 수 있는 것

3. 시험방법

1) 비중병의 눈금 0~1㎖ 사이에 광유를 넣는다.
2) 비중병을 항온수조에 정치하고 30분~1시간 후에 눈금을 읽는다.
3) 시멘트 64g를 소숫점 이하 1자리까지 정확히 단다.
4) 시멘트를 조금씩 르 샤델리 비중병에 넣는다.
5) 시멘트를 다 넣었으면 적당히 진동을 주어 비중병 속에 있는 공기를 충분히 제거한다.
6) 다시 비중병을 항온수조에 정치하고 처음 눈금을 읽었을 때와 같은 온도에서 비중병의 눈금을 읽는다.
7) 시멘트 비중 $= \dfrac{\text{시료 시멘트의 중량}}{\text{비중병의 눈금차}}$ 에 의하여 시멘트의 비중을 구한다.
8) 시험은 2회 실시하여 그 평균값의 차가 0.01이내여야 한다.

4. 주의 및 참고사항

1) 광유액면(鑛油液面)의 눈금을 읽을 때는 미니스커스(Miniscus)의 최저면을 읽는다.
2) 시료를 병에 넣을 때 흩어지지 않고 액면 윗 부분의 비중병 내부에 묻지 않도록 하여 기름을 위로 올려서 둥근부분이 막히지 않도록 한다. 만일 막힐 때나 병 내면에 부착되었을 때는 병 밑바닥을 가볍게 두들기거나 경사지게 하여 떨어뜨리면 좋다.
3) 공기를 제거하기 위해서는 병이 파손되지 않을 정도로 진동을 준다.
4) 광유의 온도가 1℃ 변하면 용적이 약 0.2cc 변화하고, 비중이 약 0.02의 차가 생기므로 시멘트를 넣기 전후의 광유의 온도차는 0.2℃를 넘어서는 안된다.

5) 비중시험은 2회 이상 행하고, 0.01 이내에서 일치하여야 한다.

6) 비중의 값은 그 평균치를 취한다.

7) 사용후의 비중병은 잔골재를 사용하여 깨끗하게 씻는다.

8) 풍화에 의한 비중변화의 예는 표 2-1과 같다.

표 2-1. 시멘트 저장기간과 비중의 변화

저장기간(월)	0	1	2	3	6	9
비 중	3.14	3.14	3.11	3.09	3.10	3.11

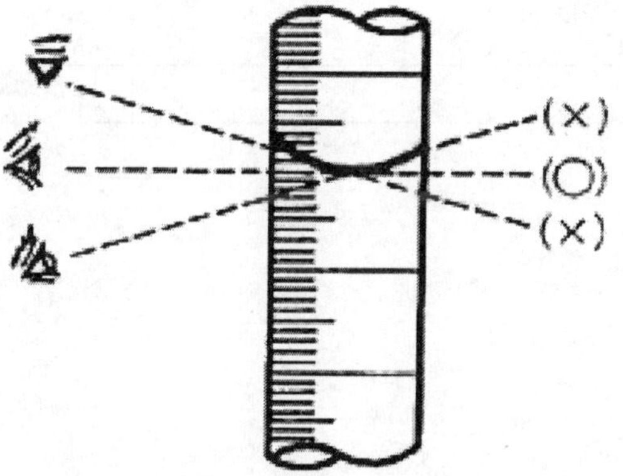

눈금 읽는 방법

시멘트 비중시험 Data Sheet

시험일의 상태		실험실온도(℃)		습도(%)	
측 정 번 호		1	2	3	4
광유표면의 눈금 읽기	처음 읽기(cc)				
	마지막 읽기(cc)				
읽기의 차 v(cc)					
시멘트의 중량 ω(g)					
비중 $\rho = \frac{\omega}{v}$					
광유표면의 눈금 읽을 때의 온도	처음 읽기(cc)				
	마지막 읽기(cc)				
평 균 비 중					

비 고

조사 지점		시험년월일	
학과, 학년		반, 조	
학 번		성 명	

2-2. 공기투과장치에 의한 시멘트의 분말도 시험(KS L 5106)

1. 목적

이 시험은 시멘트의 분말도를 측정할 목적으로 행한다. 시멘트입자의 미세 정도는 콘크리트의 모든 성질에 영향을 미치는 중요한 인자이다.

2. 재료 및 시험기구

1) 브레인 공기투과장치 세트
2) 스톱 워치
3) 여과기
4) 천평
   칭량 100±0.005g
5) 마노미터(Manometer)
6) 붓 및 숟가락
7) 시료병

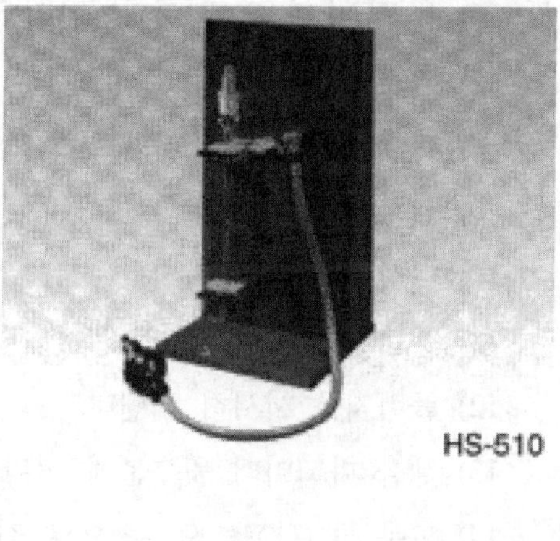
HS-510

3. 시험방법

1) 미국 표준국 표준시료 No.114를 다음의 순서대로 측정한다.
2) 매회 새로운 시멘트 벳을 형성하고, 3회 이상 행하여 그 평균치를 구한다.(표준화 시험)
3) 시료 시멘트 약 10g을 100cc의 시료병에 넣고 밀봉하여 약 2분간 심하게 흔들어서 덩어리를 잘 풀어 놓는다.
4) 저울에 계측하는 시료의 양은 다음 식에 따라 계산하고 시료를 0.001g까지 정확히 칭량한다.

$$W = \rho V(1-e)$$

여기서,

W : 저울에 계측할 시료의 중량(g)

ρ : 시멘트의 비중(보통포틀랜드시멘트는 3.15로 한다.)

V : 셀(Cell)중의 시멘트 벳이 차지하는 체적(cc)

e : 시멘트 벳의 기공률(Porosity)(보통포틀랜드시멘트의 경우는 0.500±0.005로 한다.)

5) 셀을 마노미터에서 떼고 플런저를 빼내어 셀의 밑바닥에 유공금속판을 바르게 접촉시켜 넣는다.
6) 유공금속판 위에 여과지 1장을 포개어 놓는다.
7) 셀에 깔대기를 대고 시료를 서서히 흘리지 않도록 넣는다.
8) 깔때기에 부착된 시멘트는 붓으로 떨어뜨리고 조용히 깔대기를 치운다.
9) 셀 측면을 붓으로 가볍게 두들겨 시료를 고르게 한다.
10) 다시 별도의 여과지를 시료 위에 넣는다.
11) 플런저의 턱이 셀의 위쪽에 닿을 때까지 플런저를 가볍게 누른다.
12) 플런저를 서서히 빼낸다.
13) 셀을 마노미터 윗부분에 끼워 넣는다.
14) 고무구슬(球)을 오른손으로 쥐고 왼손으로 콕크(Cock)를 개방한다.
15) 고무구슬을 쥐었던 손을 천천히 떼어, U자관 내에 액체의 윗면을 제1표선까지 올리고 콕크를 닫는다.
16) 액체의 윗면이 2표선에 오면 스톱워치를 누르고 3표선까지 강하하는 시간(t)을 0.5초까지 정확하게 측정한다. 이 때의 실험온도를 기록한다.
17) 보통포틀랜드시멘트의 비표면적은 다음과 같이 산출한다.

$$S = S_0\sqrt{t/\ t_0}$$

여기서, S : 시료시멘트의 비표면적(cm^2/g)

S_0 : 표준시료의 비표면적(cm^2/g)

t : 시료시멘트를 벳으로 한 때의 2표선에서 3표선까지 강하하는 시간(sec)

t_0 : 준시료를 벳으로 한 때의 2표선에서 3표선까지 강하하는 시간(sec)

4. 주의 및 참고사항

1) 셀 중에 플런저를 급하게 밀어 넣으면 시료가 밀려 나온다.
2) 여과지는 언제나 같은 크기의 것을 만든다.
3) 셀과 마노미터의 밀착부 및 콕크에는 그리스(Grease)를 엷게 바르고 공기가 통하지 않도록 한다.
4) 2표선 및 3표선의 읽음은 마노미터의 뒤에 있는 거울을 통하여 정확한 눈금의 위치로 한다.
5) 비표면적시험은 매회 새로운 벳을 만들어 2회 이상 행하고 2% 이내에서 일치한 것의 평균치를 취한다. (단 정수 1위를 반올림하여 0으로 한다.)
6) 시멘트 및 장치는 실내온도로 유지하고 표준화시험 때와 시료시멘트 때의 온도가 ±3℃ 이상의 차이가 있어서는 안되다.
7) 표준화시험은 셀, 플런저의 마모, 마노미터의 오염, 증감이 있는 경우 그때마다 행하지 않으면 안된다.
8) 시멘트 벳의 체적(V)은 다음 식에 의해 구한다.

$$V = \frac{W_a - W_b}{D}$$

여기서, V : 시멘트 벳의 체적(cm^2)

W_a : 셀에 유공금속판과 여과지 2장을 넣고 수은을 채운 윗면을 수평하게 했을 때의 수은의 중량(g)

W_b : 셀에 유공금속판과 여과지를 넣고 시멘트 약 2.8g을 넣은 후 그 위에 여과지를 놓고, 플런저로 누른 후 수은을 채운 윗면을 수평하게 했을 때 수은의 중량(g)

D : 시험온도에 있어서의 수은의 밀도는 표 2-2을 참조

최적값은 각 회의 측정값이 ±0.005cm^{2}의 정도를 합치한 것의 평균을 취한다.

표 2-2. 수은의 밀도

실내온도(℃)	수은의 밀도(g/cm^3)
16	13.56
18	13.55
20	13.55
22	13.54
24	13.54
26	13.53
28	13.53
30	13.52
32	13.52
34	13.51

9) 시멘트 벳의 기공률은 보통포틀랜드시멘트 이외의 시멘트에 대해서는 다음의 값으로 한다.

(1) 중용열포틀랜드시멘트의 경우 : 0.500±0.005

(2) 조강포틀랜드시멘트의 경우 : 0.520±0.005

(3) 고로시멘트, 실리카시멘트 및 플라이애쉬시멘트의 경우 : 0.510±0.005

10) 보통포틀랜드시멘트 이외의 시멘트의 비표면적은 다음 식에 의해 구한다.

(1) 조강포틀랜드시멘트의 경우 : $S=1.115 \cdot S_0\sqrt{t/t_0}$

(2) 중용열포틀랜드시멘트의 경우 : $S=0.984 \cdot S_0\sqrt{t/t_0}$

(3) 고로시멘트, 실리카시멘트 및 플라이애쉬시멘트의 경우 :

$$S=3.310 \cdot \sqrt{t/t_0} \cdot S_0/\rho$$

여기서, ρ : 시멘트의 비중

비중은 보통포틀랜드시멘트의 경우 3.15, 조강포틀랜드시멘트의 경우는 3.12, 중용열포틀랜드시멘트의 경우는 3.20으로 하고 고로시멘트, 실리카시멘트 및 플라이애쉬시멘트의 경우는 실측한 값으로 한다.

시멘트의 분말도 시험 Data Sheet

시험일의 상태	실험실온도(℃)		습도(%)	
측 정 번 호	1	2	3	4
① 시 료 중 량 (g)				
② 잔 류 중 량 (g)				
③ 분말도 $\frac{②}{①}\times 100$ (%)				
④ 평 균 값 (%)				

비 고

조사 지점		시험년월일	
학과, 학년		반, 조	
학 번		성 명	

2-3. 시멘트의 응결시간 시험방법(KS L 5103, KS L 5108)

1. 목적

1) 시멘트의 응결시간을 측정함으로써 콘크리트의 응결시간도 추정할 수 있기 때문에 운반, 타설, 다짐 등의 시공계획을 세울 때 참고로 한다.
2) 시멘트의 풍화와 이물질의 혼입 등에 의해 비정상적으로 된 경우 시멘트의 응결시험으로 확인할 수 있다.
3) 응결시간을 조정할 목적으로 사용하는 혼화제의 효과를 시험하기 위하여 시험한다.

2. 재료 및 시험기구

1) 비이커(Vicat)장치에 의한 경우
   (1) 비이커 장치 세트
   (2) 천평
       칭량 1kg±1g
   (3) 모르터 믹서
   (4) 메스실린더
       용량 200cc, 최소눈금 1cc
   (5) 습기함 또는 습기실
   (6) 시계, 시멘트용 칼, 유리칼, 젖은 걸레, 온도계, 흙손

2) 길모아 침(Gillmore Needles)에 의한 경우
   (1) 길모아 장치
       초결침 : 무게 113.4±0.5g, 지름 2.12±0.05㎚
       종결침 : 무게 453.6±0.5g, 지름 1.06±0.05mm
   (2) 기타는 비이커 장치에 의한 경우와 같음

3. 시험방법

1) 표준반죽질기의 시멘트풀을 만드는 방법

(1) 시멘트 500g을 저울로 단다.

(2) 표준반죽질기를 얻기에 적당한 물의 양을 메스실린더로 재서 혼합용기 안에 넣는다.

(3) 시멘트를 넣고 물을 흡수하도록 30초 동안 방치한다.

(4) 혼합기를 시동하여 30초 동안 제1속으로 혼합한다.

(5) 혼합기를 정지하고 15초 동안에 시멘트반죽 전부를 스크레이퍼(Scraper)로 긁어내려 모아 놓는다.

(6) 혼합기를 제2속으로 시동하여 1분간 혼합한다.

(7) (1)항에서 (6)항에 따라 준비된 시멘트반죽을 고무장갑을 낀 손으로 속히 둥글게 만들고 두 손을 약 15cm 간격으로 벌려 한 손에서 다른 손으로 6번 던진다.

(8) 한쪽 손바닥 위에 올려놓은 둥근 시멘트반죽을 다른 손에 쥔 원추형 링의 큰 쪽으로 밀어 넣어 링(Ring)을 반죽으로 완전히 채운다.

(9) 링의 큰 쪽 끝에 있는 여분의 시멘트반죽을 손바닥으로 한번에 떼어낸다.

(10) 링의 큰 쪽 끝을 밑으로 하여 유리판 위에 놓고 작은 쪽 끝에 있는 여분의 반죽을 링의 윗면에 대하여 조금 기우려 잡은 예리한 흙손날로 한번에 경사지게 문질러 링 윗부분을 잘라낸다.

(11) 예리한 흙손날로 몇 번 가볍게 대어 윗면을 매끄럽게 한다.

(12) 판 위에 올려놓은 링 안에 넣은 반죽은 로드(Rod)의 밑에 중심을 맞추고 그 플런저의 (이 때 플런저는 거꾸로 꽂으면 된다.) 끝(플런저의 굵은 끝의 지름 10±0.05mm)을 반죽의 표면에 접촉시켜 멈춤나사를 조인다.

(13) 가동지침을 눈금자 위쪽에 있는 0표에 맞추거나 처음 위치의 눈금을 읽어 둔다.

(14) 혼합이 끝난 30초 뒤에 로드를 풀어놓는다.

(15) 처음면에서 10±1mm점까지 내려갔을 때를 표준반죽질기로 한다.

(16) 표준반죽질기를 얻을 때까지 물의 양을 변경하여 시험반죽을 만든다.

(17) 각 시험반죽은 새로운 시멘트로 만들어야 한다.

(18) 표준반죽질기를 얻은 시험체는 곧 습기함이나 습기실에 넣어두고 응결시험을 할 때 외에는 꺼내지 않는다.(비이커 장치에 의한 실험에 한한다.)

2) 비이커 장치에 의한 응결시간의 측정

(1) 비이커 장치의 플런저를 다시 바꾸어 꽂아 위로 가게하고 밑에는 지름 1mm의 표준침 F로 바꾸어 낀다.

(2) 플런저와 강하하는 표준침과의 전 중량은 300±0.5g으로 한다.

(3) 습기함에서 꺼낸 시험체를 30분 후부터 15분마다(조강포틀랜드시멘트는 10분마다) 1mm의 침으로 30초 동안 25mm의 침입도를 얻을 때까지 시험한다. 그리고 반죽 후 이때까지의 시간을 응결시간으로 한다.

(4) 침입도 시험에는 로드의 아래에 있는 침의 끝을 시멘트반죽의 표면에 접촉시킨다.

(5) 멈춤나사를 조이고 눈금자의 지침을 0표에 맞추든지 혹은 처음 위치의 눈금을 읽어둔다.

(6) 멈춤나사를 풀어 로드를 풀어놓고 30초 동안 바늘이 내려가도록 하여 침입도를 결정한다.

3) 길모아 침에 의한 응결시간의 측정

(1) 표준반죽질기의 시멘트반죽을 약 10cm 정사각형의 유리판 위에 지름이 약 7.5cm, 중앙면의 두께가 약 1.3cm이고 바깥쪽으로 갈수록 점점 얇은 패드(Pad)를 만든다. 패드를 만드는 방법은 처음에 시멘트반죽을 유리판 위에 놓고 패드를 바깥쪽에서 안쪽으로 훑는 것 같이 손질을 하여 만든 뒤에 윗면을 평평하게 한다.

(2) 패드는 습기함이나 습기실에 넣어 응결시간을 측정하는 시간 외에는 정치하여 둔다.

(3) 응결시간의 결정은 침을 수직의 위치에 놓고 패드의 표면에 가볍게 댄다. 알아 볼만한 흔적을 내지 않고 패드가 초결침을 받치기 시작할 때를 응결의 시작으로 하고 종결침을 받치기 시작할 때를 응결의 끝으로 한다.

4. 주의 및 참고사항

1) 반죽판, 건조 시멘트, 몰드 및 밑판 부근의 공기온도는 20~27.5℃로 유지하여야 한다.
2) 혼합수의 온도는 23±2℃의 범위 내에 있어야 한다.
3) 실험실의 표준습도는 50% 이상이어야 한다.
4) 습기함이나 습기실은 실험체를 90% 이상의 표준습도에서 저장할 수 있는 구조이어야 한다.
5) 비이커 장치에 의한 침입도 시험은 이미 시험한 곳의 어떤 곳에서나 6mm 이내로 접근 시키면 안되며, 몰드 내면에 9mm 이내로 접근시켜도 안된다.

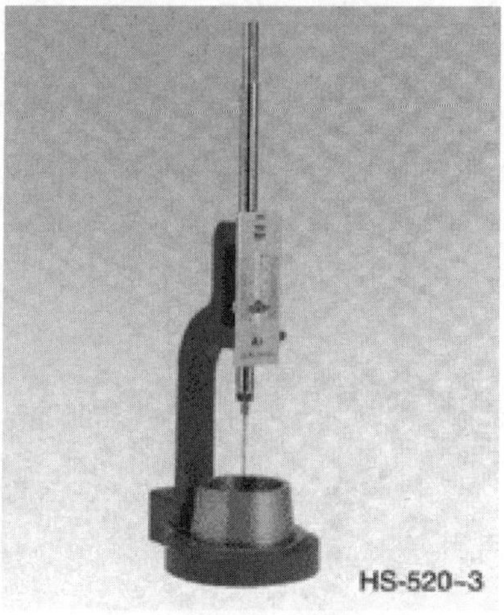

비이카침 시험장치

길모아침 시험장치

시멘트의 응결시간 시험 Data Sheet

시험일의 상태	실온(℃)	습도(%)	수온(℃)	양생온도(℃)

측 정 번 호		1	2	3	4
시료의 중량(g)					
표준주도	물의 양 (g)				
	표준봉의침하량(mm)				
주 입 시 간 (시·분)					
시 발	측정시간(시·분)				
	경과시간(시·분)				
	표면에서 침입도 깊이(mm)				
종 결	측정시간(시·분)				
	경과시간(시·분)				
	종결침의 관찰				
시 발 시 간 (시·분)					
종 결 시 간 (시·분)					

비고

조사지점		시험년월일	
학과, 학년		반, 조	
학 번		성 명	

2-4. 시멘트 모르터의 압축강도 시험방법(KS L 5105)

1. 목적

1) 수경성시멘트 모르터의 압축강도시험으로 50mm의 입방형 공시체를 사용한다.
2) 시멘트의 강도시험은 그 시멘트가 갖는 강도를 알고, 품질검사와 동시에 시험결과로부터 동일 시멘트를 사용하여 만든 콘크리트 강도를 추정할 수 있다.
3) 시멘트는 주로 콘크리트로 사용되기 때문에 가능한 콘크리트와 밀접한 관련성을 갖는 것이 바람직하다. 따라서 강도시험은 모르터에 의해 행한다.
4) 모르터에 표준모래를 사용하는 것은 사용모래의 차이에 의한 영향을 배제하여 시험조건을 일정하게 하기 위함이다.

2. 재료 및 시험기구

1) 표준체: 297 μ, 595 μ
2) 천평: 칭량 2kg±1g
3) 공시체: 성형용 몰드 50mm 입방체
4) 메스실린더: 용량 250cc, 500cc
5) 혼합기, 혼합용기 및 패들(Paddle)
6) 플로우 테이블(Flow Table) 및 플로우 몰드(Flow Mold)
7) 다짐봉: 단면 13×25mm, 길이 12～15cm
8) 흙손: 길이 10～15cm
9) 습기함(Curing Box), 양생수조
10) 캘리퍼(Caliper)
11) 표준모래
12) 고무장갑
13) 유압형이나 스크류(Screw)형의 압축시험기

3. 시험방법

1) 모르터를 만드는 방법

(1) 표준모르터의 배합은 시멘트와 표준모래를 1 : 2.45 무게비로 섞는다. 6개의 공시체를 하나의 배치로 하며 한번에 반죽할 재료의 양은 시멘트 510g에 표준모래 1,250g 이다.
(2) 혼합수의 양은 사용 포틀랜드시멘트 무게의 48.5%로 하며 기타 시멘트는 ㎖로 계량한다. 플로우는 100～115가 될만한 양으로 하고 시멘트의 무게에 대한 백분율로 표시한다.
(3) 혼합수 전량을 혼합용기 속에 넣는다.
(4) 시멘트를 혼합용기 안에 넣고 혼합기를 시동하여 제 1속으로 30초 동안 혼합한다.
(5) 제1속으로 혼합하고 있는 동안에 표준모래 전량을 서서히 가한다.
(6) 혼합기를 정지하고 제2속으로 바꾸어 30초 동안 혼합한다.
(7) 혼합기를 정지하고 모르터를 90초 동안 방치한다. 이 기간의 처음 15초 동안에 용기의 측면에 부착된 모르터를 전부 스크레이퍼로 긁어내리고, 이 기간의 나머지 시간 동안에는 용기에 뚜껑을 덮어둔다.
(8) 제2속으로 1분 동안 혼합한 후 작업을 끝낸다.
(9) 재혼합을 요할 때에는 용기의 후면에 부착한 모든 모르터를 재혼합 전에 스크레이퍼로 속히 배치 안을 긁어내려야 한다.

2) 플로우 시험(Flow Test)

모르터의 반죽질기를 결정하기 위하여 플로우 시험을 한다.

(1) 플로우 테이블의 윗면을 깨끗이 마르게 주의해서 닦고, 플로우 몰드를 중앙에 놓는다.
(2) 모르터를 2.5cm 두께의 층으로 하여 몰드 안에 넣고 다짐봉으로 20번 다진다.
(3) 다지는 압력은 몰드에 균일하게 행한다.

(4) 모르터로 몰드를 채우고 처음 층에서와 같이 다진다.

(5) 모르터를 평면으로 잘라내고 몰드의 윗면에 맞추어 흙손의 곧은 날로 몰드의 면에 거의 직각이 되도록 세운 후 몰드의 윗면을 따라서 평평하게 한다.

(6) 테이블 윗면을 깨끗이 닦고 플로우 몰드의 주변의 물기를 완전히 제거한다.

(7) 반죽을 끝마친 후 1분 후에 몰드를 모르터로부터 들어 올린다.

(8) 테이블을 15초 동안에 1.27cm의 높이로 25회 낙하시킨다.

(9) 플로우는 모르터 평균 밑지름을 같은 간격으로 4회 측정하여 이것을 원지름의 백분율로 표시한다.

(10) 규정된 플로우를 얻을 때까지 물의 백분율을 변경하여 시험모르터를 만든다.

(11) 각 시험 모르터는 새로운 시료로 모르터를 만들어야 한다.

3) 공시체의 성형

(1) 플로우시험이 끝나는 즉시 모르터를 플로우 몰드로부터 혼합용기에 담아둔다.

(2) 혼합용기의 벽에 붙은 모르터를 속히 긁어내려 용기 안에 넣고 전 배치를 보통 속도로 15초간 반죽한다.

(3) 모르터 배치의 처음 반죽이 끝난 후 135초 이내에 공시체 성형을 시작한다.

(4) 두께 약 2.5cm 모르터 층을 입방체 칸 안에 넣는다.

(5) 각 입방체 칸 안의 모르터를 약 10초 동안에 4바퀴의 속도로 32회 찧는다.

(6) 한 바퀴마다 직각으로 방향을 바꾸고 아래 그림에 표시한 대로 공시체 전면에 8회의 인접한 찧기를 한다. 찧는 압력은 모르터 몰드에 균일하게 치는데 꼭 충분하도록 한다.

(7) 모르터 찧기(32회 찧기)는 하나의 입방체를 끝낸 후 다음으로 옮긴다.

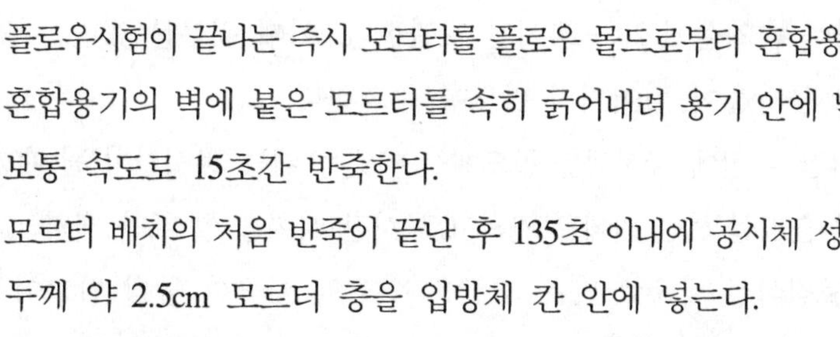

그림 2-1. 공시체를 성형할 때 찧는 순서

(8) 전체의 입방체 칸에 대하여 제1층의 찧기를 끝내고 모든 칸에 나머지의 모르터를 채우고 제1층에서 규정한 대로 찧는다.

(9) 제2층을 찧는 동안 한 바퀴마다 장갑을 낀 손가락과 다짐봉으로 밀려나온 모르터를 몰드 안에 넣는다.

(10) 몰드 윗면에 밀려나온 모르터는 흙손으로 밀어 넣고 흙손의 평평한 면을 (진행방향의 날을 약간 올리고) 몰드의 길이방향에 대하여 직각으로 각 입방체의 윗부분을 한번 건너 당김으로써 입방체를 고르게 한다.

(11) 흙손의 곧은 날을 몰드에 대해 직각으로 대고 몰드의 길이에 따라서 톱질운동을 하며 당김으로써 몰드의 윗면과 같은 면으로 모르터를 잘라 맞춘다.

4) 공시체의 양생

(1) 전체 공시체의 성형이 끝난 즉시 몰드에 넣은 그대로 밑판에 얹어서 습기함이나 습기실에 20~24시간 보관한다. 이때 윗부분 표면은 습기에 노출하고 물방울이 떨어지지 않도록 주의한다.

(2) 24시간 이전에 공시체를 몰드에서 빼냈을 때는 24시간이 될 때까지 습기함이나 습기실 선반 위에 보관하고 24시간 시험을 할 때만 제외하고는 공시체를 불침식성 재료로 만든 저장용 수조의 깨끗한 물에 담그어 놓는다.

5) 압축강도 시험

(1) 24시간 공시체에 대하여는 습기함에서 꺼내어 놓은 직후, 그 이외의 공시체는 양생수조에서 꺼내는 직후에 시험한다.

(2) 24시간 후 시험을 하기 위하여 습기함에서 여러 개의 공시체를 꺼냈을 때는 헝겊으로 덮어 놓아야 한다.

(3) 각 공시체는 표면이 건조상태가 되도록 물기를 닦고 시험기의 지지블록(Bearing Block)과 접촉할 면에 붙어 있는 모래알이나 다른 부착물을 제거한다. 이들 면은 곧은 자를 써서 검사하고 만약 눈으로 확인할 수 있는 정도로 굽어 있으면 그 면을 평평하게 만들거나 불가능하면 그 시험체를 버린다.

(4) 하중은 몰드의 정확한 평면과 접촉하고 있는 공시체 면에 대하여 부하한다.

(5) 공시체는 공시체의 윗부분 지지블록의 중심에 맞춘다.

(6) 예측하는 최대하중이 1,350㎏ 이상의 공시체에 대하여는 그 예측하는 초기부하의 1/2까지는 임의의 속도로 한다.

(7) 예측하는 최대하중이 1,350㎏보다 작은 공시체에 대하여는 초기부하를 가해서는 안된다.

(8) 하중부하의 속도는 그 나머지 하중을(예측하는 최대하중이 1,350㎏보다 작을 때는 전하중) 계속가해 공시체가 파괴되도록 한다.

(9) 이 때 최대하중이 20초 이상 80초 이내에 미치는 속도로 가한다.

(10) 공사기가 표시한 최대 총 하중을 기록하고 그 압축강도를 kg/㎠으로 계산한다.

(11) 압축강도를 결정하는데 있어서 확실한 불완전 공시체, 불량 시료, 같은 시간에 시험한 전 공시체 중에서 평균값보다 10% 이상의 강도차가 있는 공시체는 압축강도의 계산에 넣지 않는다.

4. 주의 및 참고사항

1) 플로우 시험시 규정된 플로우를 얻지 못할 경우에 각 시험 모르터는 새로운 시료로 만들어야 한다.

2) 공시체를 성형할 때 몰드 윗면의 주위에 그리스(Grease) 등을 두껍게 발라 모르터에서 분리된 물이 흘러나오지 않도록 한다.

3) 양생용 수조의 물은 자주 바꾸어 넣어 깨끗한 상태를 유지한다.

4) 반죽판, 건조재료, 몰드, 밑판 및 혼합용기 부근의 공기온도는 20～27.5℃ 정도를 유지한다.

5) 습기함 또는 양생수조의 온도는 23±2℃이어야 하고, 습기함의 습도는 90% 이상이어야 하며 실험실의 상대습도는 50% 이상이어야 한다.

6) 압축강도 시험시 쿳숀재나 벳재는 사용해서는 안된다.

7) 시험체의 수는 규정된 시험의 각 재령에 대하여 3개 이상 씩 만들어야 한다.

8) 강도 시험용 표준모래의 규격은 다음과 같다.

표 2-2. 강도시험용 표준모래(KS L 5110)

항목 / 구분	입도(잔분,%)			이토량 (%)	단위용적중량 (kg/ℓ)
	No.20(841 μ)	No.30(595 μ)	NO.50(297 μ)		
압축강도시험용	-	1.0 이하	95.0 이상	0.4 이하	1.53～1.60
인장강도시험용	1.0 이하	95.0 이상	-	0.4 이하	1.53～1.60

시멘트 모르터의 압축강도 시험 Data Sheet

<table>
<tr><td rowspan="6">시험일의 상태</td><td colspan="2" rowspan="2">성형실</td><td colspan="4">온도(℃)</td><td colspan="4">습도(%)</td><td colspan="4">사용물의 온도(℃)</td></tr>
<tr><td colspan="4"></td><td colspan="4"></td><td colspan="4"></td></tr>
<tr><td colspan="2" rowspan="2">습기함</td><td colspan="6">온도(℃)</td><td colspan="6">습도(%)</td></tr>
<tr><td colspan="6"></td><td colspan="6"></td></tr>
<tr><td colspan="2" rowspan="2">양생수조
평균온도(℃)</td><td colspan="3">1일</td><td colspan="3">2일</td><td colspan="3">3일</td><td colspan="3">4일</td></tr>
<tr><td colspan="3"></td><td colspan="3"></td><td colspan="3"></td><td colspan="3"></td></tr>
<tr><td rowspan="4">흐 름 시 험</td><td colspan="2" rowspan="2">1배치재료중량
(g)</td><td colspan="4">시멘트</td><td colspan="4">표준모래</td><td colspan="4">물</td></tr>
<tr><td colspan="4"></td><td colspan="4"></td><td colspan="4"></td></tr>
<tr><td colspan="2" rowspan="2">흐름시험</td><td colspan="4">흐름최대직경
(mm)</td><td colspan="4">콘의 직각방향
직경(mm)</td><td colspan="4">평균흐름의
값(%)</td></tr>
<tr><td colspan="4"></td><td colspan="4"></td><td colspan="4"></td></tr>
<tr><td rowspan="7">압
축
강
도</td><td rowspan="3">최대하중
(kg)</td><td>1</td><td colspan="3"></td><td colspan="3"></td><td colspan="3"></td><td colspan="3"></td></tr>
<tr><td>2</td><td colspan="3"></td><td colspan="3"></td><td colspan="3"></td><td colspan="3"></td></tr>
<tr><td>3</td><td colspan="3"></td><td colspan="3"></td><td colspan="3"></td><td colspan="3"></td></tr>
<tr><td rowspan="3">압축강도
(kg/cm^2)</td><td>1</td><td colspan="3"></td><td colspan="3"></td><td colspan="3"></td><td colspan="3"></td></tr>
<tr><td>2</td><td colspan="3"></td><td colspan="3"></td><td colspan="3"></td><td colspan="3"></td></tr>
<tr><td>3</td><td colspan="3"></td><td colspan="3"></td><td colspan="3"></td><td colspan="3"></td></tr>
<tr><td colspan="2">평균값(kg/cm^2)</td><td colspan="3"></td><td colspan="3"></td><td colspan="3"></td><td colspan="3"></td></tr>
<tr><td colspan="15">비고</td></tr>
</table>

조사지점		시험년월일	
학과, 학년		반, 조	
학 번		성 명	

2-5. 시멘트 모르터의 인장강도 시험(KS L 5104)

1. 목적

시멘트의 강도시험은 그 시멘트가 갖는 강도를 알고, 품질검사와 동시에 그 시험 결과로부터 동일 시멘트를 사용하여 만든 콘크리트의 강도를 어느 정도 추정하기 위하여 행한다.

2. 재료 및 시험기구

1) 표준체: 841μ, 595μ
2) 천평: 칭량 1kg±1g
3) 공시체: 성형용 몰드(브라켓 몰드)
   시험몰드 본체 내면 사이의 길이는 25.4±0.25mm, 공시체 양측 사이의 가장 두꺼운 점의 두께는 25.4±0.05mm이어야 한다.
4) 메스실린더: 용량 150～200cc
5) 흙손: 길이 10～15cm
6) 표준모래
   주문지산 천연모래로 KS L 5100(시멘트 강도시험용 표준모래)에 적합한 것일 것.
7) 시험기
   시험기는 하중을 연속적으로 270±10kg/min의 속도로 가할 수 있고, 부하속도를 조정하는 장치가 있는 것으로 시험기의 정밀도에 대한 조건은 15kg 이상의 하중에 대한 오차가 ±1.5%이어야 한다.

인장강도 시험용 몰드

3. 시험방법

1) 모르터의 혼합

(1) 배합은 무게비로 시멘트 1에 표준모래 2.7로 한다. 1배치에서 한 번에 혼합하는 건조재료의 양은 6개의 공시체에 대하여 1,000～1,200g으로 하고, 9개의 공시체에 대하여 1,500～1,800g으로 한다.

(2) 물의 양은 같은 시멘트 시료를 써서 표준반죽질기를 나타내는 순시멘트 반죽을 만드는데 소용된 수량을 기준으로 하여 정하며 표 2-3과 같다.

표 2-3. 표준 모르터에 대한 물의 양

표준반죽질기의 순 시멘트 반죽에 대한 물의 양(%)	시멘트1, 표준모래 2.7의 모르터에 대한 물의 양(%)
15	9.2
16	9.4
17	9.6
18	9.7
19	9.9
20	10.1
21	10.3
22	10.5
23	10.6
24	10.8
25	11.0
26	11.2
27	11.4
28	11.5
29	11.7
30	11.9

(3) 건조재료를 계량하여 매끈하고 비흡수성인 반죽판 위에 놓고 건조한 그대로 잘 혼합한 다음 중앙에 홈을 만든다.
(4) 정확한 양의 깨끗한 물을 홈 안에 붓고 가장자리에 있는 재료를 흙손을 써서 30초 이내에 홈 안에 넣는다.
(5) 증발로 인한 손실을 줄이고 흡수를 촉진시키기 위하여 주위에 있는 마른 모르터를 남은 모르터 위에 가볍게 흙손질하여 30초간 흡수할 시간을 준 다음 계속해서 손으로 반죽하여 90초 동안에 작업을 완료한다. 반죽하여 작업을 할 동안 손에 맞는 깨끗한 고무장갑을 끼어야 한다.

2) 공시체의 성형 및 양생

(1) 몰드는 모르터를 채우기 전에 광유를 엷게 바른다.
(2) 모르터의 반죽이 끝난 직후 몰드는 기름을 바르지 않은 유리판 또는 금속판 위에 올려놓고 모르터를 다지지 말고 쌓아 놓는다.
(3) 이어서 두 손의 엄지손가락으로 전 면적에 걸쳐 힘이 미치도록 각 공시체마다 12번씩 힘껏 모르터를 밀어 넣는다. 이 힘은 두 손의 엄지손가락을 동시에 작용할 때 8~10㎏의 힘이 되도록 한다.
(4) 모르터를 몰드 위에 쌓아 놓고 흙손으로 고르게 한다. 흙손으로 2㎏을 넘지 않는 힘을 작용시키는 정도로 몰드 위를 누른다.
(5) 몰드 위에 광유를 바른 유리판이나 금속판을 때때로 두 손으로 몰드와 판을 받쳐들고 몰드가 그 종축의 주위에 대하여 회전하도록 뒤집는다.
(6) 그리고 윗판을 떼고 다시 쌓아올리기, 누르기, 쌓아올리기, 흙손으로 고르기를 반복한다. 두드리거나 찧거나 해서는 안된다. 또 공시체의 표면을 고르게 하는 이외의 흙손질을 해서는 안된다.
(7) 공시체 전부를 성형한 직후 몰드에 넣은 대로 밑판에 얹어서 습기함이나 습기실 내에 20~24시간 보관한다. 이 때 윗면은 습기에 노출시키고 물방울이 떨어지지 않도록 주의한다.
(8) 24시간 전에 몰드에서 빼어냈을 때에는 24시간이 될 때까지 습기함이나 습기실 내의 선반 위에 보관하고, 24시간 시험할 때만 제외하고 공시체는 저장용 수조의 깨끗한 물 안에 담그어 놓는다.

3) 강도시험

(1) 공시체에 있어서 24시간 공시체는 습기함에서 꺼낸 직후에 시험한다.

(2) 각 브리켓(Briquet)은 표면건조포화상태가 되도록 물기를 닦고, 시험기의 클립(Clip)과 접촉하는 면에 붙어 있는 모래알이나 다른 부착물이 없도록 한다.

(3) 클립의 지지면은 깨끗이 하여 모래가 없도록 하고 로울러 베어링은 기름을 잘 쳐서 자유롭게 회전하도록 한다.

(4) 클립을 달고 있는 철걸이는 부착물이 없어야하고 피봇(Pivots)은 정확히 조정하여 클립이 자유롭게 피봇 주위로 움직이고 철걸이에 교착되지 않도록 한다.

(5) 공시체는 클립단의 중심에 오도록 주의 깊게 넣고 하중은 계속해서 270±10kg/min의 속도로 부하한다.

(6) 몰드에서 빼낸 공시체가 동부에서 두께와 넓이에 대한 조건이 맞지 않든지 혹은 불완전품이거나 또는 같은 시료, 같은 기간에 시험한 공시체 중에서 평균보다 15% 이상의 강도차가 있는 공시체는 인장강도의 계산에 넣지 않는다. 만일 이와 같은 공시값과 공시체가 2개 이상 있을 때는 재시험하여야 한다.

4. 주의 및 참고사항

1) 반죽한 건조재료 몰드 및 밑판 부근의 공기온도는 20～27.5℃로 유지하여야 한다.

2) 혼합수, 습기함 또는 습기실 및 공시체 저장용 수조의 물의 온도는 23±2℃이어야 한다.

3) 시험실의 표준습도는 50% 이상이어야 하며 습기함이나 습기실은 90% 이상의 표준습도에서 저장할 수 있도록 제작하여야 한다.

4) 표준반죽질기의 순시멘트 반죽을 만드는데 소요되는 물의 양은 KS L 5102 (시멘트의 표준주도 시험방법)에 따라서 결정한다.

5) 각 재령에 있어서의 공시체의 수는 3개 이상씩 만들어야 한다.

시멘트 모르터의 인장강도 시험 Data Sheet

시험일의 상태	성형실	온도(℃)	습도(%)	사용물의 온도(℃)	
	습기함	온도(℃)		습도(%)	
	양생수조 평균온도(℃)	1일	2일	3일	4일
1배치 재료중량(g)	시멘트	표준모래		물	
순시멘트반죽의 표준 주도	물의 양(%)		표준봉의 침하량(mm)		

인장강도						
	최대하중 (kg)	1				
		2				
		3				
	압축강도 (kg/cm^2)	1				
		2				
		3				
	평균값(kg/cm^2)					

비고

조사지점		시험년월일	
학과, 학년		반, 조	
학 번		성 명	

2-6. 시멘트의 휨강도 시험

1. 목적

1) 보에 모멘트를 가하여 파괴함으로서 그 인장 측에 생기는 휨강도를 계산하고 콘크리트의 휨강도를 어느 정도 추정할 수 있다.
2) 휨강도는 사용모래, 배합수량, 재령, 온도, 풍화, 양생 등에 좌우된다.
3) 실험을 통하여 휨강도 시험원리를 이해하고 시멘트의 품질을 검사한다.

2. 재료 및 시험기구

1) 표준체: No. 20, No. 30
2) 천평: 칭량 2kg±1g
3) 공시체 성형용 몰드: 4cm×4cm×16cm
4) 다짐기(Tamper): 35mm×35mm×170mm
5) 흙손: 길이 10～15cm
6) 메스실린더: 250cc, 500cc
7) 온도계, 습도계, 나무망치, 고무장갑, 마른걸레, 중광유, 자
8) 저장 수조
9) 습기함

   23±2℃를 유지할 수 있는 것

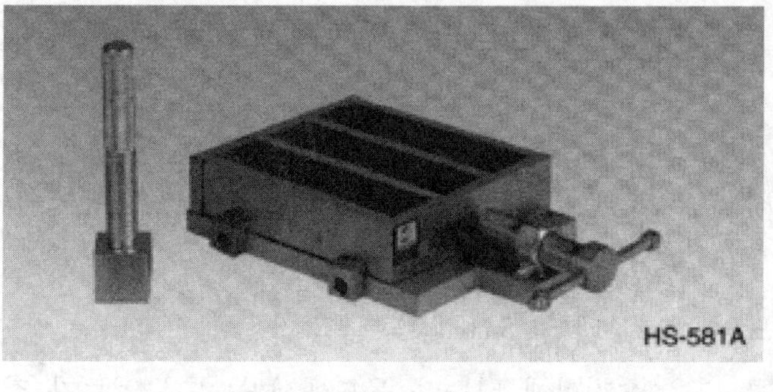

3. 시험방법

1) Mortar 만드는 법(공시체 3개 이상)

(1) 시멘트 558g, 표준모래 1,368g을 저울에 달아 용기에 시멘트를 먼저 넣고 표준모래를 위에 넣는다.

(2) 주걱으로 2분간 잘 혼합하여 색이 일정하게 혼합한다.

(3) 물 279g(물-시멘트비 50%)을 넣는다.

표 2-4. 시멘트, 표준모래, 물비

시멘트	물	표준모래
558g	279g	1,368g

2) Flow 시험

2-4의 시멘트 모르터의 압축강도시험과 동일하다.

3) 공시체 만들기 및 강도시험

(1) 몰드의 접합부에 그리스를 얇게 바르고 가볍게 조립한다.

(2) 나무망치로 두드리면서 손잡이를 잠근다.

(3) 모르터를 몰드에 2층으로 나누어 넣는다.

(4) 각 층의 다짐회수는 흐름값으로부터 표 2-5와 같이 정한다.

표 2-5. 흐름값에 따른 다짐수

흐름값	169mm 이하	170～199mm	200～209mm	210mm 이상
다짐수	20	15	10	5

(5) 수직으로 다짐수 만큼 균등하게 다짐을 하며 1초 동안에 한 번 정도 다지는 것이 좋다.

(6) 몰드의 상면부터 약 5mm 정도 올라가도록 모르터를 쌓고 상면을 가볍게 고른 다음 습기함에 넣는다.(몰드에서 누수가 없는가 점검한다.)

(7) 5시간 이상 경과 후 공시체를 상하지 않게 주의하며 상면을 고르게 다듬는다.

(8) 다시 습기함에 넣었다가 성형 후(20～24시간) 습기함에서 꺼내어 공시체 표면에 시료번호, 월일, 공시체의 번호 등을 기입한다.

(9) 저울에 중량을 기록한다.

(10) 24시간까지는 습기함에서 양생한 후 23±2℃의 양생수조에 넣어 소정의 시간까지 양생한다.

(11) 수분을 제거하여 중량을 측정한다.

(12) 공시체의 각 지점에 선을 긋는다.

(13) 산탄 낙하량을 매초 100g이 되게 문을 조절하고 산탄받이 용기를 장치하지 않고 표선에 일치하도록 추의 위치를 조절한다.

(14) 산탄용기를 늘어뜨리고 문을 열어서 산탄을 용기에 떨어뜨린다.

(15) 휨파괴 되었을 때 산탄 및 산탄받이의 합계 중량을 저울에 달아 계산식에 의하여 소수 이하 1자리에서 끊는다.

$$휨강도(kg/cm^2) = 0.234 \times 50 \times (산탄\ 및\ 산탄받이\ 합계중량)$$
$$= 11.7 \times (산탄\ 및\ 산탄받이\ 합계중량)$$

$$\sigma = \frac{Mh}{2I} = \frac{\frac{p\ell}{4}}{\frac{h^4}{12}} \times \frac{h}{2} = 0.234p$$

여기서, M : 모멘트

I : 단면 2차모멘트

p : 재하 하중

ℓ : 10cm

h : 4cm, 50 : 1 : 50의 비율로 축소한 것임

(16) 휨강도 시험은 3개의 공시체의 평균값으로 한다.

4. 주의 및 참고사항

1) 휨강도는 단순 인장강도의 1.6~2.0배 정도 된다.
2) 휨강도는 압축강도의 15~20% 정도이다.
3) 공시체 중량이 적은 것은 기포가 많은 것이며 치수가 규정보다 적으면 일반적으로 강도가 낮다.

시멘트의 휨강도 시험 Data Sheet

시험일의 상태	성형실	온도(℃)	습도(%)	사용물의 온도(℃)	
	습기함	온도(℃)		습도(%)	
	양생수조 평균온도(℃)	1일	2일	3일	4일
흐 름 시 험	1배치재료중량 (g)	시멘트	표준모래	물	
	흐름시험	흐름최대직경 (mm)	콘의 직각방향 직경(mm)	평균흐름의 값(%)	
평 균 값 (cm)					
평 균 높 이 (cm)					
스 판 (cm)					
휨 강 도	최대하중 (kg) 1				
	2				
	3				
	휨강도 (kg/cm^2) 1				
	2				
	3				
	평균값(kg/cm^2)				

비고

조사지점		시험년월일	
학과, 학년		반, 조	
학 번		성 명	

2-7. 시멘트의 수화열 시험(KS L 5121)

1. 목적

1) 시멘트의 용해열과 7일 또는 28일간 수화한 후의 시멘트의 용해열을 측정함으로써 수화열을 결정하는 시험이다.
2) 각 측정값 사이의 차이가 각각 수화한 기간에 있어서의 수화열이다.

2. 재료 및 시험기구

1) 칼로리미터
약 500㎖ 진공병, 코르크마개, 온수를 채워 마개를 막고 30분 동안 방치할 때 실내온도차 1℃에 대하여 0.001℃/min 이상으로 냉각되어서는 안된다. 병은 쉽게 들어낼 수 있어야 한다.
2) 베크만 온도계
0.01℃ 눈금, 6℃까지 읽을 수 있는 것
3) 깔대기
유리나 플라스틱제, 길이 76mm, 안지름 6mm 이상 시료를 넣을 때 사용한다.
4) 교반기
유리나 불활성 플라스틱제로 350～700RPM의 정속형
5) 유리병
마개가 달린 지름 20mm, 높이 100mm의 유리병
6) 표준체: 150μ, 850μ
7) 천칭: 칭량 1,000±0.1g
8) 절연용기: 25mm 두께로 절연층을 깐다.
9) 혼합기
10) 백금도가니: 30㎖로 뚜껑이 있는 것
11) 칭량병: 높이 40mm, 너비 약 25mm의 마개가 달린 것

3. 사용 시약

1) 산화아연(ZnO)

 7g을 900~950℃에서 5분 이내로 가열한 다음 실온으로 냉각 후 정확히 측정하여 칼로리미터 안에 넣는다.

2) 플로오르화 수소산(HF, 비중 1.15, 약 80㎖)

3) 질산(2.00N)

4) 왁스: 파라핀 왁스

4. 칼로리미터의 열용량 측정방법

1) 실온보다 약 4~5℃ 낮은 2.00N HNO_3 약 400g을 진공병 안에 넣고 HF(비중 1.15)8.0㎖를 가하고 다시 2.00N HNO_3를 가하여 내용액의 전체 무게를 425.0g으로 한다.

2) 깔때기 대의 끝은 마개의 밑에서 6mm 나오고 액면 위로 12mm 되게하고 온도계를 설치한다.

3) 칼로리미터를 정치하고 교반용 모터를 시동한다. 이 때 교반기의 날이 온고계 및 병의 옆이나 밑 또는 코르크마개 등에 닿지 않도록 주의한다.

4) 교반기를 시동한지 20분 후 0.001℃까지의 온도와 시간을 기록하고 1~2분 동안에 ZnO를 깔대리를 통하여 일정하게 넣는다.(깔때기에 붙은 ZnO를 손질하여 혼합물 안에 넣는다.)

5) ZnO를 넣기 시작할 때부터 20분 및 40분 뒤의 온도를 0.001℃까지 읽어 기록한다.

6) 보정온도 상승은 다음 식으로 구할 수 있다.

$$R_0 = \theta_{20} - \theta_0$$

$$R = R_0 - (\theta_{40} - \theta_{20})$$

여기서, R_0 : 겉보기 온도 상승(℃)

θ_{20} : ZnO를 넣기 시작할 때부터 20분 뒤에 칼로리미터의 온도(℃)

θ_0 : ZnO를 넣기 시작할 때의 칼로리미터의 온도(℃)

R : 보정온도 상승(℃)

θ_{40} : ZnO를 넣기 시작할 때부터 40분 뒤의 칼로리미터의 온도(℃)

칼로리미터와 내용물의 열용량은 다음 식에 다라 계산한다.

$$C = \frac{W[256.1 + 0.1(30 - t) + 0.12(T - t)]}{R}$$

여기서, W : ZnO의 무게(g)

t : ZnO를 넣기 시작할 때부터 20분 뒤의 칼로리미터의 온도(℃)

T : 칼로리미터에 넣을 때의 ZnO의 실온(℃)

C : 열용량(cal/℃), 칼로리미터가 그 내용물의 온도를 1℃ 올리는 데 요하는 열량

칼로리미터를 열었을 때 ZnO가 흔적 이상으로 깔때기 끝에나 마개 등에 묻어 있으면 시험결과는 무효로 한다. 다음 경우는 재시험을 해야 한다.

(1) 다른 베크만 온도계를 사용할 때

(2) 온도계 교반기 또는 용기의 도장을 다시 하였을 때

(3) 새로운 온도계 교반기 및 용기를 사용할 때

(4) 조작자가 바뀌었을 때

5. 수화열의 측정

1) 시멘트 반죽의 질기

(1) 시멘트 반죽을 혼합하기 직전에 시멘트와 물의 온도는 23±2℃로 한다.

(2) 50g의 시멘트와 60㎖의 증류수를 스페츌러로 혼합 후 혼합기를 써서 5분 동안 혼합한다.

(3) 4개 이상의 양생용 유리병에 거의 같은 양씩 넣어 유리병 위에서 약 13mm 되는 곳까지 채운다.

(4) 유리병에 채운 직후 꼭 맞는 마개로 막는다.

(5) 그 공간은 왁스를 녹여서 채워 넣고 시험품을 완전히 밀봉한다.

(6) 유리병을 똑바로 세워서 23±2℃되는 곳에 시험할 때까지 저장한다.

2) 용해열 측정용 수화한 시멘트 시료의 준비

(1) 규정된 시험기간이 되면 수화한 시멘트 시료병을 저장고에서 꺼내어 칼로리미터의 초기 교반 20분 동안에 병을 부수고 시료를 꺼내어 속히 모르터 안에서 시료를 전부 깨뜨려 표준체 850μ를 전부 통과하도록 한다.

(2) 다음에 시료 뚜껑이 잘 맞는 시료병에 넣는다.

(3) 7일간 수화한 시멘트 시료는 특히 주의해야 하며 공기에 노출시키지 않도록 하여 CO_2와의 작용이나 시료로부터 수분의 감소를 적게 한다.

3) 건조시멘트의 열량 측정

(1) 칼로리미터의 열용량 측정 방법에 다라 건조 시멘트의 용해열을 측정한다. ZnO대신 건조시멘트의 시료 3g(0.01g)을 사용한다.

(2) 건조시멘트에 대한 용해열 시험은 7일간 수화열 시멘트에 대한 시험을 하기 바로 전에 한다.

4) 수화한 시멘트 열량 측정

(1) 건조시멘트의 열량 측정에 따른다.

(2) 수화한 시멘트의 열량 측정용 시료는 4.18~0.05g을 사용하며 0.001g까지 칭량한다.

5) 강열감량

(1) 4.18±0.05g의 시료를 백금 도가니에 칭량한다.

(2) 건조시멘트는 1시간 30분 동안 900~950℃에서 강열한다.

(3) 도가니를 즉시 데시케이터 안에 넣어 실온까지 냉각하고 시료를 빨리 칭

량한다.

(4) 수화한 시멘트는 칭량한 시료를 처음 1시간 동안 100~110℃에서 건조한 다음 시료를 900~950℃의 머플로 안에 24시간 넣어 두거나 5시간 이상 적당한 버어너 위에서 가열한다.

(5) 열량제에 넣는 시멘트 시료의 무게는 다음 식에 따라 강열한 시료의 무게 기준으로 한다.

$$W_1 = \frac{A}{B} \times W$$

여기서, A : 강열 후 시료의 무게(g)

B : 강열 전 시료의 무게(g)

W_1 : 강열 후의 무게를 기준으로 한 열량측정용 시료의 무게(g)

W : 열량측정용 시료의 무게(g)

6. 시험결과의 계산

1) 건조시멘트의 용해열

(1) 칼로리미터의 열용량 측정방법에 따라 보정온도 상승을 정확히 계산한다.

(2) 건조시멘트는 비열이 약 0.2cal/g℃이므로 만약 최종 칼로리미터 온도가 칼로리미터 안에 넣을 때의 시료의 온도보다 높다면 용해열을 계산할 때 그 온도차의 매 온도당 0.2cal/g℃를 가하여 보정한다.

$$H_1 = \frac{RC}{W_1} - 0.2(T - td)$$

여기서, R : 보정온도 상승(℃)

C : 열용량(cal/℃)

H_1 : 건조시멘트의 용해열(cal/g)

T :시료를 넣을 때의 온도(℃)

td : 건조시멘트에 대한 측정 후기의 최종 칼로리미터 온도(℃)

W_1 : 강열 후의 중량을 기준으로 한 시료의 무게(g)

2) 수화한 시멘트의 용해열

(1) 건조시멘트와 같은 방법으로 수화한 시멘트의 용해열을 측정한다. 이 때 보정계산은 다음과 같다.

① 1℃의 온도 증가는 매 g당 약 0.3cal의 용해열을 감소시키게 되므로 건조시멘트의 시험을 할 때 온도보다 높다면 그 온도차의 매 온도당 0.3cal/g℃를 보정치로 수화한 시멘트의 용해열 값에 더한다.

② 수화한 시멘트의 비열은 강열한 시멘트의 g당 약 0.4cal/g℃이므로 만약 최종 칼로리미터 온도가 시료의 온도보다 높다면 용해열을 계산할 때 그 온도차의 매 온도당 0.4cal/g℃를 가하여 보정한다.

$$H_2 = \frac{RC}{W_1} - 0.4(T - th) - 0.3(td - th)$$

여기서, R : 보정온도 상승(℃)

C : 열용량(cal/℃)

H_2 : 수화한 시멘트의 용해열(cal/g)

T : 시료를 넣을 때의 온도(℃)

th : 수화한 시멘트에 대한 측정 후기의 최종 칼로리미터 온도(℃)

W_1 : 강열 후의 중량을 기준으로 한 시료의 무게(g)

H_1 : 건조시멘트의 용해열(cal/g)

td : 건조시멘트에 대한 측정 후기의 최종 칼로리미터 온도(℃)

3) 수화열

시멘트의 수화열은 다음 식에 따라 계산한다.

$$H = H_1 - H_2 - 0.1(th - 25.0)$$

여기서, H : 수화열(강열한 시멘트, cal/g)

H_1 : 건조시멘트의 용해열(cal/g)

H_2 : 수화한 시멘트의 용해열(cal/g)

th : 수화한 시멘트에 대한 측정 후기의 최종 칼로리미터의 온도(℃)

4) 최종온도 보정

(1) 수화열 측정에 있어서의 최종 칼로리미터 온도로서는 25℃를 기준으로 하며 시험결과를 계산할 때 그 온도 변이의 영향을 무시해서는 안된다.

(2) 최종온도의 증가는 강열한 시멘트의 매 g당 약 0.1cal/g℃의 수화열을 높인다.

(3) 만약 최종온도가 27℃라면 결과를 25℃에 기준하여 0.2cal/g℃를 수화열 측정치에서 감한다.

7. 재시험

1) 28일 수화열 측정날짜를 초과하였을 때는 준비한 시료반죽을 그 지난 날짜에 시험을 한다.
2) 28일 기준으로 재시험될 용해열에 초과한 날짜의 매일 당 0.5cal/g을 가해진 것으로 하여 보정한다.
3) 이 보정을 받을 수 있는 초과일자는 4일로 제한한다.
4) 7일간 수화열을 측정한 날짜를 초과하였을 때는 반죽의 혼합으로부터 전부 재시험한다.
5) 재시험을 할 때는 건조시멘트의 용해열은 측정할 필요가 없다.

8. 주의 및 참고사항

1) ZnO의 용해열은 30℃에서 256.1cal/g이다. 30℃ 이하에서는 1℃ 감소될 때마다 용해열은 0.1cal 씩 증가한다. ZnO의 열용량은 0.12cal/g℃이다. ZnO를 칼로리미터의 최종온도에 도달시키는데 필요한 열은 유효용해열에 포함시킨다.
2) 진공병의 내부는 플루오르화 수소산에 부식되지 않는 물질인 열경화 페놀수지, 열경화 염화비닐 초산수지 및 봉납 등으로 도장한다. 도장은 때때로 검사하고 불안전할 때는 도장을 다시 한다.

시멘트의 수화열 시험 Data Sheet

시험일의 상태	실온(℃)	습도(%)	수온(℃)
시 약			
시 료			
산화 아연무게(g)			
20분 뒤의 칼로리미터 온도(℃)			
보정온도 상승(℃)			
칼로리미터의 열용량(cal/℃)			
강열 전 시료의 무게(g)			
강열 후 시료의 무게(g)			
열량 측정용 시료의 무게(g)			
강열 후 무게기준, 열량측정용 시료의 무게(g)			
건조시멘트 측정 후 최종 칼로리미터 온도(℃)			
건조시멘트의 용해열(cal/g)			
수화한 시멘트 측정 후 최종 칼로리미터 온도(℃)			
수화한 시멘트의 용해열(cal/g)			
수화열(cal/g)			
비고			

조사지점		시험년월일	
학과, 학년		반, 조	
학 번		성 명	

제3장 … 콘크리트

3-1. 콘크리트 슬럼프 시험(KS F 2402)

1. 목적

1) 이 시험은 시험실과 현장에서 콘크리트의 슬럼프를 측정하는 방법으로 비소성이나 비점성인 콘크리트에는 적합하지 않으며 콘크리트 중에 크기가 50mm 이상인 굵은골재가 상당량 함유되어 있는 경우에는 이 방법을 적용할 수 없다.
2) 슬럼프 시험은 굳지 않은 콘크리트의 반죽질기를 측정하는 방법으로서 워커빌리티를 판정하는 하나의 수단이다.

2. 재료 및 시험기구

1) 슬럼프 콘
밑면의 안지름이 20cm, 윗면의 안지름이 10cm, 높이가 30cm인 금속제 절두원추형
2) 다짐대(Tamper)
지름 16mm, 길이 60cm인 곧은 원형 강봉으로 한 쪽 끝은 지름 16cm의 반구형으로 둥글게 되어 있는 것
3) 측정자
4) 수밀성 평판

5) 소형 삽, 흙칼, 콘크리트 믹서
6) 저울

3. 시료

콘크리트 배합설계에서 산출한 양을 정확히 중량을 계량

4. 시험방법

1) 슬럼프 콘을 평편한 평판 위에 놓고 2개의 발판을 디디고 서서 움직이지 않게 단단히 고정한다.
2) 콘크리트 시료를 슬럼프 콘에 1/3정도(바닥에서 7cm)채우고 다짐대로 전체를 골고루 25회 다진다. 용기의 2/3정도(바닥에서 16cm)까지 채우고 다짐대로 2층의 깊이만큼 25회 다진다. 끝으로 슬럼프 콘의 상부까지 채우고 다짐대로 25회 다진다.
3) 흙칼로 슬럼프 콘의 상부를 수평하게 고른다.
4) 조심성 있게 수직으로 슬럼프 콘을 벗긴다.(5초 이내)
5) 슬럼프 콘의 높이와 넓게 퍼진 콘크리트 높이의 차로 슬럼프 값을 구한다.
6) 같은 재료로 2회 이상 시험하여 그 평균값을 취한다.
   전체 시험 시간은 2분 30초 이내에 실시한다.
7) 다음 사항에서 필요한 사항을 기록한다.
   ① 일시
   ② 날씨 및 기온
   ③ 배치 번호
   ④ 굵은골재 최대치수
   ⑤ 콘크리트의 온도
   ⑥ 슬럼프 값

5. 주의 및 참고사항

1) 슬럼프 콘을 벗기는 작업은 5초 정도로 끝내야 하며 콘크리트에 가로방향 운동이나 비틀림운동을 주지 않도록 조용히 윗방향으로 들어 올려야 한다.
2) 몰드에 채우기 시작해서 벗길 때까지 전 작업을 중단함이 없이 2분 30초 내로 끝마쳐야 한다.
3) 콘크리트를 넣을 때 슬럼프 콘 용적의 처음 1/3은 바닥에서 7cm, 다음의 1/3은 바닥에서 16cm까지 채우면 된다.
4) 슬럼프 시험을 끝낸 즉시 다짐대로 콘크리트의 측면을 가볍게 두들겨서 그 모양을 보는 것은 콘크리트의 워커빌리티를 판단하는데 좋은 참고가 된다.
5) 만일 한 콘크리트 시료에 대한 2회의 연속적 시험이 무너져 버리거나 또는 공시체 덩어리로부터 콘크리트의 일부분이 전단되어 떨어지거나 하면 그 콘크리트는 슬럼프시험을 하는데 필요한 소성과 점성이 결핍되어 있는 것이다.
6) 슬럼프 2.5cm 이하의 된반죽 콘크리트의 경우 슬럼프시험은 적합하지 않기 때문에 진동식 반죽질기시험 등의 방법이 사용된다.

콘크리트의 슬럼프 시험 Data Sheet

<table>
<tr><td rowspan="2">시험일의 상태</td><td colspan="3">실 온(℃)</td><td colspan="3">습 도(%)</td><td colspan="3">수 온(℃)</td><td colspan="3">양생온도(℃)</td></tr>
<tr><td colspan="3"></td><td colspan="3"></td><td colspan="3"></td><td colspan="3"></td></tr>
<tr><td>시 료</td><td colspan="12"></td></tr>
<tr><td rowspan="4">시 방 배 합</td><td rowspan="3">굵은골재최대치수 (mm)</td><td rowspan="3">슬럼프의 범위 (cm)</td><td rowspan="3">공기량의 범위 (%)</td><td rowspan="3">물시멘트비 w/c (%)</td><td rowspan="3">잔골재율 s/a (%)</td><td colspan="7">단 위 량(kg/m³)</td></tr>
<tr><td rowspan="2">물 W</td><td rowspan="2">시멘트 C</td><td rowspan="2">잔골재 S</td><td colspan="2">굵은골재G</td><td colspan="2">혼화재료</td></tr>
<tr><td>(mm) ~ (mm)</td><td>(mm) ~ (mm)</td><td>혼화재</td><td>혼화제 (cc/m³)</td></tr>
<tr><td></td><td></td><td></td><td></td><td></td><td></td><td></td><td></td><td></td><td></td><td></td><td></td></tr>
<tr><td>측정번호</td><td colspan="4">1</td><td colspan="4">2</td><td colspan="4">3</td></tr>
<tr><td>슬럼프(cm)</td><td colspan="4"></td><td colspan="4"></td><td colspan="4"></td></tr>
<tr><td>다짐대로 콘크리트측면을 때렸을 때의상태</td><td colspan="4"></td><td colspan="4"></td><td colspan="4"></td></tr>
<tr><td>콘크리트의 온도 (℃)</td><td colspan="4"></td><td colspan="4"></td><td colspan="4"></td></tr>
<tr><td colspan="13">비 고</td></tr>
</table>

조사 지점		시험년월일	
학과, 학년		반, 조	
학 번		성 명	

3-2. 굳지 않은 콘크리트의 압력법에 의한 공기 함유량 시험방법(KS F 2421)

1. 목적

1) 이 시험은 굳지 않은 콘크리트의 공기 함유량을 압력의 감소에 의하여 시험하는 방법에 대한 것이다.
2) 이 시험방법은 보통의 골재를 사용한 콘크리트 또는 모르터에 대해서는 적당하나, 골재 수정계수를 정확히 구할 수 없는 다공질의 골재를 사용한 콘크리트 또는 모르터에 대해서는 적당하지 않다.
3) 콘크리트의 공기량은 콘크리트의 제성질에 큰 영향을 미치기 때문에 굳지 않은 콘크리트에 있어서 공기량을 측정할 목적으로 이 실험을 행한다.

2. 재료 및 시험기구

시험기구는 콘크리트의 뚜껑 사이의 공간에 물을 넣어서 시험하도록 만든 것 또는 물을 넣지 않고 시험하도록 만든 것 중 어느 것을 사용해도 좋다.

1) 용기

원통형으로 지름은 높이의 0.9～1.1배이며 용기의 최소용량은 콘크리트 중의 굵은골재 최대치수에 따라 표 3-1과 같이 정한다.

표 3-1. 용기의 최소용량

굵은골재 최대치수(mm)	용기의 최소용량(ℓ)
50 이하	6
80 이하	12

2) 압력계

압력계는 용량 1kg/cm^2, 감도 0.01kg/cm^{2}의 것이어야 하며 압력계 눈금판의 지름은 약 8cm 이상이어야 한다.

3) 검정용 기구

검정에 필요한 양의 물을 손쉽게 용기 밖으로 꺼낼 수 있는 기구

4) 목재 정규

크기 4.5cm×30cm, 두께 1.2cm의 목재 정규

5) 다짐대

지름 16mm, 길이 약 60cm의 곧은 원형강으로서 그 한쪽 끝은 지름 16mm의 반구형으로 둥글게 된 것

3. 장치의 검정

1) 용기의 검정

용기에 물을 채우고 채운 물의 중량을 단다. 용기에 물을 채울 때는 용기의 프랜지에 컵 그리스(Cup Grease)를 엷게 칠하고 물을 약간 넘치도록 채운 후 용기 위에 유리판을 얹어 여분의 물을 제거한다. 이 때 유리판 뒷면에 기포가 있어서는 안된다. 중량은 용기와 물을 합한 중량의 0.1% 이하의 감도의 저울로 단다.

2) 초압력의 검정

(1) 용기에 물을 채우고 뚜껑의 안팎으로 공기가 통하도록 하여 가만히 뚜껑을 덮는다. 물을 넣을 경우에는 뚜껑을 덮은 뒤 뚜껑의 안쪽과 수면 사이의 공기가 다 빠질 때까지 넣는다. 물을 넣지 않을 경우에는 용기 중의 수면은 용기의 뒷면과 정확히 일치되어 있어야 한다.

(2) 모든 밸브를 잠그고 공기펌프로 공기실의 압력을 초압력보다 약간 크게 한다. 약 5초 후에 조정밸브를 서서히 열어서 압력계의 바늘을 초압력의 눈금과 일치시킨다.

(3) 공기실의 주밸브를 충분히 열어서 공기실의 기압과 용기 윗부분의 기압을 일치시킨 후 압력계를 읽고, 그 값이 공기량 0%의 눈금과 일치하는가의 여부를 조사한다. 만일 일치하지 않을 경우에는 공기나 물이 새지 않는가 등을 점검한 후 검정을 반복한다.

2~3회 반복하였을 때 압력계의 바늘이 같은 점을 가르키거나, 0점과

일치하지 않을 경우에는 초압력 눈금의 위치를 바늘이 0점에 멈추도록 이동시킨다. 이 조작을 반복하여 초압력 눈금의 위치 이동이 적당하였는가를 확인한다.

3) 공기량 눈금판의 검정

(1) 초압력 검정과 같은 조작을 한다. 검정용 기구를 사용하여 적당한 양의 물을 용기 내에서 꺼내어 메스실린더에 넣고 용기의 용량에 대한 백분율로 표시한다. 용기 내의 기압을 대기압과 같이 하여 잠그고 공기실 내의 기압을 초압력까지 높인다. 주밸브를 열어 고압의 공기를 용기 내에 도입시킨다. 압력계의 바늘이 안정되었을 때 공기량의 눈금을 읽는다.

(2) 다시 앞의 (1)에 따라 용기 내에서 꺼낸 물의 총량을 용기의 용적에 대한 백분율로 표시한다. 앞의 (1)과 같은 방법으로 공기량의 눈금을 읽는다.

(3) 위와 같은 조작을 몇 번 반복하여 꺼낸 물의 백분율로 공기량의 눈금을 비교한다. 이들의 값이 각각 일치되어 있을 때는 공기량의 눈금은 정확한 것이다. 만일, 일치하지 않을 경우에는 그 관계를 그래프로 나타낸다. 이 그래프를 공기량의 검정에 사용한다.

4. 시험방법

1) 콘크리트의 겉보기 공기량 측정

(1) 대표적인 콘크리트 시료를 용기에 3층으로 나누어 채우되, 각 층의 용적은 비슷하게 한다. 그 후 다짐대를 원형으로 돌리면서 콘크리트를 고르게 분포시켜야 하며 각 층을 25회씩 다진다. 콘크리트는 단면 전체를 균일하게 다져야 하며 다짐대가 그 밑층의 표면에 도달할 정도로 다진다. 제1층을 찧을 때는 용기바닥을 찧지 않도록 해야 한다. 다짐대에 의해서 생긴 빈틈은 용기의 측면을 두들겨서 없어지도록 한다. 최상층을 다진 후 목재 정규로 콘크리트의 표면을 긁어내어 용기의 상면과 일치시킨다. 진동기로 다진 콘크리트의 공기량을 측정하는 데는 진동기를 사용해도 좋다.

(2) 용기 플랜지의 윗면과 뚜껑 플랜지의 밑면을 완전히 닦아낸 다음, 뚜껑의 안팎을 공기가 통하도록 하여 가만히 뚜껑을 용기에 얹어 공기가 새지 않

도록 잘 잠근다. 이 때 공기실의 주밸브는 잠그고 배기구 밸브와 주수구 밸브를 열어 둔다. 물을 넣을 경우에는 배기구에서 물이 나올 때까지 주수구에 물을 넣고, 배기구에서 기포가 나오지 않을 때까지 압력계를 가볍게 두들긴 다음 배기구와 주수구의 밸브를 잠근다.

(3) 초압력의 검정에 따라 공기실 내의 기압을 초압력에 일치시킨다. 약 5초가 지난 뒤 주밸브를 충분히 연다. 콘크리트 각 부에 압력이 전달되도록 용기의 측면을 망치로 두들긴다. 다시 주밸브를 충분히 열고 바늘이 안정되었을 때 압력게의 눈금을 읽는다. 이 측정값을 콘크리트의 겉보기 공기량(A_1)으로 한다.

2) 골재 수정계수의 측정

(1) 사용하는 잔골재의 중량(F_s) 및 굵은골재의 중량(C_s)은 다음 식에 따라 계산한다.

$$F_s = \frac{S}{B} \times F_b$$

$$C_s = \frac{S}{B} \times C_b$$

여기서, F_s : 사용하는 잔골재의 중량(kg)

C_s : 사용하는 굵은골재의 중량(kg)

S : 콘크리트 시료의 용적(용기의 용적과 같다)(ℓ)

B : 1 배치의 콘크리트의 성형된 용적(ℓ)

F_b : 1 배치에 사용하는 잔골재의 중량(kg)

C_b : 1 배치에 사용하는 굵은골재의 중량(kg)

(2) 잔골재 및 굵은골재의 대표적 시료를 각각 F_s 및 C_b만큼 채취하여 별도로 약 5분간 물에 담그어 둔 다음, 거의 1/3까지 물을 채운 용기에 넣는다. 골재를 용기에 넣을 때는 잔골재를 한삽 넣은 다음 굵은골재를 두삽 넣도록 하여, 골재가 완전히 물에 잠겨지도록 한다. 골재를 넣을 때는 될 수 있는대로 공기가 들어가지 않도록 하여 표면에 나온 거품은 빨리 제거해야 한다. 공기를 추출하기 위해서 용기의 측면을 고무망치로 두들기고 또는 잔골재를 넣을 때마다 다짐대로 약 10회 다진다.

(3) 전부의 골재를 넣은 후 수면의 거품을 모두 없애고 뚜껑을 용기에 얹고 잠근다. 콘크리트의 겉보기 공기량 측정과 같은 조작을 하여 압력계의 공기량의 눈금을 읽어 이것을 골재 수정계수(G)로 한다.

(4) 콘크리트의 공기량은 다음 식에 따라 계산한다.

$$A = A_1 - G$$

여기서, A : 콘크리트의 공기량(%)

A_1 : 콘크리트의 겉보기 공기량(%)

G : 골재 수정계수(%)

5. 주의 및 참고사항

1) 압력계를 읽을 때는 항상 압력계를 손가락으로 가볍게 두들긴 다음 읽어야 한다.
2) 진동기 다짐을 하여 공기량을 측정할 때에는 2층으로 나누어 넣고 다진다. 윗층을 다질 때는 용기에 시료가 넘치도록 넣고, 진동기가 밑층에 2.5cm 이상 들어가지 않도록 한다. 진동시간은 콘크리트의 표면에 큰 기포가 일어나지 않을 때까지 필요한 최소시간으로 한다.
3) 골재 수정계수란 골재입자의 내부에 포함된 공기가 시험의 결과에 미치는 영향을 고려하기 위한 계수로서 골재에 따라 변화한다. 이것은 골재 입자의 흡수량과 직접적인 관계가 없고 시험에 의해서만 결정할 수 있는 것이기 때문에 생략해서는 안된다.

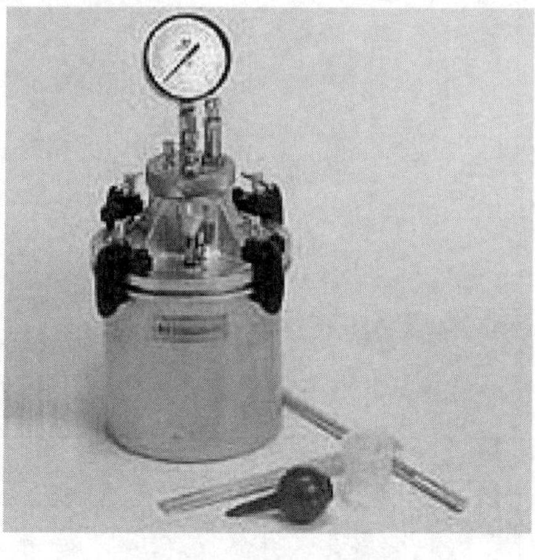

4) 공기량 시험방법은 공기실 압력 방법 외에도 중량법(KS F 2409), 주수압력 방법(KS F 2417)이 있다.

굳지 않는 콘크리트의 압력법에 의한 공기 함유량 시험 Data Sheet

시험일의 상태	실 온(℃)	습 도(%)	수 온(℃)	양생온도(℃)
시 료				

시 방 배 합	굵은골재최대치수 (mm)	슬럼프의 범위 (cm)	공기량의 범위 (%)	물시멘트비 w/c (%)	잔골재율 s/a (%)	단 위 량(kg/m³)						
						물 W	시멘트 C	잔골재 S	굵은골재G		혼화재료	
									(mm) ~ (mm)	(mm) ~ (mm)	혼화재	혼화제 (cc/m²)

측정번호	1	2	3
① 겉보기 공기량(%)			
② 골재수정계수(%)			
③ 공기량 ①-②(%)			
④ 콘크리트의 온도 (℃)			

비 고

조사 지점		시험년월일	
학과, 학년		반, 조	
학 번		성 명	

3-3. 콘크리트의 블리딩 시험방법(KS F 2414)

1. 목적

1) 이 시험은 굵은골재 최대치수가 50mm 이하인 굳지 않은 콘크리트의 블리딩을 시험하는 방법이다.
2) 콘크리트의 재료분리의 경향을 시험한다.
3) AE제 및 감수제의 품질을 시험하는 방법의 하나이다.

2. 재료 및 시험기구

1) 용기
안지름 25cm, 안높이 28.5cm, 5mm의 두께를 가진 원통형의 금속제
2) 저울
필요한 하중의 칭량에 지장이 없도록 충분한 용량을 가지며 감도 10g 이상인 것
3) 피펫(Pipette) 및 메스실린더
용량 10㎖, 50㖖, 100㖖의 메스실린더와 시료의 표면에 생긴 블리딩의 물을 빨아 낼 수 있는 피펫
4) 다짐대
지름 16mm, 길이 약 50cm의 크기를 가진 강제 직선봉으로 그 한쪽 끝이 지름 16mm의 반구형으로 된 것

3. 시험방법

1) 시험하는 동안 온도를 23±2℃로 유지해야 한다.
2) 콘크리트를 용기에 3층으로 나누어 넣고 각 층의 윗면을 고른 후 25회씩 다

지고, 다진 구멍이 없어지고 콘크리트의 표면에 큰 기포가 보이지 않을 때까지 용기 바깥을 10~15회 두들긴다. 맨 아래층을 다질 때에는 용기의 밑까지 세게 때려서는 안되며, 제2층 및 맨 위층을 다질 때에는 각 층의 두께까지 도달할 수 있는 힘을 주어 다진다.

3) 시료의 표면이 용기에 25±0.3cm의 높이가 되도록 흙손으로 고른다. 이 때의 시간을 기록하고 용기 바깥쪽의 콘크리트를 깨끗이 닦은 후 용기와 시료의 무게를 단다.
4) 시료와 용기를 진동이 없는 수평한 시험대 위에 놓고 뚜껑을 덮는다.
5) 처음 60분 동안은 10분 간격으로, 그 후는 블리딩이 정지할 때까지 30분 간격으로 표면에 생긴 물을 빨아낸다. 빨아낼 때 이외에는 뚜껑을 열어 두어서는 안되다.
6) 블리딩 물을 쉽게 모으기 위하여 물을 빨아내기 2분 전에 약 50mm 두께의 나무받침을 용기의 한쪽 밑에 고여 용기를 조심스럽게 기울인다.
7) 물을 빨아낸 후 용기가 흔들리지 않도록 하여 수평으로 되돌려 놓는다.
8) 각각 빨아낸 물을 메스실린더에 옮긴 후 물의 양을 기록한다.
9) 시험이 끝난 후 즉시 용기와 시료의 중량을 단다.
10) 단위표면적의 블리딩 양은 다음 식에 따라 계산한다.

$$\text{블리딩 양}(\text{mℓ/cm}^2) = \frac{V}{A}$$

여기서, V : 규정된 측정시간 동안에 생긴 블리딩 물의 양(mℓ)

A : 콘크리트 상면의 면적(cm^2)

11) 시료에 함유된 물의 총중량에 대한 블리딩 물의 비를 나타내는 블리딩률은 다음 식에 따라 계산한다.

$$\text{블리딩률} = \frac{B}{C} \times 100$$

단, $C = \frac{w}{W} \times S$

여기서, B : 시료의 블리딩 물의 총량(mℓ)

C : 시료에 함유된 물의 총중량(kg)

W : 콘크리트 1m^{3}에 사용된 재료의 총중량(kg)

w : 콘크리트 1m^{3}에 사용된 물의 총중량(kg)

S : 시료의 총중량(kg)

4. 주의 및 참고사항

1) 시료로 하는 콘크리트의 온도 및 실험실 온도를 23±2℃로 유지한다.
2) 시료의 표면을 너무 고르면 물이 배어 나오면 시험결과의 편차가 크게 된다.
3) 골재는 표면건조포화상태로 하여 계산한다.
4) 필요한 경우는 시간과 그 때까지 누계한 블리딩에 의한 수량과의 사이에 관계를 나타내는 그림을 그린다.
5) 블리딩은 콘크리트와 거푸집과의 사이에서도 일어난다.
6) 블리딩은 시멘트의 분말도가 높을수록 작고 잔골재의 입경이 0.15mm 보다 가는 세립부분이 적을수록 크다. 블리딩이 크면 레이탄스도 많다. 이 때문에 필요하면 적당한 혼화재료를 사용하는 것이 좋다. 일반적으로 단위수량을 줄이고 AE제, 감수제 등을 사용하면 블리딩은 감소한다.
7) 블리딩의 계속시간은 콘크리트의 높이와 온도에 따라 다르며 높이가 작고 온도가 높을 때는 일찍 끝난다. 콘크리트가 어느 정도 굳을 때 즉 2~4시간에서 블리딩은 거의 전부가 끝난다.
8) 블리딩에 의해 굵은골재의 밑면과 철근의 아래쪽에 물-시멘트비가 큰 시멘트풀의 막이 생기고, 철근과 콘크리트와의 부착강도가 약하게 되며, 콘크리트의 수밀성이 나쁘게 된다. 또한 블리딩이 현저하면 상부의 콘크리트가 다공질로 되어 강도, 내구성 등이 감소한다.

콘크리트의 블리딩 시험 Data Sheet

시험일의 상태	실 온(℃)	습 도(%)	수 온(℃)	양생온도(℃)
시 료				

시 방 배 합	굵은골재최대치수 (mm)	슬럼프의 범위 (cm)	공기량의 범위 (%)	물시멘트비 w/c (%)	잔골재율 s/a (%)	단 위 량(kg/m³)						
									굵은골재G		혼화재료	
						물 W	시멘트 C	잔골재 S	(mm) ~ (mm)	(mm) ~ (mm)	혼화재	혼화제 (cc/m³)

시료를 공기에 넣고 표면을 흙손으로 고르게 한 시간		시료의 온도(℃)	

시간 (분)	10	20	30	40	50	60	90	120	150	180	210	240	270	300	330	360
빨아낸 물의 양 (누가량) V_1(cc)																

시료와 용기의 중량(kg)	
용기의 중량(kg)	
시료의중량(S)(kg)	
용기 상면의 면적 (A) (cm²)	
콘크리트 1m³에 사용된 재료의 총중량(w) (kg)	
콘크리트 1m³에 사용된 물의 총중량(w) (kg)	
블리딩양 $\frac{V_1}{A}$ (mℓ/cm²)	
블리딩률 $\frac{V_1 \times W}{w \times s}$ (%)	

비 고

조사 지점		시험년월일	
학과, 학년		반, 조	
학 번		성 명	

3-4. 굳지 않은 콘크리트의 단위용적중량 및 공기량에 의한 시험방법(KS F 2409)

1. 목적

1) 이 시험은 굳지 않은 콘크리트의 단위용적중량 및 공기량을 중량에 의하여 구하는 시험방법에 대한 것이다.
2) 경화한 콘크리트의 단위용적중량을 확인할 수 있는 지표가 얻어진다.
3) 콘크리트 1배치에 해당하는 용적 및 각 콘크리트 재료의 단위량이 구해진다.
4) 콘크리트 중의 공기량을 구한다.

2. 재료 및 시험기구

1) 용기

금속제의 원형통으로 용기의 치수는 굵은골재 최대치수에 따라 표 3-2와 같이 정한다. 용기의 용적은 용기를 채우기에 필요한 물의 중량을 물의 밀도로 나누어 구한다.

표 3-2. 용기의 치수 및 저울의 감량

굵은골재 최대치수 (mm)	용기의 치수(mm)		저울의 감량 (g)
	내경	내고	
10 이하인 것	14	13	2
50 이하인 것	24	22	10
50 이상인 것	35	29	25

2) 저울

표 3-2에 표시된 감량의 것

3) 다짐대

지름 16mm, 길이 50cm의 환강으로 하고 그 끝이 반구형으로 된 것

4) 진동기

KS F 8004(콘크리트 봉형 진동기)에 규정된 것

3. 시험방법

1) 다짐대로 다지는 경우

(1) KS F 2401의 방법에 의해 채취한 시료를 용기의 약 1/3가지 채우고 고른 후 표 3-3에 표시된 회수만큼 균등하게 다진다. 다짐대 구멍이 없어지고 콘크리트의 표면에 큰 기포가 보이지 않도록 하기 위하여 용기의 외측을 10~15회 두들긴다.

표 3-3. 각 층의 다짐회수

용기의 내경(cm)	다짐대에 의한 각 층의 다짐수
14	10
24	25
35	50

(2) 다음에 용기의 약 2/3까지 채우고 앞과 같은 조작을 반복한 후 시료를 용기에 넘치도록 넣고 다시 첫 번째와 같은 조작을 반복한 후 금속제의 자로 여분의 시료를 깎아내며 고른다. 다짐대의 다짐 깊이는 거의 각 층의 두께로 한다.

(3) 용기의 외측에 붙은 콘크리트를 깎아내고 용기 속의 시료의 중량을 잰다.

2) 진동기로 다질 경우

(1) 시료를 용기의 1/2까지 넣고 진동기로 다진다.

(2) 다음에 용기에서 넘치도록 시료를 채우고 앞과 같은 진동기로 다진다. 내부진동기를 사용할 경우에는 윗층의 콘크리트를 다질 때 진동기의 선단이 아래층의 콘크리트에 닿을 정도로 한다. 진동시간은 콘크리트 표면에 큰 기포가 없어지는데 필요한 최소시간으로 한다.

3) 단위용적중량

그릇 속의 시료의 중량을 용기의 용적으로 나누어 구한다.

4) 공기량

다음 식에 의하여 구한다.

$$A(\%) = \frac{T-W}{T} \times 100$$

여기서, A : 콘크리트 속의 공기량(%)

T : 공기가 전혀 없는 것으로 계산한 콘크리트의 단위용적중량(kg/m^3)

W : 콘크리트의 단위용적중량(kg/m^3)

$$T = \frac{W_1}{V}$$

여기서, W_1 : $1m^3$당 콘크리트의 각 재료 중량의 합계(kg)

V : $1m^3$당 콘크리트의 각 재료 절대용적의 합계(kg)

4. 주의 및 참고사항

1) 용기의 용적을 알기 위해서 물을 용기에 채울 때에는 약간 넘쳐 흐르도록 넣은 뒤, 용기의 위에 매끈한 유리판을 얹어서 여분의 물을 없앤다. 이 때에 판유리 뒷면에 기포가 생겨서는 안 된다.
2) 진동기로 다질 경우 내부진동기의 크기는 용기의 용적에 비하여 지나치게 커서는 안 된다. 14cm 안지름의 용기를 사용할 경우에는 공칭지름 27mm의 진동기를 사용하는 것이 좋다.
3) 공기가 전혀 없는 것으로 계산에 의하여 구하는 콘크리트의 단위용적중량(T)은 시멘트 및 골재의 비중에 의하여 큰 영향을 받아 공기량에 오차가 생기는 원인이 되기 쉬우므로 이것들의 비중은 시험에서 구한 값을 사용하여야 한다.
4) 콘크리트의 각 재료의 절대용적(m^3)이란 각 재료의 중량(kg)을 각 비중의

1,000배의 값으로 나눈 것이다.

3-5. 관입저항침에 의한 콘크리트 응결시간 시험방법 (KS F 2436)

1. 목적

1) 이 시험은 슬럼프가 0보다 큰 콘크리트를 체로 쳐서 얻은 모르터로 시험하여 그 응결시간을 측정하는 방법에 대한 것이다.
2) 이 방법은 콘크리트에서 모르터 부분을 시험함으로써 그 콘크리트와 같은 결과를 얻을 수 있는 경우에 한하여 사용할 수 있다.
3) 시멘트의 물질, 콘크리트의 배합, 혼화재료의 사용(경화촉진제, 지연제 등), 온도 등이 콘크리트의 응결경화과정에 미치는 영향을 조사할 목적으로 본 시험을 한다.

2. 재료 및 시험기구

1) 모르터 시료의 용기
원통형 또는 장방형의 금속제로 최소치수는 15mm이고, 깊이는 적어도 15cm까지 모르터 시료를 넣을 수 있는 것
2) 관입저항 시험용 기구
스프링 반력장치로서 용량 4.5~58.5kg, 정밀도 1kg 이하의 것이거나 수압장치로서 용량 68~90kg, 정밀도 1kg 이하의 압력계가 붙은 것이어야 한다.
이들 기구는 실제의 침하중을 1kg까지 정확히 측정하여야 하며 침은 바꾸어 낄 수 있어야 한다. 침은 그 지지면적이 640, 320, 160, 64, 32, 16mm^{2}의 침은 길이가 90mm 이하이고 휘어지지 않도록 되어 있어야 한다.
3) 진동기
내부진동기로 봉축형 또는 가동형으로 전동식일 것. 속도는 7,000vpm 이상

이고 진동 부분은 바깥지름이 20~40mm, 축의 길이가 60cm 이상일 것

4) 다짐대

원형의 곧은 강봉으로 지름 16mm, 길이 약 60cm로서 한쪽 끝이 반구형인 것

5) 5mm(No.4)체 및 피펫

3. 시험방법

1) 충분한 양의 콘크리트를 5mm체로 체가름하여 시료용기에 깊이가 15cm가 되도록 채취한다.
2) 모르터를 손으로 되비벼서 용기에 넣고 진동 또는 다짐대로 다진다. 다짐대로 다질 때에는 둥근 쪽으로 모르터에 관입하도록 다진다. 진동기로 다질 경우에는 다진 뒤 표면이 거의 수평이 되도록 한다. 다짐대는 시료의 위 표면적 6.45cm^2 당 1회의 비율로 모르터를 다지고 시료 전단면에 균등히 분포시킨다.
3) 진동 또는 다짐대로 다짐이 끝나면 시료용기의 측면을 가볍게 두들겨서 진동이나 다짐대로 다짐할 때 생긴 공극을 채우고 시료 표면을 수평으로 고른다.
4) 시료는 시험 온도로 저장하여 보관한다. 습도가 지나치게 증발되지 않도록 시료 위에 시험기간 중 젖은 천으로 덮는다. 떠오른 물을 제거하거나 관입시험을 할 때에만 열어야 하며 공시체는 직사광선에 노출되어서는 안된다.
5) 피펫을 사용하여 모르터 시료의 표면에서 30분마다 또는 관입시험 직전에 떠오른 물을 제거한다. 떠오른 물을 모으기 위해 떠오른 물을 제거하기 2분 전에 시료의 한쪽에 블록을 두어 시료를 조심스럽게 수평면에 대해 약 12° 정도 기울인다.
6) 모르터의 경화상태에 따라 적당한 치수의 침을 관입저항기구에 붙여 침의 지지면을 모르터 표면에 접촉시킨다.
7) 천천히 그리고 균등하게 기구를 아래쪽으로 연직력을 작용시켜 침을 모르터 안으로 25mm 눈금의 깊이까지 관입시킨다. 25mm 깊이까지 관입하는데 소요되는 시간은 약 10초로 한다. 소요된 힘의 크기와 처음 시멘트와 물을 접촉시킨 후의 경과시간을 기록한다.

8) 다음에 관입할 때에는 앞의 시험에서 흐트러진 면을 피하여야 한다. 침 관입의 순간격은 사용하는 침 관입위치와 용기 가장자리의 순간격은 25mm 이상이어야 한다.

9) 정상적인 배합, 정상적인 온도에서의 관입시험은 1시간마다 하고 최초의 시험은 경과시간이 3~4시간일 때에 한다. 촉진배합 또는 고온시에 최초의 시험은 경과시간이 1~2시간 일 때에 하고 그 뒤의 시험은 30분마다 하는 것이 좋다.

   저온시 또는 지연배합일 때에는 최초의 시험을 경과시간 4~6시간 또는 그 후에 하고 그 뒤에 시험은 특히 관입저항에 따라 간격을 짧게 할 필요가 없을 때에 한하여 2시간 또는 그 이상의 간격으로 한다.

10) 6회 이상 시험하여 관입저항이 280kg/cm^{2}가 될 때까지 시험을 계속한다.

11) 침의 관입길이가 25mm 될 때가지 소요된 힘을 침의 지지면으로 나누어 kg/cm^{2}의 단위로 관입저항을 계산한다.

12) 보고에는 다음 자료를 명시하여야 한다.

(1) 콘크리트 배합에 관한 자료

① 시멘트, 잔골재, 굵은골재(최대치수 및 입도)의 종류와 배합, 물-시멘트비

② 사용한 혼화재료의 명칭, 성질 및 시멘트에 대한 중량 백분율

③ 콘크리트의 공기량 및 그 측정방법

④ 콘크리트의 컨시스텐시, 슬럼프 기타 시험방법

⑤ 모르터의 체가름 후의 온도

⑥ 시험기간 중의 온도 기록

⑦ 시험한 년, 월, 일, 시간

(2) 곡선 및 응결시간

경화속도 시험의 결과 또는 동일시료 3개의 평균 결과는 관입저항과 경화시간과의 관계를 나타내는 곡선으로 표시한다. 이 때 관입저항을 종축으로, 경과시간을 횡축으로 한다. 응결의 초결 및 종결은 경화속도 곡선에서 결정할 수 있다.

4. 주의 및 참고사항

1) 초결과 종결시간의 정의는 다음과 같다.

(1) 초결시간

시멘트와 물이 차음으로 접촉한 뒤 콘크리트에서 체로 쳐서 얻은 모르터가 관입저항이 35kg/cm^{2}가 될 대까지의 소요되는 시간

(2) 종결시간

시멘트와 물이 처음으로 접촉한 뒤 콘크리트에서 체로 쳐서 얻은 모르터가 관입저항이 280kg/cm^{2}가 될 때가지의 소요되는 시간

2) 모르터의 관입저항값과 콘크리트의 응결경화과정과의 사이에 일정한 관계가 있다고는 인정되지 않지만 이 방법에 따르면 지연제, 촉진제의 효과, 온도의 영향 등을 명료하게 알 수가 있다.

3) 콘크리트의 응결경화속도를 조사하는 방법으로서 이 방법 외에 콘크리트의 전기저항, 전기용량, 진동에너지의 흡수량, 수화열, 건조수축, 콘크리트 중의 음속 등의 측정결과로부터 추정하는 방법이 제안되고 있지만 어느 것도 실용화에는 이르러 있지 않다.

3-6. 굳지 않은 콘크리트의 씻기분석 시험방법(KS F 2411)

1. 목적

1) 콘크리트 중의 시멘트, 잔골재, 굵은골재, 물 등이 어떻게 배합되어 있는가를 알기 위하여 시험한다.

2) 씻기분석에 의해 굳지 않은 콘크리트의 균등성 및 그 배합의 좋고 나쁨을 판정할 수가 있다.

2. 재료 및 시험기구

1) 저울: 칭량 10kg±1g
2) 용기: 용량 5ℓ 이상인 밑바닥이 둥근 것
3) 체: No.4, No.30 및 No.170체

3. 시험방법

1) 콘크리트 시료의 양은 굵은골재 최대치수가 50mm 이하인 경우에는 약 20ℓ, 50mm를 초과하는 경우에는 약 35ℓ 이어야 한다.
2) 시료에서 씻기 분석용으로 대표적인 시료를 굵은골재 최대치수가 50mm 이하인 경우 약 5kg, 50mm를 초과하는 경우 약 6kg을 채취한다. 나머지 시료를 사용하여 KS F 2409(굳지 않은 콘크리트의 단위용적중량 및 공기량에 의한 시험방법)에 따라 콘크리트의 단위중량을 측정하고 W_B(kg/m³)로 한다.
3) 단위중량을 측정한 시료 전부를 5mm체로 체가름하여 굵은골재와 모르터로 분리한다. 그리고 굵은골재를 물로 씻고 표면건조포화상태로 중량을 측정하여 W_G (kg/m³)로 한다.
4) 씻기 분석용 시료를 1g까지 정확하게 측정한 후 5mm체 위에서 물로 씻어면서 굵은골재와 모르터 시료로 체가름한다. 5mm체에 잔류한 굵은골재를 표면건조포화상태로 중량을 측정하고 시료 중량에서 빼내어 모르터 중량을 구하여 W_m (g)으로 한다.
5) 이 모르터 시료를 수중중량 측정용 용기에 넣고 용기중의 물이 2ℓ 정도로 되도록 한 다음 휘저어 시료중의 공기를 완전히 제거한다.
6) 휘젓기가 끝나면 수면의 거품을 제거하고 필요에 따라서 아이소프로필 알코올(Isopropyl Alcohol)을 가하여 거품을 제거한다.
7) 약 10분간 정치한 후 용기에 넣은 상태로 시료를 수중에 넣어 시료의 수중중량을 재고 W_m' (g)으로 한다.
8) 수중중량을 잰 모르터 시료를 No. 30체 및 No.170체 위에서 순차적으로 물

로 씻으면서 체가름한다. 이들 체에 잔류한 재료의 합계의 수중중량을 W_s' (g)으로 한다.

9) 시험결과는 다음 식으로 계산한다.

· 모르터 시료중의 시멘트 중량 $W_C(g) = (W_m' - W_s') \times \dfrac{g_c}{g_c - 1}$

· 모르터 시료중의 잔골재(No.170체에 남는 것)의 중량

$$W_s(g) = W_s' \times \frac{g_s}{g_s - 1}$$

· 모르터 시료중의 물의 중량 $W_w(g) = W_m - W_s$

· 단위굵은골재량 $W_G(\text{kg/m}^3) = \dfrac{W_G}{V} \times 1,000$

· 단위모르터량 $W_m(\text{kg/m}^3) = W_B - W_G$

· 단위시멘트량 $W_c(\text{kg/m}^3) = W_m \times \dfrac{W_c}{W_m}$

· 단위잔골재량 $W_s(\text{kg/m}^3) = W_m \times \dfrac{W_s}{W_m}$

· 단위수량 $W_w(\text{kg/m}^3) = W_m \times \dfrac{W_w}{W_m}$

여기서, g_c : 시멘트의 비중

g_s : 잔골재의 비중

V : 콘크리트 단위중량시험 용기의 안용적(ℓ)

4. 주의 및 참고사항

1) 휘저어 뒤섞은 시료중의 공기를 완전히 제거하는 것은 시험오차를 작게하기 위하여 대단히 중요하다. 이 겨우 용기 바깥쪽에 부착한 기포를 확실히 제거한다.

2) No.170체로 씻기 분석하는 경우에는 미리 시료에 충분한 물을 가하고 교반하여 현탁액의 상태로 체를 통과시키는 것이 편리하다.

굳지 않은 콘크리트의 씻기 분석 시험 Data Sheet

시험일의 상태	실 온(℃)	습 도(%)	수 온(℃)	양생온도(℃)
시 료				
① 용기의 공기중 중량(g)				
② 용기의 수중중량(g)				
③ 시료의 공기중 중량(g)				
④ 시료의 수중중량(g)				
⑤ 5mm체에 남는 시료의 수중중량(g)				
⑥ 0.15mm체에 남는 시료의 수중중량(g)				
⑦ 잔골재의 비중(g)				
⑧ 굵은골재의 비중(g)				
⑨ 시멘트의 비증(g)				
⑩ 시험결과	a. 시멘트의 중량 $=(\text{④}-\text{⑥})\times\frac{\text{⑨}}{\text{⑨}-1}=$ b. 잔골재의 중량 $=(\text{⑥}-\text{⑤})\times\frac{\text{⑦}}{\text{⑦}-1}=$ c. 굵은골재의 중량 $=\text{⑤}\times\frac{\text{⑧}}{\text{⑧}-1}=$ d. 물의 중량 $=\text{③}-(a+b+c)=$			

비 고

조사 지점		시험년월일	
학과, 학년		반, 조	
학 번		성 명	

3-7. 콘크리트 압축강도 시험(KS F 2403)

1. 목적

1) 임의 배합의 콘크리트 압축강도를 알고 또 소요강도의 콘크리트를 얻는데 적합한 배합을 선정한다.
2) 콘크리트의 재료인 시멘트, 골재, 물, 혼화재료 등의 사용에 적합한가 어떤가를 조사하고 소요의 제성질을 갖는 콘크리트를 가장 경제적으로 만들 수 있는 재료를 선정한다.
3) 압축강도를 알고 다른 역학적, 물리적, 화학적 성질을 추정한다.
4) 콘크리트의 품질관리에 이용한다.
5) 실제의 구조물에 시공된 콘크리트의 품질을 알고 설계에 가정한 압축강도, 기타의 성질을 갖는가 어떤가를 조사한다. 또 거푸집의 해체시기와 프리스트레스의 도입시기를 결정한다.

2. 재료 및 시험기구

1) 압축강도 시험용 몰드: 지름10cm×높이20cm, 지름15cm×높이30cm의 원주형
2) 캡핑(Capping)용 누름판
3) 흙손, 캘리퍼, 작은 스콥(Scoop)
4) 저울
5) 콘크리트 믹서
6) 압축시험기
7) 다짐대

직선원형강으로 지름 16mm, 길이 60cm로 그 한쪽 끝은 지름 16mm의 둥글게 한 것 또는 지름 9mm, 길이 30cm로 그 한쪽 끝은 지름 9mm의 반구형으로 둥글게 한 것

HD-212 HD-213 HD-214 HD-215

8) 수밀한 평판

9) 수조

3. 시험방법

1) 콘크리트 배합설계에서 구한 재료를 정확히 계량한다.
2) 몰드(Mold)의 이음매에 광물성 기름이나 그리스를 엷게 발라 조립한다.
3) 몰드에 반죽된 콘크리트를 1/3씩 넣고 다짐대로 골고루 25회 다짐한다. 이 때 맨 밑층은 그 깊이만 다지고 나머지는 그 밑층까지 관입되도록 다진다. (지름10cm×높이20cm 시험체인 경우에는 몰드에 2층으로 나누어 넣고, 각 층을 11번 다진다.)
4) 공시체의 맨 윗층은 흙손이나 다짐대로 고른 후 유리판을 덮는다.
5) 공시체 성형 후 된반죽 2~6시간, 묽은반죽 6~24시간 지난 후 콘크리트 상부의 레이탄스를 브러쉬로 제거하고 물로 습하게 한 후 시멘트풀(W/C=27~30%)로 캡핑(Capping)한다.
6) 공시체는 성형 후 24~48시간 경과 후 몰드를 제거하고 23±2℃의 수조에 양생한다. 이 때 공시체를 유수 중에 넣거나 진동을 주어서는 안된다. (양생 시 공시체의 번호, 제작 년 월 일, 조번호 등을 기입하여 양생한다.)
7) 공시체의 지름과 높이를 측정한다.
8) 습윤상태의 공시체의 압축시험은 꺼낸 즉시 실시한다.
9) 압축시험기에 공시체를 올려놓고 하중을 계속적으로 가하여 공시체가 파괴될 때까지 가압하여 공시체가 파괴 될 때의 최대하중을 구한다.

- 압축강도 $= \dfrac{\text{최대하중(kgf)}}{\text{공시체의 단면적(cm}^2\text{)}}$

표 3-4. 콘크리트를 몰드에 채우는 층의 수

공시체의 높이(cm)	다짐형식	층의수	층의 대략 깊이(cm)
30 까지	다짐대 사용	3	-
30 이상	다짐대 사용	필요에 따름	10
30~46	진동기 사용	2	-
46 이상	진동기 사용	3 또는 그 이상	20 정도

표 3-5. 공시체의 다짐방법

슬럼프(cm)	다짐방법
7.5 이상	다짐대
2.5~7.5	다짐대 또는 진동기
2.5 이하	진동기

표 3-6. 공시체의 다짐회수

공시체의 지름(cm)	다짐대의 지름(mm)	다짐회수/층
5~15	10	25
15	16	25
20	16	50
25	16	75

4. 주의 및 참고사항

1) 공시체의 수는 배합이 달라질 때마다 서로 다른 각 재령 또는 소정의 조건에 대하여 3개 이상의 공시체를 만들어야 한다.
2) 특히 큰 골재의 낱알이 들어 있을 경우에는 공시체를 제작하는 도중에 제거해야 한다.
3) 압축강도 시험은 보통 7일과 28일에 실시한다. 장기 재령은 3개월, 6개월, 1년으로 한다.
4) 1배치의 혼합이 끝나고 믹서로부터 콘크리트를 받아낼 때에 믹서에 모르터가 붙어 있게 되므로 다음의 방법으로 이 양만큼의 모르터를 보충해야 한다.
   (1) 믹서 안에 모르터를 미리 바르는 방법은 시험배치를 혼합하기 직전에 시험배치와 거의 같은 배합의 가배치를 믹서로 혼합하여 믹서 안에 모르터를 발라둔다.
   (2) 시험배치는 믹서에 붙은 모르터의 양을 보충할 수 있도록 여분의 모르터를 넣고 배합한다.
5) 강도 시험기의 구면좌에 달려 있는 가압판의 최대지름은 표 3-7에 주어진 값을 초과해서는 안된다.

표 3-7. 가압판의 최대지름

공시체의 지름(cm)	가압판의 최대지름(cm)
5	10
7.5	13
10	17
15	25
20	28

디지털 만능재료시험기 (Digital Universal Testing Machine)

수동식재료시험기

콘크리트의 압축강도 시험 Data Sheet

<table>
<tr><td rowspan="2">시험일의 상태</td><td colspan="3">실 온(℃)</td><td colspan="3">습 도(%)</td><td colspan="3">수 온(℃)</td><td colspan="3">양생온도(℃)</td></tr>
<tr><td colspan="3"></td><td colspan="3"></td><td colspan="3"></td><td colspan="3"></td></tr>
<tr><td>시 료</td><td colspan="12"></td></tr>
<tr><td rowspan="4">시 방 배 합</td><td rowspan="3">굵은골재최대치수 (mm)</td><td rowspan="3">슬럼프의 범위 (cm)</td><td rowspan="3">공기량의 범위 (%)</td><td rowspan="3">물시멘트비 w/c (%)</td><td rowspan="3">잔골재율 s/a (%)</td><td colspan="7">단 위 량(kg/m³)</td></tr>
<tr><td rowspan="2">물 W</td><td rowspan="2">시멘트 C</td><td rowspan="2">잔골재 S</td><td colspan="2">굵은골재G</td><td colspan="2">혼화재료</td></tr>
<tr><td>(mm) ~ (mm)</td><td>(mm) ~ (mm)</td><td>혼화재</td><td>혼화제 (cc/m³)</td></tr>
<tr><td></td><td></td><td></td><td></td><td></td><td></td><td></td><td></td><td></td><td></td><td></td><td></td></tr>
<tr><td>공시체번호</td><td colspan="3">1</td><td colspan="3">2</td><td colspan="3">3</td><td colspan="3">4</td></tr>
<tr><td>재 령 (일)</td><td colspan="3"></td><td colspan="3"></td><td colspan="3"></td><td colspan="3"></td></tr>
<tr><td>평균지름(cm)</td><td colspan="3"></td><td colspan="3"></td><td colspan="3"></td><td colspan="3"></td></tr>
<tr><td>평균높이 (cm)</td><td colspan="3"></td><td colspan="3"></td><td colspan="3"></td><td colspan="3"></td></tr>
<tr><td>단면적 (cm²)</td><td colspan="3"></td><td colspan="3"></td><td colspan="3"></td><td colspan="3"></td></tr>
<tr><td>파괴하중(kg)</td><td colspan="3"></td><td colspan="3"></td><td colspan="3"></td><td colspan="3"></td></tr>
<tr><td>압축강도(kg/cm²)</td><td colspan="3"></td><td colspan="3"></td><td colspan="3"></td><td colspan="3"></td></tr>
<tr><td>평균압축강도(kg/cm²)</td><td colspan="3"></td><td colspan="3"></td><td colspan="3"></td><td colspan="3"></td></tr>
<tr><td>양생방법</td><td colspan="3"></td><td colspan="3"></td><td colspan="3"></td><td colspan="3"></td></tr>
<tr><td>양생온도(℃)</td><td colspan="3"></td><td colspan="3"></td><td colspan="3"></td><td colspan="3"></td></tr>
<tr><td colspan="13">비 고</td></tr>
</table>

조사 지점		시험년월일	
학과, 학년		반, 조	
학 번		성 명	

3-8. 콘크리트의 인장강도 시험방법(KS F 2423)

1. 목적

1) 이 시험은 콘크리트 원주형 공시체를 할렬시켜 인장강도를 시험하는 방법이다.
2) 콘크리트의 인장강도는 압축강도의 1/10～1/13로 대단히 작아서 일반적인 철근콘크리트 부재의 설계에서는 무시되고 있지만 포장판, 수조 등의 설계에서는 중요한 성질이다. 또 사인장 응력, 건조수축, 온도변화 등에 의한 균열발생을 예측할 수 있기 때문에 이것을 알아두는 것이 중요하다.

2. 재료 및 시험기구

1) 공시체 제작용 몰드: 지름10cm×높이20cm, 지름15cm×높이30cm의 원주형
2) 가압판과 지지판(시험기의 가압면이나 지지블록의 크기가 시험체 보다 작을 경우)
3) 흙손, 캘리퍼, 스쿱(Scoop)
4) 저울
5) 콘크리트 믹서
6) 압축시험기
7) 다짐대
8) 수밀한 평판
9) 수조

3. 시험방법

1) 압축강도 측정을 위해 제작한 공사체를 정해진 일수까지 양생한 뒤 시험하기 직전에 꺼낸다.
2) 공시체의 양끝에 지름선을 그리되 그 양끝의 지름선은 평행하여야 한다.
3) 공시체의 지름과 길이를 세 번, 두 번을 측정하여 평균값을 구한다.

4) 공시체를 압축강도 시험기의 가압판 위에 지름선과 일치되도록 옆으로 뉘어 놓는다.
5) 공시체에 인장강도가 매분 7～14kgf/cm^{2}의 일정한 비율로 증가하도록 하중을 가한다.
6) 공시체가 파괴할 때 시험기에 나타난 최대하중을 기록한다.
7) 인장강도는 다음 식으로 계산한다.

$$\text{인장강도} = \frac{2 \times \text{최대하중}(\text{kgf})}{\pi \times \text{공시체의 지름}(\text{cm}) \times \text{공시체의 길이}(\text{cm})}$$

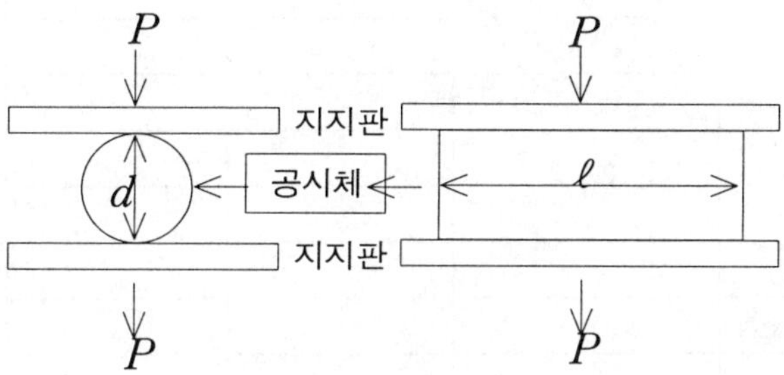

그림 3-1. 콘크리트의 인장강도 시험

4. 주의 및 참고사항

1) 콘크리트의 인장강도는 각 공시체(보통 3개 이상)의 강도 평균값으로 나타낸다.
2) 시험 기록에는 0.1kgf/cm^{2}가지 계산한 인장강도, 공시체의 결함 유무, 파괴상황, 하중의 편심 유무를 기록한다.
3) 공시체의 지름은 골재의 최대공칭치수의 3배 이상으로 한다.

콘크리트의 인장강도 시험 Data Sheet

시험일의 상태	실 온(℃)	습 도(%)	수 온(℃)	양생온도(℃)
시 료				

시 방 배 합	굵은골재최대치수 (mm)	슬럼프의 범위 (cm)	공기량의 범위 (%)	물시멘트비 w/c (%)	잔골재율 s/a (%)	단 위 량(kg/m^3)						
						물 W	시멘트 C	잔골재 S	굵은골재G		혼화재료	
									(mm) ~ (mm)	(mm) ~ (mm)	혼화재	혼화제 (cc/m^3)

공시체번호	1	2	3	4
재 령 (일)				
평균지름(cm)				
평균길이 (cm)				
최대하중(kg)				
인장강도(kg/cm^2)				
평균인장강도(kg/cm^2)				
양생방법				
양생온도(℃)				
공시체의 결함유무				
파괴상황, 하중의 편심유무, 기타				

비 고

조사 지점		시험년월일	
학과, 학년		반, 조	
학 번		성 명	

3-9. 콘크리트의 휨강도 시험방법(KS F 2408)

1. 목적

1) 이 시험은 콘크리트 보에 휨모멘트를 가하여 파괴하고 그 인장측에 생기는 휨강도를 계산하는 방법이다.
2) 휨모멘트를 가하는 데는 단순보 3등분점 하중방법에 의한다.
3) 콘크리트의 휨강도는 도로, 공항 등의 콘크리트 포장의 설계기준강도에 채용되고 있고 이들의 콘크리트 품질결정과 품질관리는 휨강도 시험에 의해 행하는 것으로 되어있다.

2. 재료 및 시험기구

1) 휨강도용 몰드: 15×15×53cm각주형, 10×10×38cm각주형
2) 캘리퍼, 작은 스쿱(Scoop)
3) 흙손
4) 저울
5) 콘크리트 믹서
6) 압축강도 시험기
7) 다짐대
8) 수밀한 평판

3. 시험방법

1) 콘크리트 배합설계에 의한 재료를 정확히 계량한다.
2) 몰드의 이음매에 광물성기름이나 그리스를 엷게 발라 조립한다.
3) 콘크리트를 몰드의 1/2까지 넣고 다짐대로 $10cm^2$에 1회 비율로 다진다.(약 80회 정도)
4) 몰드의 윗면까지 콘크리트를 채우고 80회 다진다.

5) 맨 윗층을 흙손이나 다짐대로 고른다.

6) 콘크리트의 표면을 유리판이나 플라스틱으로 덮는다.

7) 공시체를 성형한 뒤 24～48시간 경과 후 몰드를 제거하고 23±2℃ 수조에 양생한다.

(양생 시 공시체의 번호, 제작년월일, 조번호 등을 기입하여 양생한다.)

8) 시험기의 위·아래에 지지블록과 가압블록을 장치한다.

9) 파괴단면의 평균나비와 두께를 0.2mm까지 측정한다.

10) 습윤상태의 공시체의 휨시험은 꺼낸 즉시 실시한다.

11) 공시체를 시험기에 놓을 때 옆면을 위·아래로 하여 그림과 같이 놓는다.

12) 파괴하중의 50%까지는 빠른 속도로 그 뒤부터는 최대 휨강도의 증가가 8～10kgf/cm^{2}을 넘지 않도록 파괴한다.

13) 공시체가 파괴되었을 때 최대하중을 기록한다.

① 중앙집중 재하방법의 경우

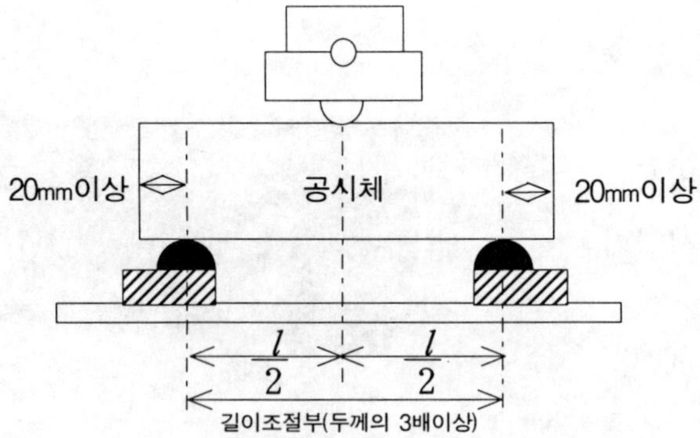

$$F_b = \frac{3}{2} \frac{Pl}{b\,d^2}$$

여기서, F_b : 휨강도(kgf/cm^2)

P : 최대하중(kg)

l : 공사체 지간의 길이(cm)

b : 파괴단면의 평균 폭(cm)

d : 파괴단면의 평균 높이(cm)

② 3등분점 재하방법의 경우

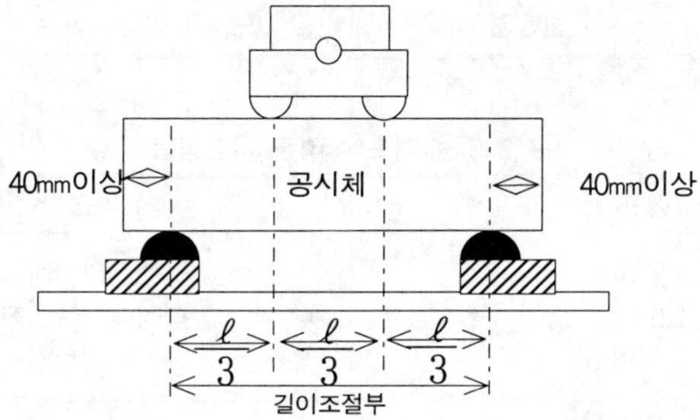

㉠ 공시체가 지간(Span)의 3등분 중앙부에서 파괴될 때

$$F_b = \frac{Pl}{b\,d^2}$$

㉡ 공시체가 3등분점 외부에서 파괴되고, 하중작용점에서 파괴단면까지의 거리가 지간의 5% 이내 일 때

$$F_b = \frac{3Pa}{b\,d^2}$$

여기서, a : 파괴면과 이것에 가까운 하중점과의 거리(cm)

㉢ 공시체가 3등분점 외부에서 파괴되고, 하중작용점에서 파괴단면가지의 거리가 지간의 5% 이상이면 재측하여야 한다.

표 3-8. 공시체의 높이에 따른 다짐방법

공시체의 높이(cm)	다짐 형식	층의수	층의 대략 깊이(cm)
20 까지	다짐대 사용	2	-
20 이상	다짐대 사용	3 또는 그 이상	10
20 까지	진동기 사용	1	-
20 이상	진동기 사용	2 또는 그 이상	20 정도

표 3-9. 슬럼프에 따른 다짐방법

슬럼프(cm)	다짐방법
7.5 이상	다짐대
2.5~7.5	다짐대 또는 진동기
2.5 이하	진동기

콘크리트의 휨강도 시험 Data Sheet

시험일의 상태	실 온(℃)	습 도(%)	수 온(℃)	양생온도(℃)
시 료				

시 방 배 합	굵은골재최대치수 (mm)	슬럼프의 범위 (cm)	공기량의 범위 (%)	물시멘트비 w/c (%)	잔골재율 s/a (%)	단 위 량(kg/m^3)						
									굵은골재G		혼화재료	
						물 W	시멘트 C	잔골재 S	(mm) ~ (mm)	(mm) ~ (mm)	혼화재	혼화제 (cc/m^3)

공시체번호	1	2	3	4
재 령 (일)				
평균폭(cm)				
평균높이 (cm)				
스팬(Span) (cm)				
최대하중(kg)				
휨강도(kg/cm^2)				
평균휨강도(kg/cm^2)				
양생방법				
양생온도(℃)				
공시체의 파괴상황				
파괴단면과이에가까운 지점과의 거리(cm)				

비 고

조사 지점		시험년월일	
학과, 학년		반, 조	
학 번		성 명	

3-10. 콘크리트 원주형 공시체의 탄성계수 및 프아송비 시험방법(KS F 2438)

1. 목적

이 시험은 성형한 콘크리트 원주형 공시체 및 다이아몬드로 뚫은 콘크리트 코아가 종방향 압축응력을 받았을 때의 탄성계수 및 프아송비를 구하는 방법이다.

2. 재료 및 시험기구

1) 압축시험기

2) 콤프레소미터(Compressometer)

탄성계수를 측정하기 위해 접착한 또는 접착하지 않은 측정장치를 사용하고 지름의 반대쪽에 2개의 게이지 선을 각각 축에 평행하게 공시체 높이의 중간에 붙여서 25.4mm에 대해 0.127㎛까지의 정밀도로 변형을 측정한다.

각 게이지 라인의 유효길이는 콘크리트에 사용한 굵은골재 최대치수의 3배 이상, 공시체 높이의 2/3 이하로 하고, 추천할 수 있는 길이는 공시체 높이의 1/2로 한다. 게이지 포인더는 공시체 안에 묻거나, 접착시켜 2개의 게이지 라인의 변형은 따로 읽든지 또는 콤프레소미터를 사용하여 2개의 요오크(Hokes) 중 1개는 공시체에 정확히 고정시키고, 다른 1개는 지름의 반대쪽의 2점에 붙여 자유롭게 회전할 수 있도록 한다.

회전하는 요오크의 2개의 지점 중간에 긴 중심대를 붙여, 2개의 요오크 사이의 거리를 일정하게 유지하고 원주 반대에서 요오크간 거리의 변화가 지름 반대측 2개의 게이지 라인의 변형의 합과 같도록 한다. 변형은 다이얼 게이지로 직접 또는 레바 확대 방식으로 와이어 스트레인 게이지(Wire Strain Gauge)나 변차 트랜스퍼머(Differential Transformer)로 측정한다.

3) 엑스텐소미터(Extensometer)

프와송비를 구할 경우의 횡방향을 측정하려면 공시체 높이의 중앙에서 지름의 변형을 접착시키지 않은 엑스텐소미터로 0.635㎛까지 읽는다. 2개의 접착한 스트레인 게이지를 공시체 높이의 중간부분 원주에 따라 붙이고 원주변형을 25.4mm에 대해 0.127㎛까지 정확하게 읽는다.

콤프레소미터와 엑소텐소미터를 조합한 것은 편리하다. 이 기구에는 제3의 요오크(2개의 같은 세그먼트로 이루어져 있다.)가 있고, 2개의 콤프레소미터 요오크 중간에 공시체 지름 반대측의 두 점에 붙인다. 이 두 점의 중앙에 짧은 중심대를 긴 중심대에 이어서 붙여 아래쪽의 요오크 사이의 거리가 일정하게 되도록 유지한다.

중앙의 요오크는 피봇(Pivot)의 점에서 힌지를 만들고 멍에 모양으로 끊은 2개의 세그먼트가 수평면에서 자유롭게 회전할 수 있도록 한다. 원주 반대측의 점에서 2개의 세그먼트가 수평면에서 자유롭게 회전할 수 있도록 한다.

원주 반대측의 점에서 2개의 세그먼트 다이얼 게이지나 다른 측정장치를 사용하여 연결하고 횡변형을 1.27㎛까지 측정할 수 있도록 한다. 이 변형은 공시체 지름의 횡변형의 2배가 된다.(민일 게이지의 편심이 힌지의 편심보다 클 경우) 만일 힌지와 게이지와의 편심이 같지 아니할 때에는 공시체 지름의 변형률은 다음 식에 따라 계산할 수 있다.

$$d = \frac{g \cdot e_r}{e_r + e_g}$$

여기서, g : 유효 게이지 길이 전장에 대한 공시체의 전 변형(㎛)

d : 게이지의 읽음(㎛)

e_r : 공시체 축에서 로드(Rod)의 편심 0.254mm까지 측정한다.

e_g : 공시체 축에서 게이지의 편심 0.254mm까지 측정한다.

4) 저울: 감도 50g

3. 시험방법

1) 공시체

(1) 성형된 원주형 공시체는 캡핑(Capping)하여야 하며 규정된 양생상태를 유지하고 요구되는 탄성체의 역학적 성질을 시험한다. 공시체는 양생실

또는 저장실에서 꺼내어 1시간 이내에 시험한다. 시험하기 위해 습윤실에서 꺼낸 공시체는 시험할 때까지 젖은 천으로 덮어서 습윤상태를 유지하여야 한다.

(2) 드릴로 도려낸 코아 공시체를 시험할 때는 함수조건 및 캡핑이 적합하여야 한다. 다만 다이아몬드로 도려낸 것은 길이와 지름의 비가 1.50 이상의 코아에 한하여 적용된다. 저장 및 시험직전의 상태에 대해서는 (1)항과 같다.

(3) 시험공시체의 지름은 길이 중앙에서의 지름을 서로 직각방향에서 캘리퍼스로 0.25mm까지 측정하여 평균을 구한다. 공시체의 단면적은 이 평균지름을 사용하여 계산한다. 성형된 공시체는 캡핑된 부분을 포함하여 길이를 2.54mm까지 측정한다. 도려낸 공시체는 KS F 2412(도려낸 콘크리트 코아의 길이 측정방법)에 따라 길이를 2.54mm 정밀도로 측정한다.

(4) 만일 압축강도를 구하기 위한 같은 조의 공시체가 없을 경우 또는 공시체의 근사단위 무게가 명확치 않을 때에는 공시체를 시험직전에 실험실에서 공기중 무게를 50g의 정밀도로 측량한다. 다만 위 무게는 공시체 무게를 (3)항에서 구한 값으로 계산한 용적으로 나누어 계산한다. 그 결과를 g/cm^{3}로 나타낸다.

2) 시험방법

(1) 시험중의 온도와 습도는 가급적 일정하게 유지하며 온도 및 습도에 변동이 생기면 기록해 둔다.

(2) 만일 같은 조의 공시체를 이용할 수 있을 때에는 탄성계수의 시험에 앞서 압축강도를 구한다.

(3) 공시체는 변형 측정장치를 붙여 시험기의 하판 또는 지지블록 위에 둔다. 조심하여 공시체의 축을 바르게 구좌 상부 지지블록의 압력 중심과 일치시킨다. 변형 지시계의 읽음을 기록해 둔다. 구좌 블록을 조용히 공시체 위에 내려 블록의 가동부분을 손으로 회전시켜 균등한 가압이 되도록 한다.

(4) 공시체에는 하중을 2회 이상 가한다. 제1회의 하중에 대하여는 어떠한 기록도 하지 않고 계산은 그 이후의 하중 결과의 평균으로 한다. 시험의 반

복성을 얻기 위해 적어도 2회 이상의 하중을 가하는 것이 좋다. 제1회의 하중은 주로 게이지를 정착시키기 위해 가해지고 그 사이에 게이지의 동작을 관찰하여 제2회 하중을 가하기 전에 비정상적인 동작을 수정한다. 각 회의 읽음은 다음과 같이 구한다.

하중을 연속해서 충격이 가지 않도록 가한다. 스크류우형의 시험기는 그 가동 벳드가 무하중의 경우에는 약 0.127mm/min의 속도로 움직이도록 조정한다. 유압시험기는 하중을 1초당 $2.45 \pm 0.35 kg/cm^2$의 범위를 가한다. 하중은 계속가해 그 하중의 크기와 종변형이 다음과 같을 때 기록한다.

① 종변형이 2.54mm에 대해 0.127mm일 때

② 가해진 하중이 극한 하중의 40%와 같을 때

종변형은 총 종변형을 유효게이지 길이로 나눈 것이라고 정의한다. 프아송비를 구하기 위해 같은 점에서의 횡변형을 기록한다. 만일 응력-변형률 곡선을 구하기 위해서는 하중을 계속 가해 2점 이상의 읽음을 읽든가 또는 연속 기록을 할 수 있는 장치를 사용한다. 최대하중에 달함과 동시에 극한 하중의 경우를 제외하고 하중을 적용할 때와 동일한 속도로 0점까지 되돌린다. 만일 읽음을 못하였으면 하중 사이클을 완성하고 다시 반복한다. 이 여분의 하중 사이클을 기록해 둔다.

(5) 극한 하중이 불명확한 경우에는 종변형이 표 3-10의 값에 도달하였을 때 이 각 하중사이에 제2조의 읽음을 읽는다. 보통의 콘크리트에서 이 변형은 하중이 극한하중의 30~50%의 범위에 도달하였을 때에 생긴다.

표 3-10. 최대 변형값(단위: ㎛/25.4mm)

시험기의 단위중량 (kg/m^3)	다음 재령에서의 최대 변형	
	7일 이상	7일 미만
3,280 이상	7.62	5.08
2,640~3,264	9.53	6.35
2,160~2,624	11.4	7.62
1,840~2,144	13.3	8.89
1,680~1,824	15.2	10.2
1,520~1,664	17.1	11.4
1,360~1,504	19.1	12.7
1,200~1,344	20.9	13.9

(6) 탄성계수 및 강도는 동일 하중에 대하여 구해지고 게이지는 계속해서 쓰든지 제거하든지 또는 연속하중에 견디도록 잘 보호되어 있어야 한다. 후자의 경우에는 제2조의 읽음에 대하여 표 3-10의 변형값을 사용하든가 또는 몇 회의 읽음을 기록하여 극한하중의 40%의 변형값을 삽입법에 따라 구한다. 표 3-10의 변형값은 예비하중에 대한 안내로 이용할 수 있다.

(7) 만일 중간 읽음을 취할 경우에는 3회 시험의 각각의 결과를 종변형을 횡축으로 하고 압축응력을 종축으로 하여 그린다. 시험하중을 공시체 단면적으로 나누어 압축응력을 계산한다.

(8) 탄성계수를 3,500(kg/cm^2)까지 다음 식으로 계산한다.

$$E = \frac{S_2 - S_1}{\varepsilon_2 - 0.00005}$$

여기서, S_2 : 가해진 최대하중에 대한 응력(kg/cm^2)

S_1 : 종변형 0.00005cm에 대한 응력(kg/cm^2)

E : 탄성계수(kg/cm^2)

ε_2 : 응력 S_2로 생긴 종변형

(9) 프아송비를 0.01까지 다음 식으로 계산한다.

$$\mu = \frac{\varepsilon_{t2} - \varepsilon_{t1}}{\mu_2 - 0.00005}$$

여기서, ε_{t2} : 응력 S_2로 공시체 높이의 중앙에 생긴 횡변형

ε_{t1} : 응력 S_1로 공시체 높이의 중앙에 생긴 횡변형

μ : 포아송비

4. 주의 및 참고사항

콘크리트의 응력-변형률 곡선으로부터 구하는 영계수는 접선 영계수, 할선 영계수, 초기접선 영계수 등 3종류가 있는데 여기서 기술한 시험방법으로 구해지는 것은 할선 영계수이다.

콘크리트 원주형 공시체의 탄성계수 및 프아송비 시험 Data Sheet

시험조건	온 도 : (℃) 상대습도 : (%)
공시체 번호	
재 령	
양생방법 온도	

	측 정 항 목	측 정 결 과
①	공시체의 직경(d)	
②	공시체의 높이(h)	
③	공시체의 중량(W)	
④	단위중량($w=4W/\pi d^2 h$)	
⑤	최대 변형값($\varepsilon_{\max}$)	
⑥	콘크리트의 압축강도(σ_c)	
⑦	공시체의 파괴하중($\sigma_c \cdot \pi d^2/4$)	
⑧	0.4× 파괴하중($0.1\,\sigma_c \cdot \pi d^2/4$)	

	탄 성 계 수 시 험	제1회	제2회	제3회
⑨	종변형 50×10^{-6}인 경우의 하중(p_1)			
⑩	⑨경우의 응력($\sigma_1=4\,p_1/\pi d^2$)			
⑪	⑨경우의 횡변형(εt_1)			
⑫	하중이 $0.1\,\sigma_c \cdot \pi d^2$인 경우의 종변형(εl)			
⑬	⑫경우의 횡변형(εt_2)			
⑭	변형이 최대값인 경우의 하중(p_2)			
⑮	⑭경우의 응력($\sigma_2' = 4\,pxn/\pi d^2$)			
⑯	⑭경우의 횡변형($\varepsilon' t_2$)			
	탄성계수 계산 결과			
	프아송비 계산 결과			

비 고

조사 지점		시험년월일	
학과, 학년		반, 조	
학 번		성 명	

3-11. 흐름 시험판에 의한 콘크리트의 흐름 시험(KS F 2410)

1. 목적

1) 아직 굳지 않은 콘크리트의 반죽질기를 측정하는 시험이다.
2) 워커빌리티를 판단하는 하나의 수단으로서 사용하고 있다.

2. 재료 및 시험기구

1) 몰드(Mold)
밑지름 25.4cm, 윗지름 17.1cm, 높이 12.7cm의 원추형의 주철재로서 몰드에는 손잡이가 있어야 하며 표면은 미끄러워야 한다.
2) 플로우 테이블(Flow Table)
지름 762mm의 원판, 콘크리트 기초 위에 고정되어 있어야 한다.
3) 다짐대(Tamper)
지름 16mm, 길이 60cm 곧은 비금속성의 것으로 한쪽 끝이 16mm의 반구형으로 된 것

4) 고무걸레
5) 흙손
6) 걸레
7) 시료 팬
8) 중광유나 그리스유

3. 시험방법

1) 플로우 테이블을 시험 전에 물로 닦아서 모래 같은 것을 깨끗이 씻어야 한다. 여분의 물은 고무걸레로 닦아낸다.
2) 몰드를 판의 중앙부에 놓고 시료를 2회 나누어서 채운다. 각 층은 몰드 용적

의 1/2 정도로 하며 각 층마다 25회씩 고루고루 다진다. (각 층의 다짐은 아래층에 관입할 정도로 다진다.)

3) 윗층은 다진 후 콘크리트의 표면을 흙손으로 긁어내면서 몰드에 정확히 채운다.
4) 몰드에서 넘쳐 흐른 콘크리트는 몰드를 움직이지 않고 다시 깨끗이 씻어낸다.
5) 몰드를 위로 조용히 벗긴다.
6) 판을 올렸다 떨어뜨리는 조작을 15초 동안에 15회 행한다. 퍼진 지름은 0.5cm의 정밀도로 6회 측정하여 평균값을 구한다.
7) 콘크리트의 흐름은 몰드 밑지름에 대한 시험 후의 지름의 증가율로 표시한다.

$$\text{흐름}(\%) = \frac{\text{시험 후의 밑지름} - 25.4\text{cm}}{25.4\text{cm}} \times 100$$

흐름 시험판에 의한 콘크리트의 흐름 시험 Data Sheet

<table>
<tr><td rowspan="2">시험일의 상태</td><td colspan="3">실 온(℃)</td><td colspan="3">습 도(%)</td><td colspan="3">수 온(℃)</td><td colspan="3">양생온도(℃)</td></tr>
<tr><td colspan="3"></td><td colspan="3"></td><td colspan="3"></td><td colspan="3"></td></tr>
<tr><td>시 료</td><td colspan="12"></td></tr>
<tr><td rowspan="4">시 방 배 합</td><td rowspan="3">굵은골재최대치수 (mm)</td><td rowspan="3">슬럼프의 범위 (cm)</td><td rowspan="3">공기량의 범위 (%)</td><td rowspan="3">물시멘트비 w/c (%)</td><td rowspan="3">잔골재율 s/a (%)</td><td colspan="7">단 위 량(kg/m³)</td></tr>
<tr><td rowspan="2">물 W</td><td rowspan="2">시멘트 C</td><td rowspan="2">잔골재 S</td><td colspan="2">굵은골재G</td><td colspan="2">혼화재료</td></tr>
<tr><td>(mm) ~ (mm)</td><td>(mm) ~ (mm)</td><td>혼화재</td><td>혼화제 (cc/m³)</td></tr>
<tr><td></td><td></td><td></td><td></td><td></td><td></td><td></td><td></td><td></td><td></td><td></td><td></td></tr>
<tr><td>① 공시체 번호</td><td colspan="3">1</td><td colspan="3">2</td><td colspan="3">3</td><td colspan="3">4</td></tr>
<tr><td>② 플로우몰드의 밑지름(cm)</td><td colspan="3">25.4cm</td><td colspan="3">25.4cm</td><td colspan="3">25.4cm</td><td colspan="3">25.4cm</td></tr>
<tr><td>③ 6개의 평균 밑지름 (cm)</td><td colspan="3"></td><td colspan="3"></td><td colspan="3"></td><td colspan="3"></td></tr>
<tr><td>④ ③-②(cm)</td><td colspan="3"></td><td colspan="3"></td><td colspan="3"></td><td colspan="3"></td></tr>
<tr><td>⑤ 흐름값 $\frac{③-②}{2}\times 100(\%)$</td><td colspan="3"></td><td colspan="3"></td><td colspan="3"></td><td colspan="3"></td></tr>
<tr><td colspan="13">비 고</td></tr>
</table>

조사 지점		시험년월일	
학과, 학년		반, 조	
학 번		성 명	

3-12. 슈미터 해머에 의한 콘크리트 강도의 비파괴 시험

1. 목적

1) 기존 콘크리트 구조물의 콘크리트 강도를 판정하기 위하여 본 시험을 실시한다.
2) 스프링의 복귀력을 이용하여 주로 콘크리트 표면에 충격을 주어 일어나는 반발경도로부터 강도를 추정하는 시험이다.

2. 재료 및 시험기구

1) 슈미터 해머
2) 거리 측정용 자
3) 금강석

3. 시험방법

1) 타격할 콘크리트 표면은 기포가 없는 모르터의 평활면을 택하며 약간의 요철과 부착물도 금강석으로 제거해야 한다.
2) 해머의 끝을 콘크리트 표면에 밀어 접촉시키고 스프링 작용으로 콘크리트 표면에 충격을 부면 반발경도(Rebound Hardness)가 눈금으로 나타난다.
3) 가급적 수직으로 타격을 주어야 하며 최소치수 10cm 미만의 부재와 철근콘크리트의 덮이가 엷은 부분에 대한 강도 추정은 불가능하다. 페인팅한 콘크리트 표면에 대한 시험은 무의미하다.
4) 보턴을 눌러서 눈금에 나타난 반발경도를 정지시킨다.
5) 1개소의 측정은 3cm 정도의 간격을 둔 15점 이상을 측정하여 산술평균값을 정하여 반발경도를 구한다. 이에 편차가 큰 측정값은 제거한다.
6) 계산도표에 의하여 압축강도를 추정할 수도 있다.

4. 주의 및 참고사항

1) 타격강도가 수직이 아닌 반발경도는 다음 식으로 수정한다.

$$R_0 = R + \Delta R$$

여기서, R_0: 수정 반발경도

R : 측정 반발경도

ΔR : 타격강도에 의한 수정값(수중양생을 실시한 콘크리트를 건조시킨 경우의 ΔR의 값은 +5cm이다.)

2) 원주형 공시체에 의한 압축강도와 반발경도의 관계식은 다음과 같다.

$$\sigma = -184 + 13.0\ R_0 \text{(일본 재료 학회)}$$

여기서, σ : 압축강도(kg/cm^2)

단, 값에서 30kg/cm^{2}을 감한 값을 콘크리트의 압축강도로 한다.

3) 콘크리트의 건습에 다라 반발경도의 변화가 크다.

4) 부순돌 콘크리트와 경량골재 콘크리트의 반발경도는 강자갈 콘크리트의 것과 큰 차이를 갖는다.

5) 일반적으로 반발경도 R_0에서 압축강도 σ를 추정하는 경우의 추정오차는 20%(표준편차 약 30kg/cm^2) 정도이다.

슈미트 해머에 의한 콘크리트 강도의 비파괴 시험 Data Sheet

시험일의 상태	실 온(℃)		습 도(%)		수 온(℃)		양생온도(℃)
시 료							
공시체	재령(일)		단위시멘트 (kg/m³)			W/C(%)	
반발경도							평균값( )
환산압축강도 (kg/cm²)							
실압축강도 (kg/cm²)							
반발경도							평균값( )
환산압축강도 (kg/cm²)							
실압축강도 (kg/cm²)							
반발경도							평균값( )
환산압축강도 (kg/cm²)							
실압축강도 (kg/cm²)							

비 고

조사 지점		시험년월일	
학과, 학년		반, 조	
학 번		성 명	